U0038353

烘焙大師——岡田流の極上美味

菓子職人特選甜點製作全集

Cher OKADA,

Sans bruit mais avec constance,tu as hissé ton nom parmi les meilleurs pâtissiers japonais.
Ta recherche du bon goût et la perfection de l'exé -cution étaient toujours ta ligne de conduite professionnelle.
Aujourd'hui tu transmets ton savoir faire et ta philosophie pâtissière à travers ce magnifique ouvrage.
Je te félicite pour ton parcours et te souhaite encore beaucoup de succès.

Gérard Bannwarth
Pâtisserie《Jacques》
Président d'Honneur Internationale de l'Association Relais Desserts

岡田先生：

說到實力派的日本甜點師，我便聯想到個性文靜卻有著不屈不撓精神的你。

你總是不斷地追求完美，只為表現出最美味的成果，這也是身為烘焙家的堅持。如今，透過這部優秀的書籍，向後繼者傳授了你的知識與哲學，令我感到十分欣慰。

在此表達對你的讚賞，並由衷期盼你今後能更加成功。

Gérard Bannwarth
Jacques甜點店
Relais Desserts法國甜點協會　榮譽會長

J'ai eu le plaisir d'apprécier le travail de Monsieur Yoshiyuki OKADA que j'ai rencontré lors de mes démonstrations au Japon il y a une vingtaine d'années.
Puis je l'ai retrouvé à Paris où il est venu travailler à mes côtés à la pâtisserie MILLET.
J'ai remarqué qu'il a toujours été très attiré par les pâtisseries régionales françaises qui constituent l'identité même de notre profession.
J'ai grandement apprécié ses qualités personnelles:un sérieux attentif dans son travail,un caractère très ouvert et un vif sens de l'adaptation à notre façon de travailler très française,une grande ouverture d'esprit.
Je suis très heureux de pouvoir promouvoir son livre qui, je suis sûr,a été réalisé avec grand soin et talent. Je suis certain qu'il va rencontrer beaucoup de succès ce qui sera la juste récompense du travail et des qualités de Monsieur OKADA.
Avec toutes mes félicitations et mon amitié.

Denis Ruffel
Pâtisserie《MILLET》
Membre de l'Association Relais Desserts

認識岡田先生是二十多年前的事了。當時我在日本舉辦講座，對於他的工作態度，留下了深刻的印象。而後他遠渡巴黎，來到MILLET甜點店擔任我的助手。

他對於法國的傳統甜點相當感興趣，認為傳統甜點才是法國甜點的代表。

我個人對岡田的資質賦予相當高的評價。他總是認真細心地完成工作，對於嚴謹講究的法式工作風格也很適應，性格十分樂觀開明，有著謙虛且自由豁達的精神。

這次藉由書籍的出版，讓我有機會對他說幾句話，實在是非常開心。這是他傾盡才能細心完成的作品，相信一定非常成功。我認為這部著作是對岡田的工作態度、資質最適切的讚美。

敬你我友情，恭喜。

Denis Ruffel
MILLET甜點店主廚
Relais Desserts法國甜點協會 會員

目次

開始製作之前

> 本書食譜是以「À PoinT」每日使用的配方為基礎。有些品項的份量較多，是因為「在我所嘗試製作的食譜中，最能將成品作得好吃且適當的份量」。比起單純地依照本書的配方製作，若能當作一種參考依據是更好的作法。書中詳細記錄出每一道工序，若能將這些關於甜點的處理和製作方式，當成專業或業餘人士們的靈感來源或啟發，更能令我感到無比的喜悅。所謂的食譜配方，就是一個起點。甜點除了製作者的技術之外，也會因為心意和愛變得更加美味。
> 烤箱的溫度、烘烤時間都是參考用。請依烤箱的機種和麵糊的狀態，作適當的調整。
> 材料份量也僅供參考。請依食材的狀態、個人的喜好，作適當的調整。
> 本書使用的是在排氣扇外自行加裝通風孔的旋風烤箱。
> 溫度方面：室溫指的是20℃、冷藏是2℃、冷凍是負20℃、急速冷凍庫是負40℃。書中標示「急速冷凍」時，表示放入急速冷凍庫冰凍後，再放入冷凍庫保存。
> 蛋均使用M尺寸（去殼後約50g。蛋白約34g、蛋黃約16g）。
> 若沒有特別標示，蛋白均使用2天至3天前分離並放入冷藏的蛋白。如果是海綿蛋糕（biscuit）類的麵糊，為了充分發揮蛋白的韌性，會使用當日分離的新鮮蛋白。
> 若沒有特別標示，全蛋、蛋黃均需放室溫回溫（從冰箱拿出來回溫約半天）。
> 奶油使用無鹽發酵奶油（除了P.216的「德式聖誕蛋糕」的澄清奶油之外）。
> 添加融化奶油時，加入前須充分攪拌，讓乳清（白色沉澱物）均勻分散。
> 混合低筋麵粉和高筋麵粉時，過篩前先以手將兩者混合均勻。
> 擀開麵團時，有時沒有標示要使用手粉（高筋麵粉），請適量使用少許。
> 蛋奶醬和卡士達醬容易有細菌孳生，需要特別嚴謹的溫度管理和衛生管理。必須完全煮熟、急速冷凍，即使沒有特別標示，使用器具和盛裝容器也必須事先消毒。
> 巧克力的調溫溫度僅供參考。請遵照使用材料的標示來作適當調整。
> 「30°波美糖漿」是指將水1kg、砂糖1350g混合後，煮至沸騰，以篩網過濾後，立刻墊冰水急速降溫的糖漿。可以放冷藏保存，需要時取適當的份量使用。

攝影／渡邉文彥
造型／肱岡香子
藝術設計／茂木隆行
插圖設計／岡田吉之
翻譯（推薦文、標題類）／平井真理子
法文審核（甜點名、材料名）／日法料理協會
製作助手／伊藤かおり、東春美、粉川矩子
編輯／萬歲公重

與甜點共度的美好時光

Mon parcours dans l'univers de la pâtisserie

「我想成為兼具準確直覺與精準品味的專家！
為此，我要拚命地努力。」

這是我在修業時期，寫在筆記本裡的座右銘。

我不想敷衍地完成工作，偶然或習慣而不經意地作出的成品都不能成為「傑作」，
想要抱持著自信感來展現自我！

這是二十四歲時下定的決心。

小時候，我曾在實境節目上，
看見專家們熱血地抒發自身對工作貫注的熱情，那令來賓眼神閃閃發亮的身姿，
心中便憧憬著那般光景，希望未來也能如此充滿自信，堅強地過每一天！

終於，我發現自己喜歡「製作點心」。
然而在修業時期，卻因為無法如願製作心中嚮往的甜點，每天過著挫敗的日子，
那是一段專注而忘我的時期。
不知道從哪一天開始，甜點彷彿自己來與我搭話般，
使我成功地作出了今日「**À PoinT**」的每一道甜點。
這也讓我瞭解到，技術或訣竅並非只存在「腦」內，
而是滲入「心與身」之中，成為自己的本能，
對待甜點和人的心態，都是非常重要的，
無論何時，無論何事，「都一定要積極面對」，
擁有這樣的精神，才能使不可能化為可能。

這也是我最希望傳達給懷抱著夢想、選擇以製作甜點為業的年輕人們的事。

這本書的出版，受到許多人的協助與照顧。

給予我機會，讓我能將自己的想法出版成書籍，
特別感謝
承接龐大編輯事務的萬歲公重先生、
如慈母般不斷給予我鼓勵的柴田書店猪俣幸子小姐、料理通信社的君島佐和子小姐；

及長時間的攝影中，
始終以溫和的態度為我拍攝美麗圖中的攝影師渡邉文彥先生、
將成品擺盤成充滿成熟可愛風格的肱岡香子小姐、
為書本設計出洋溢著溫柔氛圍的茂木隆行先生；

為了拍攝而犧牲假日來當助手的工作人員伊藤かおり小姐、東春美小姐；

最後謝謝以深厚的愛從遠方守護著我的雙親、家人。

在此向以上諸位致上最深的感謝。
書中的甜點們看起來也非常愉快、充滿開心的模樣。

本書獻給我至今所相遇、支持著我的所有人及物，
衷心感謝，真的非常謝謝你們。

À PoinT　岡田吉之

第1章

本書食譜的用法

La recette ne fait pas tout

食譜需要思考出發點，
雖然依照食譜，機械式地操作也能完成，
但這樣的烘焙方式較為被動，單純地走完一道流程，
難以作出更美味的甜點，
應該思考一下看似單純的作業或步驟所包含的意義，
若將自己的理解加入食譜之中，
想必能增添不少樂趣。
即使製作同樣的甜點，也要能持續地精進。

純粹的味道，澄淨的味道

goût pur

想像與日積月累的工作經驗法則，造就了「屬於自己的味道」。

修業時期，我常常到處吃甜點。一邊品嚐甜點的滋味，一邊思考這道甜點講求的主軸是什麼？如果是我，我該如何呈現？我喜歡什麼樣的味道？覺得什麼滋味特別有魅力？想要作出什麼樣的味道給別人品嚐？我認為如果不先確定自己喜歡什麼樣的味道，就無法作出屬於自己的美味。為了更接近自己心目中的甜點，在日常的工作中更加注重每一個細節，經由深刻的思考與鍛鍊，才終於造就現在屬於我的每一道甜點。

我心目中的滋味，是彷彿能融化人心的「溫暖之味」。就像是徜徉在兒時的溫柔回憶中，那種簡單、溫暖、口感蓬鬆柔軟的甜點。對於一些新奇、古怪且結構複雜的甜點，反而感覺不到任何魅力。我不喜歡無法在口中達成平衡，難以共演一首協奏曲的「混濁口感」。我所追求的甜點是有「廣度」、「底韻」、「深度」，且能在心中留下溫和的迴響。以一句話概括言之，就是「簡單而純粹的味道」與「澄淨的味道」，我以此為目標從事著這份工作。

這和製作只以水果裝飾得很華麗的甜點，是兩種完全相反的作業。在自己的腦中重新思考基本麵糊和奶油醬的魅力，再次確認基本作業的意義，明確界定每一種甜點要帶給客人什麼樣的感受，下工夫讓甜點能僅以基本的要素便令人感到美味。這些艱澀的事項不能只以頭腦來理解，而是要在日積月累的工作經驗中，轉化為自己能吸收的養分。透過不斷的失敗嘗試，我學會了如何增加卡士達醬的濃郁口感(P.62)；使「檸檬週末蛋糕」的裂痕更豐富明顯(P.186)；讓派在口中更加酥脆的割紋方法(P.198)；可以表現出清涼感的裝飾水果刀工(P.112)……將自己的創意性融入作法中，製作出獨特的甜點。

我想作出乍看之下不起眼，卻包裹著「非凡滋味」，如同穿著家居服般，溫暖又令人回味無窮的甜點，而不斷地精進學習。

味道的準則

la mesure de mes goûts

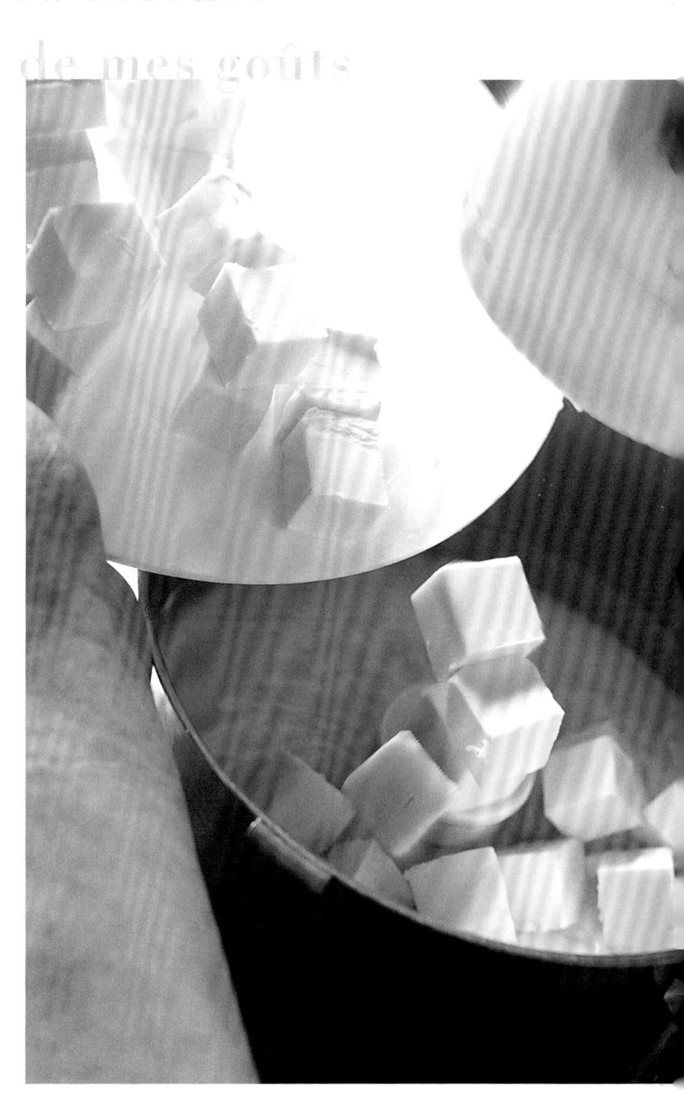

你覺得哪種狀態的
奶油最好吃呢？

我在餐廳工作的時期，有一次正在製作一種將貓舌餅乾（薄餅乾）當作容器，裡頭裝入冰淇淋的甜點——冰淇淋薄餅杯（Timbale Elysee）。一開始軟化成霜狀的奶油因為油水分離，導致貓舌餅乾失敗。我便嘗試將霜狀奶油替換成融化奶油。結果發現，作出來的餅乾雖然不致於失敗，但是口感卻很堅硬，比起以霜狀奶油製作的餅乾口感較為輕巧酥脆，奶油的風味也更明顯。

即使使用同類且等量的奶油製作，只要添加時的狀態不同，成品的樣貌也會完全不同。這件事便成了我重視製程的契機。

從此之後，對平日的例行工作更加謹慎小心，在累積經驗的同時，也逐漸建立基準。像是要作某種甜點時，就該使用什麼狀態的奶油，不知不覺，便造就了我個人獨特的「味道準則」。

我個人認為，奶油在固態時的風味嘗起來最好吃。例如：奶油烤吐司這道甜點適合儘早享用，雖然滲入麵包中的奶油也很美味，不過趁奶油融化前送入口中，在口中化開時的美味更是難以言喻！因此，製作需要將奶油的香氣和韻味發揮到極致的「奶油布里歐」時，奶油要盡量以接近固態的狀態來和麵糊混合；反之，要製作「香橙薩瓦蘭蛋糕」這類要強調糖漿味道和麵糊乾鬆口感的甜點時，就要使用融化的奶油；而製作追求酥脆口感的「千層派」（P.42），則都是添加融化奶油，但近年來為了帶出奶油的香氣，也會加入霜狀的奶油。因為有了「味道準則」，就能自由自在地作變化。

希望你在學習時，也能摸索出一套屬於自己獨特的「味道準則」。一開始或許會有些困難，但隨著經驗累積，標準也會一步步地建立起來，這是無法替代的資產，它能成為創作出獨創甜點的最大助力。

運用五感作甜點

甜點製作如同料理。

confectionner avec les sens

我的甜點師之路，是從調理師學校起步。雖然早就決定要當甜點師，卻沒有進入甜點專門學校，第一份工作也選擇了餐廳。我認為學習分辨食材的方式和調理味道的基礎，最為重要。

餐廳裡沒有完善的甜點製作設備，大量的蛋只能以打蛋器打發，烤箱溫度也只能以手的體感來判斷，因此失敗是常有的事。但在這段過程中，我也培養出靠觀察攪拌和加熱程度等調理方法，就能得知食材會產生什麼樣變化。

食材在加熱時，會產生一種達到熟成的顏色。例如：蔥在煮透的瞬間會變透明。甜點的世界也一樣。以焦糖醬（P.72）為例，首先砂糖在融化時，會變成淺淺的褐色，在變焦黑的前一刻，會迎來彷彿炙熱的火焰般的美麗紅色，絕對不能錯過這個美味的瞬間。作甜點就像是在作料理！

這樣的信念，在我身處巴黎的修業店「MILLET」甜點店時，變得更加堅定了。

「運用五感來作甜點！」

這是主廚Denis Ruffel先生教給我的一句話。

「泡芙烤好的瞬間，用聽的就知道。Écoutez（仔細聽）！」

Denis先生一邊說，一邊親自示範給我看。

我時常會以手來確認食材混合後的觸感，也經常試味道、聞香氣。藉由和食材對話，學會如何辨識食材的重要狀態。

例如：將奶油放室溫軟化時，會產生「彷彿很安心、很放鬆」的色調，這就是它已經回溫的暗示；以打蛋機攪拌麵糊時，會有「現在最好加個蛋」的狀態，反之，也會有「別再加蛋了」的狀態。這些食材的反應都在知會著我們。

每次看到食材變化的瞬間，都非常感動。這就是永遠令我著迷的製作甜點過程。

香草莢

vanille

回想起來，我從小時候就很喜歡香草的味道。其中Lady Borden的香草冰淇淋的味道更是讓我回味無窮。為了讓甜點表現出「有如母親般的溫暖」，帶有懷舊溫柔和柔軟的香草香氣，是不可或缺的味道。溫暖懷舊也是我所追求的甜點形象。

我幾乎所有的甜點都會加香草莢。例如：海綿蛋糕（P.38）一般而言不會添加香草，不過為了消除蛋的生腥味，又可以讓味道更濃郁，我會選擇加入香草莢。添加香草不是只為了單純增加甜美的香氣，更有實際作用。

在巴黎的「MILLET」修業時，會在「洋梨夏洛特」（P.112）的洋梨慕斯裡加香草莢。在此之前，我在日本學到的食譜都只有加洋梨利口酒而已，吃了添加香草的洋梨夏洛特後發現，味道變得更為立體，令我十分驚訝。

香草莢能給予甜點舒服的餘韻及豐富的廣度，就像是「幕後英雄」般的存在。舉例而言，如果「焦糖牛奶布丁」（P.77）沒有加香草莢，就會變得像腥味重的蒸蛋，一點也不好吃。

而香草莢最棒的特點是，不會搶去其他食材的香氣，並能提升整體風味。咖啡或肉桂的香氣雖然也很棒，但若是單獨使用，風味便會顯得太過單薄，難以留下餘韻。雖然香氣有「深度」，卻缺少「廣度」。若添加了香草莢，香氣會更加突出，使甜點的輪廓更加鮮明，並增添存在感。

烘焙甜點的「精華味道」。

香草莢的剖開法

將香草莢加入牛奶中加熱時，可以依下述的方式準備。

首先，以手指將香草莢均勻拉直整平。

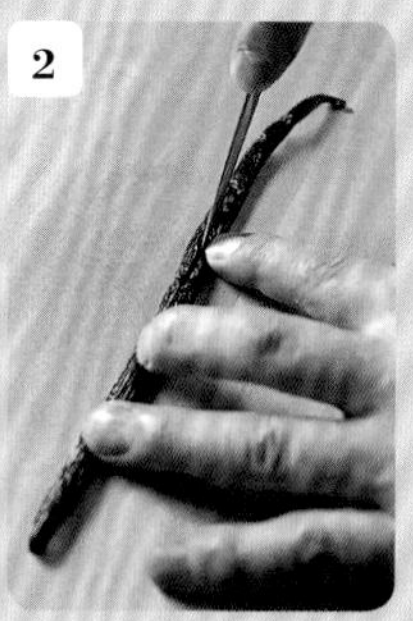

將小刀按在香草莢的中央，從中央往右側劃開，切出割痕（不過兩端因為會有苦味，所以不需割開）。將香草莢左右對調，同樣切出割痕。

沿著步驟2的割痕，以小刀將兩邊打開。

以小刀的側邊將香草莢內的種子刮起。輕輕地刮，請不要將纖維質也一起刮起來。兩邊分別從中央往同一個方向刮。

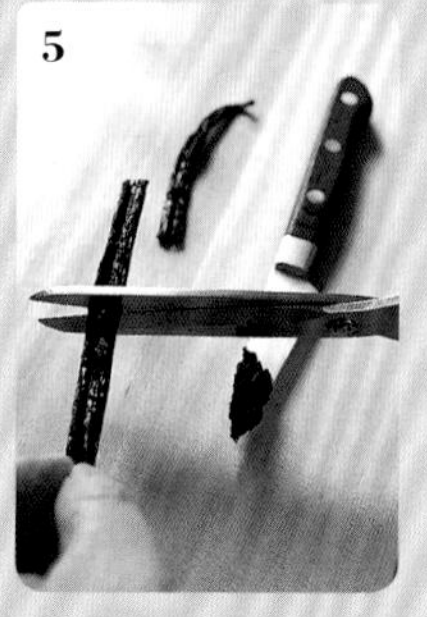

豆莢務必要跟種子一起加進牛奶中。豆莢纖維質部分的香氣最為濃郁。要加一整枝香草莢時，從跟纖維垂直的方向將香草莢切成三等分，最能將香氣帶出。若切成四等分以上，就會跑出苦味了。

香草糖的製作方法

香草的豆莢如果只使用一次，還會殘留香氣，丟掉太過可惜。

可以用來製作香草糖。因為香氣不易消失，作烤點心的效果也很棒。

將香草豆莢以流水充分洗淨(請特別注意，若浸泡在水裡，成分會流失掉)，再放在烤箱上等處，使其乾燥。接著切成1cm左右的長度。為了以防萬一，請放入烤箱中，以90℃烘烤約5分鐘，乾燥並殺菌。

將步驟1放入咖啡研磨機磨碎，並以細孔篩網過篩後，放入調理盆中。

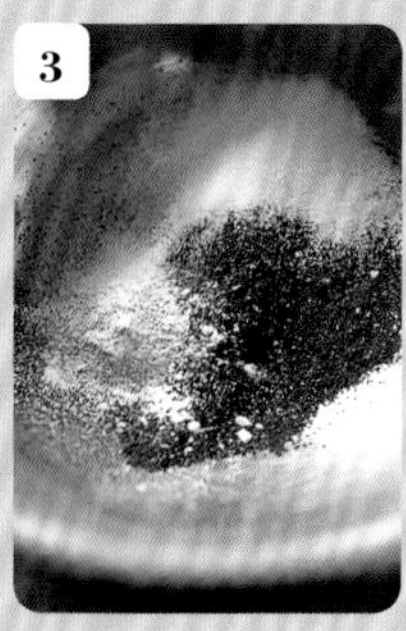

加入同樣份量的砂糖，以打蛋器拌勻。取約十分之一的量，再次放入研磨機磨碎（還可順便清潔研磨機），再倒入盆中拌勻。像這樣將一部分磨得更細，可以讓整體不容易分離。

完成。和乾燥劑一起放入密閉容器中保存。

香草莢
我使用的香草莢，是最具風味且香氣柔和的馬達加斯加產波本（Bourbon）香草莢。表面帶有光澤，細針狀結晶閃閃發亮者，是品質最高級。

香草精
我使用以天然香草莢萃取的香草精。為了不讓香氣消失，盡量在完成前一刻再加入。我也常常像「追鰹」（在柴魚高湯內再加入柴魚片）一樣，同時使用香草莢和香草糖製作甜點。

攪拌

mélanger

「均勻攪拌」和「不要過度攪拌」都很重要。

攪拌是作任何甜點都不可或缺的基本步驟。我特別注重「均勻攪拌」，同時也「不要過度攪拌」。看起來好似很有深意，目的在於讓食材相互融合，並發揮各自的風味。

以使用打蛋器攪拌為例：像奶油醬、蛋白、蛋奶液等，要混合不同食材時，我的作法大多依照下列順序。

1 **先將少量材料以畫圓方式攪拌。**
不必在意消泡，以畫圓的方式充分拌勻。先進行此步驟，可以使材料不易分離，也可以防止過度攪拌。

2 **由下往上撈起拌勻。**
在步驟1拌好少量的材料後，接下來為了發揮蛋白霜等食材的風味，分數次將材料大略地翻拌。以左手握緊調理盆的邊緣，以一定的速度旋轉，另一手持打蛋器沿著調理盆內側，有規律地轉動手腕，將材料由下往上翻拌。

3 **移轉調理盆再攪拌。**
即使想要充分拌勻，但實際上打蛋器是不可能完全攪拌到全部材料。藉著換盆的動作，讓材料上下倒反過來，再繼續翻拌，即可充分地將整體材料攪拌均勻。

另外，攪拌的另一個重點，就是將殘留在調理盆內側、打蛋器上、攪拌機的勾狀、球狀攪拌器上的奶油、麵粉或奶油醬等材料刮下，這是一項我們稱之為「角落corner」的作業。這些殘留的材料很容易被忽略，但如果沒有仔細地進行刮下的動作，作出來的成品風味會完全不同。我們必須要意識到有很多地方沒有攪拌到，在平時要養成「刮下餘料」的習慣。

打蛋黃

打蛋黃的目的在於「將砂糖完全溶入蛋黃中」。

打蛋黃是作卡士達醬（P.62）或巴巴露亞奶醬（P.67）時不可欠缺的作業。一般都會以「將砂糖加入蛋黃中，以打蛋器打至泛白濃稠」來表示。確實如此，但為什麼要這樣作呢？

其實這是為了使砂糖完全溶入蛋黃中。蛋黃中的砂糖若沒有完全溶入，加熱時熱氣會直接進入蛋黃中，使蛋黃容易結塊或焦黑。換句話說，為了使砂糖完全溶入蛋黃中，要以打蛋器充分攪拌，因此打蛋黃這個步驟以結果論，便是「將蛋黃打至泛白濃稠」。

如果沒有意識到這個步驟的最終目的，只是單純地想打成泛白濃稠狀，結果打入大量的氣泡，而砂糖沒有完全溶化，則使氣泡過多，在加熱時，氣泡從膨脹到消失會花費不少時間，也使黏度狀態變得難以判定。另外，氣泡太多也會使蛋黃的風味會變得稀薄，不容易嚐到豐醇感。

我打蛋黃的方式，是將打蛋器靠在調理盆內側，盡量不要打入氣泡，慢慢地擦拌，直至砂糖的顆粒感消失。砂糖是否完全溶化，必須以眼睛、耳朵、手感來分辨，這點很重要。

blanchir

打蛋黃的步驟

將蛋黃放入盆中，以打蛋器壓散。先將蛋黃膜戳破，攪拌起來的感覺會完全不一樣。這點在攪拌全蛋的時候也一樣。

打蛋器沿著盆邊，緩緩地以畫圓的方式攪拌，讓整體均質化。

加入細砂糖。依步驟2的作法，以一定的速度活動手腕，緩緩地拌勻。

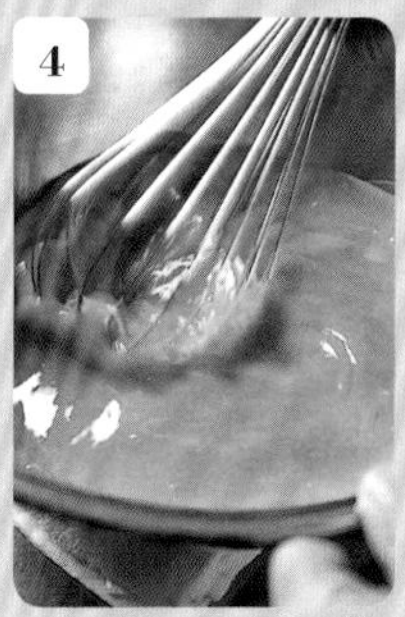

可以感受到砂糖的顆粒感在慢慢地消失。

砂糖完全溶化後的狀態。拿起打蛋器時，蛋黃會迅速滴下，色澤變得偏白。圖中是以P.64的份量為例，要打到這樣的狀態，加入砂糖後約打5分鐘。

浸潤

imbiber

「香氣」
能使甜點的特徵更加鮮明。

我以前對於為何要作在麵團上塗刷糖漿的「浸潤」動作，抱有很大的疑問。當時心想，浸潤不但很麻煩，還會將難得烤好的麵團弄得濕答答的，有什麼意義嗎？

剛開始在巴黎的「MILLET」修業時，有一天看到法國人同事將布里歐蘸著咖啡歐蕾吃，於是就問他：「為什麼要這樣吃呢？」結果他露出不可思議的表情回答：「沒有為什麼？因為很好吃啊！」那時我才恍然大悟「原來如此，浸潤也是為了讓甜點更好吃」，於是接受了這件事情。

浸潤是負責為麵團保濕，讓化口性更好，並藉由香氣強化甜點的特徵。例如：「洋梨夏洛特」（P.112）藉由在麵團上刷上洋梨白蘭地糖漿，讓洋梨的香氣先傳入鼻息，接著在口中和水分一同擴散開來，使洋梨的風味更加明顯。

香氣，是法式甜點最重要的特徵之一。進入「MILLET」的第一天，MILLET夫人便問我：「岡田你喜歡什麼香味的甜點呢？」

以香氣來挑選甜點，這是身為日本人的我從未有過的想法。法國甜點滋味的表現竟是如此有深度，令我感到十分驚訝。

瞭解浸潤的意義在於增加香氣後，塗刷糖漿的方式也就不能馬虎。基本的方式是先將刷毛沾滿糖漿，在盆邊刷掉多餘的糖漿，從左至右將刷毛像放置在麵團上一樣，依序塗刷。不希望香氣太重時，就輕輕地刷；想要強調香氣時，就將刷毛直立，讓糖漿充分浸入麵團中。刷法沒有硬性規定，而是想像著「帶來香氣的強弱程度」作塗刷，最後甜點的完成度也會提升到不同的層次。

撒砂糖

saupoudrer de sucre

目的不同，
使用工具和撒糖方式也有所不同。

同樣是「撒砂糖」這個詞，卻有各式各樣的目的。目的不同，使用工具和撒糖的方式也會改變。

例如：想在麵團表面作一層黏在皮膜上，法文稱之為「珍珠」的小顆粒（P.32）時，就要先以糖粉罐（poudrette，有很多小孔洞的糖粉罐）隨意地撒上糖粉，約莫等五分鐘後，再以濾茶網篩上一層糖粉。如此一來，便會形成恰好且不均一的糖粉膜，烘烤時，膨脹麵團裡的水蒸氣會從部分薄膜中噴出，宛如珍珠顆粒。

如果想讓麵團表面焦糖化，增添有光澤（稱之為「上光（glacer）」。參考P.42），同樣不要一次撒太多糖，而是以濾茶網分兩次撒。第一次輕輕地撒，待麵團表面的熱氣將糖粉融化固定後，再撒第二次。第一次撒的糖粉，就像化妝時的粉底一樣。因為撒了兩次，糖粉會充分附著在麵團上，使剛出爐成品的糖層部分不會分散開來。

順道一提，刷蛋液時也是一樣的道理。我在為「布列塔尼酥餅」（P.230）刷蛋液時，也會分兩次塗刷。第一次刷完，等待充分浸透後，再刷一次。你可能吃過蛋液部分和餅分開的布列塔尼酥餅，那就是一次刷很厚的緣故。一次塗很厚一層，會造成蛋液在烘烤時膨脹，和餅分離並萎縮。第一次的塗刷除了有幫助融合的作用之外，還有個好處是可以溶化殘留在麵團表面的手粉。

裝飾用的糖粉也會以濾茶網來撒，我在作這個動作的時候，通常會以小刀的刀鋒或邊緣邊敲濾茶網邊撒。使用工具比以手指能給濾茶網更細緻的震動幅度，可以更正確地撒上想要的份量。

撒砂糖時的高度、角度也很重要。將糖粉罐從約10公分左右的高度，以45度角像要敲擊麵團表面一般，將糖粉撒在麵團上。以手撒焦糖化用的砂糖時，可以從約30公分的高度將手前後晃動，依照自己想要的狀態，有效率地將砂糖撒在麵團上。

時間會醞釀韻味

mûrir

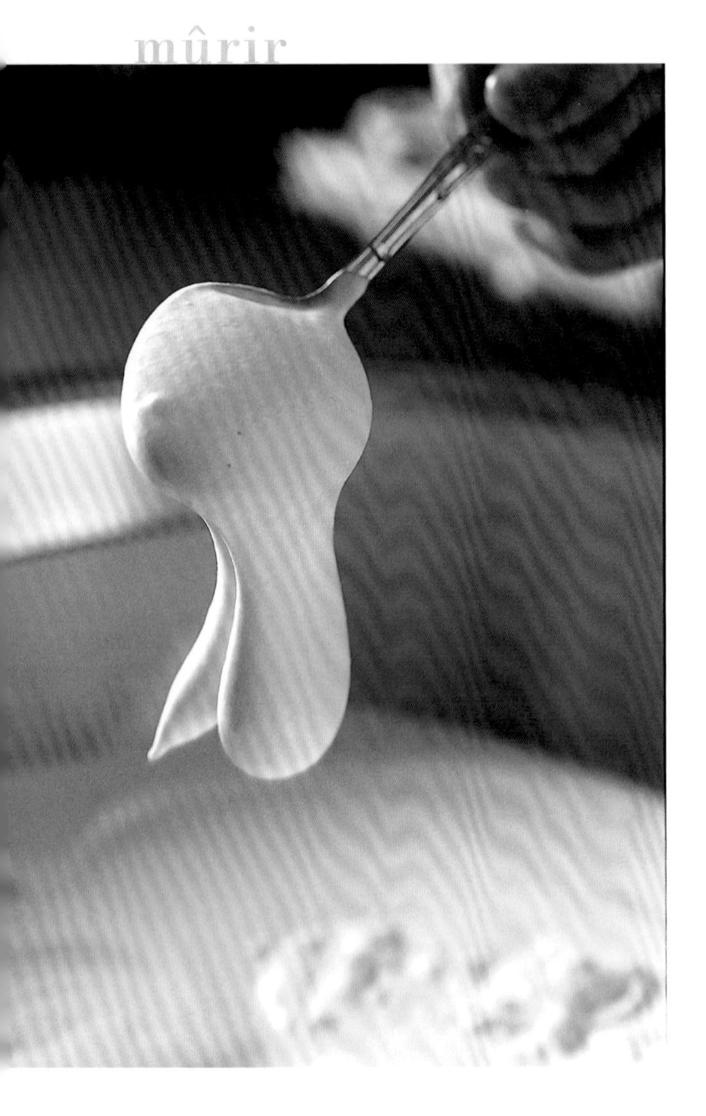

透過「熬煮」和「靜置」，
使味道變得更有深度。

烘焙理論中，英式蛋奶醬（P.67）的作法為「煮至82℃即完成」。不過實際上只作到這個階段，會因為感受不到味道的融合感，而覺得不好吃。

讓我回想起修業時，有一天，冰淇淋的訂單量大增，我正在作英式蛋奶醬的時候，用來將煮好的醬降溫的冰塊不夠了，不得已只好暫時將蛋奶醬放在室溫放涼。當時試了一下味道，沒想到竟然變得更加濃郁。後來我反覆研究，得到了一個結論，如果是「À PoinT」的基本份量（P.68），將剛煮好的蛋奶醬倒入保持在適當溫度、口徑較小的調理盆中，維持75℃靜置三分鐘，便能抑制細菌孳生，同時也使濃度增加，滋味更加協調。仔細想想，在剛煮好時，蛋、牛奶、砂糖等各種不同的材料，其實還沒有完全融合在一起。或許是透過餘熱的加溫，使得內部也能充分加熱，引導出材料蘊藏的滋味。

另外，卡士達醬（P.62）的作法通常為「煮至濃郁柔滑狀即完成」，而我會在煮至柔滑狀後，再煮幾分鐘，並放入冰箱冷藏一晚。經過熬煮和一段時間的靜置，各種材料會充分融為一體，使蛋的滋味變得更加濃醇。這和剛煮好的咖哩味道會有點分散，靜置一晚後就會變美味的道理很像。要注意的是，無論是英式蛋奶醬或卡士達醬，都必須徹底作好溫度管理和衛生管理，以避免細菌孳生。

順帶一提，單單只是增加蛋黃的數量，只會使蛋黃的腥味加重，讓味道變得沉重。所謂的「韻味」，不是增加食材的濃度，而是要透過「確實地煮透」和「時間」才能帶出的醇厚風味。

烘焙理論固然重要。但如果能以理論為基準，加上自己的想法，也很重要不是嗎？我認為時常抱持「作料理的心」，在製作的同時思考加熱到什麼樣的程度會有什麼樣的變化，這些累積下來的經驗，能幫助你找到自己喜愛的美味。

對比&一體感

le contraste et
l'ensemble

「美味甜點」的兩大支柱。

好吃的炸豬排，除了肉片要多汁美味之外，麵衣酥脆的口感也是不可或缺。好吃的甜點也是一樣，入口時的「口感」是十分重要。

以「馬卡龍」（P.245）為例，放入口中後，細緻的表皮輕輕地在口中散開，集中食用者的精神，引領表皮和中心濕潤的杏仁餅及濃稠芳醇的內餡相會。相互對比的口感在一道甜點中精彩演繹，令人充分享受，每一口都豐富不膩。

再例如「愛之井」（P.120）的千層派皮，將邊緣往模型的外側反摺後再切下，也是我的堅持。這樣的動作會使烘烤時，邊緣的餅皮用力向上撐高，使同樣麵團的側面及底部有著不同的口感。在甜點上烤焦糖層（P.108）、淋糖霜（P.186）、割紋（P.198）……也都是為口感增添趣味變化的方式。

「費雪草莓蛋糕」（P.86）中使用的鮮奶油，乳脂量都有所不同。中間夾入大量乳脂較低的35%鮮奶油，表面則是抹一層高脂肪的47%鮮奶油，可去除膩味，還能帶來極大的滿足感。這也是一個藉由乳脂的對比，讓甜點更加美味的例子。

甜點要好吃，「對比」和「一體感」都很重要。如果每種材料吃起來很分散，那麼就不好吃了對吧？舉例而言，若以海綿蛋糕體（P.38）製作「費雪草莓蛋糕」，為了使蛋糕可以和鮮奶油一起融入口中，我會調整麵糊的配方。

能喚起有趣的滋味，同時以麵糊和奶油醬等基本元素演奏一曲舒適的協奏曲，再輕快地送入喉中。這就是我所認為的「美味甜點的條件」。

美味地烘烤

meilleure cuisson

烘烤甜點和燒烤一樣，
都是將美味鎖在其中。

我在烤麵團時，會想像我是在燒烤肉品。有人說越是愛吃肉的人，越喜歡「生」的牛排。烤得太熟，反而會變得乾巴巴的很難吃。麵團也是一樣。烤過頭，麵團的水分和油脂便會流失，而使風味盡失。

我在巴黎修業時，曾烘烤瓦片餅乾（一種瓦片狀的薄餅乾）。先以高溫烘烤，使表面形成薄膜，將麵糊的風味鎖在其中。那時我突然明白，這種作法就跟為了防止牛排肉汁流失一模一樣。也讓我再次體認到，作甜點就和作料理一樣啊！

我所製作的麵團配方都很豪華。因此希望烘烤時，不要流失了如此豐富的美味。例如：泡芙麵糊（P.47），烘烤時會有意識地希望能保留奶油、牛奶、麵粉、蛋等，在烘烤前融合一體，形成難以言喻的美味；如果是千層派皮（P.42），我便希望可以留下層與層之間奶油濕潤濃郁的豐醇感。沒烤熟當然不行，但如果烤到連中心都呈現茶褐色，只會留下單一的焦味。

確認好麵團的含水量，將風味鎖入其中（在烘烤前噴水，也是為了防止過度乾燥），加上香氣四溢的色澤這項附加價值，能令甜點的風味更加明顯。

這就是我所認為的「美味的烘烤方式」。

配方外的美味

meilleure que
la recette

美味的關鍵，
隱藏在食譜的字裡行間。

「亞爾薩斯咕咕霍夫」（P.299）的美味關鍵在於模型。因為長期製作這道甜點，經年累月滲入陶製模型的奶油，為麵糊增添了配方外的香氣與美味。

雖然這是比較少數的例子，不過我想傳達的是「甜點的美味」，並非單純依照食譜製作。美味的關鍵正隱藏在食譜的字裡行間。思考食譜中的每一道步驟有什麼的意義，該怎麼下功夫，該如何用心製作，所作出來的甜點，味道會變得完全不同。

舉例而言，有一個基本步驟是在模型內側塗一層奶油，法文為「beurrer抹奶油」。一般而言是為了讓麵糊不會沾黏在模型上，不過抹奶油的效果不只是如此。我過去曾修業過的甜點店，會塗酥油來代替奶油。原本只是為了方便脫模，不過有一天，因為酥油用完了，便改塗奶油，結果烤好的麵團所散發出的香氣，竟跟以往截然不同。抹奶油還有為麵團增添奶油風味的效果，這也是「配方外的美味」。

體認到這一點後，對於奶油的狀態也有了堅持。我會將奶油回溫至手指能輕鬆按壓下去的軟度，但注意不能讓它融化。這是我所認為固態的奶油最美味（P.11）的狀態。即使沾在刷毛上塗刷，奶油也會融化。製作前必須特別注意，調整好奶油的軟硬度。

你或許會覺得太過講究，但任何基本作業的細節都不馬虎，正是製作美味甜點不可或缺的第一課。我相信將這些枝微末節一點一滴累積起來，最後終能找到屬於自己的美味。

第2章

蛋糕體・奶油醬・淋醬

La pâte, la crème et la sauce

我在修業時期，

有一段期間，感覺單調地作甜點比作料理還無趣。

但是有一天，我發現了一件事——

料理，首重食材。

如果將蛋糕體、奶油醬，當作像料理一樣的食材，

那麼甜點的世界，就是從基礎開始創作出自己期望中的作品！

這樣一想，不覺得很有趣嗎？

從另一層意義上而言，作甜點比作料理還要更講究呢！

馬卡龍糖片

Pâte à macarons

將打到極限的蛋白霜適當地消泡，烤得輕盈柔軟。
勾勒出細緻的對比口感和入口即化的化口性。

我第一次知道馬卡龍，是1982年還在餐廳修業時。有著「裙邊pied（足）」的可愛外型，只需蛋白、杏仁粉和砂糖等簡單的材料就能製作，如此漂亮的甜點，令我深深著迷。但是當時沒有什麼相關食譜可以參考，而不斷地製作失敗。為了確定馬卡龍的作法和原理，也成了我遠赴法國的最大原因。

在法國，我發現法國人相當喜歡杏仁。法式甜點中，有很多為了讓含脂量高的杏仁能吃起來好吃，而須費一番工夫製作出的甜點，馬卡龍就是其中一例。將打好的蛋白霜適度消泡，使麵糊形成一層細緻的薄膜，這是運用了口感的對比差異，讓人能品嚐到更濃郁的杏仁滋味。這和以薄餅皮包覆紅豆餡的日本最中，概念極為相似。我透過馬卡龍，瞭解到法式甜點「口感的對比性」的精髓，也意識到這是世界通用，使料理或甜點更加美味的祕訣。

從此之後，便埋首於追求口感。我想製作的馬卡龍，要有渾圓可愛的外型，鼻尖能嗅到杏仁和香草莢甜美的香氣，輕輕地咬下，表層便碎裂散開，如生菓子般在舌尖溶化成一抹濕潤的水氣，使杏仁的豐醇韻味和香氣，在口中蔓延開來。經過不斷地嘗試及失敗後，才有了現在的作法。

作馬卡龍有三大重點。首先是打蛋白的方式。以桌上型攪拌機調至1.5倍速打發到極限，便會呈現光滑的質感。想像要將蛋白的纖維完全截斷，在薄膜上作出滿滿細緻的泡泡。如此一來，馬卡龍的化口性也會變得更明顯。

接下來的重點，是將打發好的蛋白適當地消泡，法文稱為「馬卡龍手法macaronnage」的步驟。如果馬卡龍手法作的不夠，麵糊會膨脹過度而破裂，拌得過多又會無法烤得膨膨圓圓的外型。想像要切斷泡沫間的連結，適度地留下細小的泡沫。如此一來，便能作出細緻的薄膜。

最後的重點是烘烤方式。經過消泡步驟後殘留下來的細小泡沫，最後會透過餘熱烤熟。原理和料理一樣，肉和蛋白霜都是同樣的蛋白質，高溫烘烤後會變硬。利用餘溫來加熱，就能將餅烤得柔軟，使蛋白霜能細緻地溶化在口中。

為了烤出漂亮的裙邊，烘烤溫度也要特別注意。麵糊擠好後，先在室溫中靜置，待表面形成一層薄膜。放入上火溫高的烤箱將皮膜烤硬後，再移到下火溫高的烤箱，使膨脹的蒸氣無法向上竄出，便從仍是流動狀的麵糊下方冒出，形成裙邊。為了避免冒出過多裙邊，溫度調整也相當重要。

打發蛋白的方式、攪拌方式、烘烤方式……我從馬卡龍糖片中學習到很多小技巧。

馬卡龍就是「我作甜點的原點」。

基本份量（直徑約3㎝，約140片份）
蛋白　blancs d'œuf　250g
砂糖　sucre semoule　50g
食用色素（紅色。粉末）　colorant rouge　適量
∧這裡作的是「覆盆子風味馬卡龍」，使用紅色色素。
香草精　extrait de vanille　適量
∧上述材料、器具和室溫均預先降溫。
杏仁粉　amandes en poudre　250g
糖粉　sucre glace　450g

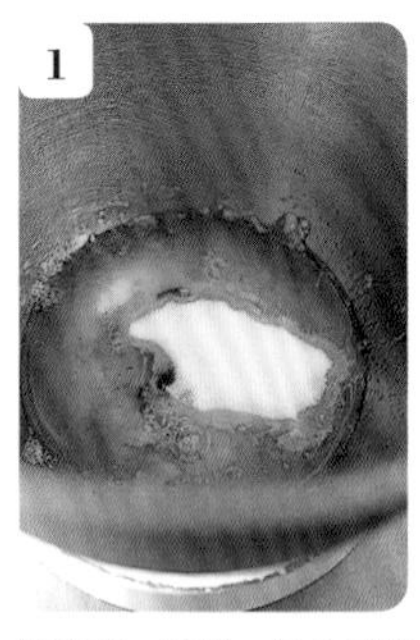

將蛋白、砂糖、以少量的水（份量外）溶好的食用色素、香草精，放入事先冰過的攪拌機專用攪拌盆中。使香草精能更加突顯風味。

以低速攪拌，使蛋白濃度均一後，再切換高速打發。因為想作出外型渾圓飽滿的馬卡龍，所以使用2天至3天前預先分離的新鮮蛋白。

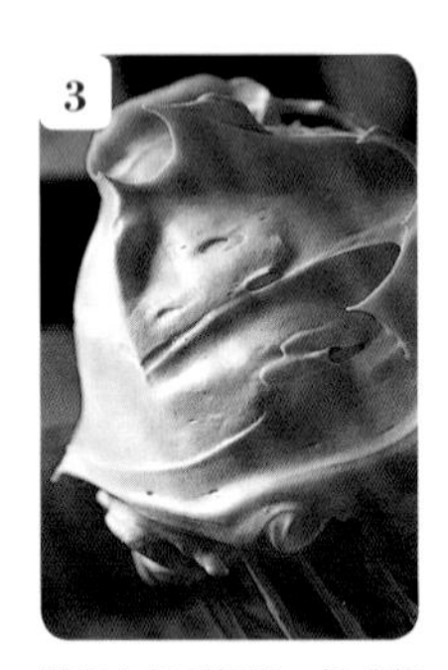

將蛋白打到極限。打成將攪拌盆倒過來也不會流動、緊實堅硬的蛋白霜。紋理細緻，散發著光澤。

將混合後過篩2次的杏仁粉和糖粉，加入步驟**3**中。一邊加一邊慢慢轉動調理盆，使用漏杓以一定的步調由下往上均勻翻拌。

粉類和蛋白霜均勻混合的狀態。

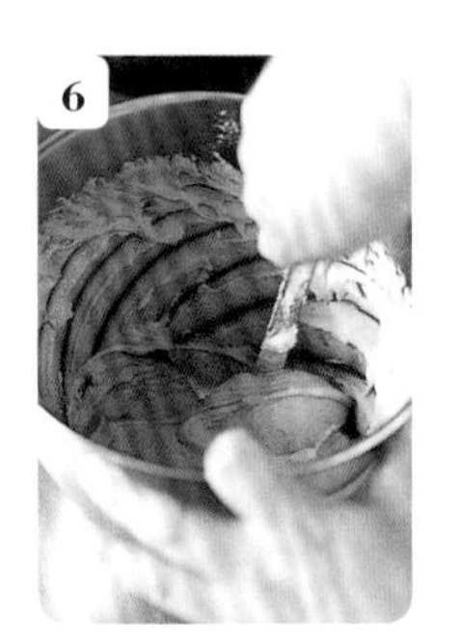

繼續攪拌。這邊開始要進行適度消泡的「馬卡龍手法」。這裡的重點是將調理盆慢慢地旋轉，從中心翻拌，保持一定的節奏轉動手腕，均勻攪拌。

待顏色均一，且以漏勺撈起時，會呈現濃稠狀落下，呈一個倒三角形時即完成。在此馬卡龍的製作已經完成八成。

將步驟**7**從高處倒入另一個盆中。將麵糊上下倒流，也能藉由麵糊本身的重量適度地將氣泡消泡。

這邊開始是馬卡龍作法的最終調整。一邊轉動調理盆，一邊以刮板的平面將麵糊由外往裡翻拌，像畫弧形一樣將麵糊集中至中心。以麵糊本身的重量將氣泡消泡。

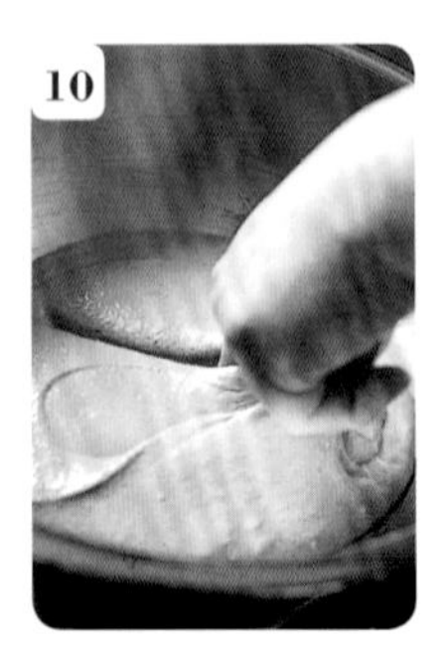

慢慢地出現光澤了。將手指插入麵糊中再拿開，痕跡會緩慢地閉合，就是恰好的狀態。大約壓除八成的氣泡，留下兩成氣泡。

將畫好直徑3㎝圓形圖案的紙鋪在烤盤上，上面墊一張矽膠烘焙墊。將步驟**10**放入裝有直徑8㎜圓形花嘴的擠花袋中，從烤盤1.5㎝高處將麵糊擠出。

從一定的高度擠出麵糊。

不要移動花嘴。花嘴一動，便會將氣泡消泡。馬卡龍的麵糊就是如此細緻。

將步驟12連同烤盤放置在室溫中約10分鐘，直至擠花留下的尖角消失。靜置的同時能使表面乾燥，形成一層極薄的皮膜。要特別注意，若皮膜形成後再繼續靜置，麵糊就會軟塌，皮膜也會過厚而變硬。

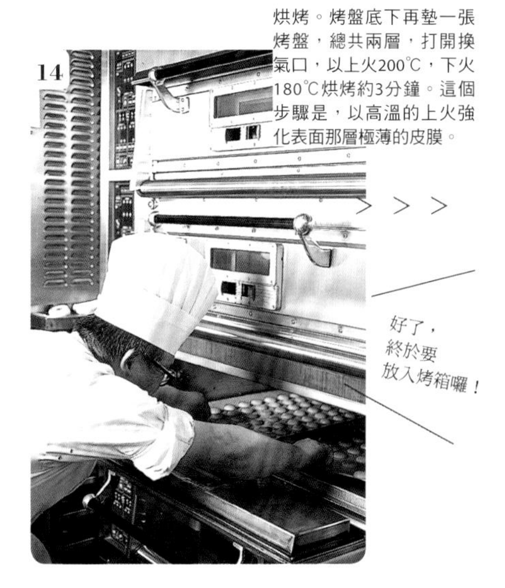

烘烤。烤盤底下再墊一張烤盤，總共兩層，打開換氣口，以上火200℃，下火180℃烘烤約3分鐘。這個步驟是，以高溫的上火強化表面那層極薄的皮膜。

好了，
終於要
放入烤箱囉！

3分鐘後。皮膜已經形成了，不過以手指輕壓，會發現中央還是生的狀態。

接下來移至上火180℃，下火200℃的烤箱，烘烤約6分鐘。經過2分鐘後，因為表面有一層薄膜，使得膨脹的蒸氣無法向上竄出，便從流動狀的麵糊下方冒出，形成裙邊。

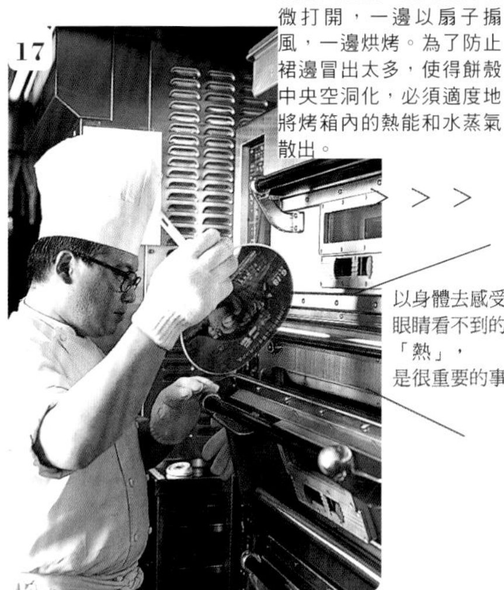

裙邊出現後，將烤箱門稍微打開，一邊以扇子搧風，一邊烘烤。為了防止裙邊冒出太多，使得餅殼中央空洞化，必須適度地將烤箱內的熱能和水蒸氣散出。

以身體去感受
眼睛看不到的
「熱」，
是很重要的事情！

在這一階段，裙邊會變寬，麵糊也會膨脹起來。這是蒸氣從裙邊和表面細小的孔洞中冒出來的狀態。此時還沒有烤好，碰觸它時，會微微地晃動。

最後轉換烤盤的方向，移到下火也是180℃的烤箱中烘烤約1分鐘，使其凝固。可以從麵糊膨脹的狀態是否穩定、裙邊是否緊縮來判斷是否烘烤完成。

完成了！
完美的烘烤程度！

從烤箱中取出，連同烤盤一起靜置10分鐘，以餘溫加熱中心部分。中央烤熟但沒有烤過頭，更能突顯杏仁的美味。最後，連同烘焙紙一起放在網架上待涼。

※在此是以「覆盆子風味馬卡龍」為例。依種類不同，從擠出麵糊到放入烤盤前，靜置於室溫的時間、烘烤溫度、烘烤時間等也會有些微的不同。依照自身的經驗，作適當的調整即可。

裙邊的作法

Pied

馬卡龍周圍的「裙邊」，
是讓馬卡龍的可愛度加分的關鍵。
以下就透過圖文來說明如何製作漂亮裙邊吧！

※ 烘烤溫度以「覆盆子風味馬卡龍」為例。

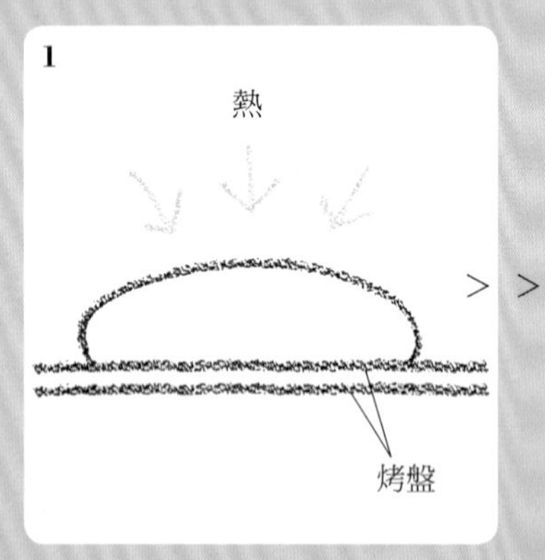

將兩個烤盤重疊（共同）／上火200℃／下火180℃，以高溫的上火強化表面的皮膜。

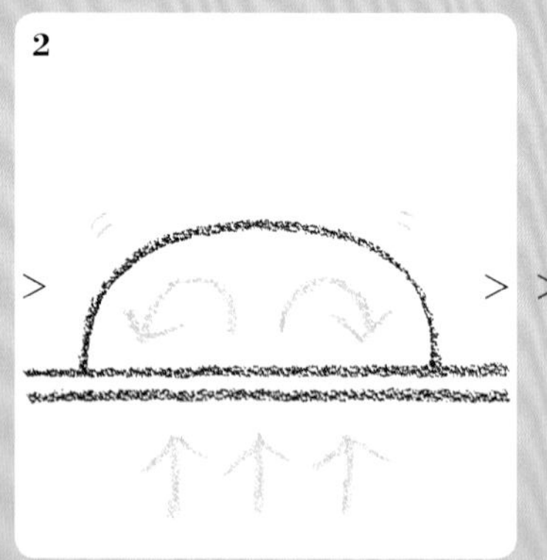

上火180℃／下火200℃
由於下火溫度調高，下方的蒸氣往上膨脹。但因為表面有一層皮膜，蒸氣只好由下方尋找出口。

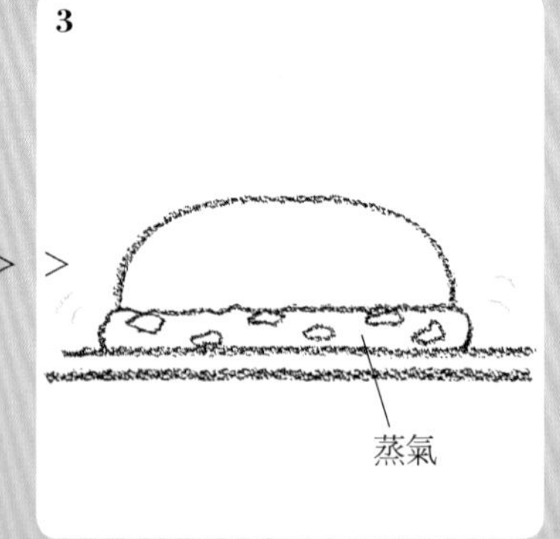

中央流動狀的些許麵糊隨著蒸氣往下方流出，形成裙邊。裙邊形成後，將烤箱門打開，送風進去，降低溫度並適度排除濕氣。此時還是一碰就會晃動的狀態。

裙邊和
從表面冒出的
蒸氣
都出現了！

4

上火180℃／下火180℃
將烤盤轉換方向，降低下火的溫度烤至固定。蒸氣不再膨脹後，麵糊會稍微下沉，裙邊也會緊縮。

步驟3降溫後繼續烘烤

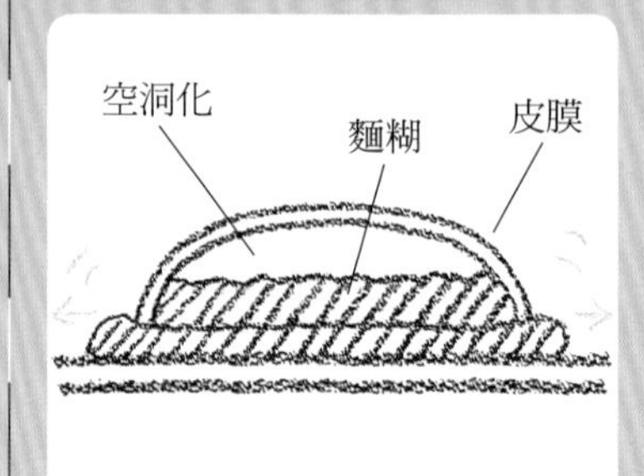

裙邊冒出過多，外表變得不可愛。加上中間的麵糊大量往外流出，形成中心空洞化。表面的皮膜也變得又厚又硬。

蛋白霜二三事

Meringue françise

法式甜點最不可或缺的就是蛋白霜。
藉由研究馬卡龍麵糊，
自由自在地操控蛋白霜（泡）。
以下就來介紹製作蛋白霜的重點。

1 溫度

要打出結構細緻，充滿密實氣泡的蛋白霜，維持冷涼的溫度是最基本的條件。材料、器具都要冰過，室溫設定在 20℃，並要快速作業。溫度一旦上升，氣泡便會膨脹而破裂。只要瞭解這個原理，便能適當地調整需要的蛋白霜所適合的溫度和打發時間。

2 攪拌機

攪拌機以桌上型攪拌機為主，分成很多種類。需要最大氣泡量的馬卡龍麵糊和手指餅乾，我使用的是可調整 1.5 倍速率的桌上型攪拌機（如圖）。

3 蛋白

蛋白一般而言，為了好打發，常使用打蛋後放置一週左右，製造出水溶化（彈性減弱）後的蛋白。不過我想要作出有韌性又蓬鬆的蛋白霜，加上衛生考量，基本上會使用打蛋後放置在冷藏室 2 天至 3 天的新鮮蛋白。特別是吃起來要有韌度的海綿蛋糕類麵糊，甚至會使用當天才打蛋的蛋白。

4 鹽

鹽可以降低蛋白的韌性。特別是要製作容易在口中化開的柔嫩蛋白霜時（P.162 的成功蛋糕麵糊、P.272 的手指餅乾等），會在蛋白內加少量的鹽。鹽還可以使味道更富有張力。

5 砂糖

我使用的糖分砂糖和糖粉兩種。依不同的打發方式會使用不同的糖類，基本上砂糖的氣泡較粗，糖粉的氣泡較細。即使是和砂糖同樣等級（粒子大小）的糖，顆粒大小也會有誤差。平常就要用心調查，配合粒子大小微調打發方式，這點在製作上很重要。

6 加入砂糖的時機和攪拌的速度

蛋白加入砂糖後，會產生黏性，使蛋白不易打發，不過另一方面，砂糖也有使氣泡結構變得細緻、穩定的作用。根據這個原則，基本上應先加入少量砂糖到蛋白中打發，接下來再慢慢少量分次加入，以免妨礙蛋白打發。不過，如果想作出像「椰子蛋白霜餅」（P.250）一樣較粗糙且不均勻的氣泡時，也可以只加入少量的砂糖，再將蛋白打發到極限，可隨目的調整應用。在攪拌速度方面，基本上是先以低速將蛋白的韌性減低，再提升速度打發，不過如果想作出不均一的粗泡時，可以一開始就以高速打發，打發方式可以配合想要的蛋白霜狀態作調整。

手指餅乾

Biscuit à la cuillère

蘊藏著氣泡的蓬鬆口感，表面還披覆著皮膜和珍珠，
令口感更添一份樂趣。

手指餅乾麵糊是很傳統的麵糊，不過對我來說其實很新鮮。它能表現出多采多姿的口感，非常有魅力。個人認為手指餅乾最棒的滋味是「蛋白霜氣泡形成的彈力和輕盈感」。

而我所追求的是「吸收氣泡到最大限度」的麵糊。打蛋白時，為了打出細緻的氣泡，我使用1.5倍速率的桌上型攪拌機（P.31）。為了避免妨礙蛋白打發，一邊分次加入少量的糖，一邊以高速一口氣打發。

打發蛋白的這一連串作業，最重要的是「溫度管理」。室溫太高會造成氣泡膨脹破裂、分離，使得麵糊軟塌無力。越是在冷涼的狀態下，越能打出大量細小而緊實的氣泡。因此在製作前須預先將材料、器具冰過、室內降溫，趁氣泡還沒受到室溫影響時儘快動作，是成功的關鍵。

順帶一提，「鄉村蛋糕」（P.272）裡的手指餅乾作法則完全相反，是將麵糊暫時放在室溫下，使氣泡膨脹，讓麵糊適度地軟塌，以作出更有層次的口感。只要把握好「溫度管理」的原則，便可以有計畫地控制麵糊的狀態。

一般而言，蛋白霜打好後，會和加了砂糖打發的蛋黃混合攪拌。在此我會使用不加砂糖，靜置一段時間的打散蛋黃。我認為一旦打入氣泡，蛋黃的濃醇滋味便會轉淡，而無法作出「蛋黃風味的蛋白霜」。此外，我還會在蛋黃內加香草，以去除蛋腥味。

為了避免蛋白霜消泡，先將蛋黃和低筋麵粉混合後，趁還沒消泡前，迅速攪拌成麵糊。這邊介紹的「洋梨夏洛特」（P.112）的chapeau（帽子）部分，因為是這道甜點最顯眼的部位，必須要趁麵糊狀態最好時擠出來，所以擠麵糊的順序也很重要。

而在烘烤前最重要的步驟則是，在麵糊上撒糖粉作皮膜。這道工夫會為口感帶來表面酥脆、中央蓬鬆的變化。在這個步驟多花點心思，可給予口感更多的附加價值。製作出稱之為「珍珠」（法文為perle，英文為pearl）的小顆粒，這是令我深刻體驗到法式甜點細膩之處的工作之一。為了能產生大量的珍珠，於表面撒上糖粉。

首先，使用有許多小孔洞的糖粉罐，不平均地撒上糖粉。靜待5分鐘後，會有部分的糖粉被麵團的水分吸收，形成一層薄膜。接下來以濾茶網將全體撒一層糖粉，烘烤時麵糊會膨脹起來，裡面的水蒸氣像噴泉般衝出部分薄膜，形成小顆粒。而第二次以濾茶網撒的糖粉，則用來緩和烤箱的高溫，防止麵團表面龜裂，也成為間接熱能，使麵團變得更加蓬鬆。

將手指餅乾作成盒狀，用來填入慕斯。吸收了糖漿和慕斯的水分所產生的協調感和柔軟的化口性，也是這道餅乾才能品嚐到的趣味。不但很有存在感，在口中化開後，中心的滋味分外鮮明。因此我將這道餅乾暱稱為「可以吃的珠寶盒」。

基本份量（P.112「洋梨夏洛特」中，
直徑約12cm的帽子部分約14片份。
也可作60×40cm的烤盤大小一片份）

蛋白　blancs d'œuf　8顆份
∧使用當天打的新鮮蛋白。
砂糖　sucre semoule　200g
蛋黃　jaunes d'œuf　8顆份
香草精　extrait de vanille　適量
低筋麵粉　farine faible　200g
糖粉　sucre glace　適量
∧所有的材料、器具和室溫均預先降溫。

糖粉罐
有很多小孔洞的糖粉罐，能適量且不平均地撒糖粉。是在麵團表面製造出「珍珠」不可或缺的器具。順帶一提，在法國也有很多甜點師不知道製作珍珠的方法（perlage）。

1 將蛋白打入冰過的攪拌機專用攪拌盆內，加入¼量的砂糖。為了打出細緻的氣泡，要在低溫下進行。

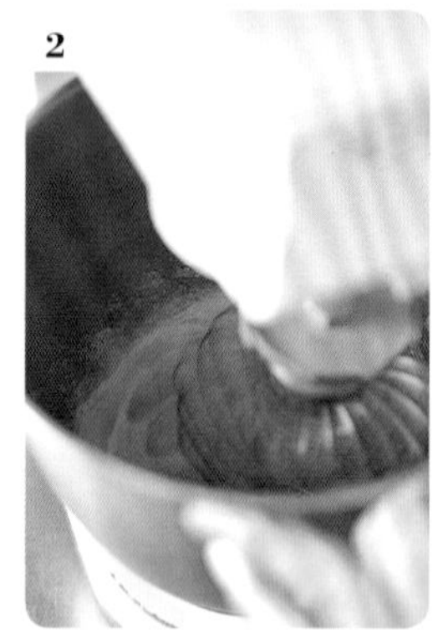

2 以高速一口氣打發。重點是要趁蛋白還沒被室溫影響時，短時間內打發到極限。

3 途中一邊觀察蛋白的狀態，一邊分三次加入砂糖。砂糖加入後會出現黏性而影響氣泡量，所以必須分次加入，才能打出紋理細緻，不易消泡的氣泡。

4 打發到蛋白分離前一刻。尖角挺立，帶有光滑質感的蛋白霜就完成了。

5 將事先打入調理盆內降溫的蛋黃打散。因為想保留蛋黃的濃醇韻味，因此不將蛋黃打發。為了消除蛋黃的腥味且增加風味深度，特意加入一些香草精。

6 將步驟4的蛋白霜少量加入步驟5的盆中，手持打蛋器以畫圓的方輕輕攪拌。先混合少量的材料，全體比較容易混合均勻。

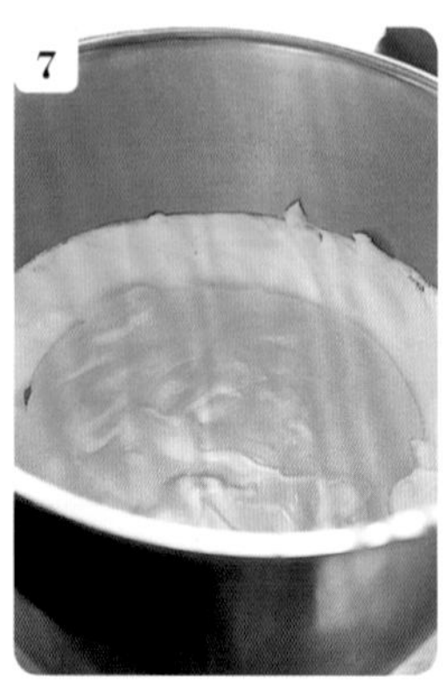

7 將步驟6倒回步驟4的調理盆內。一邊轉動盆邊，一邊以漏勺由下往上慢慢翻拌。

8 趁蛋黃還未拌勻時，將低筋麵粉以同樣的方式分兩次慢慢加入。注意不要攪拌太久，以免蛋白霜消泡。為了使氣泡能保留到最大限度，要緩慢而有規律地詳細拌勻。

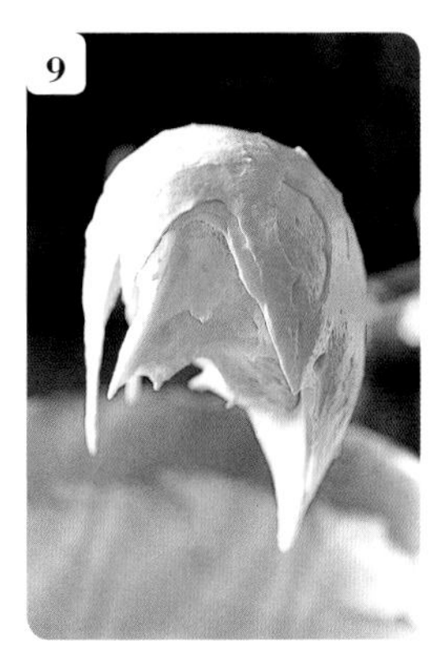

9

攪拌好後，仍保留氣泡彈性的狀態。如果攪拌過頭，會失去彈性，使麵糊往下垂。趁麵糊軟塌前儘早擠花。

10

將畫有帽子圖樣的紙鋪在烤盤上，上面鋪一層烘焙紙。以直徑9mm的圓形花嘴，將步驟**9**由外側往中心擠出，中央再擠一個小半球形。烤盤和擠花袋都要預先冰過。

11

將篩好的糖粉裝入糖粉罐內約至$\frac{1}{3}$處，從高約10cm處，以45度角由左向右撒在麵糊上。接著將烤盤左右180度調轉，以同樣的方式將沒有撒到糖粉之處撒上糖粉。

12

即使心裡想撒得平均，也要撒得很分散。靜待5分鐘。有些地方的糖粉會被麵糊的水分吸收，有些則不會。超過5分鐘麵糊會塌掉，要注意。

13

這次以濾茶網將整體撒滿糖粉。

14

以濾茶網撒的糖粉，能固定擠好的形狀，也能緩和烤箱的火力。接著放入烤箱，以185℃烘烤約20分鐘。

15

確認不易烤熟的底部也烤熟後，將餅乾從烤箱中取出。將烤盤輕敲桌面幾次，使熱氣散出，避免回縮。雖然烤得熟透，不過也適度的保留了一些水分，能發揮麵糊的風味。

16

表面出現許多珍珠。這是在烘烤時因為水蒸氣噴發而形成的小顆粒。整塊餅乾除了細緻的皮膜，這些小顆粒還可以為口感帶來絕妙的韻律。

17

將殘留在紙上的糖粉抖落，連同烘焙紙一起放在網架上待涼。

18

將餅乾從烘焙紙上取下。盡量使用不易剝離的烘焙紙。餅乾底部如果被剝掉薄薄一層，會更容易滲入糖漿或慕斯的水分，產生入口即化的口感。

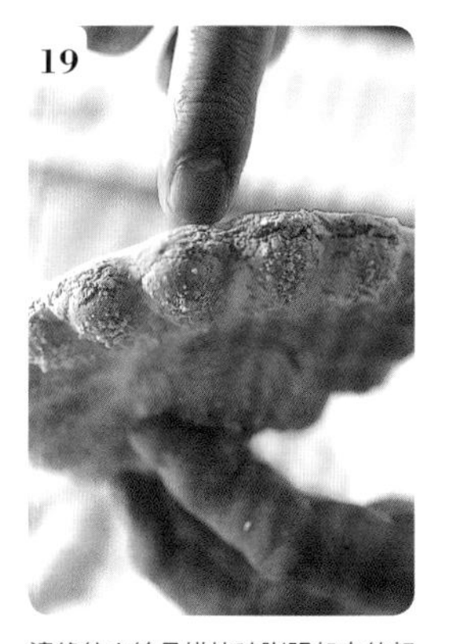

19

邊緣的白線是烘烤時膨脹起來的麵糊，碰到殘留在紙上的糖粉所形成的。這圈糖粉能為甜度和口感帶來不同的節奏及對比，是配方外的美味。

20

渾圓的半球形中心很有特色。重點是在擠花的時候，要想著怎麼擠烤出來才會可愛。

鳩康地杏仁海綿蛋糕體

Biscuit Joconde

將材料預先冷藏，
是為了烤出更加濕潤的蛋糕。

鳩康地杏仁海綿蛋糕體是我很喜歡的一款蛋糕體。濃郁豐富的杏仁風味，加上略微像「薯芋」般的鬆軟口感，為其最大的特色。鳩康地杏仁海綿蛋糕體通常會將麵糊作得較粗糙，並烤得稍微乾燥一點，最後再刷上糖漿，不過我想將這塊蛋糕的風味發揮到最大極限，因此將麵糊作的比較細緻，並烤得濕潤一點。即使不刷糖漿，光靠蛋糕本身的風味和柔軟口感，吃起來也非常美味。瞭解並重視蛋糕體的意義固然很重要，不過我認為不能單純地依樣畫葫蘆，在瞭解原意後以自己的喜好嘗試改變，也是烘焙很重要的一環。

蛋糕要烤得濕潤，最重要的訣竅的是「將材料預先冷藏」。鳩康地杏仁海綿蛋糕體一般是將750g的麵糊倒入60×40cm的烤盤上，以高溫迅速烘烤。因為麵糊很薄，很快就會熟透，稍一不注意，風味很容易就會隨著水分一起流失。預先將材料冰過，便可以降低烤熟的速度。這是我從牛排店工作的經驗中所得到的靈感。為了使牛排可以煎出理想的狀態，會配合煎烤時間，再將肉從冷藏室取出。這項法則也可以運用於製作甜點上。

因為麵糊是冰冷的狀態，最後添加的融化奶油則以沸騰的狀態加入。如果不使用沸騰狀態的奶油，加入麵糊時便會結塊。滾燙的融化奶油能將麵糊確實地分散開來，使麵糊在烤好後，不只濕潤，口感也很扎實。

有著如幼鹿背部一般濕潤的質感，就是「À PoinT」鳩康地杏仁海綿蛋糕體的最大魅力。

基本份量（60×40cm的烤盤4盤份）
T.P.T.（等比例杏仁糖粉）
杏仁粉　amandes en poudre　625g
糖粉　sucre glace　625g
低筋麵粉　farine faible　150g
全蛋　œufs entiers　16顆
蛋白　blancs d'œuf　535g
∧使用當天打的新鮮蛋白。
砂糖　sucre semoule　214g
∧上述材料、器具和室溫均預先降溫。
沸騰融化奶油　beurre fondu　113g

1
將混合過篩兩次的T.P.T.和低筋麵粉放入攪拌盆中，一邊以低速攪拌，一邊分次加入全蛋。使用低速攪拌是為了使麵糊更細緻，並防止打發過度。

2
全蛋全部加入後，改以中速拌勻。隨時要停止攪拌，將附著在攪拌器上的麵糊刮下來，並從盆底往上翻拌，使麵糊能拌得更平均。

3
提起打蛋器後，麵糊呈現細緻的緞帶狀往下滴落，痕跡會迅速消失，就是恰好的狀態。如果麵糊呈現緞帶狀層疊起來，就是打發過度了。過度打發的麵糊會因為含有大量氣泡，使風味會變得淡薄。

4
將蛋白放入另一個攪拌盆中，加入¼量的砂糖，以高速打發。將剩下的砂糖分三次慢慢加入，打到提起打蛋器時蛋白出現挺立的尖角。

5
將步驟3分次少量地加入步驟4中，並以漏勺從麵糊底部由下往上迅速翻拌。

6
加入沸騰的融化奶油迅速拌勻。因為麵糊是冰的，如果再加入冰的融化奶油，會容易結塊。加入熱的融化奶油，可以幫助整體分散。

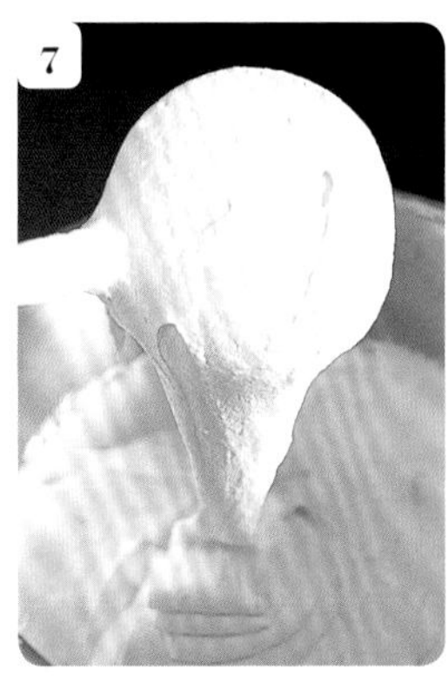
7
含有適量氣泡的柔滑麵糊完成了。

8
依P.145步驟13的作法，分別將750g的步驟7平均倒入鋪好矽膠烘焙墊的烤盤上，手指插入烤盤邊緣，將麵糊擦乾淨。這是為了防止麵糊沾黏在烤盤上，使邊緣烤焦。

9
放入烤箱中，打開換氣孔，以210℃烘烤約12分鐘，中途轉換一次烤盤方向，使蛋糕能烤得平均。烤好後，連同烤盤輕敲幾下桌面，使熱氣散出，避免回縮。最後將蛋糕連同烘焙墊放在網架上待涼。

海綿蛋糕體

Pâte à génoise

要達到鬆軟而柔和的化口性，
祕訣是以中速充分打發。

海綿蛋糕體一般是用來製作「費雪草莓蛋糕（鮮奶油蛋糕）」（P.86）。鮮奶油蛋糕的醍醐味即是由草莓、鮮奶油、海綿蛋糕所調和出的美味，而海綿蛋糕的主題，便是會在口中和鮮奶油一起蔓延開來，那鬆軟而柔和的化口性。

因此，製作飽含大量空氣，氣泡細緻的蛋白霜便相當重要。將加了砂糖的蛋液放在直火上打發後，加入水麥芽，以高速打發至極限後，降為中速，再確實攪拌10分鐘至15分鐘，使氣泡均質化。溫熱的蛋液以高速打發，密度會比較不平均。加入蛋液中的水麥芽，除了可以使麵糊更加濕潤之外，也有穩定氣泡的作用。打出來的氣泡細密而結實，即使加入低筋麵粉充分攪拌，也不易消泡，能存留在麵筋（麵粉的蛋白質和水結合後所形成的網狀組織，會產生黏性和彈力）之間，形成彈性適當且入口即化的蛋糕體。

在海綿蛋糕體中加香草精或許是很稀奇的一件事，不過我為了消除蛋的腥味，會加入些許香草精。為了突顯出香草的香氣，要在蛋液快打發完成時再添加。另外，將牛奶和奶油一起煮沸後加入，能增強蛋糕體的風味。

將作好的麵糊倒入放在烤盤上的長方圈中厚烤。藉由厚烤的方式，能使濕潤又鬆軟的口感更加明顯。麵糊是否烤好，除了觀察烤色之外，也可以聽聲音來辨別。這個方法不限於海綿蛋糕。輕輕敲蛋糕，如果尚未烤好，還殘留著多餘水分，會有「啾哇」的聲音；如果是烤得剛剛好的蛋糕，則會有「滋啪滋啪」的聲音。將烤好的蛋糕體放入冰箱冷藏兩個晚上熟成後，便完成了。將厚烤蛋糕體切成三片，鮮奶油蛋糕則使用中間最美味的部分。

說到細緻而濕潤的蛋糕，大家通常會想到蜂蜜蛋糕，不過海綿蛋糕和厚重的蜂蜜蛋糕不同，它的特色是不會在口中「結成一球」，而是會輕柔地化開。強烈的風味擴散開來，香氣蔓延、餘韻留存。這就是我所認為的「法式甜點風格」。

基本份量（60×40cm的長方圈2盤份）
全蛋 œufs entiers 1720g
砂糖 sucre semoule 1280g
水麥芽 glucose 100g
香草精 extrait de vanille 適量
發酵奶油（1.5cm厚的切片） beurre 300g
∧放室溫回軟。
牛奶 lait 450g
低筋麵粉 farine faible 1120g

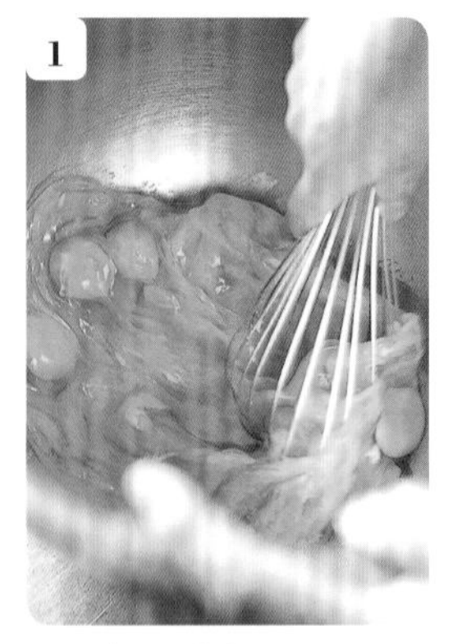
1
將全蛋放入攪拌盆中，以打蛋器充分打散。先將蛋黃戳破，是幫助全蛋能更容易拌勻的訣竅。

2
將砂糖加入步驟1中，充分拌勻。

3
將步驟2放在小火上加熱攪拌。將攪拌盆斜放，一邊旋轉，一邊拌至砂糖粒完全溶化，加熱到約35℃左右。因為加熱的緣故，蛋表面的張力會減弱，變得更容易打發。

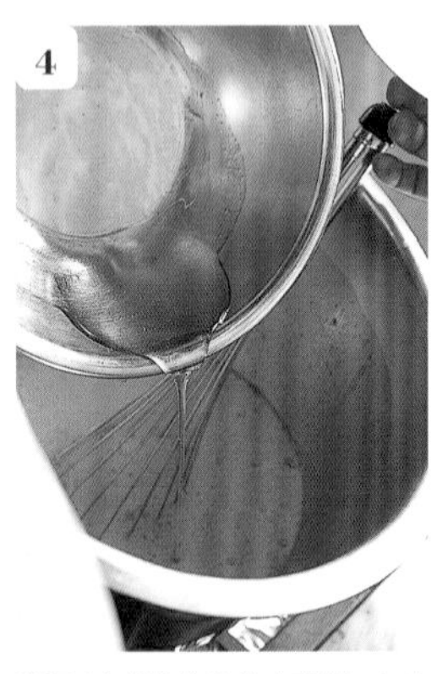
4
將隔水加熱軟化後的水麥芽加入步驟3中拌勻。加了水麥芽後，除了能保濕之外，還可以使氣泡穩定。

5
將攪拌盆裝置在攪拌機上，以球形攪拌器高速攪拌。

6
約5分鐘後，呈現最大限度的發泡狀態。由於高速打發的氣泡結構較不均勻，這時候改以中速，慢慢攪拌10分鐘至15分鐘，使氣泡均勻。

7
以中速攪拌時，溫度會漸漸下降，膨脹的氣泡也會縮小，使結構變得細緻。在攪拌即將完成前，加入香草精拌勻。

8
出現光澤後，即攪拌完成。提起攪拌器後，麵糊會呈緞帶狀往下滴落堆疊，痕跡會暫時保留後才消失。麵糊已經形成了緊密且「結實」的氣泡，即使加入低筋麵粉充分攪拌，也不會消泡。

9
將放置室溫回溫的奶油放入鍋中，加入牛奶煮至沸騰。加牛奶是為了使蛋糕更加濕潤、更有奶味。

10
將過篩兩次的低筋麵粉分散加入麵糊中，轉動手腕，以刮板將麵糊從底部由下往上翻拌。

取步驟**10**的⅕量放入攪拌盆中，再加入煮沸的步驟**9**，以打蛋器拌勻。先以少量混合，會更容易拌勻。

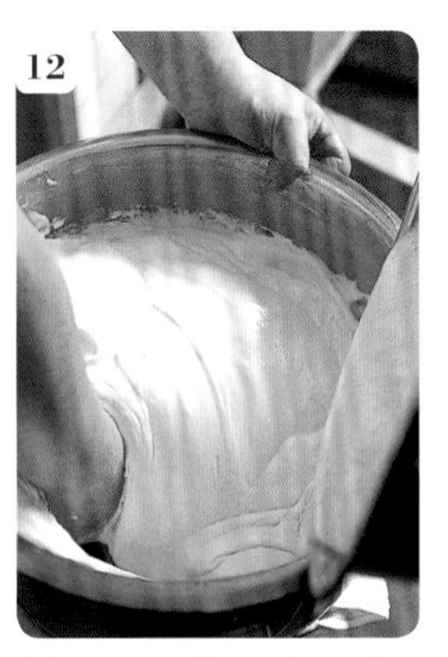

將步驟**11**倒回步驟**10**中，以步驟**10**的方式拌勻。因為牛奶和奶油的溫熱的狀態，更容易擴散到整個麵糊中。充分拌勻後，結構變得更細緻了。

麵糊變得很光滑。

將烘焙紙鋪在烤盤上，放入長方圈。倒入步驟**13**，表面以刮刀抹平。

將麵糊平整的刮到模型側面。放入烤箱中，以160℃烘烤約55分鐘。

中途轉換烤盤的方向幾次，使整體麵糊都能烤得均勻。

是否烤好除了可以看烤色之外，還可以從聲音判斷。輕敲蛋糕，如果有「滋啪滋啪」的聲音，就表示水分已經適度蒸發，烤得恰到好處。

烤出看起來美味又均勻的烤色就完成了。從烤箱取出後，立刻輕敲桌面幾下，讓熱氣散出，以防止蛋糕回縮。

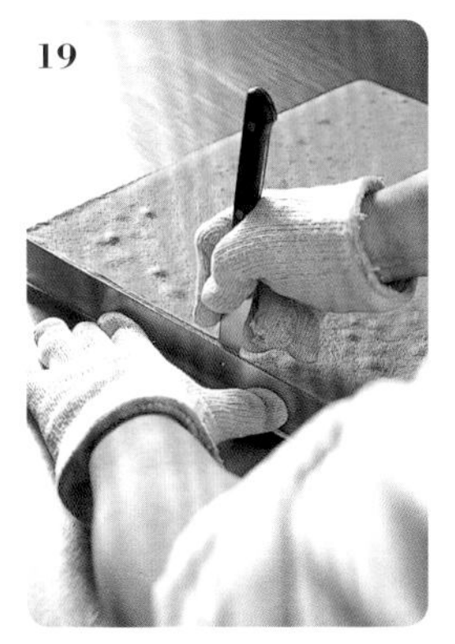

將小刀插入模型邊緣，取下模型。

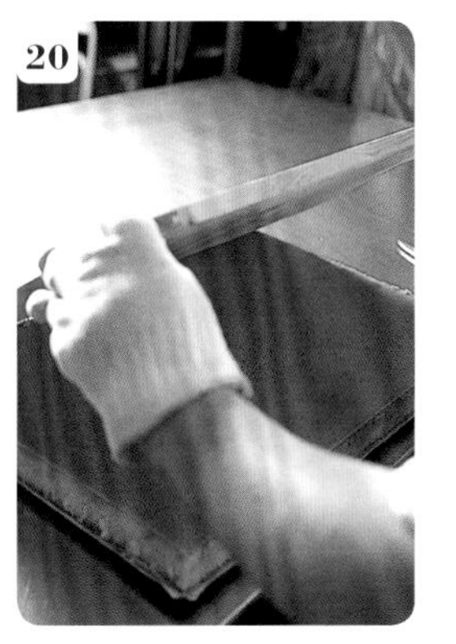

蓋上烘焙紙和木板，上下倒過來後，取下烤盤，靜置待涼。放在木板上冷卻，水分就不會蒸發過度。等完全冷卻之後，將蛋糕體放入塑膠袋中，並放冰箱冷藏兩晚熟成。

千層派皮

Pâte feuilletée

製作輕盈且風味豐富的派皮，
關鍵在於「不給麵團施加壓力」。

我心目中的千層派皮，是會在口中酥脆、輕柔的躍動，且洋溢著奶油香氣的派皮。吃起來啪喀響的硬脆派皮太過搶眼，組合時會蓋過奶油醬等其他食材的風味。應該要扎實卻有著恰到好處的脆度，且要很輕盈。將派皮烤得透徹，散發出的濃郁香氣，不是單一的焦香，而是帶有豐富的風味。我想像著這樣的口感，不斷嘗試後才研發出現在的作法。

最重要的是，不可給麵團施加壓力，也就是不能使麵團產生多餘的麵筋（P.38），否則會變成容易回縮的硬麵團。

作好派皮麵團「détrempe（包覆奶油的麵團）」後，一般都將麵團滾圓放入冰箱冷藏，但我會將麵團維持從攪拌器取出的狀態，以完全擰乾的濕布包住，再以塑膠袋包好後，靜置於室溫中。這是為了不讓麵團中的麵筋在膨脹狀態便直接降溫固定。麵團從緊繃狀態鬆弛需要約兩小時。這期間麵團裡的水分會完全滲入其中，變成富有彈性的狀態。乾燥也是讓麵團變硬的主因。因此要以濕布和塑膠袋包覆麵團，讓麵團在鬆弛時可以保濕。

這邊讓麵團充分休息，後面作業就會比較順利。將麵團分割後滾圓，割開口，迅速擀開並包覆冰涼的奶油，封好後放入冰箱冷藏約一小時。這期間奶油的冷氣會透入麵團中，使雙方形成同樣的溫度和硬度，方便擀開。

三摺作業二天共計要摺六次。將上述包覆用的奶油先切成四角鮮明的均一厚片、包覆時經常撒手粉等，正確執行這些基本作業，其實是作出美麗層次的最大祕訣。摺好後塑形時，也要記得不要給麵團施加壓力。例如：使用壓麵機壓完麵團後，一定要讓麵團鬆弛，緩和麵團的緊度。這項作業稱為「détendre（鬆弛）」。

烤焙是以相對較低的溫度慢慢烘烤。為了使包覆發酵奶油、添加了牛奶等成分的麵團能完全散發食材風味，會將麵團烤得十分透徹，但要注意不能烤過頭。經過充分休息的麵團吸收了水分，能輕鬆地層層分開，因為沒有多餘的筋性，包覆的奶油不會流出，而會適度地融入麵團中。這邊介紹的雖然是作「千層派」（P.116）用派皮的烤法，不過即使是像烤千層派一樣，以烤盤壓住麵團，使麵團在緊密的空間中烘烤，還是可以烤出輕柔、滋味豐富的派皮。

千層派用的千層派皮，為了增添風味兼防潮，會在表面撒糖粉，烤出光澤感「glacer（上光）」，我會在背面也撒一層糖，再稍微烘烤一下。粗粒的口感不但為派皮帶來變化，鹹味和甜味的對比也是另一種享受。接觸奶油醬後，稍微軟化所產生的滋味，更是配方外的美味。

基本份量（3團份）

^1團是指包覆800g奶油所需的麵團份量。

1團可以擀成2mm厚，約60×40cm的麵團4片份。

鹽　sel　70g

砂糖　sucre semoule　60g

水　eau　680g

牛奶　lait　680g

低筋麵粉　farine faible　1.5kg

高筋麵粉　farine forte　1.5kg

溫融化奶油　beurre fondu　300g

^也可以替換成硬的霜狀奶油。可以作出更有奶油香氣，口感柔滑溫和的麵團。

發酵奶油（包覆用）　beurre pour tourage　800g×3

千層派（P.116）用　pour mille-feuille

　砂糖　sucre semoule　適量

　糖粉　sucre glace　適量

派皮麵團（用來包覆奶油的麵團）>

將鹽、砂糖、水、牛奶倒入調理盆中，以打蛋器打至完全混合均勻。取⅙的量放入攪拌盆中，加入過篩兩次的低筋麵粉和高筋麵粉。加入一些液體會比較容易拌勻。

將步驟1的攪拌盆裝置在攪拌機上，同時分次加入溫融化奶油和步驟1剩餘的液體，以低速拌勻。融化奶油可以抑制麵筋形成，幫助麵團變得酥脆。

麵團慢慢成團，像是要附著在攪拌器上的模樣。中途要停止攪拌，將殘留在底部的粉往上翻後，再繼續攪拌。加入融化奶油和步驟1，攪拌至混合均勻即OK。

如果攪拌至有光澤感，麵筋就太多了。如果出現太多麵筋，烤好後會大回縮，變成很硬的麵團，須特別注意。將麵團從攪拌盆中取出，攤開在完全擰乾的濕布上。

剛取出的狀態。一拉開就立刻斷掉，表示是麵筋彈力很強的狀態。

以濕布將麵團包起來，再包一層塑膠袋保濕，靜置於室溫中約2小時。這是要使攪拌時產生的麵筋鬆弛的作業。因為麵團容易發霉，所以要放在溫度較低之處。

摺疊>

將包覆用冰奶油夾在厚塑膠袋間，以擀麵棍輕敲，使硬度平均。

最後在塑膠袋中整成約7mm厚，比B5尺寸稍大的長方形。厚度均一，邊緣筆直，有直角的奶油片，是作出美麗層次的祕訣。作好後放入冰箱冷藏備用。

麵團靜置2小時後的狀態。拉開後可以充分拉長，表示麵團鬆弛後吸收了水分。

將步驟**3**分成三等分，在大理石檯上撒適量的手粉（高筋麵粉，份量外），依A至C的順序將麵團滾圓。
A：以兩手抓住麵團兩端，敲擊工作檯2次至3次，讓前端捲成圓形。

B：將捲成圓形的部分朝向內側，並將麵團從周圍往中心集中收入。

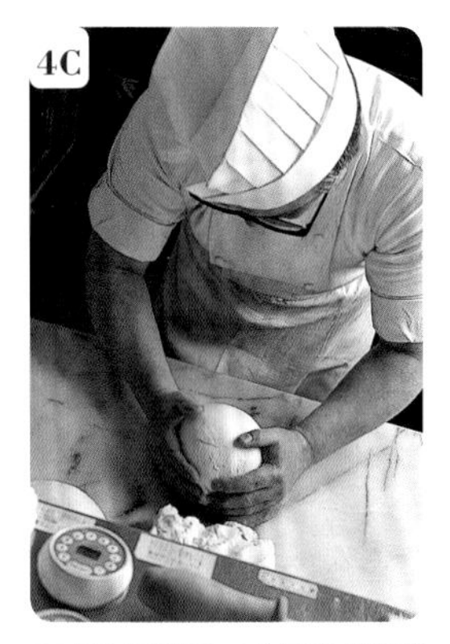

C：將封口朝下，以雙手輕輕地滾動，整成圓形。這種方法不用蠻力揉捏，就能產生適度的筋性，使麵團變得柔滑。

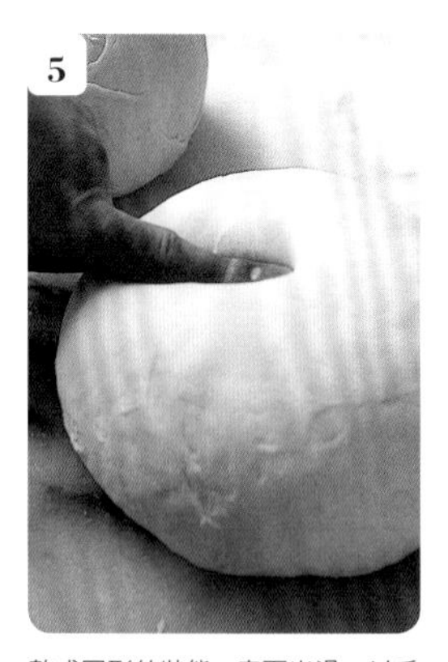

整成圓形的狀態。表面光滑，以手指輕壓，孔洞能回復$\frac{3}{4}$的彈力。

以雙手將麵團切深深的十字。切開來便能看到麵團的切面是一層一層的。利用將麵團滾圓的動作，使「張開成螺旋狀的麵筋」從中央斷開而鬆弛。

將麵團以手掌從中央往四周壓開，再以擀麵棍平均擀開。想像將步驟**6**切口的麵筋抹平，再將麵筋鬆弛的感覺。

在步驟**7**上撒適量的手粉，以壓麵機來回壓幾次，壓成7㎜厚的長方形。

將步驟**8**橫放在大理石檯上，再將步驟**2**的冰奶油放在中央，包起來。中間的封口處要稍微重疊。兩端的奶油側面也要以手指壓緊，使空氣排出。

將麵團兩端以細擀麵棍擀開後，反摺重疊。

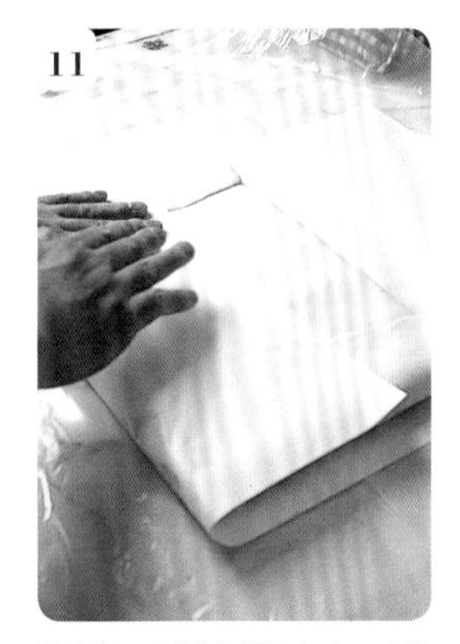

將步驟**10**以烘焙紙包起來。室溫下的麵團放入冰箱後會出水，這個步驟便是要吸收這些濕氣。包好後再以塑膠袋包起來避免乾燥。放冰箱冷藏約1小時。

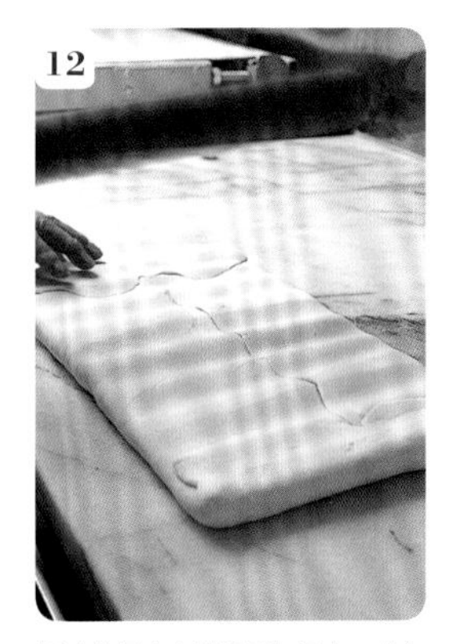

奶油的溫度會傳遞到麵團中，使麵團降為和奶油同樣的溫度。接著摺三褶。將麵團取出後，封口朝上，以擀麵棍輕敲。這種麵團的優點就是不會過硬，很好擀開。

以擀麵棍將步驟**12**擀成長方形，封口朝下，放入壓麵機壓。考慮到壓麵時是以麵團本身的重量來壓，所以要將封口朝下。為了避免麵團黏在滾筒上，要多撒一些手粉。

14 將麵團擀成7㎜厚的長方形。以刷子將兩面多餘的粉刷掉。如果手粉留在麵團上，會直接結塊，使得口感變硬。

15 將麵團橫放，左右平均摺成三褶（第一次）。每次摺完都要以擀麵棍輕敲邊緣，保持直角。細心作好基本工作，才能烤出美味的派。

16 以擀麵棍輕敲步驟**15**的表面，固定好褶層。將麵團轉90度，再次放入壓麵機中壓，並以同樣的方式擀開，再摺三褶（第二次）。

17 以手指在麵團上作「三褶二次完成」的記號。記號很容易消失，記得要以指甲按深一點。依步驟**11**的方式密封起來，放冰箱冷藏約1小時。

18 依照同樣的方式再三褶二次，同樣密封好後，放冰箱冷藏一晚。隔天取出後，靜置室溫30分鐘回溫，再三褶二次（三褶共計6次），接著放入冰箱冷藏約1小時。

19 接下來是「千層派」的烘烤方式。將步驟**18**（1團）以十字形切成四等分。以擀麵棍擀平後，以壓麵機壓成2㎜厚，約60×40㎝大小。

20 為了緩和麵皮的緊度，先讓麵皮鬆弛一會兒後再擀平，亦可防止麵皮回縮。這個作業叫作détendre（鬆弛）。

21 將步驟**20**放在烘焙紙上，以中央線為準，將前後兩邊打洞，注意不要推長麵皮。蓋上烘焙紙，靜置室溫約30分鐘後，再放入冰箱冷藏1小時，使麵皮緊實。

22 將步驟**21**切成兩半（約40×30㎝，⅛團），放在烤盤上，平均撒一層砂糖。砂糖的口感、甜味會給麵皮帶來節奏感。放入烤箱中，以180℃烘烤約15分鐘。

23 約15分鐘後，麵團就會如圖中般膨脹起來。蓋上兩張烤盤後，反轉麵團，因為中央較不容易熟，所以取下上面的烤盤再烤10分鐘左右。上色後，蓋上一張烤盤壓縮麵團，再烤15分鐘。

24 將步驟**23**從烤箱中取出，拿下蓋在上面的烤盤，以濾茶網分兩次撒上糖粉。先輕輕撒一層，等糖粉有些溶化以後，再撒第二次。

25 放入烤箱中，以200℃烘烤約2分鐘，使表面焦糖化，出現光澤（glacer上光。P.42）。

風味濃郁，嚼勁極佳。
強力膨脹的泡芙就是點心中的主角。

奶油泡芙美味的關鍵，來自於扎實的泡芙外皮和柔滑的奶油內餡兩相對比。

因此，我心目中的泡芙，是具有存在感的「有骨泡芙」。添加牛奶、砂糖、鹽增強風味。特色是讓麵筋（P.38）充分擴張，使麵團有扎實的咬勁。

首先有個重點，要先將奶油放室溫回溫。冰涼的奶油軟化需要時間，反而會造成水分蒸發。另外，和奶油一起加熱的液體，是相同份量的水和牛奶。牛奶雖然可以提升麵團的風味，但乳脂（油脂）也會抑制麵筋形成，因此加入和水一樣的份量。

奶油溶化後，水分一沸騰即立刻離火，倒入低筋麵粉，一口氣拌勻。這個步驟的重點是要將麵粉和水分完全融合，攪拌成一個麵團。再將麵團加熱攪拌，強化麵筋的網狀組織，讓麵團在烘烤時，可以有力量往上膨脹。加入蛋時，不打散直接加入。蛋白中的蛋白質直接接觸麵團可以產生韌性。

用來刷麵團的蛋液，是最先接觸到嘴巴的部分，不可掉以輕心。蛋液中加入砂糖和鹽增添風味，並靜置一晚後再使用。

為了帶出麵團的風味，烤箱的溫度設定得比較低。這樣才能烤出外側充分上色，中心仍留有濕潤感的泡芙。

泡芙麵糊

Pâte à choux

基本份量（直徑約6cm，約50個份）
發酵奶油（切成2cm小方塊） beurre 400g
∧放室溫回溫。
水 eau 500g
牛奶 lait 500g
砂糖 sucre semoule 20g
鹽 sel 10g
低筋麵粉 farine faible 600g
全蛋 œufs entiers 16顆至20顆
蛋液 dorure 基本份量
全蛋 œufs entiers 2顆
蛋黃 jaunes d'œuf 4顆份
砂糖 sucre semoule 2g
鹽 sel 1.2g

將放置於室溫回溫的奶油和水、牛奶倒入銅鍋中。牛奶雖然可以提升麵團的風味，但乳脂（油脂）也會抑制麵筋形成，因此加入和水一樣的份量。

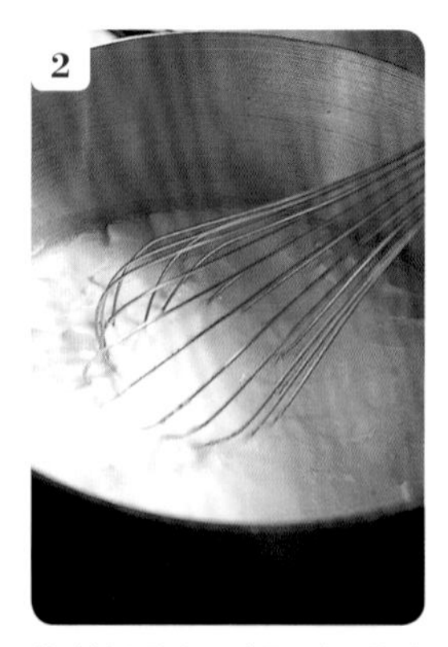

將砂糖和鹽加入步驟1中，開中火，一邊以打蛋器拌勻，一邊煮至沸騰。

沸騰的狀態。這時最重要的，是奶油、砂糖、鹽必須完全溶化。預先將奶油回溫就是為了這個原因。為避免水分蒸發過度，必須要在短時間內煮沸。

將步驟3離火，待泡沫一消失，便立刻加入過篩兩次的低筋麵粉。

一刻不停地立即以木鏟沿著鍋底攪拌。為了避免結塊，要隨時以木鏟由下往上大力翻拌。

拌勻後的狀態。在這個階段，最重要的是麵粉和水分必須融合，形成一塊麵團。再開中大火，以同樣的要領用力翻拌，讓多餘的水分蒸發。

鍋底結了一層薄膜。發出小小的「唧」聲時，便將鍋子離火。到這個階段為止，由於經過了充分攪拌，麵團有了適度的韌性，烘烤時，便會漂亮地往上膨脹。

將步驟7的麵團取出後的鍋底。結薄膜就是完成的標示，是水分已經適度蒸發的證明。水分蒸發的程度會依添加的蛋量而改變。以眼睛、耳朵等五感來分辨吧！

將步驟7移至攪拌盆中，分次慢慢加入全蛋，以槳狀攪拌器低速拌勻。蛋不必先打散，直接加入即可。

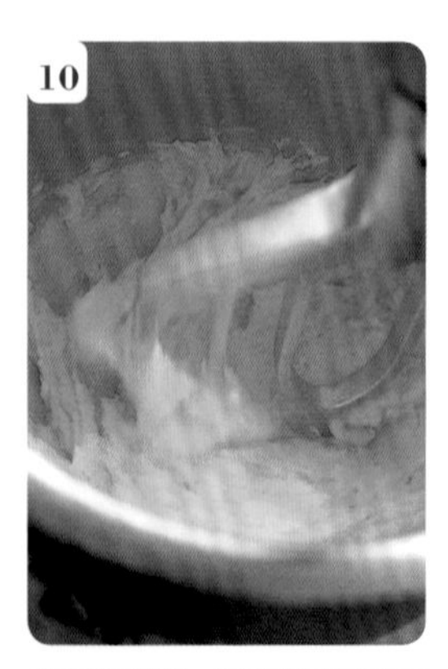

不先將蛋打散，是為了使蛋黃中有乳化作用的卵磷脂能遠離蛋白，讓蛋白中的蛋白質可以直接接觸麵團，形成韌性。為避免麵團中的奶油結塊，蛋使用常溫蛋。

麵糊上留有槳狀攪拌器的攪拌痕跡時，就表示形成有韌性且柔滑的狀態了，已經接近完成。可以調整添加的蛋量。

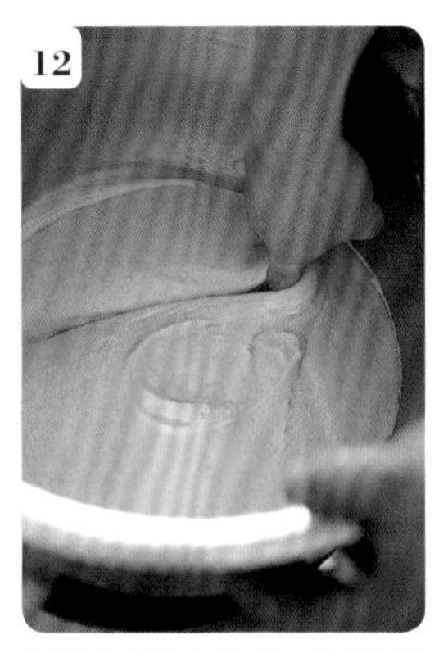

麵糊是否攪拌完成，除了能以眼睛看，還可透過以下方法判斷：將食指插入麵糊中到第二關節再拉起來，如果麵糊像要追著痕跡般閉合，就是恰好的狀態。

將畫有直徑6㎝圓圈的紙放在烤盤上，上面墊一層矽膠烘焙墊。將步驟12倒入裝有15㎜圓形花嘴的擠花袋內，從烤盤2㎝高度的位置固定花嘴，擠出「有高度」的麵糊。

以刷子在麵糊表面刷一層蛋液（下述）。保持溫熱的狀態將麵糊放入烤箱，是讓麵糊漂亮膨脹的祕訣。因此動作要迅速。

在步驟14上噴水。噴水後烤箱內會瀰漫蒸氣，緩和熱力，使麵糊可以慢慢膨脹。

以180℃烘烤約50分鐘。由於甜味成分多，容易烤焦，因此將溫度設得稍微低一點。烤到連裂痕都平均上色，按壓側邊感覺有硬度時，就是烤好了。膨得圓滾滾的模樣，看起來外型很可愛。

表面烤得透徹且香氣十足，中心則是烤得熟透，但仍些微偏白且保有濕潤感，充滿麵糊的風味。兩種口感的對比使泡芙吃起來更美味。

蛋液>

將全蛋、蛋黃放入調理盆中，以打蛋器充分打散。加入砂糖、鹽拌勻，蓋上保鮮膜後，放置室溫約10分鐘，使砂糖和鹽完全溶化。

再次將步驟1拌勻，以濾茶網過濾到另一個調理盆。蓋上保鮮膜，冷藏熟成一晚。

完成。蛋液有增添光澤、促進食慾的效果，還可以保濕。熟成好的蛋液延展性佳，塗刷時的光澤也不同於一般蛋液。蛋液要回溫後再使用。因為容易壞，所以要常作好備用。

布里歐麵團

Pâte à brioches

～僧侶布里歐　Brioche à tête

布里歐的角色是「甜點」。
有著可口的彈性，
入口後在舌尖化開，洋溢著奶油的香氣。

我作的麵包與其說是「麵包」，定位更像是「加了酵母的甜點」。或許是因為愛吃米飯，對於像長棍麵包之類的淡口味麵包不太感興趣，而對布里歐之類可以填飽肚子的麵包卻是非常喜歡！ 布里歐，有著豐富的奶油和蛋風味，切開來後呈現美麗的金黃色，是不是讓人感到很幸福呢？公認的優質布里歐質地，是「如棉花般細緻」。那是因為即便添加了大量奶油，麵團也只會產生能包覆這些奶油的韌性。「彷彿肉品般扎實而有彈性，入口後在舌尖化開，奶油濃郁的香氣在口中蔓延開來」這就是我所追求的布里歐。

為了使麵團有嚼勁，蛋要分次慢慢加入，花一段時間慢慢攪拌，讓麵筋（P.38）充分生成。蛋不必打散直接加入，這樣蛋白裡的蛋白質才會直接發揮作用，使麵團產生韌性。補充說明，添加的奶油要事先加砂糖和鹽拌勻。由於砂糖的黏性會妨礙麵筋形成，所以必須避免讓砂糖直接接觸粉類。

待麵團呈現拉開後，仍保有一定力度的彈性程度，就可以添加奶油了。不可以讓奶油融化，這點很重要。將奶油放入麵團中央，以減少和攪拌器摩擦生熱，並以低速攪拌。奶油一旦融化，會比固態更難以品嚐到韻味和香氣，只會產生油味。另外，油脂一旦溶出，便會切斷麵團的彈性，使口感變得乾澀。

添加奶油後，麵團的塑形方式也是為了增加彈性。將麵團從左右摺三褶，再從前後摺三褶後，整合成圓形。這是為麵團「強化肌肉（麵筋）」。麵團經過一次發酵後，再次從左右摺三褶，並從後方往前捲成瑞士捲狀，整合成圓形後，再冷藏發酵。這樣麵團就會產生更迷人的彈性。

以下就來介紹以布里歐麵團所製作的麵包代表「僧侶布里歐」。市面上販售的僧侶布里歐幾乎都是小巧的尺寸，不過我認為尺寸太小，容易烤過頭，使奶油的風味流失，因此我都作大型的尺寸。圓滾滾的外型，即使有點龐大，還是很可愛！將麵團的收口處擺在模型底部中央，也是讓形狀能膨脹得更好看的祕訣。塑形方式也須特別留意。

烤好後，奶油濃郁的香氣洋溢在整個廚房中。雖然每個部分都很好吃，最美味的還是將頭（上面部分）撕開後的中心部分。能品味到充滿鼻腔的濃郁奶油香。

基本份量（完成後約8325g。
直徑15cm的布里歐模型29個份）
發酵奶油 beurre 2.4kg
砂糖 sucre semoule 360g
鹽 sel 60g
新鮮酵母 levure de boulanger 150g
牛奶 lait 300g
轉化糖漿 trimoline 120g
脫脂奶粉 lait écrémé en poudre 135g
高筋麵粉 farine forte 2475g
低筋麵粉 farine faible 525g
全蛋 œufs entiers 36顆
僧侶布里歐用 pour brioche à tête
　蛋白 blancs d'œ uf 適量
　蛋液（P.48） dorure 適量
　發酵奶油（切成7mm小方塊） beurre 6個／1份

1

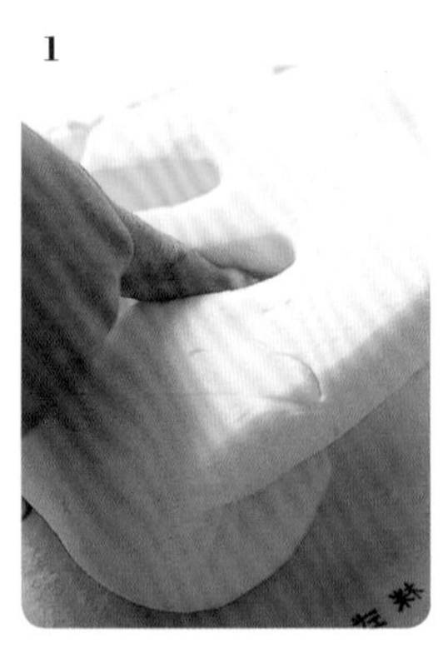

將冰涼的奶油以厚塑膠袋上下夾住，再以擀麵棍敲軟。以手指壓後，可以壓出凹洞的軟度為最佳。

2

將奶油放入放有砂糖和鹽的調理盆中，以手揉壓拌勻。砂糖的黏性會妨礙麵筋形成，先以奶油將砂糖包裹起來，避免直接接觸到粉類。

3

攪拌至砂糖和鹽還是顆粒狀時就可以了。請避免拌過頭而出水。拌好後，放入冰箱冷藏備用。

4

在另一個調理盆中放入新鮮酵母，以打蛋器壓碎。因為新鮮酵母不易溶解，所以一定要仔細壓碎。接著加入牛奶，充分攪拌至酵母完全溶解。

5

依序加入轉化糖漿和脫脂奶粉。轉化糖漿有保濕性，能烤出美味的深烤色。加脫脂奶粉則是為了作出奶香味更濃的麵團。

6

將步驟5攪拌至柔滑狀後，移至攪拌盆中，加入混合過篩兩次的高筋麵粉和低筋麵粉。先加入液體，粉類會較容易吸收水分，也更容易拌勻。

7

以槳狀攪拌器以低速攪拌，分次慢慢加入全蛋。全蛋不必打散，直接加入。這是為了使蛋白中的蛋白質能直接接觸麵團，產生筋性。

8

大約加入快一半的蛋量時，麵團就會成團了。蛋分次慢慢加的原因，是為了多一點時間攪拌，讓麵團充分產生韌性。沾黏在攪拌器或攪拌盆上的麵團也要刮下來拌勻。

9

麵團成團後，改以中速攪拌，慢慢加入剩下的蛋，打出結實的麵筋網狀組織。為了方便拌勻，蛋要加在麵團中央。

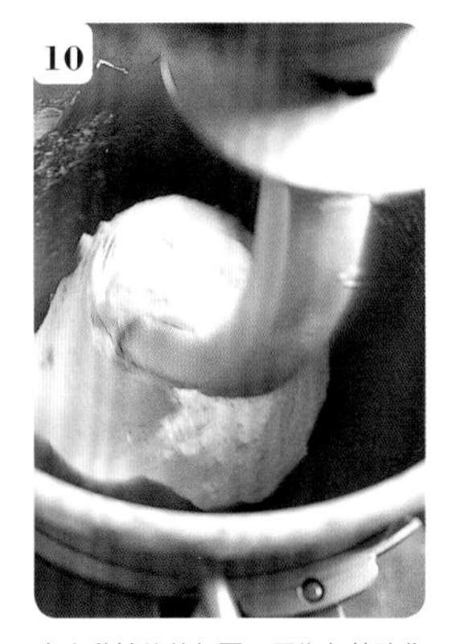

產生黏性後的麵團，因為麵筋強化的緣故，會離開攪拌盆側面，黏在攪拌器上。要經常刮下黏在攪拌器上的麵團，充分拌勻。

最後以低速攪拌5分鐘至6分鐘，整合麵團。麵團會呈現拉開後也很有力量，充滿彈性的狀態。形成可以將加入的大量奶油包覆的細密麵筋網。

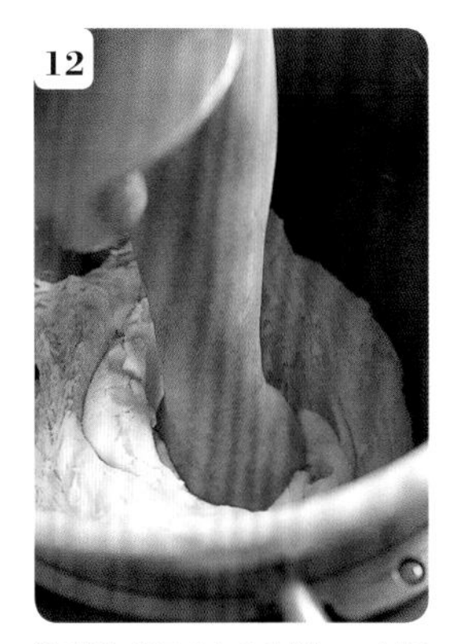

將步驟3分四次加入步驟11，以低速攪拌。先將奶油放在麵團中央，以拳頭壓進麵團中，並以周圍的麵團包覆起來後，再攪拌。這樣比較容易拌勻，也能避免攪拌器摩擦生熱，使奶油融化。

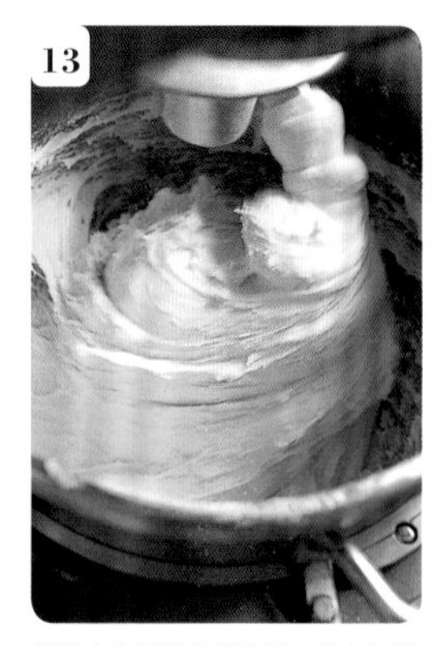

慢慢產生了強力的黏性。記得要隨時刮下黏在攪拌器上的麵團，讓麵團充分拌勻。攪拌至麵團結成團狀，看起來像要從攪拌盆側邊分離就OK了。

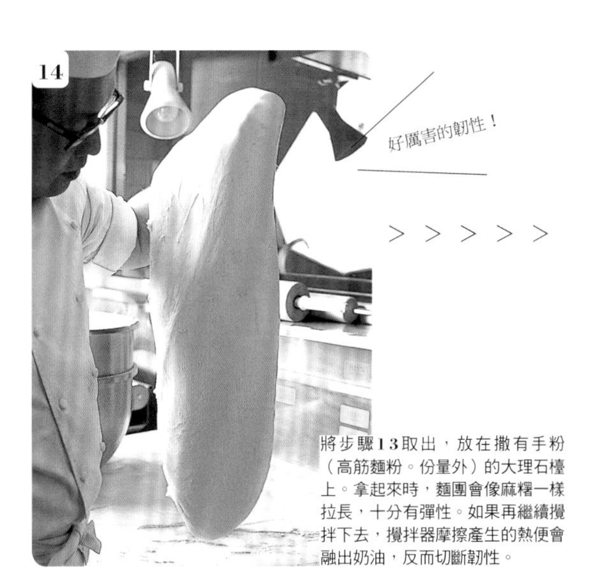

將步驟13取出，放在撒有手粉（高筋麵粉。份量外）的大理石檯上。拿起來時，麵團會像麻糬一樣拉長，十分有彈性。如果再繼續攪拌下去，攪拌器摩擦產生的熱便會融出奶油，反而切斷韌性。

以雙手將麵團輕輕拍平，排除多於空氣後，拉成平整的長方形。

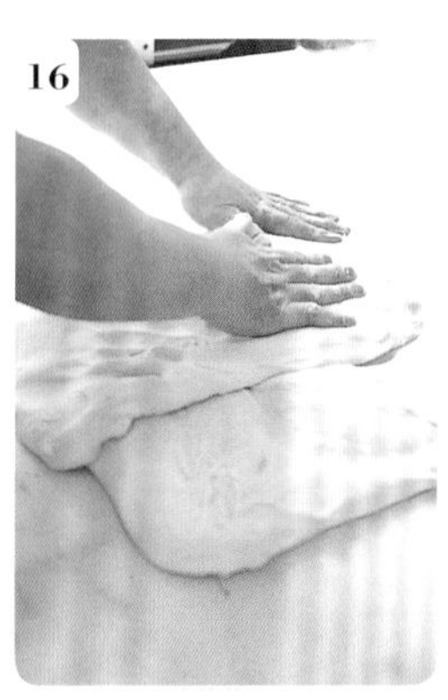

將步驟15從左右往中間摺三褶。

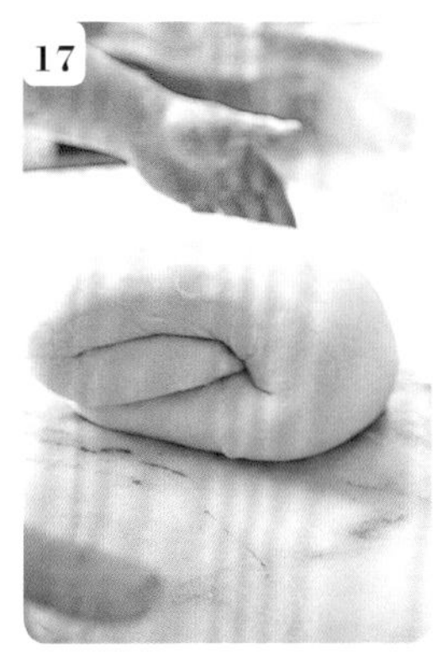

再從後往前摺三褶。三褶兩次可以讓麵團更有筋性和彈力。也就是強化麵團的「肌肉（麵筋）」。

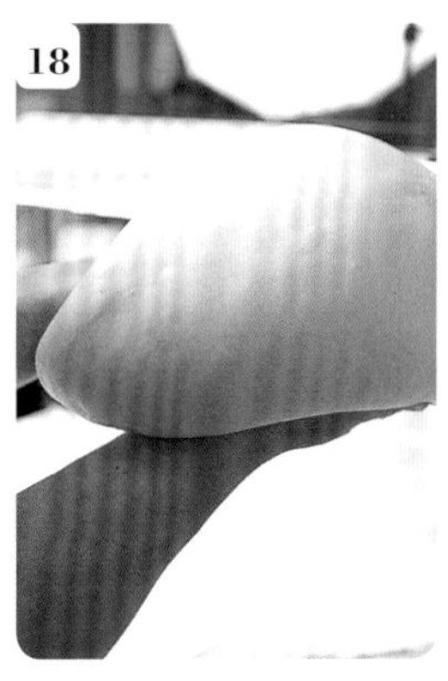

拿起步驟17的麵團，從四邊往底部收起，整成圓形。像這樣將表面拉緊，可以避免發酵時產生的氣體散失。

放入撒有手粉的調理盆中，整好形狀，再撒一些手粉，以免沾黏在布上。

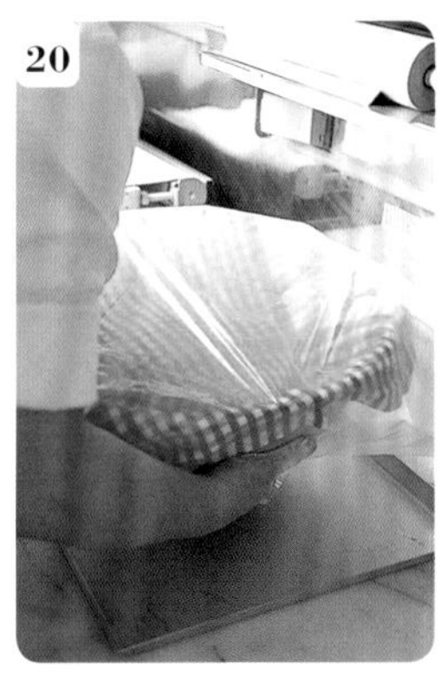

蓋一層乾布，再蓋一層塑膠布避免乾燥。放在室溫（濕度約70%）一次發酵約90分鐘。

不使用發酵機。這樣比較不會給麵團施加壓力，發酵狀態也很棒。還可以防止奶油從麵團中融出。一次發酵後，會膨脹約**2**倍。

撒一些手粉，以手指戳個洞，如果痕跡留著沒有閉合，就表示發酵狀態很好。

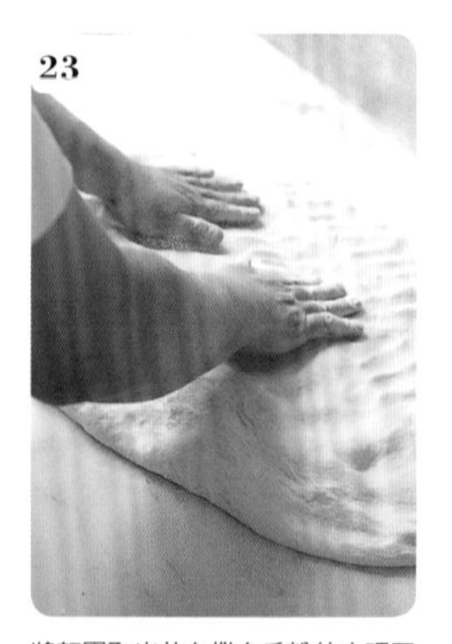

將麵團取出放在撒有手粉的大理石檯上，再次輕拍麵團，排出多餘的空氣並整平。如果沒有好好地排氣，麵團會變得空洞，還會留下酵母臭味。

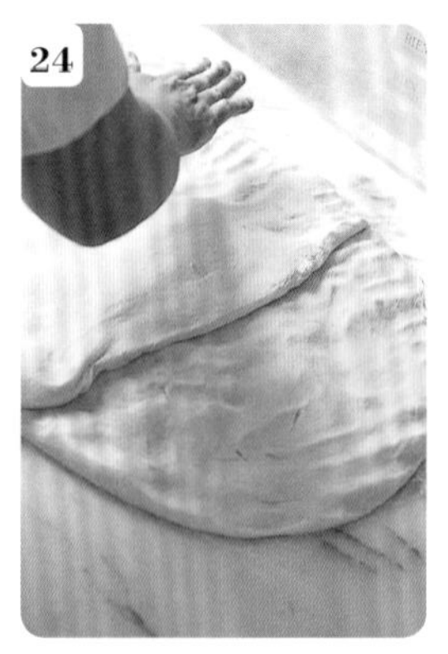

一邊輕拍排氣，一邊將麵團從左右往中間摺三褶。

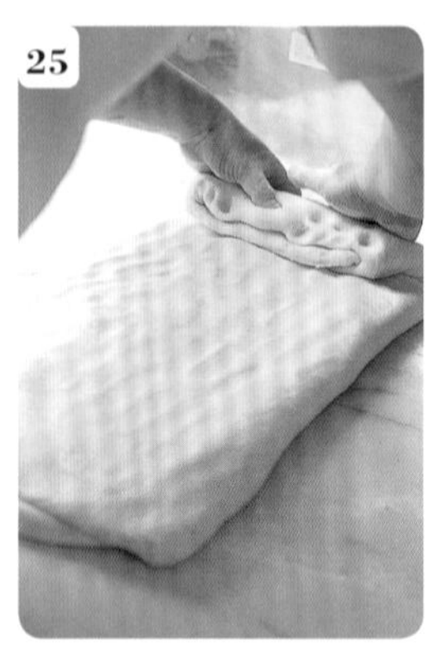

再由後往前捲起來。

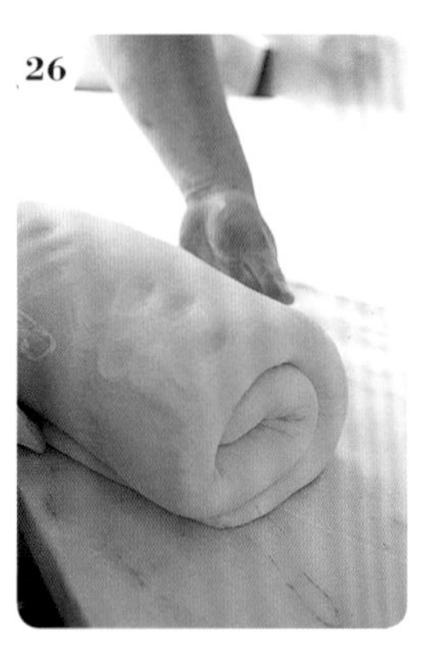

捲成瑞士捲狀。這也是能使麵團更有韌性和彈性的塑形方式。

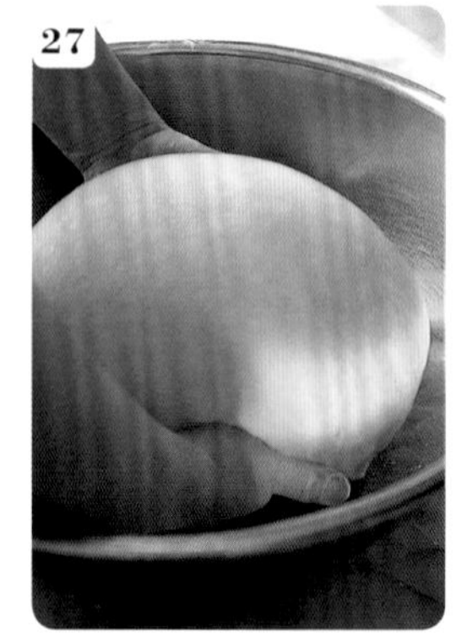

依照步驟**18**至**20**的作法，將麵團整圓後放入調理盆中，蓋上乾布和塑膠布。冷藏一晚發酵。

膨脹成約1.5倍。

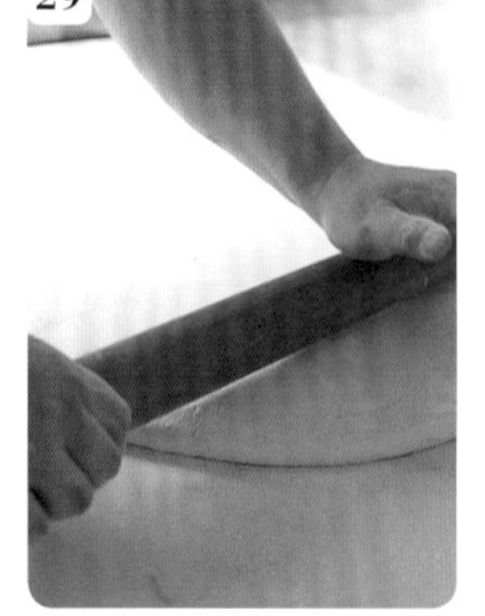

依步驟**23**的方式，將麵團取出後排氣。再以擀麵棍將多餘的空氣完全排出。這樣麵團會比較扎實。之後依照要作的成品來塑形。

僧侶布里歐>

將麵團分割為身體230g、頭部56g一組。頭部比較大，是「À PoinT」的風格，因為這樣看起來比較可愛，賣像更佳。

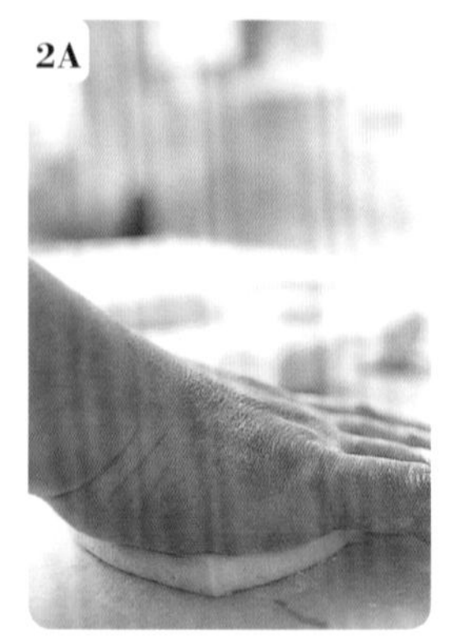

將身體部分的麵團，撒一些手粉後，依照A至E的順序塑形。
A：首先將麵團壓平。

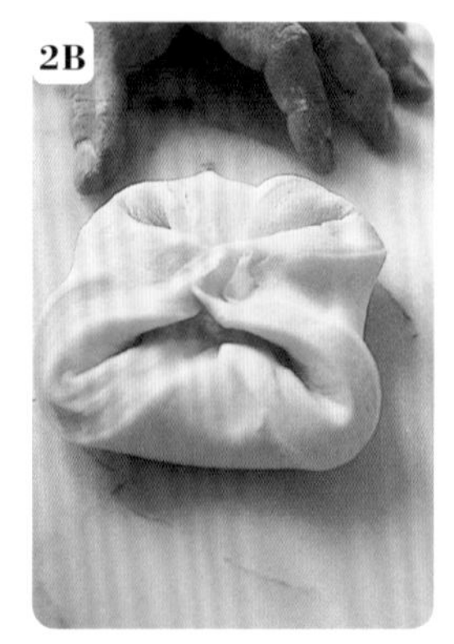

B：將四個角往中央摺起來。

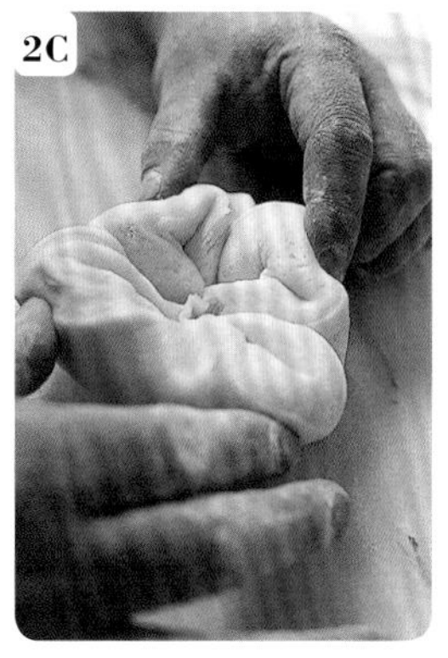

C：以雙手將周圍的麵團往中間收。

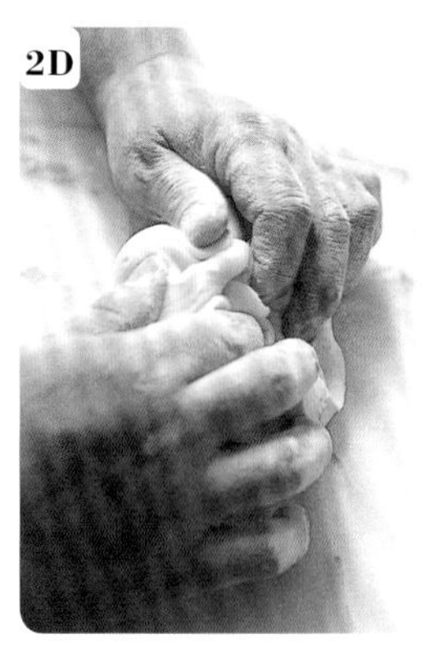

D：將麵團倒轉過來，讓收口朝下。

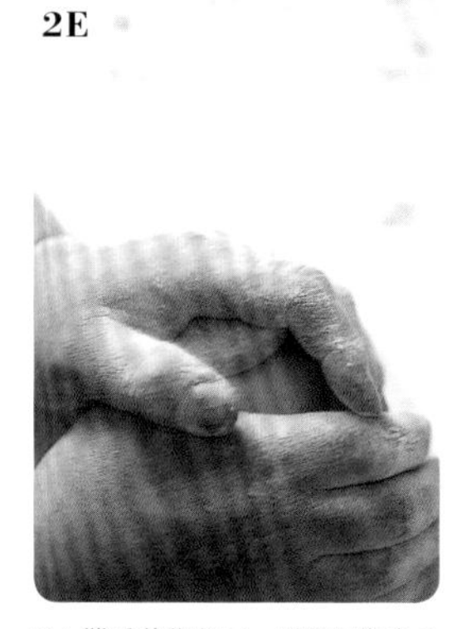

E：雙手蓋住收口，以收口為中心輕輕轉動麵團，將麵團整成球狀。這是讓麵團更有彈性、韌性的塑形方法。

用來作頭部的麵團，以單手輕輕地轉動整成球狀，將收口朝右，滾尖成紡錘型。再和身體部分一起排列在撒有手粉的木板上，蓋上乾布鬆弛約10分鐘。

將主體麵團以收口為中心朝下放入布里歐模型中。以拳頭輕壓麵團，再以較小的盆子往下壓，使麵團貼合模型的造型。

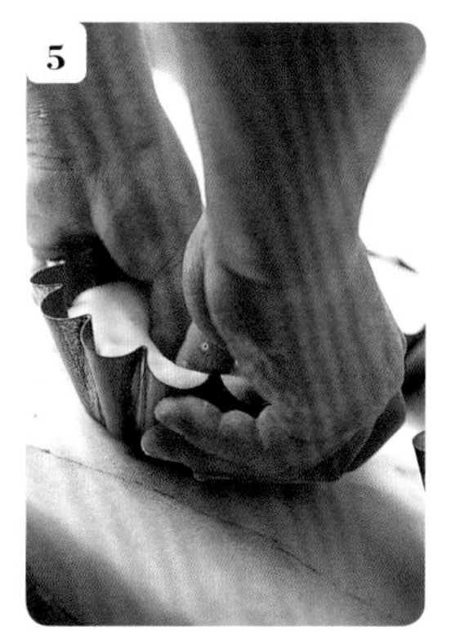

以雙手拇指在麵團中央壓一個直徑約3cm的洞。

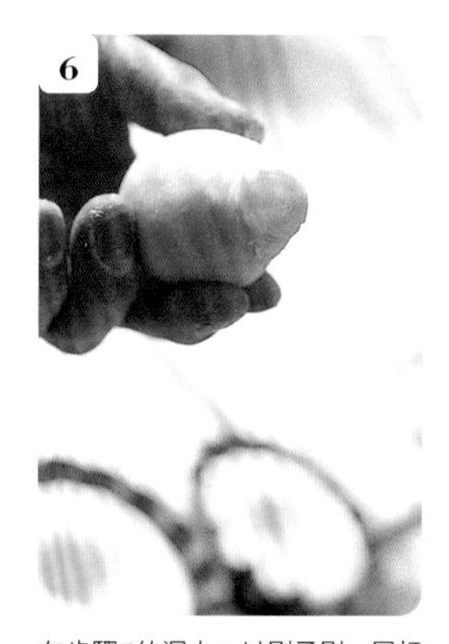

在步驟5的洞中，以刷子刷一層打散的蛋白，當作黏著劑。輕壓麵團突起的部分，插入中央孔洞中。

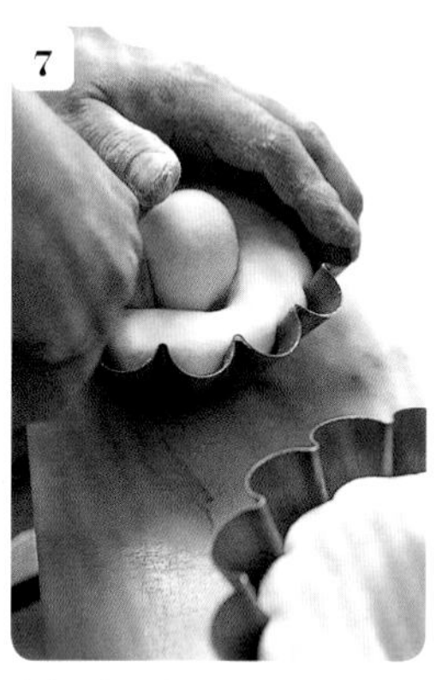

食指和中指沾一些手粉，交互插入頭部周圍，讓頭部確實埋入身體中。

再以雙手拇指輕壓頭部，並以小盆子壓緊，使頭部和身體緊密連接。噴水後，靜置於室溫中約90分鐘，使麵團發酵。

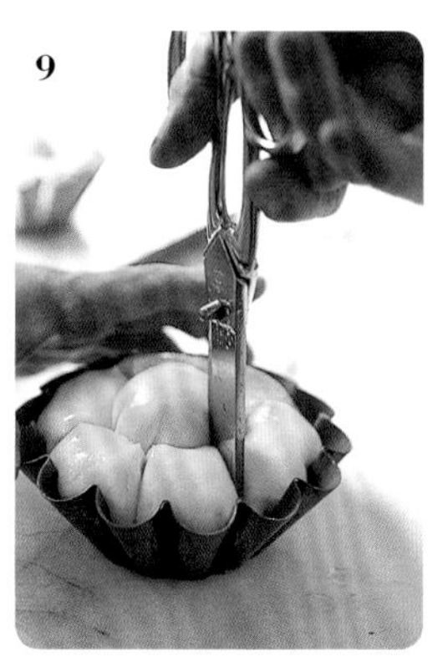

發酵完後，麵團稍微膨脹，頭部也冒出來了。以刷子在表面刷一層蛋液。為了讓麵團平均膨脹，以沾了水的剪刀，在主體的6處剪約8分深的切口。

在切口和頭的交界處各放一顆切成約7mm小方塊的奶油。奶油會融入切口中，使滋味更加濃郁豐富。將模型放在預熱好的烤盤上，噴些水，放入烤箱中，以190℃烘烤約40分鐘。

放在加熱好的烤盤上，是為了讓麵團一下子加溫而膨脹，能順利地往上長高。烤好後，將模型輕敲桌面幾下，使熱氣散出，避免回縮。將麵包脫模後，放在網架上待涼。

奶香可頌麵團

Pâte à croissants au lait

～奶香可頌　Croissant au lait

特色是蘊藏著奶油的風味，
當「主食」享用也很滿足的口感。

你有沒有吃過一口咬下，只有麵皮鬆鬆散散地掉落，卻完全感覺不到美味的可頌呢？因為我是米食主義者，所以不喜歡那種彷彿在吃空氣、無法填飽肚子的鬆散可頌。我所追求的是，充滿豐富的奶油風味，有著濕潤口感的可頌。為了作出這樣的可頌，在配方和作法上都費了一番工夫。

首先，奶油的份量要足夠。1.5kg的粉要對1kg的奶油，加了比一般配方更大量的奶油。身為「甜點店的麵包」，就以比麵包店更濃郁的配方來一決勝負。

添加脫脂奶粉也是我的特色。為麵團增添奶香味，吃起來更美味了。我原本就很喜歡牛奶。因此這個以很有「À PoinT」風格的配方作出來的麵團，我便稱之為「奶香可頌麵團」。添加脫脂奶粉還有一個優點，奶粉會吸收其餘材料的水分，使麵團不易受熱，可以鎖住麵團的風味。

粉類則降低高筋麵粉的量，以低筋麵粉為主。雖然只使用高筋麵粉的食譜也很常見，但如此一來麵筋（P.38）筋度過強，會將包覆住的奶油彈開，使奶油在烘烤時蒸發，變成乾鬆的可頌。以低筋麵粉為主，不要攪拌過久，可以產生適度的筋度，讓奶油附著在麵團上，作出麵團中散發著奶油香氣的可頌。

還有一個重點，包覆用的奶油，一定要擀到麵團的每一個角落。如果有沒包到奶油的部分，烤好後那一塊就會變硬。

以下就來介紹以奶香可頌麵團為基底，非常受歡迎的「奶香可頌」從製作到烤焙的作法。奶香可頌的塑形方式我也有所堅持。我會將剩下的麵皮切成小三角形，放在麵皮中央一起捲起來。這樣可頌中心會更有嚼勁，奶油的香氣也更明顯。

另外，塑形的時候，注意不要拉長麵皮。盡量不要給麵皮施加壓力，烘烤的時候麵皮才會順利膨脹。同樣的，經常幫麵皮保濕，不要讓它乾燥也是很重要的事情。

烘烤時要烤得透徹，但不要烤過頭，才能帶出麵皮的風味。烤好的可頌，外層酥脆，中心濕潤。是一道不斷冒出奶油香氣，富有嚼勁，當「主食」享用也很令人滿足的可頌。

基本份量（完成量約3683g。
約13×7㎝的奶香可頌44個份）

新鮮酵母　*levure de boulanger*　75g

∧由於可頌麵皮從製作到烤焙的步驟繁多，需要花費不少時間，也可以使用穩定性較新鮮酵母好的乾酵母。乾酵母的份量是新鮮酵母的$\frac{1}{3}$量（25g）。

脫脂奶粉　*lait écrémé en poudre*　80g

砂糖　*sucre semoule*　170g

水　*eau*　750g

低筋麵粉　*farine faible*　1kg

高筋麵粉　*farine forte*　500g

鹽　*sel*　33g

溫融化奶油　*beurre fondu*　75g

發酵奶油（包覆用）　*beurre pour tourage*　1kg

奶香可頌用　*pour croissant au lait*
蛋液（P.48）　*dorure*　適量

麵團（包覆奶油的麵團）>

1 將新鮮酵母放入盆中，以打蛋器壓碎。因為新鮮酵母不易溶化，所以要仔細壓碎。

2 加入脫脂奶粉、砂糖到步驟**1**中，攪拌均勻。加入脫脂奶粉，奶香會更濃郁。再將水分三次加入，一邊加，一邊攪拌至砂糖和酵母完全溶解。

3 將混合過篩兩次的低筋麵粉和高筋麵粉、鹽加入另一個調理盆中，雙手手指張開攪拌，兩種粉類混合後會有好像可以抓住的感覺。一邊工作一邊培養五感也是很重要的事情。

4 取$\frac{1}{2}$量的步驟**2**放入攪拌盆中，加入步驟**3**，以低速拌勻。先倒入少量液體，粉類會較容易吸收水分，也更容易拌勻。

5 將$\frac{1}{4}$量的步驟**2**加入溫融化奶油中，再加入步驟4中拌勻。加了步驟2後再攪拌，奶油變得比較容易拌勻。加入溫熱的奶油是為了能更分散入麵團中。

6 分次加入剩餘的步驟**2**，一邊加，一邊以低速攪拌。

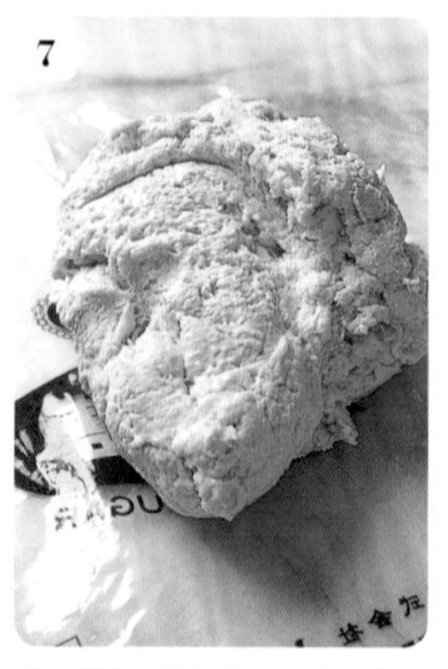

7 當水分融入粉中即OK。取出麵團放在厚塑膠布上。雖然麵團需要一定程度的「伸展度（延展性）」，但我想作出能入口即化的麵團，因此不要攪拌太久，以免韌度太強。

8 將步驟**7**以塑膠袋包起來，以擀麵棍壓成約4㎝厚，約30×20㎝的片狀。放入冰箱冷藏3小時。

摺疊＞

依P.44「摺疊」步驟1至2的作法，將包覆以奶油擀成約7mm厚，比B5尺寸稍大一點的長方形。放入冰箱冷藏備用。

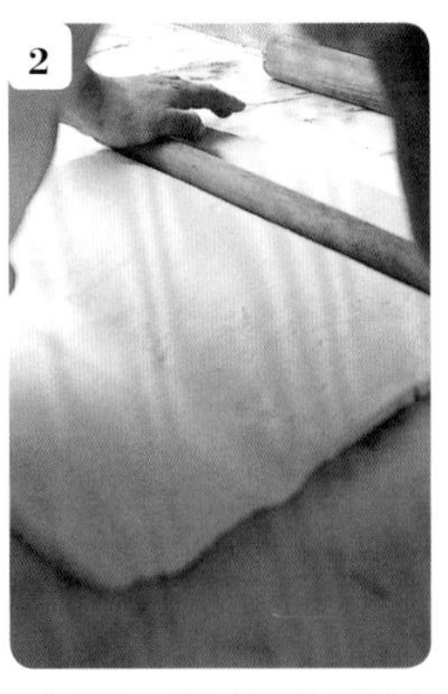

取出麵團，以擀麵棍輕敲以排出空氣。撒上適量的手粉（高筋麵粉。份量外），放入壓麵機中壓成1cm厚，約40×30cm大小。將麵皮橫放，配合奶油片的大小，以擀麵棍在麵皮上壓出橫線。

將步驟1（包覆以奶油）放在橫線內側。如果沒有壓橫線，包奶油時麵皮的褶邊會過厚，奶油無法融到褶邊，烤好後就會變硬。

將麵皮由前往後摺，包住奶油。中央的封口處稍微重疊。

將步驟4橫放，前後兩端當作奶油的側面，以手指輕壓排出空氣，再以細擀麵棍擀開後往上反摺。

以擀麵棍輕壓步驟5的表面，使麵皮和奶油緊密結合。

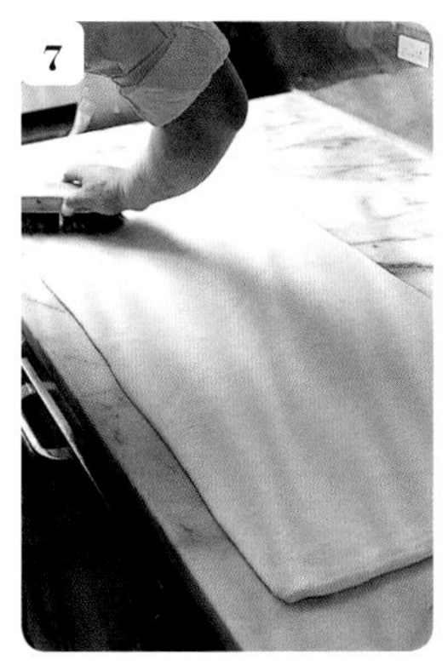

將步驟6以壓麵機壓成8mm厚的長方形。手粉以刷子仔細刷除。

將步驟7橫放，從左右往中間平均摺成三褶。摺疊的時候將麵皮靠著擀麵棍，以免滑動。以擀麵棍輕壓麵皮表面，固定褶層。

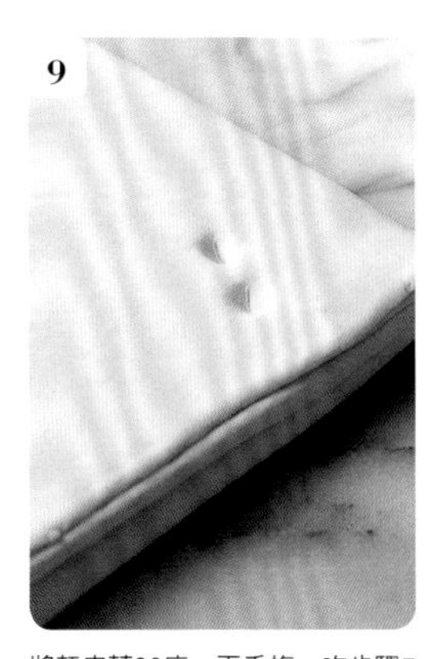

將麵皮轉90度，再重複一次步驟7開始的作業。三褶二次後，作個記號。為了不讓記號在發酵後消失，一定要以指甲按深一點

將手粉刷乾淨，依照P.45步驟11的要領，以烘焙紙和塑膠袋將麵皮包起來。水分減少1%都可能導致失敗，請確實防止乾燥。放入冰箱冷藏約1小時。

將步驟10從冰箱取出，放室溫回溫20分鐘左右。以擀麵棍輕敲，讓麵皮變柔軟。

再次將麵皮轉90度，依步驟7至8的作法再摺三褶(共計三次三褶)。

奶香可頌>

以壓麵機將麵皮壓成4mm厚，約45cm寬的麵皮。為了緩和壓好的麵皮的緊度，先讓麵皮鬆弛一會兒後再擀平（鬆弛。P.42）。這也是為了防止麵皮回縮。

將步驟1切成44片底長9cm，高22cm的三角形。「À PoinT」通常一半的麵皮作「奶香可頌」，另一半作「亞爾薩斯可頌」(P.324)。

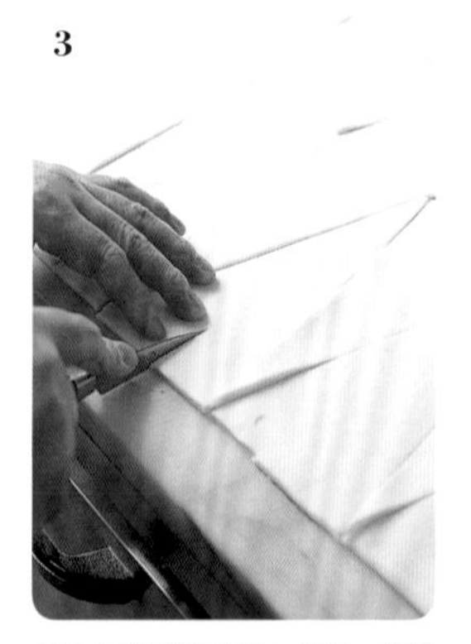

每片三角形的中央，切3cm的切口。

將多餘的麵皮切成每邊約4cm的小三角形。

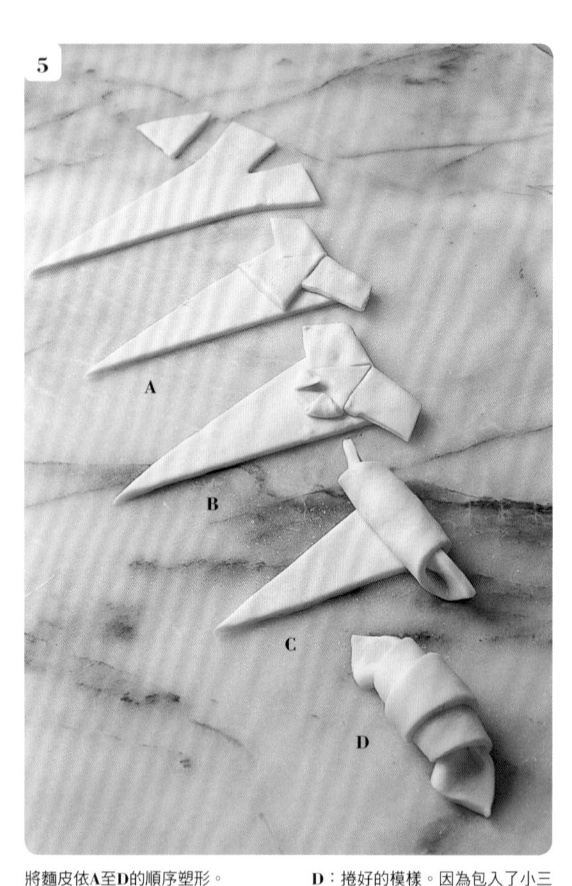

將麵皮依A至D的順序塑形。
A：將步驟3切開的切口輕輕往兩邊拉開，並往前摺。中間擺入步驟4的小三角形麵皮。
B：將小三角形底部的角往內摺。
C：將麵皮由後往前捲。捲得時候，不要拉扯到麵皮。盡量不要給麵皮施加壓力。
D：捲好的模樣。因為包入了小三角形麵皮，中央比較緊實，增加了嚼勁。撐起高度，外型也更漂亮。

將麵團放在鋪有矽膠烘焙墊，60×40cm大小的烤盤上。在麵團上噴水，食物保鮮蓋也要噴，讓麵團在室溫（濕度約70%）下最終發酵約90分鐘。放在烤盤上的數量以每盤12個為佳。

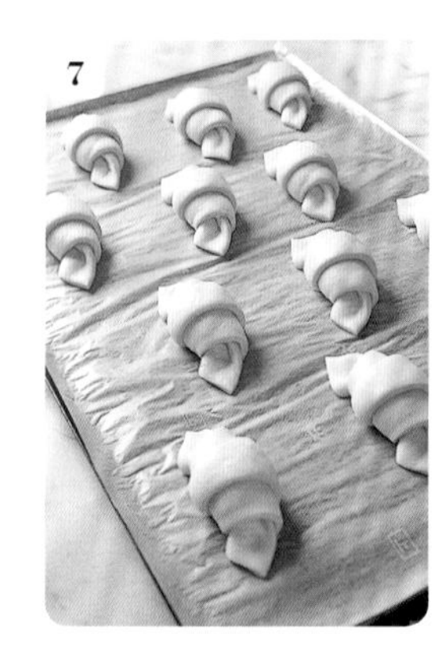

最終發酵完後。以刷子輕輕刷一層蛋液，噴水後，放入烤箱中，以200℃烘烤約20分鐘。

烤得香氣四溢。為了帶出奶油的香氣，注意不要烤過頭了。放在底下墊著有孔洞烤盤的網架上待涼。「À PoinT」就是這樣直接擺在店裡販售。

內層鬆軟，層次分明。中心綿密，且瀰漫著奶油的香氣。表面酥脆、中心濕潤的口感呈現明顯對比，令人感到相當滿足。

哇，
烤得很好吃的樣子呢！
讓可頌漂亮出爐的日子，
整天都讓我感到很幸福。

法式蛋奶醬（卡士達醬）

Crème pâtissière

～À PoinT 風卡士達醬　Crème pâtissière à ma façon

À PoinT引以為傲的「招牌滋味」。
切斷麵筋的韌性後再熬煮幾分鐘，
粉感消失，滋味變得更加濃郁。

Crème pâtissière（甜點店的蛋奶醬）如同它的法文名稱所示，卡士達醬是製作法式甜點時，最重要的蛋奶醬。只要嚐一口蛋奶醬，就可以知道一家甜點店的實力。我的卡士達醬是以「彷彿被母親懷抱般，柔和溫暖的滋味」為意象。也是我在不斷摸索自我風格的味道後，終於創作出的自信之作。

卡士達醬最大的重點，就是「確實消除粉感」，也就是「充分熬煮」的意思。沒有充分熬煮的卡士達醬，會因為充斥著粉感，而品嚐不到它的韻味。煮好的標準是什麼呢？「韌性消失後就是煮好了」、「起泡後就是煮好了」雖然有各種說法，不過我希望能靠自己的經驗來判定煮好的狀態。透過日積月累的經驗和不斷研究的結果，發現雖然配方和火力也會有所影響，不過依照我的作法，在韌性消失後再多煮幾分鐘，作出來的卡士達醬是最棒的。

將砂糖加入蛋黃中打發（P.17）後，加入低筋麵粉拌勻，再加入煮至沸騰前的牛奶和砂糖拌勻，同時要不斷地熬煮，一開始，麵團會全部集結成團。這就是粉類開始升溫的狀態。再繼續加熱，韌性就會漸漸消失。h此即粉類完全煮熟的狀態。一般的作法會在這個階段先離火，不過我還會再多煮幾分鐘。如此一來，食材會更加融為一體，增添濃醇韻味。

這是受到法式料理的白醬影響所衍生的作法。我以前任職的餐廳在作白醬時，會先在鍋裡炒奶油和麵粉，加入牛奶後，再放進烤箱烤至收汁。透過「收汁（réduire）」的過程，會使卡士達醬變得更有深度。

在熬煮前，將低筋麵粉和加了砂糖打發後的蛋黃拌均，並靜置約20分鐘。此步驟可讓粉類完全吸收水分，且能煮得更滑順。

將煮好的卡士達醬放入冰箱冷藏一晚，卡士達醬就會像靜置一晚的咖哩或燉菜一樣，十分入味。

我平常會一次煮5kg的卡士達醬。因為我覺得大量熬煮較為美味，但是熬煮的工作就會變得比較困難。我也曾經覺得在結團階段，費力地持續不斷攪拌。但是這道「入魂」工序的成果，絕對能讓甜點師感到幸福。耗費體力完成的滿足感，也更添一番風味。

我作的卡士達醬，除了是製作希布斯特奶醬的一部分（P.132）之外，基本上都會加入以乳脂47%的鮮奶油和砂糖打發成堅挺狀的香緹鮮奶油拌勻使用。蛋香和奶香搭在一起，更添軟綿的口感，也達成了我心目中的味道。在卡士達醬中加入打發鮮奶油所調成的醬，一般稱之為「鮮奶油卡士達crème diplomate」，而我則將這種奶油醬作為象徵À PoinT的「招牌滋味」，並命名為「À PoinT風卡士達醬」。

基本份量（完成的卡士達醬約3.8kg）

牛奶　lait　3g

香草莢　gousses de vanille　3枝

砂糖　sucre semoule　675g

蛋黃　jaunes d'œuf　30顆份

低筋麵粉　farine faible　255g

香草精　extrait de vanille　適量

À PoinT風卡士達醬用　pour crème pâtissière à ma façon

　香緹鮮奶油　crème chantilly

　　鮮奶油（乳脂47%）　crème fraîche　約1.9kg

　　　∧卡士達醬的一半。

　　砂糖　sucre semoule　約190g

　　　∧鮮奶油的**10%**量。

　　香草精　extrait de vanille　適量

將牛奶倒入銅鍋中，香草莢依P.15的作法剖開後加入，以打蛋器打至分散均勻。

將一半的砂糖加入步驟**1**中，開小火，一邊煮一邊拌勻，煮至快要沸騰。砂糖有緩和火力、防止燒焦的作用。

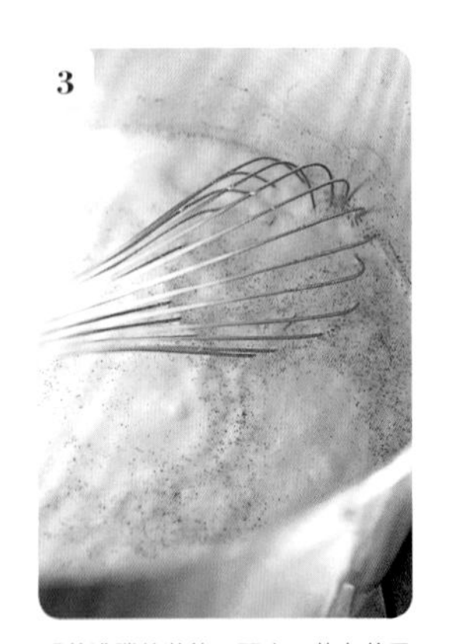

即將沸騰的狀態。關火，蓋上蓋子靜置。要加入步驟**9**時，再重新加熱至即將沸騰。

在加熱步驟**2**的牛奶時，將蛋黃打入另一個調理盆中，充分打散後，加入剩餘的砂糖，擦拌至呈偏白色（打蛋黃。P.17）。

將過篩兩次的低筋麵粉加入步驟**4**中。此時將打蛋器拿開再加麵粉，是可以避免結塊的重要步驟。

為了避免產生多餘的麵筋（P.38），也為了能攪拌均勻，應握住把手下方慢慢地攪拌。

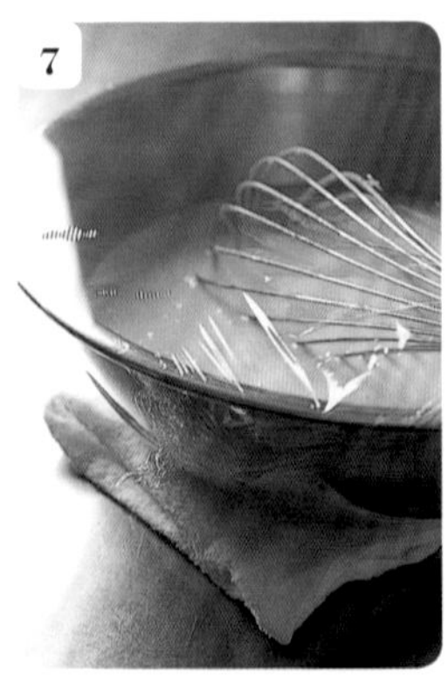

攪拌至看不到粉粒即可。蓋上保鮮膜後靜置20分鐘，讓水分充分滲入粉中。這樣熬煮時粉感比較容易消失，滋味也會更加濃郁。經過10分鐘後，攪拌一次讓麵糊均質化。

約20分鐘後。麵糊變得很有黏度，且具有光澤。再次輕輕地攪拌，讓麵糊均質化。

以湯勺舀五勺步驟**3**到步驟**8**中。先混合少量材料會比較容易拌勻。因為牛奶的溫度比較高，熬煮時會比較快熟，也可以避免產生多餘的麵筋。

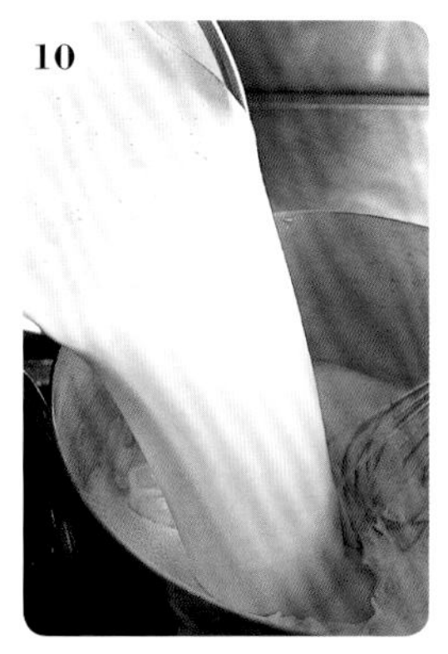

輕輕攪拌步驟**9**，以免產生黏性，再倒回步驟**3**的銅鍋中，以大火熬煮。此處打蛋器可以換成鋼絲比較粗的類型。大力攪拌，可增加鍋內的對流，使卡士達醬煮得更均勻。

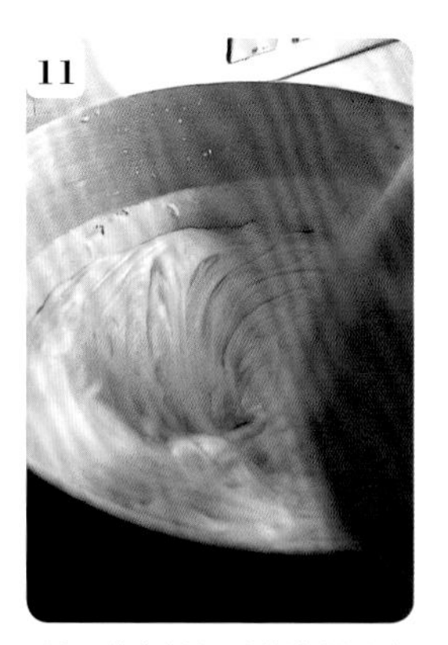

以畫圓的方式按一定的速度慢慢攪拌。粉類融合後黏度會增加，變成光滑的狀態。這裡雖然需要花費不少力氣，不過一定要忍耐，不要改變速度，像要摩擦鍋底般不停攪拌。

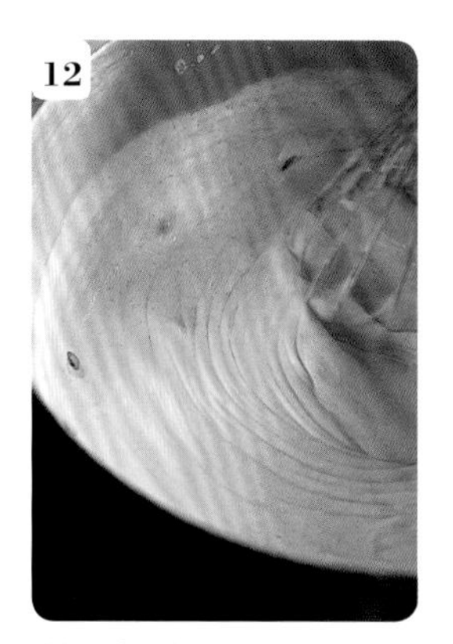

小氣泡會逐漸變大，像肥皂泡泡般噗咕噗咕的冒出來。再繼續攪拌，就會出現有光澤感、韌度瞬間消失的瞬間。這就是水分充分滲透進粉中的狀態。

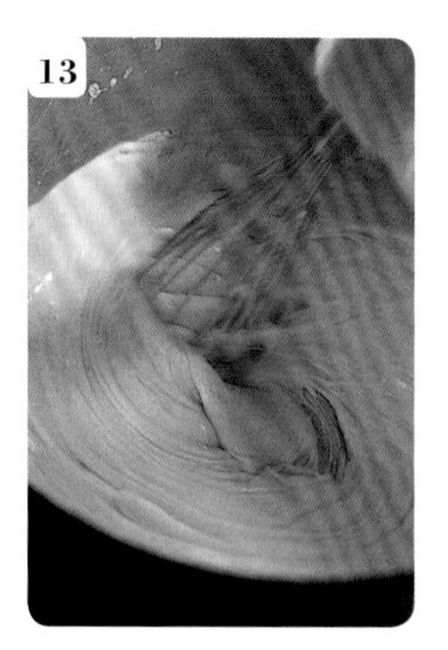

再依同樣的方式攪拌幾分鐘。想像最初$\frac{1}{3}$的時間，是讓粉類充分煮透；最後$\frac{2}{3}$的時間則是在強化濃醇的韻味。慢慢地可以看見打蛋器摩擦過的鍋底了。

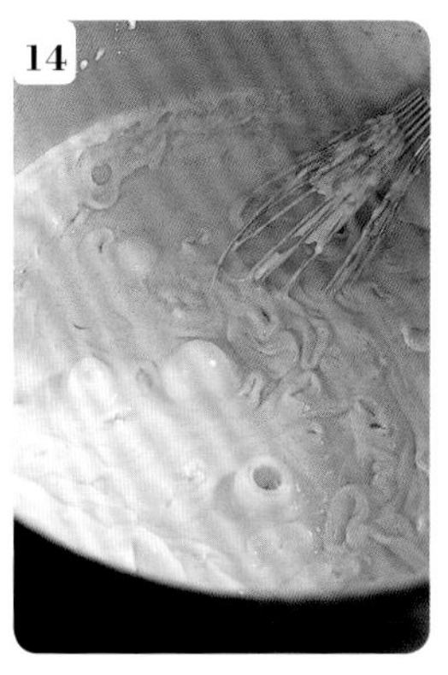

煮好的狀態。以打蛋器撈起來，會立刻滴落下去。如果以玉米粉代替低筋麵粉，會比較容易煮透，可以在短時間內完成，但是味道的深度和一體感則會遜於使用低筋麵粉。

將步驟**14**離火。煮至收汁使滋味更加濃郁，顏色也比較深。考慮到因為加熱而蒸散的部分，可以添加香草精以補強香草的香氣。

為了避免細菌孳生，將步驟**15**急速冷凍。倒入乾淨的深盤中，噴一些酒精，再緊貼上一層保鮮膜後，放在裝有冰水的深盤上。上方再疊一盤冰水盤，讓卡士達醬完全降溫。

將步驟**16**放入冰箱熟成一晚。粉感完全消失後，滋味會更濃郁。圖中是靜置一晚的狀態。

將步驟**17**過篩。直至這個步驟才取掉香草莢。

À PoinT 風卡士達醬>

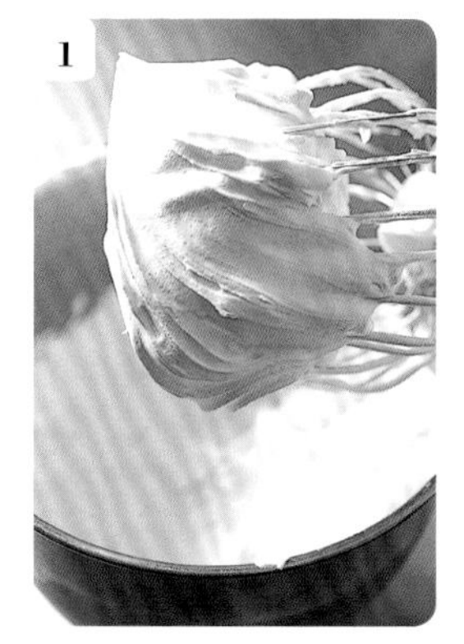

依P.90步驟**17**至**18**的作法，將砂糖、香草精加入鮮奶油中打發。此步驟最後要打到拿起打蛋器，鮮奶油呈現有尖角挺立的硬度。

將過篩後的卡士達醬倒入攪拌盆中，慢慢加入步驟**1**，以槳狀攪拌器低速攪拌。只要拌勻即可。

將步驟**2**移至另一個調理盆中，以刮刀輕輕拌勻。因為鮮奶油是打發到分離前一刻，除了帶有濃郁蓬鬆的口感之外，輕盈的喉韻也十分迷人。

À PoinT風卡士達醬製作全步驟

想煮出美味的卡士達醬，學會判斷狀態最為重要！
來追蹤看看從打蛋黃到完成，狀態和色調的變化吧！

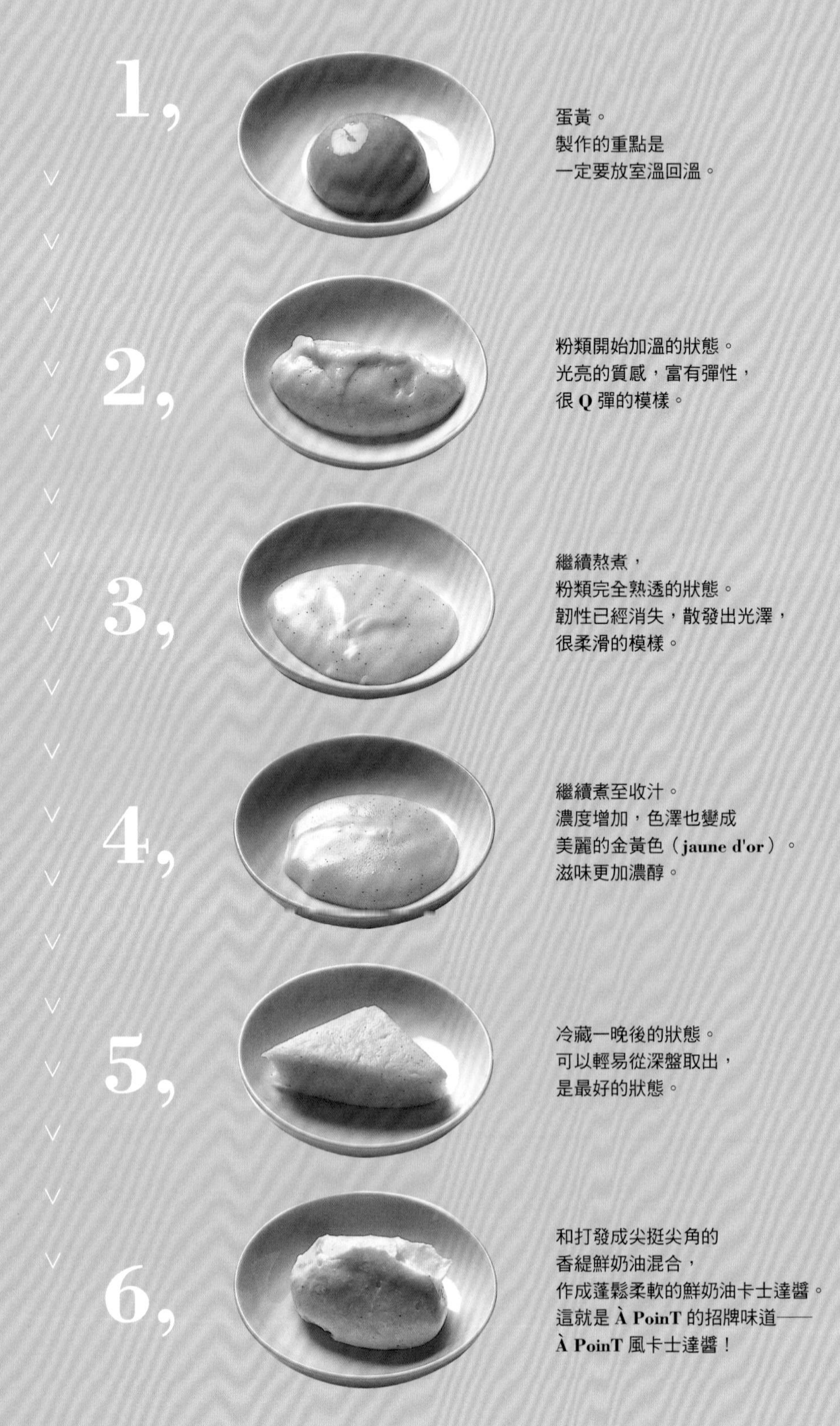

1,
蛋黃。
製作的重點是
一定要放室溫回溫。

2,
粉類開始加溫的狀態。
光亮的質感，富有彈性，
很 Q 彈的模樣。

3,
繼續熬煮，
粉類完全熟透的狀態。
韌性已經消失，散發出光澤，
很柔滑的模樣。

4,
繼續煮至收汁。
濃度增加，色澤也變成
美麗的金黃色（jaune d'or）。
滋味更加濃醇。

5,
冷藏一晚後的狀態。
可以輕易從深盤取出，
是最好的狀態。

6,
和打發成尖挺尖角的
香緹鮮奶油混合，
作成蓬鬆柔軟的鮮奶油卡士達醬。
這就是 **À PoinT** 的招牌味道——
À PoinT 風卡士達醬！

巴巴露亞奶醬

Crème bavaroise

以餘熱加溫。
是醞釀絕佳韻味的祕訣。

巴巴露亞奶醬是將以蛋黃、砂糖、牛奶加上芬芳香草進行加熱，再加入吉利丁和鮮奶油所作成成的英式蛋奶醬。或許是因為巴巴露亞簡單而古典，意外地是一種不太常見的甜點，但是我非常喜歡像太陽般溫暖的英式蛋奶醬所作成的甜點，所以「草莓巴巴露亞」（P.92）便成了開店以來的招牌商品之一。

我認為製作巴巴露亞最重要的是「將煮好的英式蛋奶醬靜置於室溫3分鐘」。靠著餘熱使整體熟透，更添一層濃郁滋味。

不過「以餘熱加溫」這項作業，需要嚴格的「溫度管理」和「衛生管理」。英式蛋奶醬很容易孳生細菌，只要置於75℃以下，就會有細菌孳生的危險。所以英式蛋奶醬在煮好後，要立刻移至消毒清潔過的調理盆中，並插入消毒過的溫度計，在室溫中靜置。此時，依英式蛋奶醬的量選用大小適合的調理盆非常重要。盆子太大，英式蛋奶醬的表面積便會增大，使溫度降得很快。放入適當大小的盆子，以「À PoinT」的份量而言，能以78℃保持3分鐘。打蛋器、篩網、湯勺也都必須經過嚴謹地殺菌消毒程序。

以餘熱加溫的英式蛋奶醬，使蛋黃的風味顯著，即使和鮮奶油混合搭配，也不會減少一分風味。且能作出餘韻在口中溫暖繚繞的巴巴露亞。

基本份量（P.92的「草莓巴巴露亞」口徑7㎝的容器47個份）
英式蛋奶醬　sauce anglaise
　牛奶　lait　700g
　香草莢　gousses de vanille　1 ½枝
　砂糖　sucre semoule　30g
　蛋黃　jaunes d'œuf　280g
　砂糖　sucre semoule　195g
　脫脂奶粉　lait écrémé en poudre　14g
吉利丁片　feuilles de gélatine　17g
香草精　extrait de vanille　適量
鮮奶油（乳脂35%）　crème fleurette　1050g

1 製作英式蛋奶醬。將牛奶到入銅鍋中，香草莢依P.15的訣竅切開加入，並以打蛋器攪散。

2 將30g的砂糖加入步驟1中，開中火。加了砂糖會增加黏性，較容易和蛋黃拌勻。

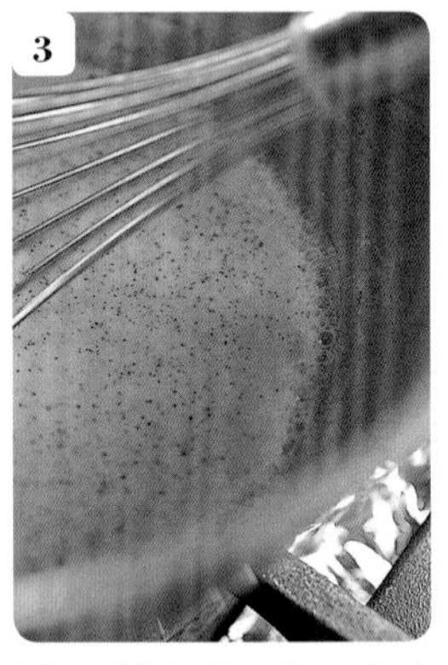

3 加熱至步驟2的表面開始冒出小泡泡，快要沸騰（約80℃）時，關火。蓋上蓋子靜置15至20分鐘，讓牛奶充分抽出香草的香氣（infuser，浸漬）。要加入步驟6之前，再次加熱至即將沸騰。

4 將蛋黃放入另一個盆中，加入195g的砂糖，打至泛白（P.17）。如果跑進多餘的氣泡，即使烘烤後氣泡也不易消失，會難以品嚐到蛋黃的風味，所以要輕輕地攪拌。

5 待砂糖的顆粒感消失，變得順滑後，加入脫脂奶粉拌勻。脫脂奶粉可以更加突顯牛奶的奶香和蛋黃的濃郁口感。

6 以湯勺舀一勺步驟3到步驟5中，充分拌勻。先以少量混合比較不容易分離，也不易結塊。這一勺可以將步驟5的砂糖完全溶化。

7 將步驟6倒入步驟3中充分拌勻。開大火，插入溫度計，一邊攪拌，一邊煮至82℃。以大火短時間熬煮，較不易出現銅味，味道會比較好。

8 將步驟7離火後，移至另一個消毒過的調理盆。插入消毒過的溫度計，隨時攪拌，靜置3分鐘。使用大小合適的調理盆，避免蛋奶醬降溫。如果溫度降到75℃以下，容易孳生細菌。

9

靜置約3分鐘後，稍微有點黏稠感的狀態。以餘熱加熱3分鐘，熱氣會完全透入蛋奶醬中，使風味更濃郁。

10

將泡開後擦乾水分的吉利丁片加入步驟**9**中，充分拌勻。另外，打蛋器、篩網、湯勺都要經過消毒，徹底作好衛生管理。

11

將步驟**10**以篩網過篩後倒入另一個盆中。此時可以湯勺輕壓殘留在篩網上的液體。壓太大力，香草莢會產生澀味。

12

將香草精加入步驟**11**中拌勻。香草精是用來「追鰹」補強香草莢香氣。

13

將步驟**12**墊著冰水攪拌，降溫至20℃。為了避免細菌增殖，要迅速冷卻。

14

將調理盆從冰水上拿開，加入⅓以鮮奶油打發機完全打發的鮮奶油，以打蛋器邊畫圓邊攪拌。先將鮮奶油完全打發，是為了增強化口性。

15

將剩下的鮮奶油分兩次加入步驟**14**中，由底往上翻拌均勻。

16

拌至約八成均勻後，將蛋奶醬倒入另一個調理盆中，使蛋奶醬上下倒過來，依步驟**15**的作法攪拌均勻。

17

蛋奶醬變得蓬鬆柔軟即完成了。口感輕盈且帶著濃郁的豐醇感。倒入適當容器或模型中冷藏固定。

奶香杏仁奶油醬

Crème d'amandes au lait

擁有濕潤感和豐富的韻味。
製作關鍵是脫脂奶粉。

在法國第一次吃到「國王派」的時候，十分驚訝於包在派中蒸烤的杏仁奶油醬，那濕潤的口感和濃醇的風味。「啊，這就是杏仁作的餡呀！」當時的我心想：「這就是在杏仁中加入滿滿奶油和砂糖的奶油餡，日本人和法國人喜歡的東西本質上是一樣的呢！」隨後，我便開始追求濕潤而風味豐富的杏仁奶油醬，並完成了現在所用的食譜。

奶香杏仁奶油醬最重要的關鍵，在於添加了脫脂奶粉。脫脂奶粉因為吸收了蛋等其他食材的水分，使得整體不易受熱，能將風味完全鎖入其中，使奶油醬烤得濕潤。加上因為添加了脫脂奶粉，奶香味更加濃郁，因此我將它命名為「奶香杏仁奶油醬」。

另外還添加了香草精和鹽，增廣風味，使滋味更有層次。

製作的重點在於，無論如何都不可使材料分離，穩定食材的溫度是製作的鐵則。蛋務必要放常溫回溫，奶油則分次慢慢添加糖粉和蛋，並充分攪拌均匀。如果沒有完全乳化，烘烤時奶油會分離流出。攪拌時，一定要以低速慢慢攪拌。如果拌入氣泡，會使得風味變淡，難以感受到奶油醬的滋味。

請特別注意，奶油融化會產生油膩味，而軟化成霜狀前一刻的奶油最容易拌匀，也是奶油最美味的時期。

基本份量（完成約5.7kg）

發酵奶油（切成2cm厚片） beurre 1.5kg

∧室溫下，以手指可直接壓入的柔軟度。

糖粉 sucre glace 1.5kg

全蛋 œufs entiers 24顆

鹽 sel 適量

香草精 extrait de vanille 適量

杏仁粉 amandes en poudre 1.5kg

脫脂奶粉 lait écrémé en poudre 適量

將奶油切成2cm後的片狀，放置在室溫中軟化到手指可以輕易壓下的程度。注意不要讓奶油融化。奶油融化，作好後奶油醬會變得油膩。

將步驟1放入攪拌盆中，以槳狀攪拌器以低速拌至均勻。因為奶油已經很軟了，小心不要拌太久。如果混入多餘的空氣，會讓味道變淡。加入⅓量的糖粉，同樣以低速拌勻。

要隨時停下攪拌器，將附著在攪拌器上的奶油和糖粉刮下來，並將奶油醬由底往上翻拌，讓奶油醬更均勻。完全拌勻後，依同樣的方式，將剩下的糖粉分2次加入拌勻。

將全蛋打入另一個調理盆中，以打蛋器充分攪拌，直至完全打散後，加鹽拌勻。鹽能使味道更有張力（味道的對比效果。在紅豆湯中加鹽也是同樣的道理。）

為了使奶油醬和步驟4的蛋液更好混合，將蛋液隔水加熱至約肌膚溫度，以每次¼的量，分次加入步驟3中，一邊加，一邊以低速攪拌。每次都要完全拌勻後，再加入下一次的蛋液。

最後¼的蛋液先倒入放有香草精的調理盆中，拌勻後再加入奶油醬中。和加糖粉時一樣，要隨時刮下攪拌器上的奶油醬及從盆底翻拌。

將過篩2次的杏仁粉放入另一個調理盆中，加入脫脂奶粉後，以手充分拌勻。由於脫脂奶粉會吸收其他材料的水分，使材料不會太快熟，能烘烤通透，風味也會倍增。

將步驟7加入步驟6的攪拌盆中，先以橡皮刮刀稍微拌勻，使兩邊容易融合後，再以低速攪拌。

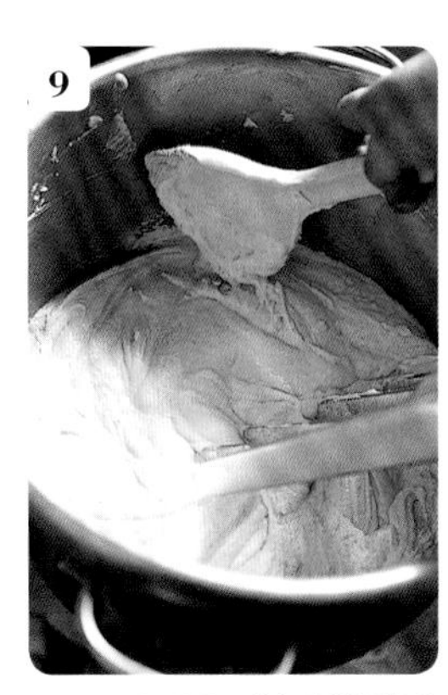

隨時停下攪拌器，將奶油醬從攪拌器和盆邊刮下。接著倒到另一個盆中，使奶油醬上下顛倒，均勻攪拌後即完成。放入冰箱冷藏一晚，滋味會更加濃郁。是可以烘烤後享用的奶油醬。

焦糖醬

Sauce caramel

為了能煮出我所追求的濃醇度，
砂糖要少量分次加入，並拌勻溶化。

焦糖醬主要是用於「焦糖牛奶布丁」（P.77）的醬。每個人的喜好都不同，我則是想製作帶有恰好微苦滋味的焦糖醬。苦味太強烈的焦糖醬，會消去蛋的柔和口感；但太過甜膩，又會使蛋的腥味顯現出來。呈現流動狀，帶有與甜度適當對比的苦味是相當重要的。另外，苦味也必須是從小孩子到老人家都能接受的苦味。

要作出心目中的濃稠程度，重點在於將砂糖分5至6次加入，拌至溶化。如果一次加入，砂糖容易溶化不完全而殘留，煮得太濃就沒辦法調整了。

為了避免砂糖飛散到盆邊，要小心地倒入中央，以木匙慢慢攪拌均勻，使其溶化。重點是必須在每次加入的份量完全溶化，變成淡褐色狀後，再加入下一次的砂糖。不要將砂糖的顆粒和氣泡弄錯，小心謹慎地分辨。不能只靠頭腦理解，而是要依照實際累積的經驗來判斷。

當砂糖已經全數加入並完全溶解後，再煮一段時間，氣泡便會不斷冒出來，此時繼續攪拌，氣泡便會瞬間往下沉。當焦糖呈現彷彿燃燒般的紅褐色時，就是加入沸騰熱水的時機。如此一來，我所追求的焦糖醬便完成了。砂糖在熬煮時的顏色變化，不管看幾次都很感動。澄澈美麗的焦糖醬，是我驕傲的作品。

基本份量（P.77的「焦糖牛奶布丁」
直徑9cm的布丁模型30個份）
∧每個模型倒約3mm高。

砂糖　sucre semoule　350g
沸騰的熱水　eau bouillante　100g至150g

1

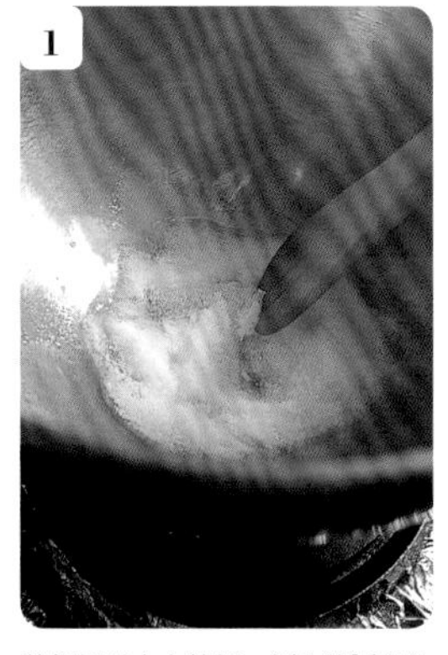

將銅鍋以中火熱鍋，倒入約1/6量的砂糖到鍋底，再將火轉小火。帶砂糖周圍溶化後，以木杓慢慢拌勻，使其溶化。

2

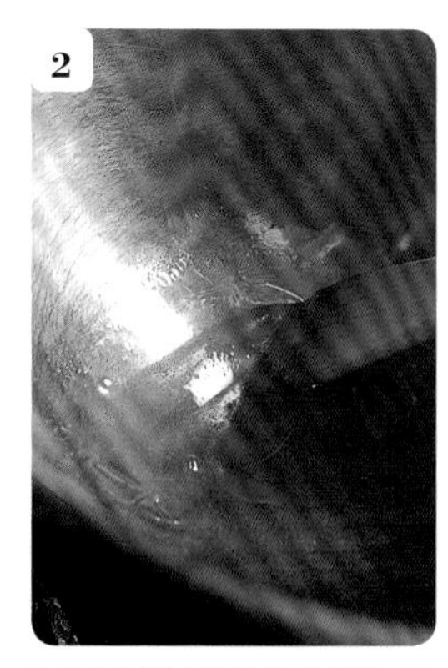

完全溶化後呈現淡褐色的狀態。請留意分辨顆粒是糖粒或氣泡。如果糖粒殘留，化口性就會變差。

3

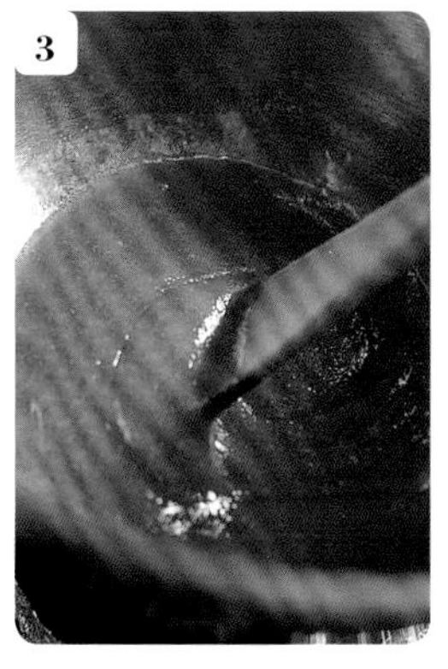

將剩下的砂糖分五次加入，依同樣的方式，將砂糖煮至溶化並呈現淡褐色。圖中是加入全部砂糖後熬煮的狀態。

4

以步驟**3**的木杓撈起來後，就會立刻流下。即表示沒有砂糖顆粒殘留的狀態。

5

再慢慢攪拌熬煮一段時間後，氣泡就會不斷往上冒出，並會冒煙。

6

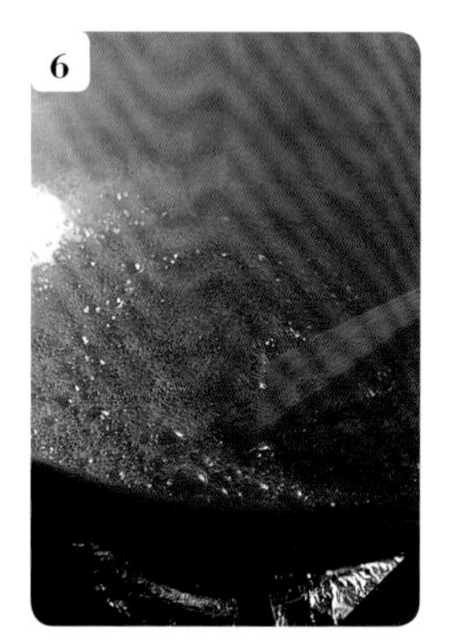

將步驟**5**攪拌一下後，氣泡便會往下沉。這個瞬間便是加入沸騰熱水的時機！

7

配合步驟**6**的濃稠度加入沸騰熱水，充分拌勻後離火。此時焦糖醬的溫度約185℃。可能會往外噴濺，要小心。

8

以湯匙舀一匙步驟7到水中，焦糖會散開到周圍，留下6成在中間。這便是我所追求，有著適當苦味的焦糖硬度。

9

趁著焦糖還有餘熱，尚未硬化時，篩入麵糊分配器中，倒入模型。可能有砂糖顆粒殘留，所以一定要過濾。待熱氣散去後，放入冰箱冷藏固定。

10

澄澈美麗的褐色焦糖醬完成。

第3章

À PoinT的甜點

Les pâtisseries d' À POINT

我的店的標語為
「休息片刻，À PoinT的甜點。」
店裡賣的是不需要正襟危坐、繃緊神經品嚐的甜點，
而是能放鬆身心，舒緩心靈的甜點。
外觀看似簡單，品嚐後卻能感到輕鬆舒適。
這就是我想帶給客人的感覺。
「賦予平凡的甜點不凡饗宴」是我的座右銘。
我想傳達的心意，都蘊藏在每一口甜點裡。

1

Tout le monde les aime et les déguste avec le sourire

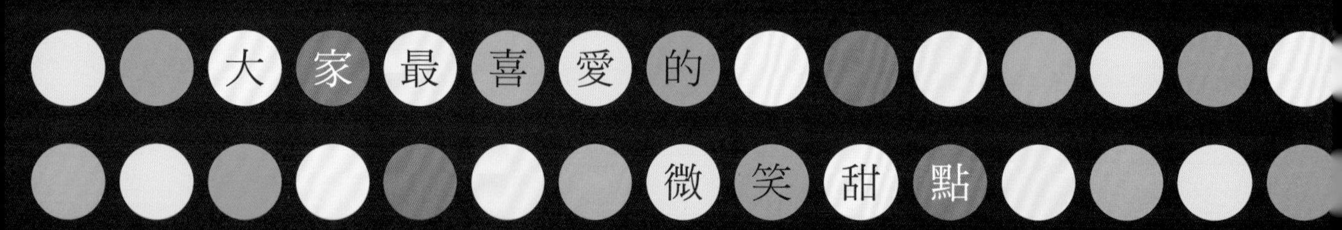

將修業時培育的技術和想法，
融入大家所熟知的甜點中，
作出獨特的好味道。
只要吃一口，便覺得身心放鬆，
彷彿回到童年的純真心情。
我想吃的就是這樣甜點。
而能提供這樣的甜點，
正是甜點店的理想。

焦糖牛奶布丁

Crème caramel

焦糖牛奶布丁

Crème caramel

製作這道布丁的初衷，是源自於小時候第一次吃的「蒸烤布丁」。凝聚蒸烤布丁獨特的扎實彈性和食材風味，濃郁的滋味令我深受感動。因此，我所作的布丁，也以能發揮彈性、韻味、蛋特質的蒸烤手法為主。

湯匙一舀下，布丁表面的薄膜便會瞬間彈開，有著Q嫩而適度的彈性，這是因為使用全蛋的緣故。雖然蛋黃份量比較多，不過主角還是全蛋。以蛋白的蛋白質為骨架建構起來的彈力，正是布丁的特質。我認為若是少了這一點，布丁就跟其他甜點沒有什麼區別性。

要將蛋、乳製品帶出母性豐醇的韻味，最重要的便是將食材充分拌勻。蛋奶液作好後，在蒸烤前須靜置10分鐘左右，烘烤後，也要放入冰箱冷藏一晚。如此一來，滋味會更加有深度。以牛奶、鮮奶油煮香草莢時，離火後，也須靜置1小時左右，才能完全釋放香草莢的香氣。

蒸烤的溫度設定，是以蛋的凝固溫度來決定。凝固蛋黃所需的溫度約64℃；蛋白約56℃，因為加了牛奶，需要的溫度要更高一些。蛋奶液的溫度在倒入模型時，約是50℃。配合這個溫度，來調整隔水加熱的溫度、份量，和烘烤溫度及時間。烤箱內的溫度如果太高，烤好後會產生斑點；太低，則會產生蛋的腥味。

每個步驟都要非常小心，「以平凡創造非凡」這道布丁便是我座右銘的體現。搭配我心目中有著適當苦味的焦糖醬，我可以驕傲地說，這是「受人喜愛的永恆美味」。

直徑9㎝的布丁模型30個份

蛋奶液 appareil

- 牛奶 lait 1.7kg
- 鮮奶油（乳脂35%） crème fleurette 300g
- 砂糖 sucre semoule 210g
- 香草莢 gousses de vanille 2枝
- 全蛋 œufs entiers 16顆
- 蛋黃 jaunes d'œuf 10顆份
- 砂糖 sucre semoule 210g

焦糖醬（P.73） sauce caramel 全份量

∧倒入模型3㎝高，放冰箱冷藏凝固。

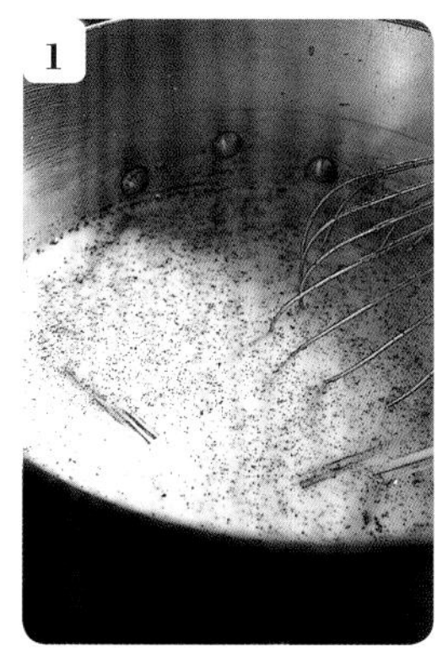

將牛奶、鮮奶油、210g砂糖倒入銅鍋中，香草莢依照P.15的要領切開後加入。開小火，隨時攪拌一下，加熱至80℃。

煮至80℃後離火，靜置1小時，隨時攪拌一下，以釋放出香草的香氣（infuser浸漬，請參閱P.68）。圖中是靜置1小時後的狀態。香草的種子完全散開，香氣四溢！

將全蛋、蛋黃放入盆中，以打蛋器將蛋黃打散，為了避免空氣進入，慢慢地將蛋黃拌勻。大約攪拌至蛋液可從打蛋器上迅速流下來的狀態即可。如果打入太多氣泡，可能會產生「孔洞」，須特別注意。

將210g砂糖加入步驟**3**中，依同樣的作法，攪拌至砂糖顆粒消失。

以湯杓舀一匙步驟**2**，倒入步驟**4**中，慢慢攪拌均勻。

再將剩餘的步驟**2**約¼量，同樣倒入攪拌均勻。再倒回步驟**2**中，同樣充分拌勻。先以少量混合，會比較容易拌勻。

將步驟**6**以濾網過篩，讓香草莢的豆莢、纖維和蛋的繫帶（連接在蛋黃上的白色線狀物）等留在濾網上。過篩後也會變得比較滑順。上方的氣泡可以細的網杓撈除。靜置約10分鐘。

約10分鐘後。所有材料都充分融合，變成稍微濃稠的滑順狀態。以打蛋器輕輕拌勻，讓沉澱的香草籽可以均勻分散。

將烘焙紙鋪在深烤盤內，倒入少量的水。擺好倒有焦糖醬的模型，倒入步驟**8**。鋪烘焙紙是為了緩和火力，使布丁能均勻受熱。

暫時拿開角落的模型，倒入約50℃的熱水，約模型一半高。放回模型，以酒精噴劑噴布丁表面，消除氣泡。放入130℃的烤箱中，烤約50分鐘。

搖晃時會稍微搖動，橫放後，焦糖醬和布丁間的界線呈現直行狀，即表示烤好了。將模型從深烤盤中取出，靜置放涼約1小時。

將模型移置另一個深烤盤中，蓋上烘焙紙後，放冰箱冷藏一晚。蓋一層只是為了防止表面的皮膜乾燥而變硬。放置一晚會更加入味，風味倍增。

奶油泡芙

Chouà la crème

白鸖泡芙

Cigogne

「泡芙」的形象是「寶物」。一口咬下那層美味的外皮後，裡面滿溢著美味的奶油醬。為了讓顧客享受到滿足的喜悅，我們的泡芙重量幾乎是一般店家的兩倍。泡芙外皮和卡士達醬都蘊藏深度，是一道能瞭解「À PoinT」滋味的獨特甜點。

「白鸖泡芙」是以我小時候只有在特殊日子才能吃到的「天鵝泡芙」為原型。在亞爾薩斯，白鸖（Cigogne）是幸福的象徵，我便以此命名。上頭的鮮奶油為白鸖泡芙的美麗序曲，嚐一口羽毛沾著奶香濃郁的鮮奶油，能使心情變得柔和；入口時蔓延開來的卡士達醬韻味，也令人忍不住揚起微笑；水嫩的草莓則是「綠洲」般的存在，這道甜點蘊含著如此美好的形象，讓人不由得細細品味。看看白鸖的頭部和脖子，是不是很擬真呢？祕訣是將麵糊擠在矽膠烘焙墊上。烘焙紙能巧妙地將底部的麵糊彈開，使頭部能膨脹成相近的左右對稱形狀，這就是我私房祕訣！

—奶油泡芙—

直徑約6㎝、約50個份
泡芙麵糊（P.48） pâte à choux 全份量
蛋液（P.48） dorure 適量
À PoinT風卡士達醬（P.64）
crème pâtissière à ma façon 約4750g
糖粉 sucre glace 適量

擠入奶油醬後，
泡芙就會
充滿生命感。

以小刀在泡芙殼的底部開個小洞。

將À PoinT風卡士達醬放入裝有直徑12㎜圓形花嘴的擠花袋中，再將卡士達擠約95g到步驟**1**的開口中。擠好後以濾茶網撒一層糖粉。

—白鶴泡芙—

長約6㎝，約20個份
泡芙麵糊（P.48） pâte à choux 約900g
∧直至步驟**12**都以同樣的方式製作，取約900g的份量。
蛋液（P.48） dorure 適量
粗砂糖 sucre cristallisé 適量
∧使用日新製糖的「F3」。
À PoinT風卡士達醬（P.64）
crème pâtissière à ma façon 約1.5kg
香緹鮮奶油（P.89） crème chantilly 約120g
草莓（去蒂、對切） fraises 切半／1顆
糖粉 sucre glace 適量

將畫有直徑6㎝圓形圖樣的烘焙紙鋪在烤盤上，上方再鋪一層矽膠烘焙墊。將泡芙麵糊放入裝有直徑14㎜星形花嘴的擠花袋中，擠出白鶴的身體。尾端要像「雨滴」一樣稍微拉長。

表面以刷子均勻地刷上蛋液，凹處也要刷到。

噴水。藉由噴水讓烤箱中充滿水蒸氣，緩和烘烤的熱力，使麵糊可以烤得柔軟而不龜裂。

將泡芙麵糊裝入以紙製擠花袋中，前端剪成約3mm的孔，在鋪好矽膠烘焙墊的烤盤上擠出頭和脖子。頭擠得大大的，脖子擠得細長一點，比較真實。

與步驟4一樣，以紙製擠花袋擠出愛心。由於白鶴是帶來幸福的象徵，因此添加了愛心，是可愛的禮物。

將步驟5撒上粗砂糖，抖落多餘的砂糖。將身體、頭、脖子、愛心墊二層烤盤。放入烤箱中，以160℃烘烤，身體烤約40分鐘、頭和脖子、愛心烤約15分鐘。烤好後放網架上待涼。

烤好的愛心。粗砂糖適當地融化開來，不但味道更棒，外表和口感也更有特色。

烤好的身體。紋路的部分也烤得很漂亮。因為擠麵糊時有向後拉長，尾巴看起來也很真實。

烤好的頭和脖子。因為矽膠烘焙墊有防油性，麵糊很容易膨脹，使頭部能烤成相近的左右對稱球狀。

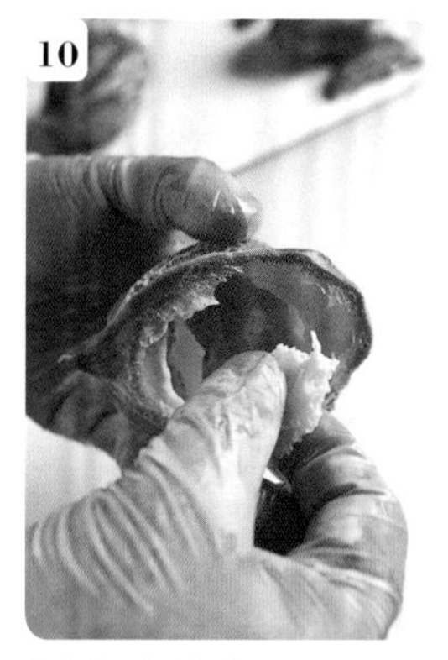

將身體從上方⅓處水平切開，取出下方身體裡的麵皮。不過要注意如果取出太多，會使風味流失。

將步驟10切下的上半部身體切成兩半，當作翅膀。

將À PoinT風卡士達醬以直徑12mm圓形花嘴的擠花袋擠約75g到步驟10中。再將香緹鮮奶油以直徑12mm星形花嘴的擠花袋擠約6g在上方。放上草莓，插入步驟11。以草莓來穩住整體的重心。

將泡芙一個個拿起來，以濾茶網撒上糖粉。不要機械式的撒，請一邊撒，一邊想怎麼撒會看起來更可愛，讓成品看起來有不同的感覺。

頭和脖子也撒上糖粉。分成兩邊側面和上方，仔細地撒。頭部的凹痕處也要撒到。再插入步驟13中，裝飾好愛心後即完成。

鳳梨閃電泡芙

Éclair ananas

蓋上一片擀成薄片的餅乾麵團烘烤而成的泡芙，稱之為「choux suédois（瑞典風泡芙）」。披蓋的餅乾麵團含有較多奶油，是很適合搭配泡芙的麵團。為了避免餅乾表面龜裂，將泡芙麵糊整成像氣球一樣圓滾滾的模樣，而餅乾為泡芙增添酥脆的獨特迷人口感，更是這道甜點的特色。我會利用「布列塔尼酥餅」（P.230）剩餘的麵團，作成像小巧的牡丹餅一樣可愛的形狀。

將泡芙和鳳梨搭配組合，是因為我想起了在亞爾薩斯超市的麵包店中，發現我很喜愛的「Éclair ananas（鳳梨閃電泡芙）」。當時鳳梨口味是很少見的變化版。雖然只是放了切丁的罐頭鳳梨，模樣很簡單的泡芙，但水潤多汁的口感讓我印象深刻，每次去超市我都會買一個在回家路上品嚐。現在我將美味的新鮮鳳梨以糖漿蜜漬，改良成新版的鳳梨閃電泡芙。

長度約6cm，約20個份

布列塔尼酥餅麵團（P.230） pâte à galettes bretonne 約260g

∧依照同樣的方式作到步驟12為止，取約260g的份量。在麵團還很硬時，先以擀麵棍敲打，再以手揉，讓硬度一致。

粗砂糖 sucre cristallisé 適量

∧使用日新製糖的「F3」。

泡芙麵糊（P.48） pâte à choux 約500g

∧依照同樣的方式作到步驟12，取約500g的份量。

À PoinT風卡士達醬（P.64）

crème pâtissière à ma façon 約1.2Kg

櫻桃利口酒 kirsch 適量

糖粉 sucre glace 適量

翻糖 fondant 適量

鳳梨香精 essence d'ananas 適量

食用色素（黃色，液體） colorant jaune 適量

糖漬鳳梨 ananas au sirop 基本份量

黃金鳳梨 ananas 2顆

∧放常溫回溫。

波美度30°糖漿（P.5） sirop à 30° B 適量

檸檬汁 jus de citron 適量

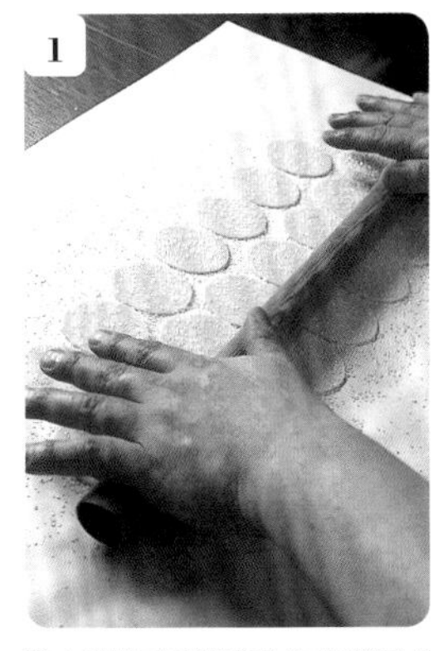

將布列塔尼酥餅麵團以壓麵機壓成2.6mm厚。以6×5cm的圓形模型壓模後，排列在烘焙紙上，撒上粗砂糖，再以擀麵棍壓緊。

將畫有6×3.5cm圓形圖樣的烘焙紙鋪在烤盤上，上方再鋪一層矽膠烘焙墊。將泡芙麵糊放入裝有直徑14mm圓形花嘴的擠花袋中，擠成圓形。放上步驟1，以手指輕壓邊緣，使餅乾和泡芙黏緊。

放入烤箱中，以180℃烘烤40分鐘至50分鐘。這種泡芙的特色是烤好後會膨脹得均勻渾圓。布列塔尼酥餅酥脆的口感，加上些微融化的粗砂糖的口感和甜味，吃起來十分有趣。烤好後放在網架上待涼。

從步驟3上方¼處水平切開，適度地取出裡面的麵皮。À PoinT風卡士達醬加櫻桃利口酒混合拌勻，擠入泡芙中，再放入4、5塊糖漬鳳梨丁（下述）。

在步驟4上再擠一些À PoinT風卡士達醬（一個泡芙共擠約60g的À PoinT風卡士達醬），蓋上蓋子。將約1cm寬的鐵棒直放在泡芙上，再以濾茶網撒上糖粉。

將翻糖放入銅鍋中，加入鳳梨香精拌勻，加熱至60℃。離火後，加入食用色素，以木匙充分攪拌均勻。

將步驟6以12mm寬的扁平花嘴擠在泡芙沒有撒到糖粉的部分。翻糖加熱至60℃後，質感會變得光滑，吃起來口感酥脆，和多汁的鳳梨形成對比。

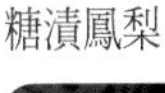

糖漬鳳梨

將鳳梨切成圓片狀，再切成一口大小，放入盆中。將煮沸的糖漿淋約鳳梨片的八分高，放至糖漿冷卻後，加入檸檬汁，蓋上保鮮膜，放入冰箱冷藏。放至第三天吃最好吃。

費雪草莓蛋糕

Fraisier

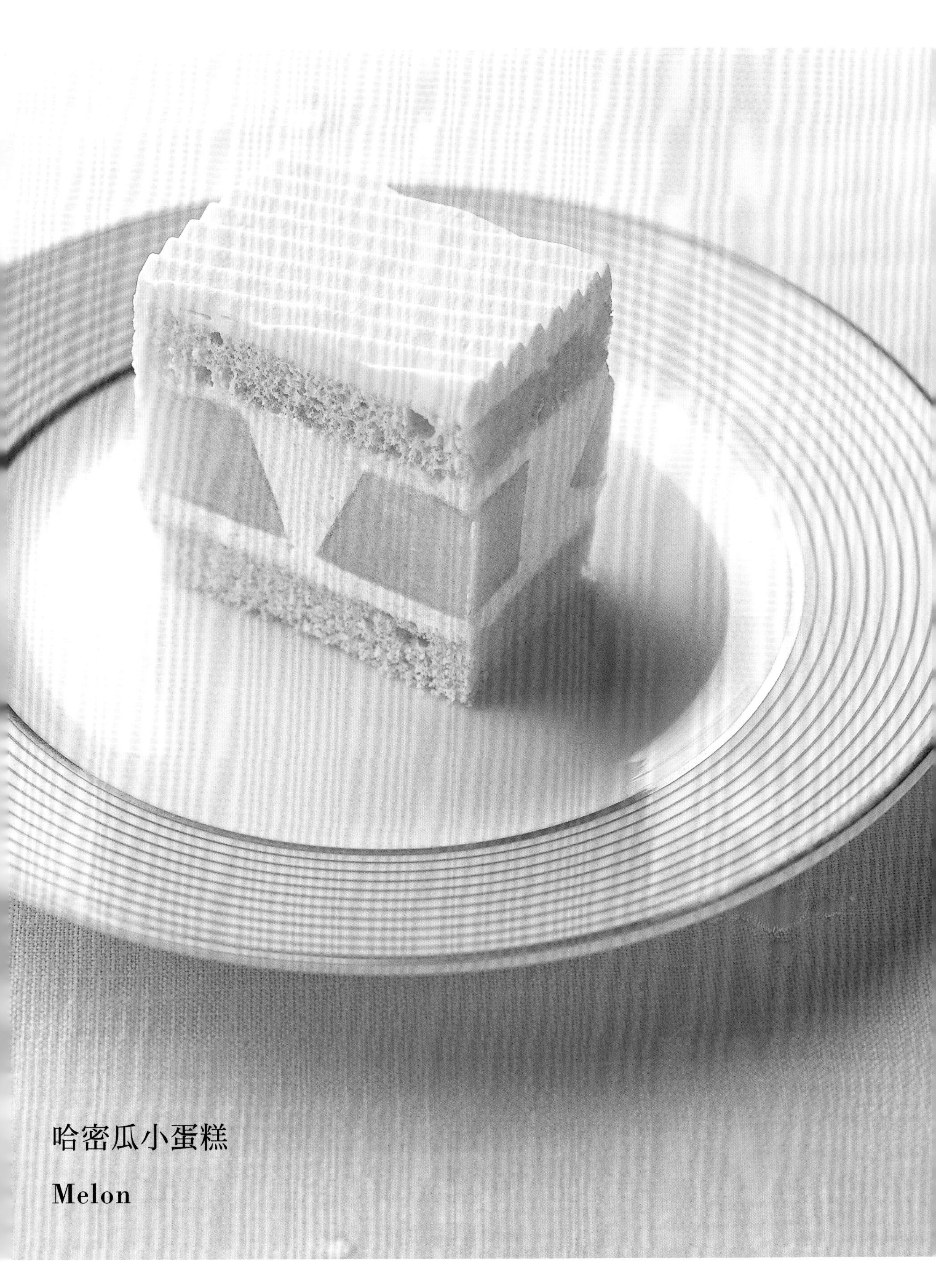

哈密瓜小蛋糕

Melon

費雪草莓蛋糕

Fraisier

哈密瓜小蛋糕

Melon

對我而言，草莓蛋糕是一種「大餐」。你有沒有小時候，在生日之類的慶祝場合吃草莓蛋糕的回憶呢？對日本人而言，草莓蛋糕是充滿回憶的甜點。法國雖然沒有草莓蛋糕，比起執著於法式甜點的框架，我更執著於運用自法式甜點中習得的技術。「費雪草莓蛋糕」，就是由此誕生的蛋糕。

費雪草莓蛋糕最大的特色，就是使用了兩種乳脂含量不同的鮮奶油。兩片海綿蛋糕間雖然夾了滿滿的鮮奶油，但很不可思議的不會過膩，後味相當美妙。這是因為使用了法國很流行的乳脂量35%的低脂鮮奶油。在法國，食用鮮奶油就像在吃「奶泡」一樣。因為脂肪含量低便不容易打發，所以會先以攪拌機打入大量空氣後再使用，不過很難保持固定形狀。因此，我將一種名為「Gelee Dessert（果凍粉）」的粉狀吉利丁，加入煮沸的牛奶中溶化，再加入鮮奶油中，讓鮮奶油能勉強保持固定形狀。這樣作出來的鮮奶油，口感輕盈又濕潤。但是只這靠一項，整體的形象仍然不夠鮮明。因此我會在蛋糕上再抹一層乳脂量47%的高脂鮮奶油作對比，提高滿足感。

還有一點，我認為草莓蛋糕的迷人之處，在於草莓、鮮奶油、海綿蛋糕融為一體的協調感。訣竅在於將蛋糕組合後，放入冰箱冷藏一晚。冷藏一晚後，鮮奶油和草莓會適當地油水分離，使蛋糕更加濕潤，草莓和鮮奶油的香氣也會相互轉移，產生渾然一體的美味。

「哈密瓜小蛋糕」則是令草莓蛋糕的華麗感更加乘的一道甜點。將哈密瓜切成大塊，奢侈地排列在蛋糕上。常常會有人驚訝這款蛋糕有著比一般哈密瓜更能感受哈密瓜的濃郁香氣，問我：「是不是加了果汁呢？」不過其實我只有使用果肉而已。雖然也曾經在塗刷蛋糕用的糖漿中添加果汁，但是反而太過濃郁，蛋糕體也變得濕答答的。讓我覺得與其這樣，不如直接吃哈密瓜就好了。而香氣濃郁的祕密，和「費雪草莓蛋糕」一樣，就是在組合好後，放入冰箱冷藏一晚。

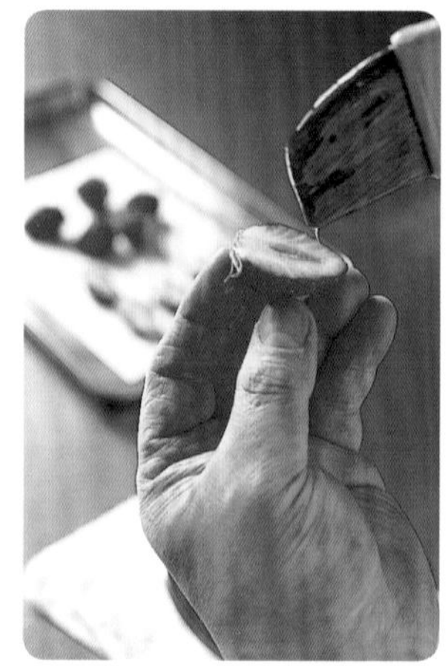

5×5cm，33個份

海綿蛋糕體（P.40） pâte à génoise
　長方圈½盤份

櫻桃利口酒風味糖漿（蛋糕體用） sirop d'imbibage
　波美度30°糖漿（P.5） sirop à 30° B　25g
　櫻桃利口酒 kirsch　25g
　　∧上述兩項材料混合。

添加果凍粉的香緹鮮奶油 crème chantilly
　果凍粉 gelée dessert　100g
　　∧吉利丁加砂糖或澱粉混合的粉末狀凝固劑。能產生柔軟的口感，且不會破壞鮮奶油的濕潤感。
　砂糖 sucre semoule　100g
　牛奶 lait　100g
　香草精 extrait de vanille　3g
　鮮奶油（乳脂35%） crème fleurette　1kg

草莓（夾在蛋糕片中。去蒂頭，切對半） fraises
　約90片

香緹鮮奶油 crème chantilly
　鮮奶油（乳脂47%） crème fraîche　800g
　砂糖 sucre semoule　150g
　香草精 extrait de vanille　適量

草莓（放在蛋糕上。切對半） fraises　約33片

蘋果果膠（P.178） gelée de pomme　適量

海綿蛋糕體的表面朝上，以麵包刀切成60×17cm。將表面有上色的部分切除。

將步驟1切成三片1.3cm厚的蛋糕片，取上方兩層（最好吃的中央部分）使用。亦可以不切掉上色的表皮，別有一番懷舊的風味喔！

將兩片蛋糕片的其中一面輕輕刷上櫻桃利口酒風味的糖漿。想像將蛋糕拿到嘴邊時，會感受到輕柔的香氣。由於鮮奶油對溫度的變化很敏感，因此要先將蛋糕片急速冷凍。

製作添加果凍粉的香緹鮮奶油。將果凍粉和砂糖放入盆中，加入煮沸的牛奶混合拌勻。牛奶可以增加奶香味。

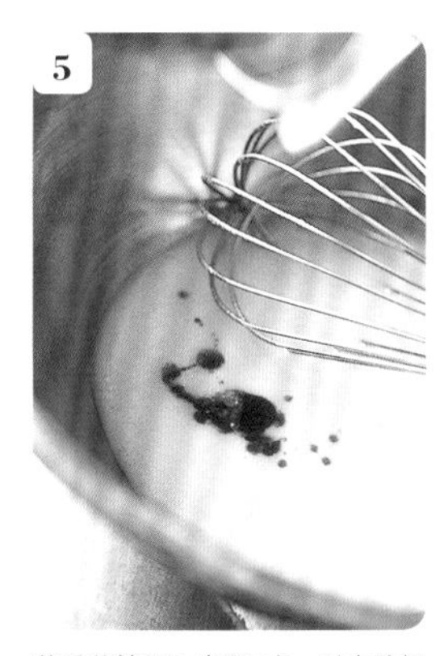

將香草精加入步驟4中，以去除奶腥味，調整味道整體的平衡感。

將乳脂35%的鮮奶油以攪拌機充分打發，倒入大盆子中。將¼量的鮮奶油倒入步驟5中，以畫圓的方式充分拌勻。以下的動作要使用事先放在冷涼室內降溫好的器具進行。

將倒入果凍牛奶的鮮奶油再倒回原本的鮮奶油中，由底部往上翻拌。再倒入另一個盆中，依照同樣的方式簡單拌勻。

將烘焙紙鋪在鋁製烤盤上，放入步驟3的兩片海綿蛋糕中原本位於最中央的那一片，並將刷有糖漿的那面朝上。以直徑22mm（最容易排列草莓的大小）的圓形花嘴將步驟7擠在蛋糕片上。

將去掉蒂頭、切對半的草莓在蛋糕上平均排成直線狀，以抹刀壓平。草莓和草莓間的縫隙可以少許的步驟7填平。

以直徑15㎜的圓形花嘴，將步驟7再次擠在蛋糕上。

手持抹刀以45度角輕輕將鮮奶油抹平。

將步驟3剩下的另一片蛋糕片，刷有糖漿的那一面朝下，疊在步驟11上，輕壓讓蛋糕密合。

在步驟12上放一片矽膠烘焙墊和木板。

將步驟13翻面，取下鋁製烤盤和烘焙紙。如此一來，蛋糕烤好時在正中央的蛋糕片就會在最上層了。而原本接近表皮的蛋糕片則會變成最底層，吸收鮮奶油的水分，變得更加濕潤。

以抹刀將蛋糕側面抹平，再次依步驟3的作法輕輕刷一層糖漿。

蓋上保鮮膜，放入冰箱冷藏一晚。放置一個晚上，蛋糕會吸收鮮奶油和草莓的水分，變得濕潤，香氣也會完全滲入其中。

製作香緹鮮奶油。將乳脂47%的鮮奶油和砂糖放入桌上型攪拌機的盆中輕輕拌勻，放入冰箱冷藏30分鐘後再以高速打發。打發到一半時，加入香草精。

當打到提起攪拌器會稍微垂落的硬度時，就改以手拿攪拌器攪拌（為了避免打發過度）。打到鮮奶油柔軟而挺立時，就是最適宜的程度。

將步驟16從冰箱中取出，以右頁步驟6的方式將步驟18的鮮奶油抹在蛋糕上，平均抹勻。再以波浪形的抹刀由後往前、輕輕左右移動畫出波浪圖樣。

以麵包刀將兩端切平，並切成5cm長的方塊（每切一次都要浸泡熱水並擦乾水分）。最後在切對半的草莓切面刷一層厚厚的蘋果果膠，裝飾在蛋糕上。

—哈密瓜小蛋糕—

6×4㎝，36個份

作法同「費雪草莓蛋糕」(P.89)。只不過將草莓換成1¾顆哈密瓜。另外，抹在蛋糕上的香緹鮮奶油則是由鮮奶油（乳脂47%）加食用色素（綠色，液體）打發而成。蛋糕上不作其他裝飾。

準備哈密瓜。先將哈密瓜切成四等分，以湯匙刮下種子後，再切成兩等分。

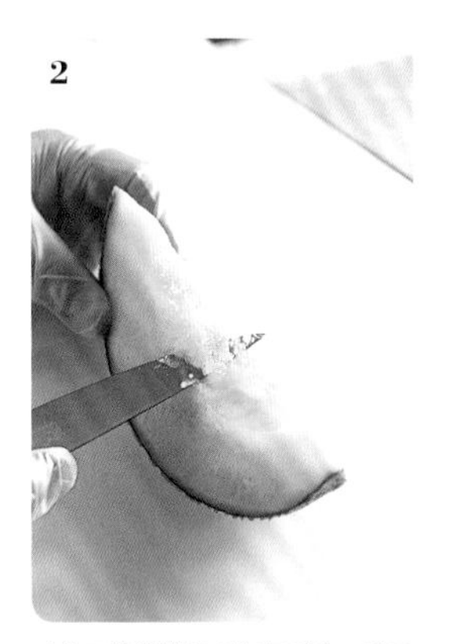

以小刀將纖維部分輕輕刮除。種子和纖維的部分因為含水量最多，要仔細刮除，但這些部分也最香最甜，所以注意不要刮除過多。

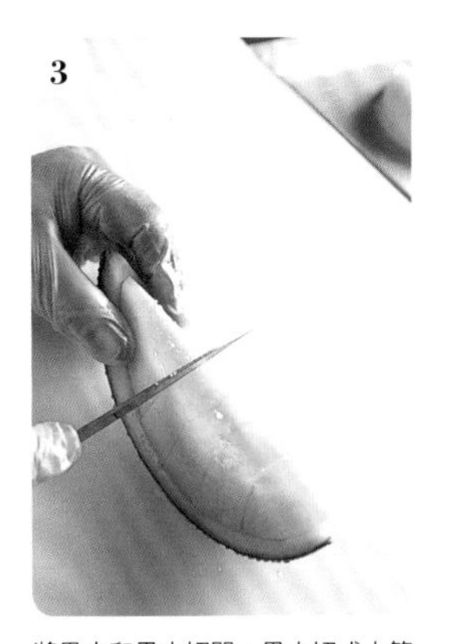

將果皮和果肉切開，果肉切成六等分（共計84塊）。為了能吃得更滿足，不切成薄片，而是切成大塊狀。

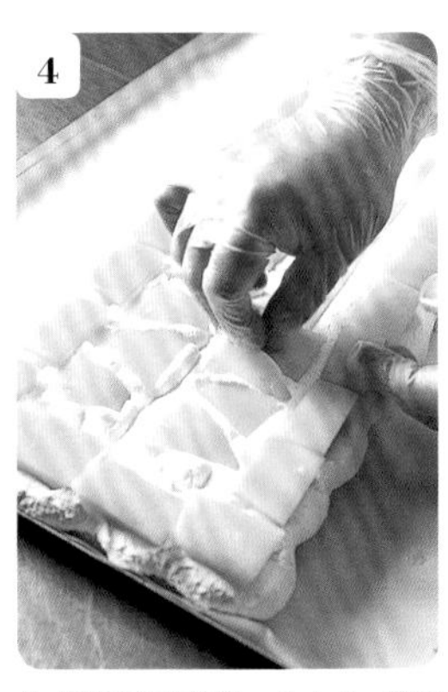

依「費雪草莓蛋糕」的方式，將蛋糕片、鮮奶油、哈密瓜疊在一起。不過哈密瓜要將水分多的內側朝下放。這樣作好的蛋糕上下倒過來後，底部的蛋糕片就不會浸濕。

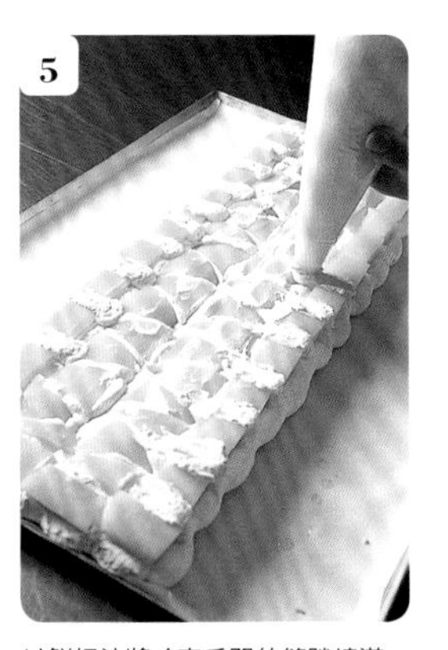

以鮮奶油將哈密瓜間的縫隙填滿，再於整個蛋糕上擠一些鮮奶油抹平。依照左頁步驟**10**至**16**的要領，將抹好鮮奶油的蛋糕疊起來，放入冰箱冷藏一晚。

將步驟**5**取出，在上方平均抹滿香緹鮮奶油。先擠在三處會比較容易抹開。依照左頁步驟**19**至**20**的要領，想像哈密瓜的花紋，將蛋糕表面刮出比草莓蛋糕更細的條紋，並切成小塊。

草莓巴巴露亞

Bavarois aux fraises

將滋味充滿母性、蓬鬆輕柔的巴巴露亞，以簡單的杯子盛裝。這道甜點是從小孩子到老人家都喜歡，廣受歡迎的「À PoinT」人氣品項之一。中間夾了一層海綿蛋糕片，就像是在吃查佛蛋糕。

以小時候將草莓淋上牛奶和砂糖壓碎了吃的回憶為靈感，淋上了新鮮草莓醬汁的這道甜點，總是當天就售罄了。

直徑7㎝的容器47杯份

海綿蛋糕體（P.40） pâte à génoise
　長方圈2/3盤份

櫻桃利口酒風味糖漿（蛋糕體用） sirop d'imbibage
　30°波美糖漿（P.5） sirop à 30° B　25g
　櫻桃利口酒 kirsch　25g
　∧上述兩項材料混合。

巴巴露亞奶醬（P.68） crème bavaroise　全份量

草莓醬汁 sauce aux fraises
　草莓 fraises　約90顆
　砂糖 sucre semoule　適量
　檸檬汁 jus de citron　適量
　濃縮君度橙酒 Cointreau concentré　適量

草莓（切對半） fraises　2片／1杯

將海綿蛋糕片有上色的表皮部分切除，切成三片1.3㎝厚的薄片。在此只使用最好吃的中央那一片。將中央的蛋糕片以直徑5㎝的圓形模型壓模，輕輕刷一層櫻桃利口酒風味的糖漿。

糖漿的份量約是靠近蛋糕時，利口酒的香氣會些微刺激到鼻腔的程度。因為這是全家人都可以開心享用的甜點，因此要減少加了酒的糖漿份量。

將巴巴露亞奶醬放入裝有直徑12㎜圓形花嘴的擠花袋中，擠約容器的一半高左右。

將步驟**2**刷有糖漿的面朝上，一片片放到步驟**3**上，輕壓入巴巴露亞奶醬中，讓奶醬稍微從四周稍微浮出。

再將巴巴露亞奶醬擠到容器約2/3高度處，在濕毛巾上輕敲，讓奶醬變平均。再放入冰箱冷藏凝固。

製作草莓醬汁。將草莓切成1㎝小方塊，其中一半以調理機打成泥狀。一邊試味道，一邊加入適量的糖和檸檬汁，最後加入濃縮君度橙酒使味道融為一體。

將剩下的草莓丁加入步驟6的草莓醬汁中拌勻。以湯匙舀到步驟**5**上，再放兩片切對半的草莓作裝飾。

熱烤起司蛋糕

Fromage cuit

添加了大量奶油起司，蒸烤而成的濃郁起司蛋糕雖然很美味，但是叉子無法一下子插入的厚重感，及容易殘留在口中的粉感，都會降低食感。能否作出充分發揮起司的風味，卻又柔滑而輕盈的起司蛋糕呢？在我思考的期間，突然想到在法國餐廳工作時，學到的法式料理——舒芙蕾的製作方法。在放入烤箱烘烤前，先以鍋子將麵粉煮熟的舒芙蕾製作方法，或許可以應用在起司蛋糕上。嘗試的結果非常成功！

製作重點在於將鮮奶油、低筋麵粉、砂糖一起加熱，會使粉類中的澱粉糊化（α化）。也就是在放入烤箱前，先將麵粉煮熟。加入這個步驟，粉感便會消失，而形成柔滑的口感。

而這道起司蛋糕的另一個特徵是，加了蛋白霜後，不必隔水加熱，直接烘烤讓蛋糕充分膨脹。從烤箱中取出，放涼之後，蛋糕便會往下沉。如此一來，便能產生「輕盈的緊密感」。

叉子可以輕鬆插入，也可以感受到起司的濃郁和豐富的滋味。理想的熱烤起司蛋糕，就此誕生。

直徑15cm的圓形模型（底部可分離的類型）6個份

奶油起司（切成2cm厚的薄片） fromage blanc ramolli 680g
∧放置室溫中直至手指能輕鬆按壓下去的軟度。

發酵奶油（切成2cm厚的薄片） beurre 180g
∧放置室溫中直至手指能輕鬆按壓下去的軟度。

砂糖 sucre semoule 60g

蛋黃 jaunes d'œuf 180g

檸檬汁 jus de citron 30g

鮮奶油（乳脂47%） crème fraîche 550g

低筋麵粉 farine faible 135g

砂糖 sucre semoule 105g

蛋白 blancs d'œuf 290g

砂糖 sucre semoule 150g

海綿蛋糕（P.40） pâte à génoise 長方圈⅓盤份
∧將上色的表皮切除後，切成5mm厚的薄片，以直徑15cm的圓形模型壓模。

蘭姆酒漬葡萄乾（無子白葡萄） sultanines au rhum 180g

將奶油起司切成約2cm厚的薄片，放在室溫中直至手指能輕鬆按壓下去的軟度。奶油也一樣。沿著模型內側側面，放入剪成比模型稍微高的矽膠烘焙墊。

將步驟1的奶油起司過濾後，放入調理盆中，以打蛋器拌匀。將60g砂糖分次加入，一邊加，一邊拌匀。

再分次加入蛋黃，一邊加，一邊拌匀。

中途要隨時將沾附在打蛋器上的奶油起司或蛋黃刮下，才能拌得更均匀。

蛋黃完全拌匀後，光滑發亮的狀態。

將少量的步驟5加入另一個裝有檸檬汁的調理盆中，以打蛋器拌匀。因為混合檸檬汁時容易分離，所以先以少量混合會比較容易拌匀。

將步驟6倒回步驟5中，以畫圓的方式充分拌匀。

將步驟1的奶油放入另一個調理盆中，以打蛋器打成乳霜狀。加入⅓量的步驟7，拌匀後在倒回步驟7的調理盆中，以畫圓的方式充分拌匀。再倒入另一個調理盆中，使奶油上下顛倒，依照同樣的方式攪拌均匀。

材料沒有分離，均匀混合的狀態。

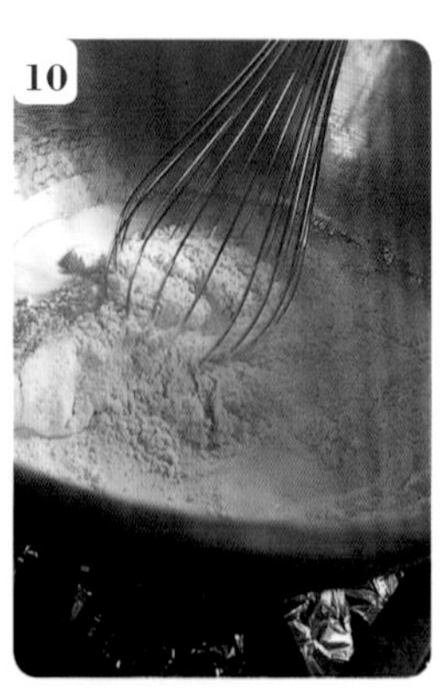

將鮮奶油放入銅鍋中加熱，加入過篩兩次的低筋麵粉和105g砂糖。手持打蛋器以畫圓的方式，一邊加熱，一邊拌匀。

煮至呈半透明的糊狀即可。關火。藉由讓麵粉中的澱粉糊化（α化），去除粉感。泡芙麵糊也是類似的作法。

將少量步驟9加入步驟11中拌匀，再倒回步驟9中拌匀。

在進行步驟10時，同時製作蛋白霜。將蛋白放入攪拌機專用攪拌盆中，分次慢慢加入150g的砂糖，打發至呈現柔軟的尖角狀。

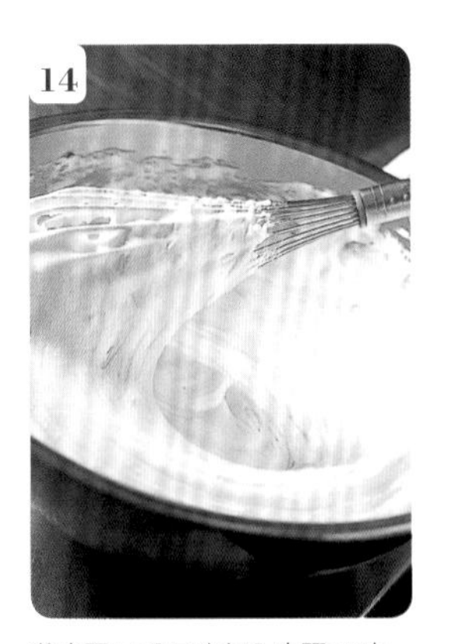

將步驟13分三次加入步驟12中，一邊加，一邊以打蛋器拌勻。第一次以畫圓的方式拌勻，第二次之後由底部往上輕輕翻拌，注意不要使蛋白霜消泡。

將步驟14移至另一個盆中，使材料上下顛倒，同樣由底部往上翻拌均勻。拌至出現光澤即完成。

將準備好的步驟1模型放在烤盤上，鋪上一片片配合模型底部大小切好的海綿蛋糕，再分別撒上30g的蘭姆酒漬葡萄乾。葡萄乾可使滋味更有特色。

各倒370g的步驟15到步驟16的模型中，將表面抹平。放入烤箱中，以160℃烘烤約40分鐘。

烤得表面有些裂痕，精神飽滿的模樣。

將步驟18放在罐子之類的器具上，取下模型。

剝除烘焙紙後，放在有洞的烤盤上待涼。在放涼時蛋糕會稍微下沉。讓蛋糕先膨脹再下沉，可以作出適當的緊實感。放入收納盒中，蓋上蓋子，放入冰箱冷藏。約三天後，風味會更加濃縮美味。

水果塔

Tarte aux fruits frais

說到水果塔，一般而言都是在塔皮上擠入杏仁奶油醬後烘烤，再放上水果作裝飾，但這樣稍嫌無趣。在「À PoinT」裡，在擠入奶香杏仁奶油醬後，會放入焦糖炒香蕉和糖漬葡萄柚皮，烤成風味濃郁的塔，再將草莓之類受歡迎的水果，或楊桃等帶有異國風情的水果，像水果沙拉一樣滿滿地擺在塔上。

在此以百香果為主角，使用了百香果淋醬。請以手將百香果汁擠在整個水果塔上。或許你會擔心切得不漂亮而不敢下刀，請不必擔心，大膽地切下去吧！看著滾動在盤子上的水果，想像它們誕生的故鄉，也是享用甜點最棒的方式。

直徑 15 ㎝的塔模型 3 個份

奶香杏仁奶油醬（P.71） crème d'amandes au lait 約 600g
∧放室溫回溫。

甜酥塔皮（P.234） pâte sucrée 約 400g
∧請參考「蘭姆莎布蕾」的「甜酥塔皮」作法，但在此不使用葡萄乾和榛果粉，杏仁粉改為250g。依同樣的步驟作到步驟11，取約400g使用。在麵團還很硬時，先以擀麵棍敲打，再以手揉，使硬度一致。再以壓麵機壓成2.6㎜厚。放入冰箱冰硬後，以滾輪打孔器打洞，沿著直徑21㎝的塔皮模型切出三片塔皮。依P.206的「千層派皮」步驟2至3的作法，將塔皮鋪在塗了奶油（份量外）的塔模上，放入冰箱冰硬後，將高出模型的塔皮修掉。

焦糖炒香蕉（P.268） bananes sautées 11片／1模

糖漬葡萄柚皮（P.158） écorce de pamplemousse confite 約6根

杏桃果醬 confiture d'abricot 適量
∧以小火煮沸後，放涼備用。

油桃（去籽後切成6等分） nectarines 約5塊／1模

草莓（去蒂頭） fraises 4顆至5顆／1份

麝香葡萄 raisins muscat 4顆至5顆／1份

巨峰葡萄 raisins KYOHO 3顆至4顆／1份

奇異果（切片） kiwis 2片至3片／1份

楊桃（切片） carambole 1片至2片／1份

紅醋栗（帶枝） groseilles 1枝／1份

藍莓 myrtilles 約12顆／1份

鵝莓 groseilles à maquereau 約8顆／1份

覆盆子 framboises 約5顆／1份
∧撒上適量糖粉。

黑醋栗 cassis 約5顆／1份

百香果（切對半） fruits de la Passion 1塊／1份

薄荷 menthe 適量

1 將奶香杏仁奶油醬放入裝有直徑14㎜圓形花嘴的擠花袋中，以螺旋狀各擠約200g到鋪在塔模上的甜酥塔皮中。

2 在步驟1上分別放入11片的焦糖炒香蕉，再將切成1㎝大小的糖漬葡萄柚皮約12塊，分別撒在上方。放入烤箱中，以180℃烘烤約40分鐘。

3 取下塔模，放在網架上待涼。待熱氣散去後，以小刀沿著塔皮上緣薄削，修飾整齊。

4 趁塔還溫熱時，將準備好的杏桃果醬塗在表面。杏桃果醬可以鎖住塔的香氣，也可以當作固定裝飾水果的黏著劑。最後放上水果，並撒上幾片薄荷葉。

香橙薩瓦蘭蛋糕

Savarin à l'orange

對我而言，薩瓦蘭蛋糕是「品嚐糖漿的甜點」。因為它是一道以容易吸收糖漿的蛋糕體，加上突出的橙香為主題所製成的甜點。

薩瓦蘭麵糊的特色在於充分攪拌，強化麵筋的網狀結構，再加水繼續攪拌。如此一來，網狀結構便會一個個向外擴張，變得更能吸收糖漿，也產生出扎實而溫和的口感。

另一方面，糖漿的重點在於將柳橙的新鮮香氣發揮到最大極限。在此使用100%濃縮果汁還原的柳橙ジュース，再加入橙皮和檸檬皮。順帶一提，蛋糕麵糊除了會加葡萄乾，還會加入糖漬橘皮和檸檬皮屑，最後將糖蜜柳橙藏入蛋糕中。柳橙汁的香氣，其實不明顯。因此，要再以橙皮、糖漬橘皮、檸檬等直接刺激的柑橘類來補充香氣。從果皮散發出的香氣，是柑橘類的生命。請別人剝好的橘子，是不是比較無法引起食欲呢？那是因為，在剝皮的過程中，可被誘發食欲的緣故。

製作時，糖漿的溫度不超過55℃，除了是避免蛋糕變得太軟之外，也是為了避免柳橙的香氣流失。

浸漬於糖漿中的薩瓦蘭蛋糕，會再淋上一層杏桃果醬。這個步驟的杏桃果醬也很重要。吃下甜蜜的果醬後，新鮮而多汁的柳橙風味便隨之散發開來。兩種風味的對比，也是薩瓦蘭蛋糕的精髓。

直徑5cm的薩瓦蘭模型約150個份

薩瓦蘭蛋糕麵糊　pâte à savarin
- 新鮮酵母　levure de boulanger　66g
- 牛奶　lait　240g
- 低筋麵粉　farine faible　540g
- 高筋麵粉　farine forte　540g
- 砂糖　sucre semoule　96g
- 鹽　sel　24g
- 檸檬皮磨屑　zeste de citron râpé　10g
- 全蛋　œufs entiers　14顆
- 水　eau　240g
- 溫融化奶油　beurre fondu　336g
- 葡萄乾（科林斯葡萄）　raisins de Corinthe　240g
- 糖漬橘皮（切成2mm至3mm丁狀）　écorce d'orange confite　240g

柳橙糖漿　sirop à l'orange
- 礦泉水　eau minérale　100g
- 柳橙皮　zeste d'orange　2顆份
  ∧以用削皮器削約1cm寬。
- 檸檬皮　zeste de citron　1顆份
  ∧以用削皮器削約1cm寬。
- 柳橙ジュース（100%濃縮果汁還原）　jus d'orange　900g

濃縮君度橙酒　Cointreau concentré　適量

杏桃果醬　confiture d'abricot　適量

檸檬汁　jus de citron　適量

À PoinT風卡士達醬（P.64）　crème pâtissière à ma façon　約6g／1個

香緹鮮奶油（P.89）　crème chantilly　約6g／1個

草莓（切對半）　fraises　1片／1個

蘋果果膠（P.178）　gelée de pomme　適量

蜜漬柳橙　oranges au sirop
- 基本份量（香橙薩瓦蘭蛋糕約90個份）
- 礦泉水　eau minérale　1kg
- 砂糖　sucre semoule　450g
- 柳橙皮　zeste d'orange　1顆份
  ∧以用削皮器削約1cm寬。
- 檸檬皮　zeste de citron　1顆份
  ∧以用削皮器削約1cm寬。
- 柳橙　oranges　10顆
  ∧放室溫回溫後，取出果肉。
- 濃縮君度橙酒　Cointreau concentré　150g

薩瓦蘭蛋糕麵糊＞

1

將新鮮酵母放入調理盆中，以打蛋器壓碎（新鮮酵母不先壓碎會很難溶化），再加入牛奶讓酵母溶解。為了使風味更好，不使用乾酵母而使用新鮮酵母，不加入水而以牛奶代替。

2

將混合後過篩兩次的低筋麵粉和高筋麵粉、砂糖、鹽、檸檬皮屑放入桌上型攪拌機的盆中，充分拌勻。鹽要先和麵粉混合，避免直接接觸酵母。

3

將步驟**2**裝設在攪拌機上，加入約⅔量的全蛋，一邊加，一邊以槳狀攪拌器低速攪拌。為了讓蛋白中的蛋白質直接和麵糊的組織連結，全蛋不打散，直接加入。

4

步驟**3**拌勻後，將步驟**1**倒入，一邊倒一邊拌勻。加入一定程度的蛋液後，必須加入酵母液，這是為了防止麵筋因吸收水分而過度膨脹。蛋的油脂可以抑制麵筋的活動。

5

將剩下的全蛋少量分次加入步驟**4**中，一邊加，一邊拌勻。隨時停止攪拌，將麵糊從底部翻拌上來，並刮下沾附在攪拌器上的麵糊。當麵糊開始捲在攪拌器上時，就表示韌度已經形成了。

6

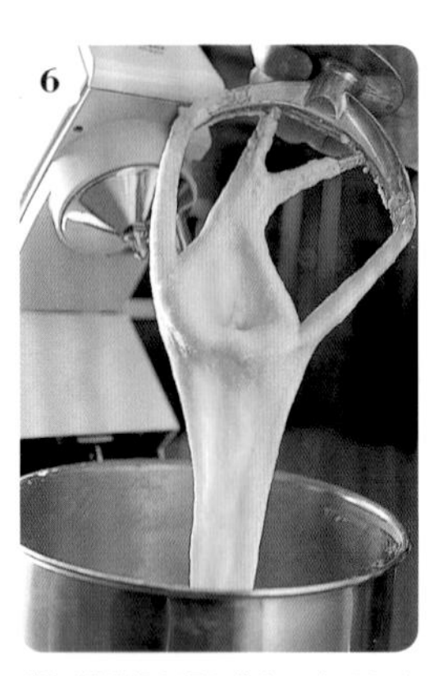

當麵糊變得光滑且均勻，十分有光澤時，就是麵筋的網狀結構已經完整成的意思。

7

將水分3至4次倒入步驟**6**中拌勻，讓水充分滲入麵糊中。

8

加水後，形成如圖示般柔軟的麵糊。以水讓麵筋的網狀結構向上下左右展開，使其更能吸附糖漿，並使組織結構變得粗糙，產生律動的口感。麵糊的濃厚感會稍微減低，更加強調糖漿的風味。

9

將熱氣散去的溫溶化奶油分四次加入。為了避免酵母過度發酵，奶油不可於高溫的時候加入。

10

奶油充分融合後的狀態。液狀奶油能更加滲透入麵糊的網狀結構中，形成酥鬆的口感。液狀的奶油滋味也較固狀奶油來得淡薄，不會干擾到糖漿的風味。

11

將葡萄乾、糖漬橘皮（切成2㎜至3㎜小丁）放到另一個調理盆中，適量地加入步驟**10**後拌勻。因為葡萄乾、橘皮丁可能會黏在一起，因此以手拌勻。

12

將步驟**11**倒回步驟**10**中，以槳狀攪拌器低速攪拌。拌至均勻即可。先適量混合後，會比較容易拌勻。

13 將模型放在網架上，噴植物油「棕櫚油」（份量外）。使用奶油味道會太重而影響糖漿的風味，因此使用植物油。模型的凹凸面都要均勻的噴灑。

14 將麵糊放入裝有直徑10㎜圓形花嘴的擠花袋中，擠到模型的六分滿。

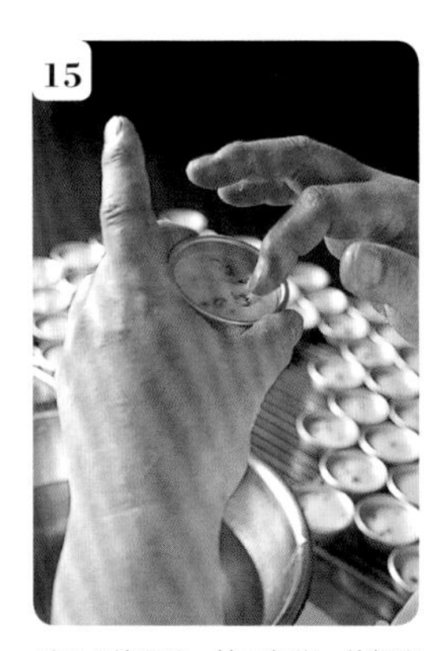

15 手以水沾濕後，抹平麵糊，使麵糊與模型密合。中央的葡萄乾或橘皮丁也移至左右兩邊（因為之後會將中心挖空）。

16 將步驟**15**排列在噴過水的烤盤上，再次噴水。至於室溫（濕度約70%）下，發酵1小時。

17 麵糊膨脹到模型邊緣。再次噴水，打開換氣口後，放入烤箱，以200℃烘烤約20分鐘，充分烤乾。為了烤好後能產生芳香的風味，將溫度設定的比較高。

18 烤得香氣四溢。將蛋糕連同烤盤輕敲桌面幾下，讓熱氣散出，避免回縮。接著立刻脫模，並將蛋糕倒放在有孔洞的烤盤上。

19 待熱氣散去後，放入冷凍庫急速冷凍，讓蛋糕緊實。

組合＆最後裝飾＞

1 取出蛋糕，以直徑13㎜的圓形模型將蛋糕中央挖空。冷凍過後能更迅速漂亮地挖空。蛋糕也盡量將底部切成一樣的高度。

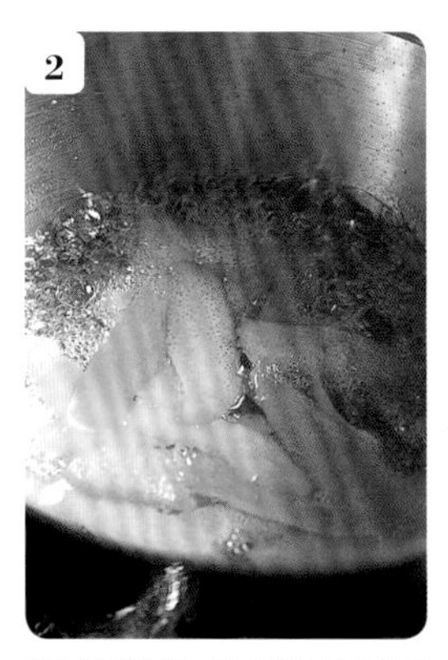

2 製作柳橙糖漿。將柳橙汁以外的材料放入銅鍋中，煮至沸騰後離火，蓋上保鮮膜放涼。柳橙汁一旦煮沸後，香氣便會蒸散，所以要先釋出皮的香氣。

3 將柳橙汁和步驟2倒入銅鍋中，以小火煮出香氣，煮至55℃。超過55℃蛋糕便會急速吸收糖漿，使蛋糕變得濕軟。離火後，放在電熱器上保持55℃。

4 將蛋糕底部朝下浸入糖漿中（如果上頭朝下，表皮容易濕軟而崩塌）。以漏勺將蛋糕壓入糖漿中，使蛋糕吸滿糖漿。

5 放在網架上，滴落多餘的糖漿，並在室溫中放涼。放涼後，先冷藏再冷凍保存。如此一來，蛋糕才不會結霜，能保存比較久。

將步驟5以冷凍的狀態直接淋上濃縮君度橙酒，再淋上加了檸檬汁後加熱的杏桃果醬，放入容器中。檸檬汁的酸味可以緩和蛋糕的甜味，讓滋味更清爽。

將蜜漬柳橙（下述）切成約8㎜寬，塞5塊至6塊到蛋糕中央。

最後將À PoinT風卡士達醬以直徑12㎜的圓形花嘴在每個蛋糕上擠約6g，上方再將香緹鮮奶油以直徑12㎜的星形花嘴每個擠約6g。高脂肪的鮮奶油十分適合搭配柳橙的酸味。

在香緹鮮奶油上放上草莓作裝飾，並在草莓表面刷滿蘋果果膠。

蜜漬柳橙>

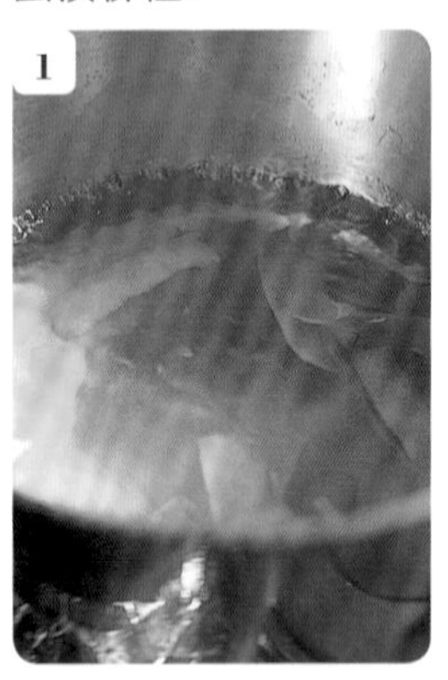

將礦泉水、砂糖、柳橙和檸檬皮放入銅鍋中，煮至沸騰。離火後蓋上保鮮膜靜置半天，讓香氣充分釋放出來（P.68 浸漬）。

將步驟1再次煮沸，放入從果瓣中取出的柳橙果肉。以中強火加熱至鍋邊冒出小泡泡後離火，靜置放涼。

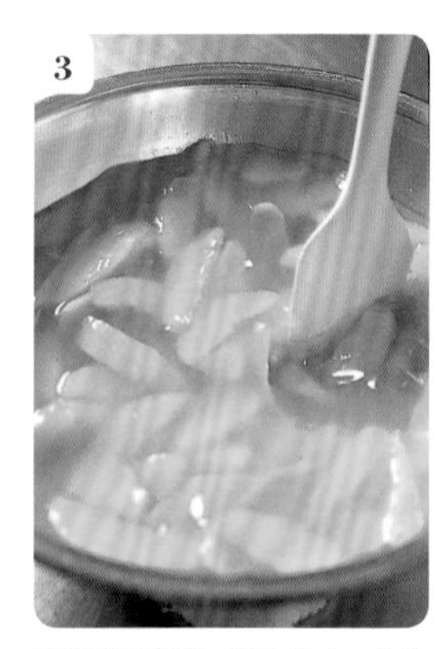

放涼到35℃時，移入盆中，加入濃縮君度橙酒，再放入冰箱冷藏浸漬三天。圖中是已經充分浸漬後，第三天的狀態。

吸收糖漿前（右）和充分吸收糖漿後（左）的蛋糕狀態。參差不齊的蛋糕結構，能讓口感更有節奏感。

2

La pâtisserie française classique:l'esprit français

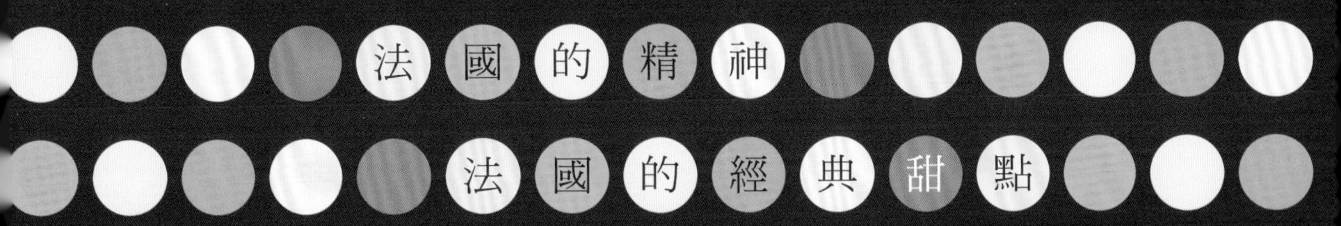

在法國修業時，我注意到，
其實越是傳統的簡單甜點
越是受到大眾喜愛。
跨越時代仍屹立不搖的甜點們，
總是單純而堅毅，令人回味無窮。
以下想傳遞的是我個人對於傳統甜點的
認真態度及自我風格之作。

原味布丁塔

Flan nature

在法國，最受孩子們歡迎的甜點就是「布丁塔」了。倒入塔皮中烘烤的蛋奶液吃起來好似卡士達醬，有著如克里姆麵包餡般些微Q彈的口感，還帶有引人思鄉的獨特美味，是一款號稱平民美食且蘊涵懷鄉滋味的甜點。

在巴黎修業時，我曾看過一幅景象。有一個在麵包店門口吵著要吃「巧克力麵包（包著巧克力餡的可頌麵包）」的孩子，他的母親這麼說：「巧克力麵包會一直掉屑屑，買布丁塔吧！」小朋友淚眼汪汪地咬一口，大聲回答：「布丁塔好吃！」

恰到好處的烤色，配上切面的柔和蛋色，宛如一幅溫暖人心的風景。我也想作出令人想起愉快回憶，柔和而溫暖的甜點。

直徑15cm的圓形圈3個份

塔皮　pâte brisée　下述份量取約500g
- 低筋麵粉　farine faible　1.5kg
- 高筋麵粉　farine forte　500g
- 發酵奶油（切成2cm塊狀）　beurre　1kg
- 全蛋　œufs entiers　200g
- 砂糖　sucre semoule　200g
- 鹽　sel　50g
- 牛奶　lait　470g

∧依P.240的步驟製作（但不加埃德姆起司粉、香料 香草類、濃縮起司泥），取約500g。在麵團還很硬時，先以擀麵棍敲打，再以手揉，使硬度一致。以壓麵機壓成2.6mm厚。放置室溫約30分鐘後，再次放冰箱冰硬，以滾輪打孔器輕輕打洞，沿著直徑24cm的塔皮模型切出三片塔皮。依P.206「千層派皮」步驟2至3的作法，將奶油（份量外）刷在圓形圈上，鋪進塔皮。放入冰箱冰硬後，依照P.206「千層派皮」步驟5的作法，放入重石後噴水，再放入烤箱中，以180℃烤40分鐘。

蛋液（P.48）　dorure　適量

布丁蛋奶液　appareil à flan
- 牛奶　lait　1kg
- 香草莢　gousse de vanille　1枝
- 砂糖　sucre semoule　150g
- 全蛋　œufs entiers　125g
- 蛋黃　jaunes d'œuf　50g
- 紅糖（未精製原糖）　cassonade　38g
- 鹽　sel　適量
- 低筋麵粉　farine faible　85g
- 香草精　extrait de vanille　適量
- 發酵奶油（切成7mm塊狀）　beurre　20g

∧依P.64的步驟**1**至**15**製作。但在步驟**4**時，全蛋和蛋黃一起加；紅糖、鹽也和砂糖一起加入，並擦拌至偏白色。步驟**8**時，去掉香草莢。步驟**15**加完香草精後，加入奶油拌勻。再以鹽增加風味的層次（味道的對比效果。與在紅豆湯中加鹽是相同道理），能更帶出懷舊的滋味。再倒入塔皮烘烤，讓蛋奶液充分加熱，是消去粉感的祕訣。

將塔皮烤約八分熟後，取出重石和鋁箔紙，刷一層蛋液後，再放入烤箱，以180℃烤約3分鐘。放涼後，依P.135步驟**1**至**2**的作法將塔皮削成和模型等高。

再次將步驟**1**放在鋪好矽膠烘焙墊的烤盤上，倒入布丁蛋奶液。墊二層烤盤，放入烤箱，以185℃烘烤約40分鐘。

烤成金黃色就完成了。剛出爐時，會像舒芙蕾一樣膨脹，放涼了會適度地下沉。

表面呈現「dorée à point（恰好的焦色）」，切面則是蛋柔和的黃色，這就是美味布丁塔的準則。

聖馬可蛋糕

Saint-Marc

在巴黎修業時，買來給房東太太的伴手禮蛋糕中，她最喜歡的就是「聖馬可蛋糕」。對於費工精緻的蛋糕反應總是平淡的她，一邊說著：「Très simple（簡單的東西最棒了）！」一邊幸福地享用的表情，我至今仍然記得。

杏仁風味的蛋糕體夾著鮮奶油和巧克力風味的鮮奶油，表面再烤上一層焦糖，如此簡單作法，卻能實實在在地體會到法國甜點的傳統美味。

對我而言，最重要的就是蛋糕上的焦糖層了。

焦糖層一般而言，都只將砂糖烤成焦香的糖層，但我認為焦糖味甜點帶來的影響不僅如此而已。焦糖層是同時將砂糖和蛋糕體、鮮奶油，及聖馬可蛋糕所獨有、刷在蛋糕表面的炸彈麵糊一起烙烤而形成的，因此這道步驟所帶出的風味非常重要。在撒砂糖時，必須撒得平均且稍微分散。這樣才能同時烙烤到砂糖、蛋糕片、鮮奶油、炸彈麵糊，滋味便會更有對比層次。

我會將聖馬可蛋糕上層的蛋糕片依目的變換道具和砂糖的種類，共計烙烤六次。

藉由烙烤直接焦化砂糖，會產生出和焦糖醬不同、有如煙燻般的複雜香氣，十分有魅力。可說是炭火燒烤的感覺，即使夾著滿滿的鮮奶油吃起來也不會膩，都是拜迷人的煙燻香所賜呢！

60×40cm的長方圈2盤（7×3cm，192個）份

炸彈麵糊　pâte à bombe
　基本份量（作好後約800g）
　蛋黃　jaunes d'œuf　20顆份
　30°波美糖漿（P.5）　sirop à 30° B　500g
鳩康地杏仁海綿蛋糕（P.37）　biscuit Joconde　全份量
砂糖　sucre semoule　適量
紅糖（未精製原糖）　cassonade　適量
糖粉　sucre glace　適量
黑巧克力香緹鮮奶油
　crème chantilly chocolat noir
　鮮奶油（乳脂35%）　crème fleurette　2.2kg
　黑巧克力（可可含量55%）
　　couverture noire 55% de cacao　1.1kg
　黑巧克力（可可含量66%）
　　couverture noire 66% de cacao　440g
　香草糖（P.15）　sucre vanillé　5g
　香草精　extrait de vanille　5g
∧依P.146步驟1至4的作法製作。但步驟1至2不加入濃縮君度橙酒，將打發的鮮奶油全部倒入調理盆中。在步驟3將鮮奶油和香草糖、香草精一起加入融化的巧克力中。

添加果凍粉的香緹鮮奶油
　crème chantilly
　果凍粉（P.89）　gelée dessert　50g
　砂糖　sucre semoule　150g
　牛奶　lait　200g
　香草精　extrait de vanille　5g
　鮮奶油（乳脂35%）　crème fleurette　2.5kg
　香草糖（P.15）　sucre vanillé　5g
∧依P.89步驟4至7的作法製作。不過在步驟6的最後加入香草糖拌勻。

炸彈麵糊＞

1 將蛋黃放入盆中，以打蛋器充分拌勻，讓蛋黃均質化。再一邊加入煮沸的30°波美糖漿，一邊拌勻。

2 將步驟1放在90℃的熱水上隔水加熱，每隔5分鐘確認一次濃度並持續攪拌。加熱至64℃至70℃時會開始凝固。

3 約1小時後的狀態。以刮刀撈起來後，會像緞帶般慢慢落下的濃度。

4 將步驟3以篩網過濾後，放入桌上型攪拌機的盆內。為了可以漂亮地刷在鳩康地杏仁海綿蛋糕上，請打成沒有結塊的光滑狀態。

5 將步驟4裝入桌上型攪拌機中，以高速攪拌至黏稠狀。

6 完成。將攪拌器提起後會呈現緞帶狀落下，堆疊後立刻消失的硬度。完全冷卻後，就會變成容易抹開的狀態。

組合＆最後裝飾＞

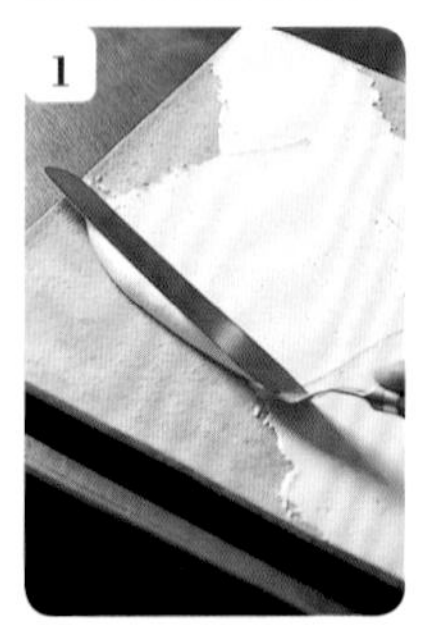

1 將鳩康地杏仁海綿蛋糕的上色面朝上，放在反扣的烤盤上。一片蛋糕片放上150g的炸彈麵糊，以抹刀薄薄地推開抹勻。

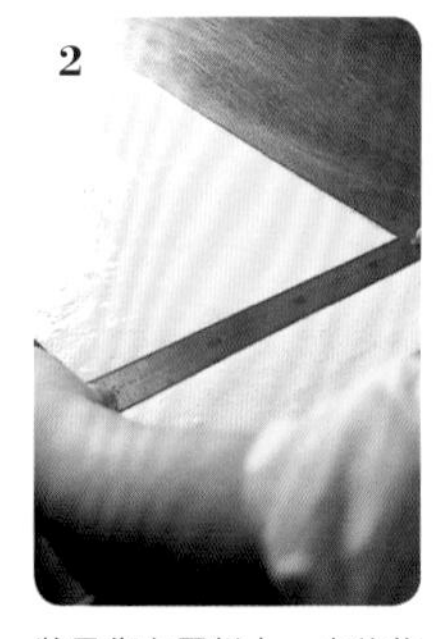

2 將尺靠在蛋糕上，由後往前刮平。為了讓後續的烤焦糖更好操作，要好好地抹平。

3 靜置約半天後，乾燥至不會沾手的狀態。因為直接在蛋糕上烙烤焦糖，會讓蛋糕中的水分也蒸發，所以這層炸彈麵糊除了增加風味之外，也可形成保濕薄膜。

4 為步驟3的四片鳩康地杏仁海綿蛋糕烤焦糖層。在此使用砂糖、紅糖、糖粉等三種糖類。紅糖可以表現出未精製原糖獨特的甜味。

5 烙鐵要隨時放在瓦斯爐旁邊備用。每使用過一次後，就要以金屬刷將表面刷乾淨，再放到爐邊加熱。

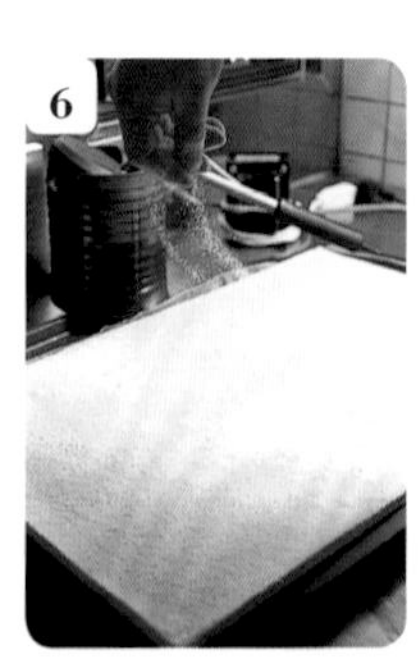

6 首先為兩片底層蛋糕片作焦糖層。將砂糖和紅糖以相同比例混合，撒在蛋糕上。不用撒得太密，保留一些沒撒到的部分也很重要。

7 將燒熱的烙鐵從蛋糕上往下燙，烤成焦糖。因為砂糖沒有撒得很平均，所以會有烙到砂糖之處，也有烙到炸彈麵糊之處，味道和香氣會因此而有所變化。

8 依照同樣的方式再烤一次焦糖。趁著步驟7的焦糖層還很燙，砂糖比較容易融化和固定。將蛋糕的方向倒轉過來，從砂糖比較少之處開始撒。

9 依同樣的方式烙烤。第二次烙烤的目的，是為了讓蛋糕增加煙燻香，也是更增添風味。如此一來，兩片底層蛋糕就完成了。將蛋糕片分別移到鋁盤上，套上長方圈後放涼。

將上層用的兩片蛋糕片依同樣的方式烙烤，再單獨以砂糖烙烤兩次。第三、四次的烙烤是為了增加焦糖層的厚度與強度。

為了讓上層用的兩片蛋糕片能看起來有光澤，也要進行烙烤焦糖的步驟。這次使用糖粉。以濾茶網平均篩到蛋糕上。

以預熱好的焦糖電烙鐵烙烤蛋糕表面。使用火力較強（1200W）的焦糖電烙鐵，可以讓焦糖呈現「有如明鏡（comme un miroir）」的光澤。

再重複一次步驟**11**至**12**，總計六次的烙烤便完成了。焦糖層的厚度約1.2㎜左右。放涼後，再放入冰箱冷凍。

將黑巧克力香緹鮮奶油放入裝有14㎜圓形花嘴的擠花袋內，擠在步驟**9**冷卻後的兩片底層蛋糕片上。先在四周擠一圈，再從中往前、往後擠直線。

將步驟**14**以抹刀迅速抹平。放入冰箱冷凍固定10分鐘。

依同樣的方式將添加果凍粉的香緹鮮奶油擠在步驟**15**上。

將步驟**13**的兩片上層蛋糕片，焦糖層朝上分別放在步驟**16**上，急速冷凍冰硬。

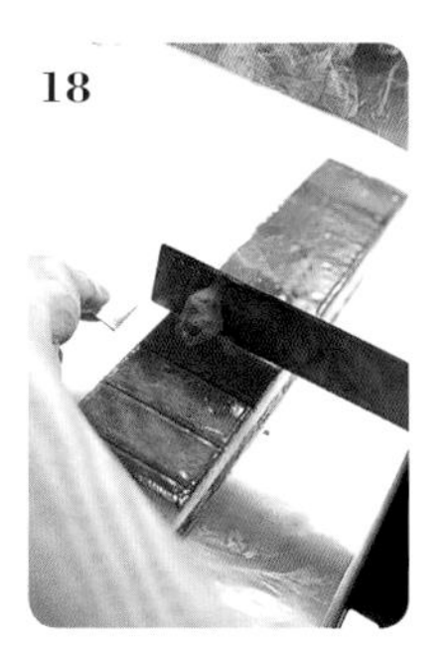

將以直火充分加熱的切刀沿著7㎝寬的記號切開。再依照同樣的方式切成每片3㎝寬。

洋梨夏洛特蛋糕

Charlotte aux poires

洋梨夏洛特是將外型可愛的手指餅乾作成盒子狀，再擠入洋梨慕斯內餡所完成的甜點。「夏洛特」的意思是仕女帽，形象來自於印象派畫中所描繪的可愛少女的帽子。

洋梨慕斯和巴巴露亞一樣，製作的重點在於將英式蛋奶醬煮好後，先離火靜置三分鐘，利用餘熱讓整體熟透。多了這道步驟，使蛋奶醬和加了義大利蛋白霜的鮮奶油混合時，仍然具有存在感，還能帶出濃郁的韻味。在英式蛋奶醬「以餘熱煮透」的步驟中，為了防止細菌孳生，必須徹底執行「溫度管理」及「衛生管理」（P.67）。

在洋梨慕斯裡撒滿罐頭洋梨。這個看似很簡單的步驟，卻是很重要的關鍵。或許有人會想，以新鮮洋梨來代替罐頭洋梨不是更好吃嗎？使用新鮮的洋梨給人印象反而會變得平淡。我想，這道甜點中的洋梨所代表的角色，比起果肉的美味滋味，更在於帶給甜點清涼感。

切洋梨的方式也很重要。曾經切成漂亮的扇形擺在慕斯上，但會造成洋梨容易剝落，吃起來興致全失。後來改切成一公分的小方塊撒在慕斯中，如此一來，洋梨便會在口中滾動，形成有趣的韻律感。果肉水嫩多汁的風味，也讓身為主角的洋梨慕斯更令人印象深刻。法式拼盤的每一道菜，都會考量到效果而選擇不同的切法或尺寸，甜點也是如此只要運用一點小技巧，給人的印象也會更上一層。

直徑12cm的圓形圈20個份

手指餅乾（P.34）
biscuit à la cuillère　5倍量（直徑約12cm的帽子和底座約20片份＋60×40cm的烤盤2盤份）
∧麵糊容易軟塌，所以分5次製作，分別擠好烘烤。
帽子部分依P.34至35的方式製作烘烤。

洋梨風味糖漿（蛋糕體用） sirop d'imbibage
- 30˚波美糖漿（P.5）　sirop à 30˚ B　125g
- 洋梨白蘭地　eau-de-vie de poire　125g

∧將上述材料混合。

洋梨慕斯 mousse aux poires
- **英式蛋奶醬** sauce anglaise
  - 洋梨（罐頭）汁　sirop de poire en boîte　600g
  - 香草莢　gousse de vanille　1枝
  - 蛋黃　jaunes d'œuf　120g
  - 砂糖　sucre semoule　120g
  - 脫脂奶粉　lait écrémé en poudre　60g
- 吉利丁片　feuilles de gélatine　30g
- 洋梨白蘭地　eau-de-vie de poire　136g
- 鮮奶油（乳脂35%）　crème fleurette　900g
- **義大利蛋白霜** meringue italienne
  - 下述份量取400g
  - 糖漿　sirop
    - 水　eau　94g
    - 砂糖　sucre semoule　376g
  - 蛋白　blancs d'œuf　210g
    ∧使用當天打的新鮮蛋白。
  - 砂糖　sucre semoule　42g
    ∧依P.141的步驟1至5製作。不加檸檬汁和香草精。取400g，依P.150的步驟5冷藏至0℃。

洋梨（罐頭。切成1cm小丁）　poires au sirop en boîte　1365g
糖粉　sucre glace　適量
藍莓　myrtilles　約5個／1份
覆盆子　framboises　約3個／1份
細葉芹　cerfeuil　適量
薄荷葉　menthe　適量

手指餅乾>

依照烤帽子的方式製作並烘烤成底座用的餅乾。擠花時，改以直徑8mm的圓形花嘴，從中央往外畫螺旋，擠成12cm的圓形。

側面用的餅乾也依P.34的作法製作烘烤。但改成在鋪好烘焙紙的烤盤上，以直徑8mm的圓形花嘴擠成直線。先擠一條中央線，再分別往前、往後擠。連同烘焙紙一起放在網架上待涼。

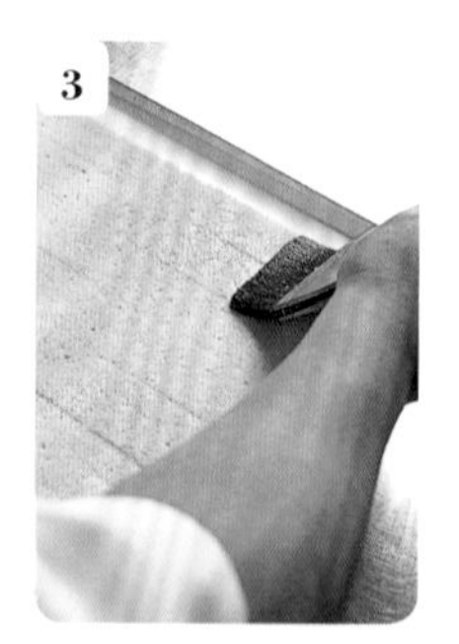

將步驟**2**擺成長直狀，每盤都往橫向切成幾條4.2×36.5cm的長條狀蛋糕片。因為切得比圓形圈的高度（4cm）稍微寬一點，比較容易抹平慕斯。倒扣後將烘焙紙撕掉，再刷上大量的洋梨糖漿。

將圓形圈放在鋪好烘焙紙的鋁盤上，將步驟**3**長條狀蛋糕片的上色面朝外沿著模型捲一圈。先將蛋糕片鬆鬆地放入圓形圈中（圖中後方）再接合兩端，就能漂亮地貼合模型了（圖中前方）。

將步驟**1**底座用的餅乾放在鋪好烘焙紙的烤盤上，背面朝上，以直徑10cm的圓形模壓模。從背面壓模，餅乾才不會碎掉。再刷上大量的洋梨糖漿。

將刷有糖漿的面朝上，嵌入步驟**4**的底部。蓋上烘焙紙避免乾燥。

> > > > >

洋梨慕斯>

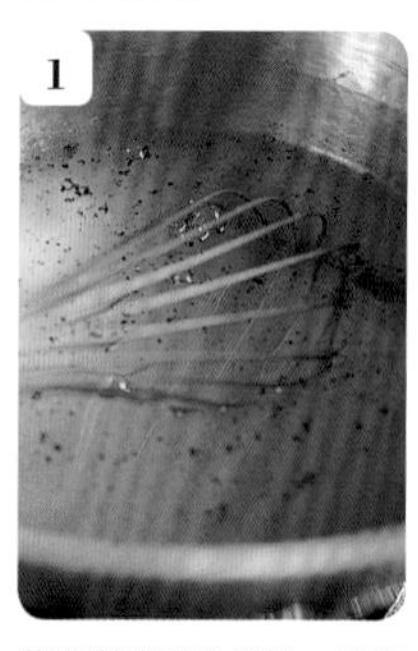

將洋梨罐頭的果汁、香草莢（依P.15的方式剖開）放入銅鍋中，以小火加熱至82℃。再繼續加熱，香氣會散失。關火後，蓋上一層保鮮膜，靜置15分鐘。步驟**3**要加入時，再次加熱至82℃。

將蛋黃放入另一個調理盆中，加入砂糖後打發(P.17)。再加入脫脂奶粉拌勻。脫脂奶粉可以代替牛奶給予蛋糕甜美的香氣。

以湯勺舀一匙步驟**1**到步驟**2**中，充分拌勻後，再舀一匙拌勻。

將步驟**3**倒入步驟**1**中充分拌勻。以強中火加熱至82℃。

待冒出蒸氣，表面的氣泡膨脹後又立刻消掉時，大約到82℃之後離火，倒入另一個消毒過的調理盆中，插入消毒過的溫度計，靜置3分鐘，隨時要攪拌一下。

大約3分鐘後，呈現稍微有點黏稠的模樣。再以餘熱使整體熟透，更添一層濃郁滋味。此外，由於容易孳生細菌，注意不要讓溫度降至75℃以下。

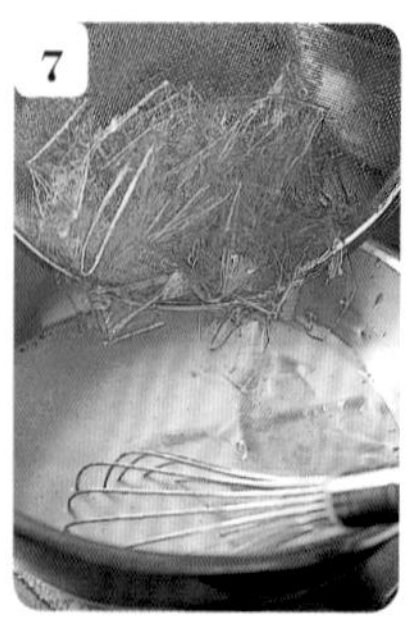

將泡開後擦乾水氣的吉利丁片加入步驟**6**中，以打蛋器充分拌至溶化。另外，打蛋器和漏勺都要先經過消毒再使用，徹底作好衛生管理。

將步驟**7**以漏勺過篩後，移到另一個調理盆中，墊一盆冰水攪拌至溫度降至35℃。接著移至倒有洋梨白蘭地的調理盆中，攪拌均勻，再冷卻至20℃。

將以攪拌機打十分發的鮮奶油放入另一個調理盆中，加入義大利蛋白霜，以打蛋器由底往上大略翻拌。

將步驟8拿離冰水，加入⅕量的步驟9後，以畫圓的方式充分拌勻。將剩下的步驟9分四次慢慢加入，一邊加，一邊由底往上大略翻拌。

將步驟10倒入另一個盆中，讓蛋白霜上下顛倒，同樣由底往上翻拌均勻。即可作出氣泡充滿活力，蓬鬆柔軟的模樣。

組合＆最後裝飾＞

將帽子用的餅乾背面刷上大量的洋梨風味糖漿。特別是較厚的中心部分，要刷多一點。殘留在餅乾邊緣的糖粉，化入糖漿後產生的甜味，也是一種配方外的美味。

將洋梨慕斯放入裝有直徑10㎜圓形花嘴的擠花袋中，擠入嵌有手指餅乾的圓形圈中，約七分滿。擠好後，將鋁盤拿起來輕敲桌面，讓慕斯變平。

將切成1㎝方塊狀的洋梨撒在慕斯上，以湯匙輕輕壓進慕斯裡。這個大小是洋梨能在口中滾動，帶來韻律感和清涼感最合適的大小。

在步驟3上再擠滿洋梨慕斯，以抹刀抹成中央稍微凸起的狀態（為了防止解凍後中央凹陷）。

以抹刀將少量洋梨慕斯抹在步驟1上，並蓋在步驟4上。洋梨慕斯形成黏著劑，帽子就不容易從主體上脫落。

以雙手將帽子輕輕往下壓，讓兩邊密合。由於側面的餅乾比模型還要高一點，帽子很好蓋。再放入冰箱冷凍保存。

放在罐子等器具上，將圓形圈取下。以濾茶網撒一些糖粉，再擺上藍莓、撒了糖粉的覆盆子、細葉芹、薄荷葉作裝飾。

千層派

Mille-feuille

在千層派皮的表面以糖粉烤成像鏡面般閃亮有光澤的焦糖層，背面則撒上砂糖，烤完後砂糖顆粒殘留在派皮上，為口感增添變化。

其中一個很重要的因素是防潮。甜點師傅必須要設想到早上作好的甜點，客人可能會留到晚上才吃。此外，派皮的鹽味與砂糖的甜味產生的對比，及兩種砂糖所呈現的不同口感，都是品嚐時的樂趣。還有，雖然和防潮效果有些矛盾，不過砂糖接觸到奶油醬後，所產生出的美味也是一大優點。

雖然常有人說濕氣是派的禁忌，但我並不這麼認為。酥脆的派固然很好吃，但或許是因為我喜歡吃受潮仙貝吧……我覺得「半受潮」的派也有另一番美味。派皮和奶油醬融合的「灰色地帶」的滋味，也是這道甜點的精華所在。**À PoinT**的千層派皮，緊密卻又有著輕盈的層次，即使受潮也不會變軟塌，還會在口中輕輕地溶化。

而這道千層派的隱藏主角，就是裝飾用的一口酥。圖中除了最上方的卡士達醬之外，其實底下也塞滿了覆盆子凝凍。將和主體比起來明顯高很多的派以上顎一口咬碎，中間的凝凍便會滿溢出來，讓人能帶著這個有趣的驚喜進入主體的千層派，是彷彿驚喜小禮物般的存在。

7×3cm，8個份

千層派皮（P.44） pâte feuilletée ⅛團

∧依照基本作法製作，撒一層砂糖烘烤，再以糖粉上光的派皮。

糖粉 sucre glace 適量

À PoinT風卡士達醬（P.64）

crème pâtissière à ma façon 約400g

一口酥 petites bouchées 基本份量

（約70個份）

千層派皮（P.44） pâte feuilletée ¼團

∧依P.46「摺疊」的作法作到步驟**18**，取¼團的份量。以擀麵棍敲打，使硬度一致，再放入壓麵機中壓成3.6㎜厚的正方形。依P.46的步驟**20**將麵團鬆弛，放在烘焙紙上，再蓋上烘焙紙靜置於室溫中休息30分鐘後，放入冰箱冷藏約1小時，使麵團緊實。

糖粉 sucre glace 適量

覆盆子凝凍（P.246） gelée de framboise

約5g／1個

À PoinT風卡士達醬（P.64）

crème pâtissière à ma façon 約5g／1個

組合＆最後裝飾＞

1

將派皮糖粉上光的面朝上放在砧板上，以麵包刀切成每片36×14cm的大小。再以尺和小刀作記號，以麵包刀切成24片7×3cm的長方形。

2

小心地切，
不要讓表面破碎。

＞＞＞＞＞

切割像千層派皮之類較硬的東西時，能以食指按著麵包刀的刀背，比較好出力。垂直向下切，避免破壞層次。一個千層派使用三片派皮。

3

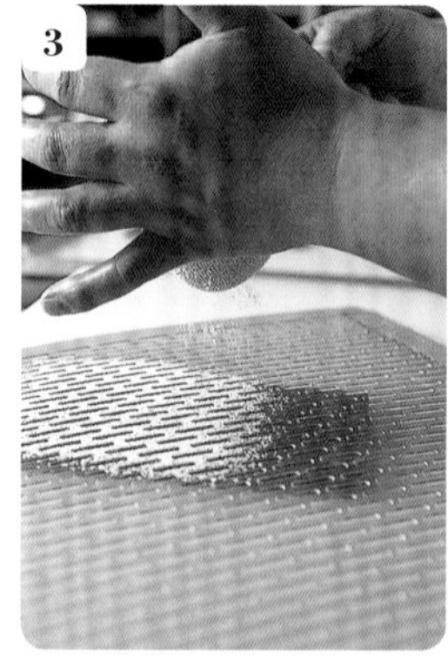

將上層的八片派皮撒上圖樣。先將派皮排列好，擺上圖樣模板。再以濾茶網撒糖粉，作出圖樣。

4

撒好圖樣的狀態。將一片派皮中最好、最漂亮的中央部分用於上層的派皮。

5

將À PoinT風卡士達醬放入裝有直徑14㎜圓形花嘴的擠花袋中，擠在除了上層用派皮之外的十六片派皮上，每片約23g。

6

將步驟5的其中8片派皮，疊在當作底層的另外8片派皮上。

＞＞＞＞＞

7

輕輕地放，
不要壓到
卡士達醬……

＞＞＞＞＞

再將有花樣的步驟4，謹慎地疊在卡士達醬上。

8

在一口酥（右頁）的背面擠少量的À PoinT風卡士達醬，黏在步驟7上。

將千層派皮從冰箱中取出，以直徑3cm的菊花模型壓模。

將少量的沙拉油（份量外）放入小鍋子中稍微加溫，將直徑1.5cm的圓形模型浸入其中。

將步驟**1**壓模好的派皮反過來放（壓好的派皮是鋸齒狀。翻面烤可以讓派皮側面漂亮的垂直膨脹。參考P.267的圖中），以步驟**2**的模型在中央輕輕壓個痕跡。

在步驟**3**的圓痕周圍八處、中央一處，以小刀的刀尖戳洞。打洞很重要。這些洞可以適度地散出蒸氣，讓派皮均勻膨脹。

在烤盤上噴水後，放上步驟**4**，在派皮上再噴一次水。放入烤箱中，以200℃烘烤。

烤約20分鐘，派皮膨脹後，先從烤箱中取出，以濾茶網撒一層糖粉。下面再墊一層烤盤，放入烤箱中，以210℃烘烤約3分鐘。

慢慢顯現出漂亮的糖層，烘烤完成的糖層散發著光澤。放在網架上待涼。

沿著步驟**3**劃出的痕跡，以小刀將上層中央的派皮切下，再將中央挖空。注意不要壓壞派皮的層次。取下的部分當作蓋子使用。

將覆盆子凝凍放入裝有直徑6mm圓形花嘴的擠花袋中，擠入步驟**8**中，每個約5g。

再以直徑10mm的圓形花嘴，將À PoinT風卡士達醬從上擠約5g，再蓋上蓋子。

愛之井

Puits d'amour

愛之井是將À PoinT風卡士達醬擠入派皮作的容器中，表面再烤一層焦糖的甜點。構造相當簡單，而且每個部分都有著極緻的美味，仔細組合好，就是一道令人驚艷的甜點。

將派皮鋪在模型上時，要將派皮邊緣往模型外側反摺後再切平，這點很重要。這樣派皮邊緣才會用力地往上膨脹，帶出和底部、側面截然不同的風采。

為了讓客人能充分品嚐到可以稱之為「本店招牌」的À PoinT風卡士達醬，我選擇口徑較寬的小圓形模。因為口徑寬，可以充分享受到卡士達醬及焦糖層的風味。焦糖約烤五次，前三次是將砂糖和紅糖以同比例混合，強化風味。第四和五次是使用糖粉，作出鏡面般有光澤的表層。

烤焦糖有趣之處，不只是讓砂糖焦化，其實同時也在加熱下方的卡士達醬。使卡士達醬形成複雜的「煙燻香」，給予甜點更深層的風味。使用火力強的焦糖電烙鐵，可以讓卡士達醬瞬間沸騰，產生如醬汁般的新鮮觸感。

派皮和卡士達醬的每一種比例，也都依製作方式的不同，更加延伸了客人能開心享用的風味及口感的可能性。

口徑8cm的小圓模型12個份

千層派皮（P.44） pâte feuilletée ¼團

∧依P.46的「摺疊」作法作到步驟**18**，取¼團的份量。以擀麵棍敲打，使硬度一致，再放入壓麵機中壓成2.6mm厚的正方形。

蛋液（P.48） dorure 適量

À PoinT風卡士達醬（P.64）

crème pâtissière à ma façon 約960g

砂糖 sucre semoule 適量

紅糖（未精製原糖） cassonade 適量

糖粉 sucre glace 適量

發酵奶油（模型用） beurre pour moules 適量

∧在室溫中放到手指能輕鬆按壓下去的軟度。

千層派皮>

1

依P.46的步驟**20**將鬆弛好的派皮放在烘焙紙上，以滾輪打孔器打洞。為了避免派皮過度膨脹，要確實打到底。再次鬆弛。

2

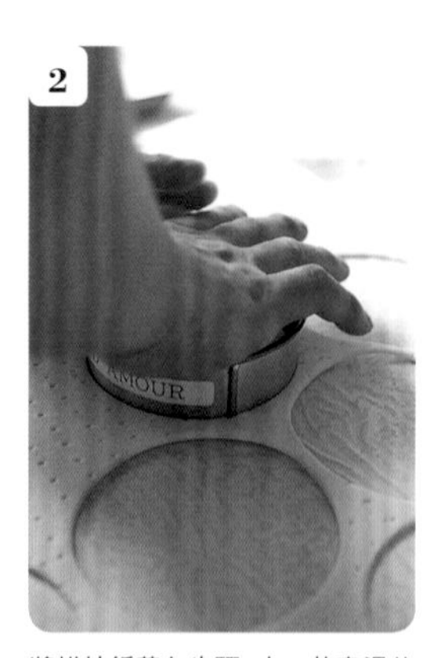

將烘焙紙蓋在步驟**1**上，放室溫休息30分鐘後，放入冰箱冷藏1小時，使派皮緊實。取出派皮，以直徑10cm的圓形模型壓12片派皮。

3

壓好的狀態。事先將派皮擀成正方形，是為了壓成圓形來烘烤。將擀成方形的派皮壓成圓形，雖然烤完後會回縮，但較容易保持圓形。

4

將放在室溫中軟化的奶油，以刷子途刷在模型上，鋪上步驟**3**。首先輕輕地擺好派皮。

5

注意不要嵌入指甲痕跡，一邊轉動模型，一邊慢慢將派皮往下壓，以手指沿著模型壓實。

6

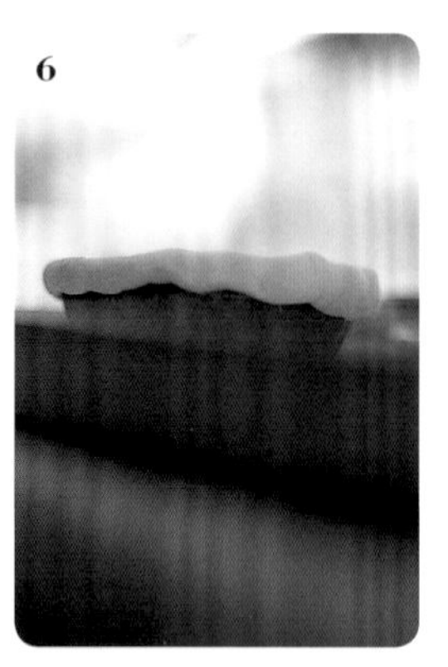

以大拇指指腹將派皮邊緣往模型的外側反摺。

7

模型鋪好派皮的狀態。重要的是不變動派皮的厚度，將派皮鋪好。為了避免派皮歪掉，動作要放輕。

8

將步驟**7**蓋一層烘焙紙後，再蓋上食物保鮮蓋（派皮太乾，膨脹就會不順利）。放入冰箱冷藏約1小時，讓派皮緊實。

9

將步驟**8**從冰箱取出。將小刀的刀尖沿著模型下方3mm處繞圈，將派皮邊緣切平。

10

切整齊後的狀態。由於反摺並切掉多餘的派皮，模型邊緣的派皮便會充滿活力似的膨脹，形成和底部、側面完全不同的口感。

11

在步驟**10**上鋪一層鋁箔紙，放滿重石。放在烤盤上，噴水後，放入烤箱中，以200℃烘烤約45分鐘。

12

放入烤箱後約30分鐘，輕輕地以手從上往下壓，以抑制派皮的膨脹程度。

在烤好5分鐘前，小心地取出重石和鋁箔紙，不要破壞到派皮。此時派皮內側還是白色的。如果在這個階段就上色了，最後烘烤時就會烤焦。

將步驟13的派皮內側刷一層蛋液，再次放入烤箱烤5分鐘。

烤好了。將派皮脫模後，放在網架上待涼。內側和外側呈現同樣的烤色。邊緣的派皮則是膨脹得層次豐富。

將千層派殼放在鋪有烘焙紙的鋁盤上，將À PoinT風卡士達醬以直徑14㎜的圓形花嘴擠入派殼中（一個約80g）。慢慢地擠，不要有縫隙。

以小抹刀將表面抹平。蓋上食物保鮮蓋防止乾燥，為了方便烙烤焦糖，先放入冰箱約1小時，讓表面變硬。

為表層烤焦糖。先將砂糖和紅糖以相同比例混合，撒在步驟2表面。隨意放在圓形圈之類的模型上。

將燒熱的焦糖電烙鐵（P.111）觸碰派的表面，讓糖焦化。裡面的卡士達醬會和砂糖一起焦化，變得有些黏稠，並且散發獨特的煙燻香氣。

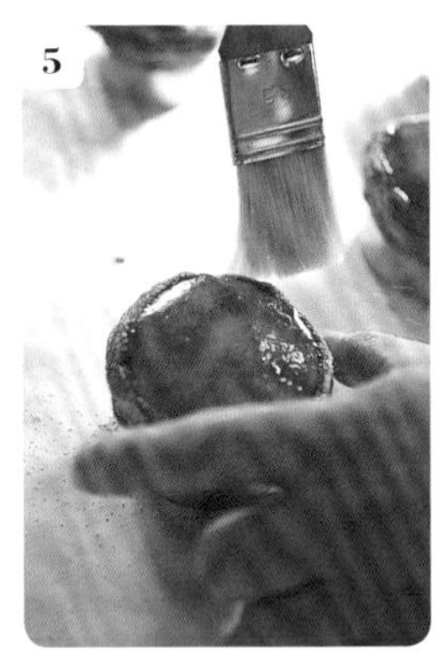

以刷子輕輕將沾附在邊緣的砂糖刷掉。

三次烙烤結束後，再以濾茶網撒一層糖粉。

再次以焦糖電烙鐵烙烤表面。依照同樣的方式再烤一次。烤好後，表面會變得如鏡面般充滿光澤。殘留在邊緣的糖粉，也會替甜點的滋味增添層次感。

覆盆子巧克力蛋糕

Mogador

我在去法國修業前認識了這道法式甜點。覆盆子加巧克力在當時是很少見的搭配，我看到這樣的搭配心中大受衝擊，並抱有很大的憧憬。到了巴黎，看到這道甜點時，彷彿遇見了相戀百年的戀人般，感動不已。

為什麼會以「覆盆子加巧克力」呢？到巴黎約一年以後，這個疑問終於得到解答，也讓我放下心中大石。季節一入初夏，巴黎的市場上就開始出現各式各樣的覆盆子和莓果。將法國人最愛的巧克力，與大自然的恩惠——莓果相互融合，其實是不必刻意搭配、渾然天成的美味。

事實上，帶有強烈酸味和些微苦澀味的覆盆子，的確能和帶有酸味和苦味的巧克力絕妙地融合在一起。巧克力搭配打發的鮮奶油，作成巧克力香緹鮮奶油，加上帶有新鮮感的覆盆子凝凍，更能襯托出輕巧而高雅的美味。而鋪在底部的蛋糕片是巧克力磅蛋糕，蛋糕適度的濃郁滋味，令巧克力香緹鮮奶油的輕盈更有存在感。

在法國，會將「絕妙搭配」稱為「bon mariage（美好姻緣）」。這道甜點的食材搭配，即可說是一段美好姻緣。

直徑15cm的圓形圈10個份

巧克力磅蛋糕

quatre-quarts au chocolat　基本份量

（60×40cm的長方圈6個份。使用其中2份）

發酵奶油　beurre　2250g

∧在室溫中放到手指能輕鬆按壓下去的軟度（接近流動狀的固態）。

糖粉　sucre glace　1125g

蛋黃　jaunes d'œuf　900g

蛋白　blancs d'œuf　1440g

砂糖　sucre semoule　1125g

低筋麵粉　farine faible　1.8kg

可可粉（無糖）　cacao en poudre　450g

覆盆子風味糖漿（蛋糕體用）　sirop d'imbibage

30°波美糖漿（P.5）　sirop à 30° B　80g

覆盆子果泥（冷凍）　pulpe de framboise　120g

∧將加拿大進口的碎狀冷凍覆盆子解凍後過濾，分離果泥和種子，使用果泥的部分。將冷凍保存的果泥解凍後使用。

覆盆子白蘭地　eau-de-vie de framboise　80g

∧和果泥混合拌勻。

黑巧克力香緹鮮奶油

crème chantilly chocolat noir

鮮奶油（乳脂35%）　crème fleurette　1150g

覆盆子白蘭地　eau-de-vie de framboise　150g

黑巧克力（可可含量55%）

couverture noire 55% de cacao　440g

黑巧克力（可可含量66%）

couverture noire 66% de cacao　160g

∧依P.146步驟1至4製作。不過酒的部分改成覆盆子白蘭地。

覆盆子凝凍（P.246）gelée de framboise　適量

蘋果果膠（P.178）gelée de pomme　適量

覆盆子　framboises　約4顆／1份

糖粉　sucre glace　適量

藍莓　myrtilles　7顆至8顆／1份

牛奶巧克力裝飾片（P.157的a）

dècor de chocolat au lait　適量

薄荷葉　menthe　適量

細葉芹　cerfeuil　適量

巧克力磅蛋糕>

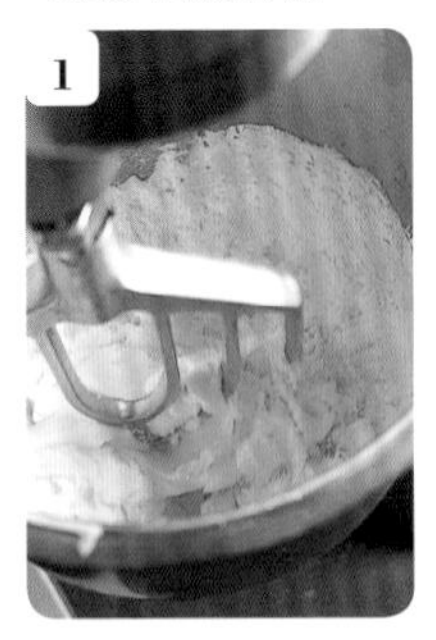

1 將放在室溫中軟化的奶油（接近流動狀的固態）放入攪拌機中，以槳狀攪拌器低速攪拌。糖粉分三次一邊加，一邊拌勻。

2 將蛋黃放入另一個調理盆中，以打蛋器打散，再隔水加熱後，加入奶油充分攪拌均勻。

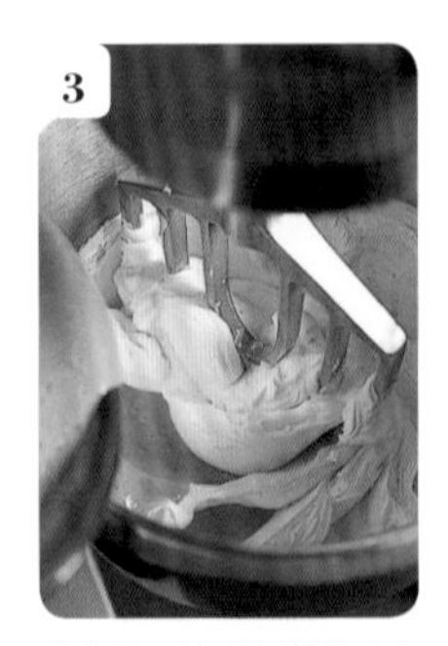

3 將步驟2以每次⅓的量分次加入步驟1中。隨時以瓦斯槍從攪拌盆外加熱。這是為了讓凝縮的麵糊能烤得硬一點，先將麵糊鬆弛的作業。

4 隨時將沾附在攪拌器上的奶油或蛋黃刮下來，均勻攪拌。

5 攪拌至呈現蓬鬆的慕斯狀。

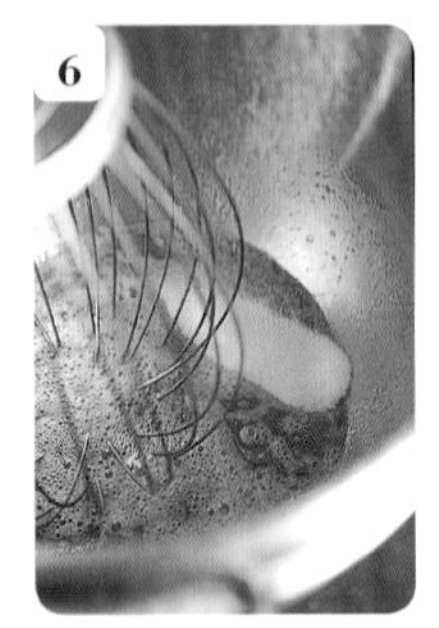

6 將蛋白放入另一個攪拌盆中，加入¼量的砂糖。以低速攪拌，讓蛋白的濃度平均後，再以高速打發。一開始先加入砂糖，可以打出和奶油拌合時不容易消泡的蛋白霜。

7 將剩下的砂糖分三次加入，一邊加，一邊注意，打到提起攪拌器時，蛋白霜呈現挺立尖角狀。這樣就打好細密而豐滿，容易拌勻的蛋白霜了。

8 將¼量的步驟7加入步驟5中，以刮板從底部往上翻拌。拌至還留有蛋白霜的白色的大理石狀即可。

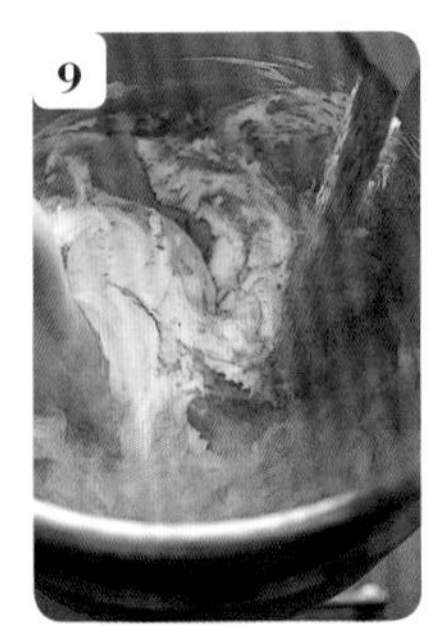

9 將混合過篩兩次的低筋麵粉和可可粉一次加入步驟8中，依照同樣的方式拌勻。此處麵團會一下子緊縮起來，不過不必擔心。只要拌到八成均勻就可以了（稍微還可以看到粉的狀態）。

10 將剩下的蛋白霜分三次，加入步驟9中，一邊加，一邊依照剛才的方式拌勻。加了可可粉後，麵團容易緊縮，所以動作要快。趁還沒消泡時攪拌好。

11 將步驟10倒入鋪好矽膠烘焙墊的烤盤上，每張烤盤約1.5kg，以抹刀大致抹平後，套入長方圈，將麵糊抹到緊貼邊緣。因為要作成厚片蛋糕，要套上長方圈。

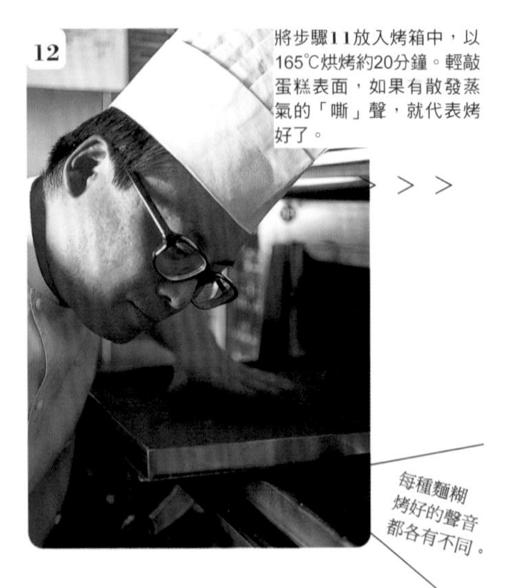

12 將步驟11放入烤箱中，以165℃烘烤約20分鐘。輕敲蛋糕表面，如果有散發蒸氣的「嘶」聲，就代表烤好了。

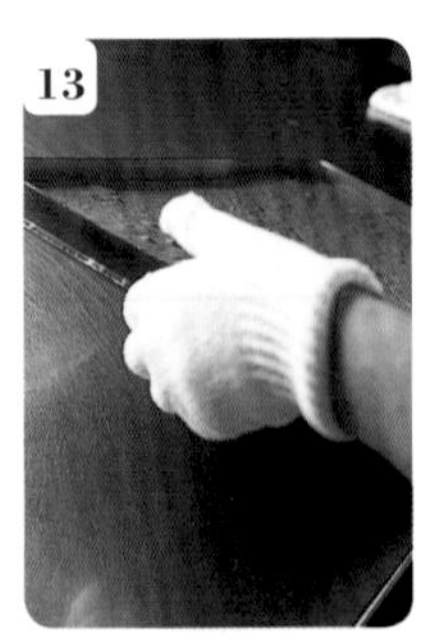

13 將步驟12從烤箱中取出，立刻連同烤盤輕敲桌面，讓熱氣散出，避免回縮。將小刀插入模型邊緣，取出模型。

組合、最後裝飾>

烤好了。將蛋糕連同烘焙紙一起放到網架上放涼。因為放了大量的奶油，蛋糕不但風味濃郁，且化口性佳。這道甜點使用兩片蛋糕片。

> > > > >

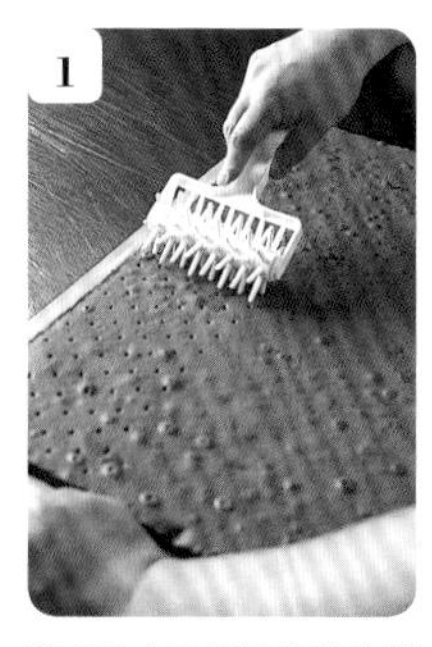

將巧克力磅蛋糕的烘焙紙取下，上色面朝上，放在鋪有烘焙紙的烤盤上打洞。因為蛋糕片很重，為了讓糖漿更好滲透，所以要打洞。

將步驟1翻面，以直徑15cm的圓形模壓成10片蛋糕（將上色面朝下壓模，比較不會破壞形狀）。將上色面朝上，放在鋪有烘焙紙的鋁盤上。剩下的蛋糕會在步驟9時使用，可先放一旁備用。

將覆盆子風味糖漿分兩次大量刷在步驟2上。將刷子放在蛋糕上停頓幾秒，使糖漿滲入蛋糕中。將蛋糕以糖漿濕潤，可以加強覆盆子的風味。

將圓形圈擺在鋪有烘焙紙的鋁盤上，將步驟3鋪在模型底部。再以直徑14mm的圓形花嘴將黑巧克力香緹鮮奶油擠入模型中。

將鋁盤抬起來輕敲桌面，敲出空氣，表面以抹刀抹平，放冷凍保存。

將步驟5取出，表面以抹刀抹一層覆盆子凝凍。為了不讓巧克力香緹鮮奶油透出來，凝凍的量要多一點。接著放急速冷凍冰硬。

取出步驟6，以刷子輕輕刷一層蘋果果膠，讓蛋糕有光澤。再次急速冷凍冰硬。

將步驟7放在罐子之類的容器上，以瓦斯槍將模型周圍加熱，取下模型。

將步驟2剩餘的蛋糕以食物調理機打碎，以手掌壓在步驟8的側面。

在蛋糕上裝飾覆盆子、藍莓、牛奶巧克力裝飾片、薄荷葉、細葉芹等。覆盆子使用有撒糖粉和沒撒糖粉兩種，讓滋味更豐富。

焦糖香蕉蛋糕

Bananier

Bananier為「香蕉樹」之意。以奶油和砂糖炒香的焦糖風味香蕉，芳香的香氣令人印象深刻，是一款高雅的甜點。

搭配甜點的奶油醬，使用了添加生杏仁膏（Rohmarzipan）及奶油的卡士達醬。將兩種滋味濃郁的材料組合而成的古典厚重型奶油醬，在享受濃郁滋味的同時，卻很奇妙地不會感到厚重，杏仁的油分讓奶油醬吃起來更順口，可使口感達成平衡。香蕉和奶油醬的比例也很重要。我將這道甜點想成是「專門品嚐香蕉的甜點」，因此將比例設定為香蕉7：奶油醬3。香蕉的切法也是個關鍵。一根直切兩半，再切成4cm大小的大塊香蕉，一份蛋糕放一塊。和香蕉一起放的蘭姆酒漬葡萄乾，有增加特色的作用。這是能襯托出香蕉香氣，並讓濃厚的奶油醬也能吃得順口的搭配方式。

而蛋糕的側面和底部，則是使用杏仁風味豐富的鳩康地杏仁海綿蛋糕。側面用的蛋糕以巧克力切割機漂亮又有效率地切成片狀。為了不讓機器沾到蛋糕，會事先撒一層砂糖，不過這些砂糖會和之後噴到蛋糕上的巧克力融合，增添一股結晶的口感。這也是這道甜點單靠配方無法傳達的魅力。

直徑6cm的圓形圈24個份

鳩康地杏仁海綿蛋糕（P.37） biscuit Joconde 烤盤一盤份
砂糖 sucre semoule 適量
蘭姆酒風味糖漿（蛋糕體用） sirop d'imbibage
- 30°波美糖漿（P.5） sirop à 30° B 25g
- 蘭姆酒 rhum 25g
- ∧將上述材料混合。

杏仁慕斯琳奶油醬 crème mousseline aux amandes
- 生杏仁膏（切成1.5cm厚片） pâte d'amandes crue 300g
  - ∧在室溫中放到手指能輕鬆按壓下去的軟度。
- 發酵奶油（切成1.5cm厚片） beurre 300g
  - ∧在室溫中放到手指能輕鬆按壓下去的軟度。
- 卡士達醬（P.64） crème pâtissière 240g
  - ∧依同樣的方式製作到步驟18，取240g。
- 蘭姆酒 rhum 60g

蘭姆酒漬葡萄乾（無子白葡萄） sultanines au rhum 2顆／1份

噴霧用巧克力 chocolat pour pistolet
- 牛奶巧克力（可可含量41%） couverture au lait 41% de cacao 1kg
- 沙拉油 huile végétale 100g
- 核桃油 huile de noix 100g

開心果（切對半） pistaches 1半／1份

黑巧克力鏡面淋醬 glaçage au chocolat noir 基本份量
- 蘋果果膠（P.178） gelée de pomme 1kg
- 鮮奶油（乳脂35%） crème fleurette 550g
- 水麥芽 glucose 425g
- 黑巧克力（可可含量66%） couverture noire 66% de cacao 750g
- 黑巧克力（可可含量55%） couverture noire 55% de cacao 450g

焦糖炒香蕉 bananes sautées
- 香蕉（直切對半） bananes 5根
  - ∧放入收納盒中蓋上蓋子，放在烤箱上以熱氣蒸。
- 發酵奶油 beurre 50g
- 砂糖 sucre semoule 70g
- 砂糖 sucre semoule 160g
- 香草精 extrait de vanille 適量
- 檸檬汁 jus de citron 適量
- 蘭姆酒 rhum 適量

鳩康地杏仁海綿蛋糕>

1 將鳩康地杏仁海綿蛋糕切成兩片40×17.5㎝的長條狀蛋糕片，上色面撒一些砂糖。巧克力切割機上也撒一些砂糖備用。這是為了避免蛋糕沾黏在切割機上。

2 將步驟1的兩片鳩康地杏仁海綿蛋糕上色面朝下，放橫擺在切割機上，以刷子刷一層蘭姆酒風味糖漿。

3 以切割機將蛋糕片切成3㎝寬的片狀。利用切割機，不但有效率，還可以切得很漂亮。

4 切成17.5×3㎝的鳩康地杏仁海綿蛋糕。撒在上色面的砂糖，更為口感和甜味增添一份特色。

5 將烘焙墊鋪在鋁盤上，擺好圓形圈，將步驟4的上色面朝外，沿著模型繞一圈。底部蛋糕則以直徑4㎝的圓形模型壓模，在上色面刷一層蘭姆酒風味糖漿後，放冰箱冷藏。

杏仁慕斯琳奶油醬>

1 將在室溫中軟化的生杏仁膏放入攪拌盆中，分三次加入同樣放室溫軟化的奶油，一邊加，一邊以槳狀攪拌器低速攪拌。

2 隨時停下攪拌機，將沾附在攪拌器的生杏仁膏或奶油刮下來，並由底往上翻拌，攪拌均勻。

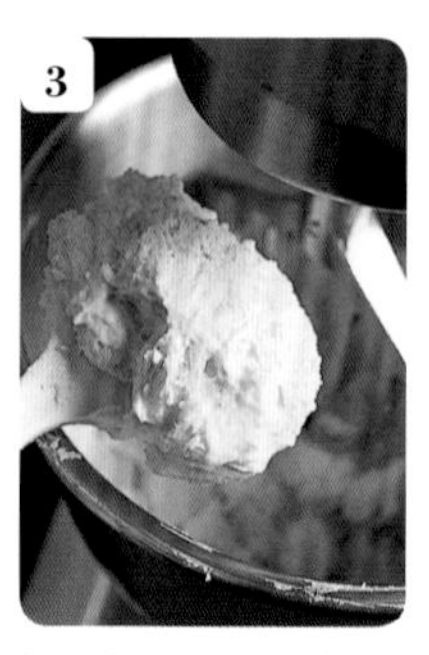

3 將過濾好的卡士達醬分三次加入步驟2中，一邊加，一邊以低速攪拌。

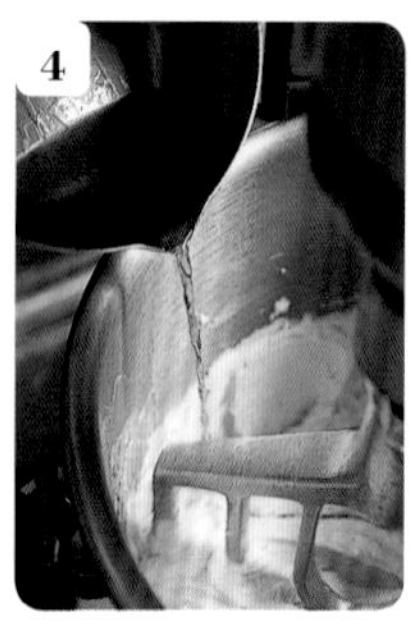

4 分次慢慢加入蘭姆酒，同樣一邊加，一邊拌勻。將一半的蘭姆酒事先加熱至40℃。加熱後雖然比較容易拌勻，不過香氣也會減少，所以只加熱一半的量。

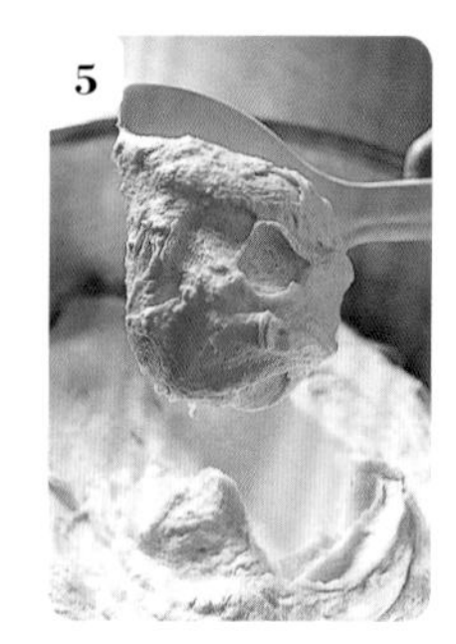

5 打成光滑的模樣。

組合、最後裝飾>

1 將杏仁慕斯琳奶油醬以直徑10㎜的圓形花嘴，擠入側面裝有一圈蛋糕片的圓形圈中，擠約模型⅓高。

2 將焦糖炒香蕉（右頁）切成約4㎝大小，弧形面朝下，放入步驟1中。在香蕉兩旁分別放一粒葡萄乾。

3 再次將杏仁慕斯琳奶油醬擠入模型中。

4 將底部用的鳩康地杏仁海綿蛋糕上色面朝下，蓋在奶油醬上，以木製模型輕輕往下壓緊。放急速冷凍冰硬。這段期間，香蕉的香氣會轉移到奶油醬中，讓滋味呈現一體感。

5 將步驟4倒扣在鋪有烘焙紙的鋁盤上，取下烘焙墊後將圓形圈脫模。以直徑10㎜的圓形花嘴，在蛋糕周圍擠一圈杏仁慕斯琳奶油醬。再次放急速冷凍冰硬。

6 將切碎的巧克力和兩種油放入盆中，隔水加熱至45℃至48℃，融化巧克力。巧克力裝入噴槍中，以45度斜角由上往步驟5噴。

7 將烤盤方向轉180度，再噴一次，讓巧克力可以均勻地沾附在蛋糕上。噴好後冷凍保存。

8 將步驟7取出後，放在紙盤上，以麵糊分配器將黑巧克力鏡面淋醬（下述）擠入蛋糕中央，每個約10g。最後放一半的開心果作裝飾。

黑巧克力鏡面淋醬>

1 將蘋果果膠放入鍋中，加熱至約40℃。將鮮奶油和隔水加熱軟化的水麥芽放入銅鍋中，煮至沸騰後，倒入放有兩種切碎巧克力的盆中。

2 以打蛋器輕輕攪拌至巧克力融化、乳化，小心不要起泡。

3 將溫蘋果果膠分三次加入步驟2中，一邊加，一邊拌勻。

4 將步驟3以篩網過篩後，倒入另一個調理盆中，墊冰水冷卻。

5 呈現光滑的模樣就表示完成了。以保鮮膜緊蓋好，放冰箱冷藏熟成一晚後，冷凍保存。取適量到另一個調理盆中，隔水加熱至約肌膚溫度再使用。

焦糖炒香蕉

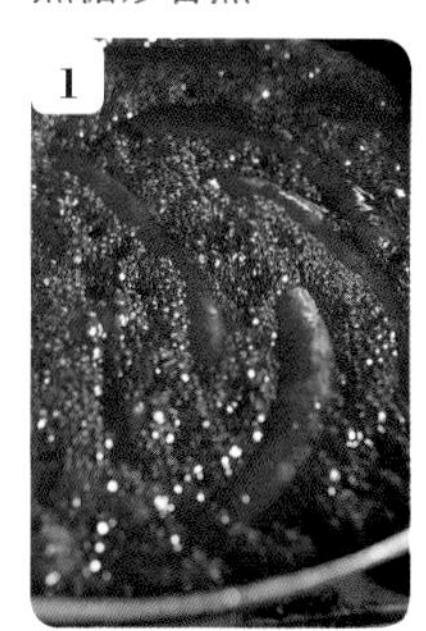

1 參考P.207的「焦糖炒蘋果」。將蘋果換成香蕉；酒換成蘭姆酒，依同樣的作法製作。作好後將香蕉放在墊著鋁箔紙的網架上，滴落多餘的焦糖醬。完成後放入冰箱冷藏備用。

蘋果希布斯特

Chiboust aux pommes

「希布斯特」是一道步驟繁多，頗為費時、費工的甜點。先將蛋奶醬倒入派皮中烘烤，再將加了義大利蛋白霜的希布斯特奶醬擠在卡士達醬上，表面再烤一層焦糖。這是一道在法國也很少見的傳統甜點，但在我修業的「**MILLET**」甜點店中，每天都會製作加了蘋果的布希斯特，我也在店裡品味到這道甜點的美味之處。

「蘋果塔作起來比較簡單，也很好吃不是嗎？」或許有人會這麼想，但希布斯特奶醬獨特的溫醇韻味，是蘋果塔無法表現的。我猜想，布希斯特奶醬是在冰箱尚未發明的年代，為了讓卡士達醬吃起來更清爽，或為了延長保存期限而誕生出來的製作方式。到了會添加鮮奶油的現代，依然有著極大的魅力。以焦糖層的煙燻香包裹布希斯特淡淡的風味，產生了更多層次的美味。順帶一提，我希望能讓客人享受到滿滿的布希斯特奶醬，因此特別訂作了三公分高的長方圈進行製作。

對我而言，布希斯特是非常具有代表性的法國甜點。集結了多種要素的層次滋味，讓人感覺與法國的國家歷史重疊而相融。

這道蛋糕最重要的風味就是卡士達醬。請一定要確實煮透，若是殘留粉塊，味道就會被掩蓋，無法表現出希布斯特奶醬的清爽滋味。

35×9×高3cm的長方圈3個（9×3cm，33個）份

千層派皮（P.44）　pâte feuilletée　½團

∧依P.46的「摺疊」作法作到步驟**18**，取½團的份量。以擀麵棍敲打，使硬度一致，再放入壓麵機中壓成2.6mm厚，約50cm長的長方形。依P.46的步驟**20**至**21**將麵團鬆弛後打洞（不過為了避免蛋奶醬漏出，洞要輕輕打，不要打穿到背面），再次鬆弛後，靜置於室溫中休息30分鐘，再放入冰箱冷藏，使麵團緊實。

蛋液（P.48）　dorure　適量

焦糖炒蘋果（P・204）　pommes sautées　45片

∧將蘋果白蘭地改成柑曼怡香橙干邑甜酒，澆酒點燃。

鄉村蛋奶醬（P.204）　appareil paysanne　約⅔量

∧將蘋果白蘭地改成柑曼怡香橙干邑甜酒。

希布斯特奶醬　crème Chiboust

- 卡士達醬　crème pâtissière
  - 牛乳　lait　360g
  - 香草莢　gousse de vanille　⅔枝
  - 砂糖　sucre semoule　80g
  - 蛋黃　jaunes d'œuf　150g
  - 低筋麵粉　farine faible　24g
- 吉利丁片　feuilles de gélatine　10g
- 義大利蛋白霜　meringue italienne
  - 糖漿　sirop
    - 水　eau　70g
    - 砂糖　sucre semoule　280g
  - 蛋白　blancs d'œuf　135g
    ∧使用當天打的新鮮蛋白。
  - 砂糖　sucre semoule　13.5g
    ∧依P.141步驟**1**至**5**的作法製作，不加檸檬汁和香草精。

紅糖（未精製原糖）　cassonade　適量

砂糖　sucre semoule　適量

糖粉　sucre glace　適量

發酵奶油（模型用）　beurre pour moules　適量

∧在室溫中放到手指能輕鬆按壓下去的軟度。

千層派皮>

1

將千層派皮取出，切成三片46×18㎝的長條狀。在長方圈內側塗一層薄薄的奶油，將派皮有打洞的那一面朝上鋪進模型中。先配合長方圈的寬度將派皮摺起來。

2

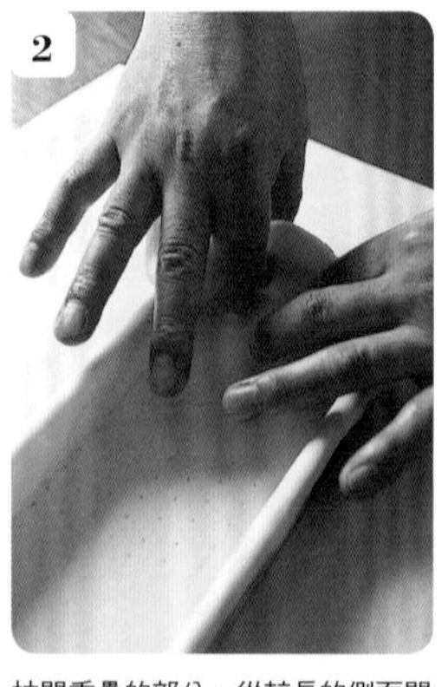

拉開重疊的部分，從較長的側面開始，將派皮貼在模型側面。四個角也要確實緊貼成直角。

3

將派皮邊緣往模型外側反摺。鋪好後，暫時放冰箱冷藏，讓派皮緊實。

4

將步驟**3**從冰箱取出，沿著模型邊緣下方10㎜處，將多餘的派皮切除。為了避免派皮在烘烤時會往內縮，請派皮反摺到模型外側。

5

從底部看的狀態。配合模型確實摺出直角，是專業甜點師的堅持。放入冰箱冷藏約1小時，讓派皮緊實。取出後放在鋪有矽膠烘焙墊的烤盤上。

6

派皮上鋪一層鋁箔紙，放入重石，噴水後，放入烤箱中，以195℃烘烤約50分鐘。烤約40分鐘時，從上輕輕地下壓，抑制派皮膨脹。

7

烤好5分鐘前，以湯杓取出重石，並取下鋁箔紙。為了避免蛋奶醬漏出，先將派皮內側連同角落，以刷子刷滿蛋液。

8

再次放入烤箱，以195℃烘烤約5分鐘。內側和底部會烤成同樣的色澤。

鄉村蛋奶醬>

1

將焦糖炒蘋果鋪在烤好的派皮中，每模15片。以麵糊分配器倒入鄉村蛋奶醬，倒到稍微可以看到蘋果的程度。

2

烤盤底下再墊三片烤盤，總共四片，放入烤箱中，以180℃烘烤約30分鐘，烤到表面呈現微焦烤色。如果沒有確實烤透，味道就不會散發出來。烤好後直接放涼。

希布斯特奶醬>

1

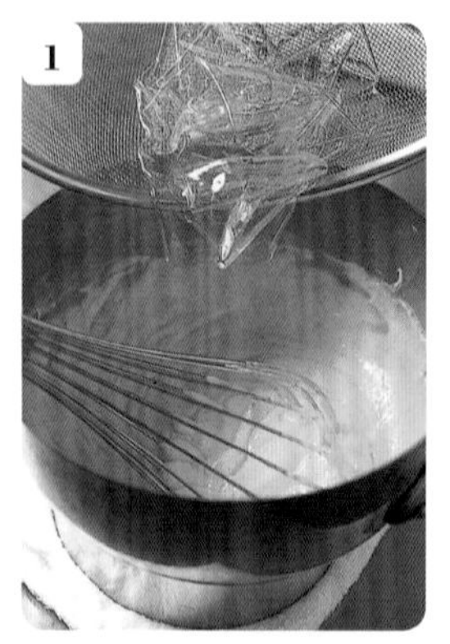

將卡士達醬依P.64步驟**1**至**14**的作法製作（在步驟**8**就將香草莢取出），煮好離火。加入泡開後擦乾水氣的吉利丁片，充分拌勻溶化。拌好後倒入另一個盆中。

2

將¼量的義大利蛋白霜加入步驟**1**中，以畫圓的方式拌勻，再將剩餘的蛋白霜分三次加入，一邊加，一邊由底往上大略翻拌。接著倒入另一個調理盆中，使蛋白霜上下顛倒，依同樣的方式大略攪拌。

組合＆最後裝飾＞

將放涼的派皮邊緣切齊。先以麵包刀從模型上方垂直切幾道痕跡。

接著以刀水平靠著模型橫切，就能不破壞派皮漂亮地切好。如果不在派皮放涼後再切，派皮會因為熱回縮而往下掉，一定要小心。

暫時將長方圈取下，在派皮兩邊放12㎜厚的棒子固定。在模型內側塗一層奶油，再放到棒子上。這樣模型就會比派皮還要高出棒子的高度（棒子的厚度可以依喜好選擇）。

將希布斯特奶醬放入裝有直徑20㎜圓形花嘴的擠花袋，擠入步驟**3**中。為了避免希布斯特奶醬消泡，選擇以直徑較大的花嘴，輕輕地擠入派皮中。

以抹刀將表面抹平。大致平均後，考慮到之後希布斯特奶醬可能會稍微下沉，因此以抹刀將奶醬抹成膨起的山形。

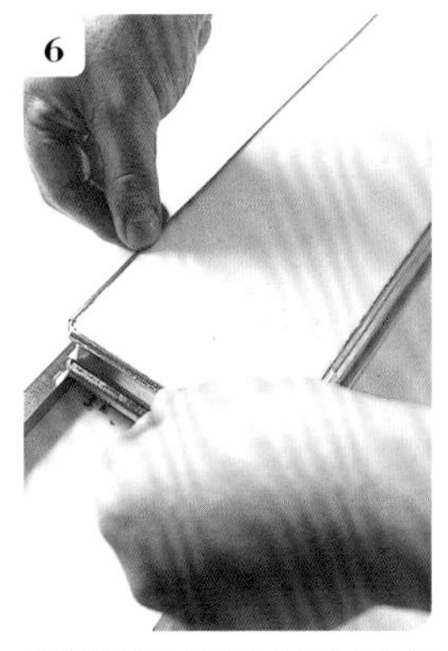

將沾附在長方圈邊緣的希布斯特奶醬以手指抹掉。烤焦糖時，如果希布斯特奶醬焦化黏在模型上，就會很難脫模。

為步驟**6**的表面烤焦糖。先撒一層紅糖。使用紅糖可以增加風味。

依P.110步驟**5**的作法，以燒熱的烙鐵觸碰步驟**7**，使糖焦化。先以紅糖重覆烤兩次，再以砂糖烤兩次。

最後以糖粉烤一次焦糖。以濾茶網將糖粉撒在整個蛋糕表面，以燒熱的焦糖電烙鐵（P.111）觸碰蛋糕表面，烙烤出如鏡面般的光澤。

將充分燒熱的切刀（P.111）觸碰模型邊緣，使焦糖融化，取下模型。接著以切刀每隔3㎝作個記號，再沿著記號切成片。

3

De l'imagination à la réalisation de pâtisseries uniques

減法比加法更有味道。
我想作的不是引人注目、裝飾華麗的甜點，
而是以簡單材料抓住人心，
且能充分傳達心意的甜點。
以這樣的想法為基礎，
以下將介紹從食材、傳統甜點、模型、電影……
各種事物得來的靈感放大
所創作出來的創意甜點。

檸檬紅醋栗塔

Tartelette au citron et aux groseilles

檸檬紅醋栗塔

Tartelette au citron et aux groseilles

小時候家人很喜歡吃一種鋁箔派盤盛裝的美國檸檬派，而這一道就是從我的回憶延伸出來的檸檬甜點。因其圓滾滾的外型，被客人取了一個很日式的綽號——雪屋，令人覺得很有親切感；另一方面，集結了「口感與風味的對比」、「surprise（驚喜）」這兩大法式甜點的魅力，也有著「法國代表甜點」的稱號。乍看之下相當有份量，不過越吃越能品嚐到不同的風味，直至最後一口都能開心地享受。

底座是在甜酥塔皮上擠了奶香杏仁奶油醬的塔。將口感溫潤柔和的甜酥塔皮作得厚一點，表現出存在感。底座上擺放冰硬的檸檬奶霜，除了散發風味濃郁的奶油香之外，還能感受到淡淡的檸檬酸味。烤好後再將塔的表面刷一層檸檬風味糖漿，便能增添更明顯的酸味。

擠入滿滿的義大利蛋白霜，覆蓋檸檬奶霜。義大利蛋白霜在打蛋白時，為了使氣泡安定以維持外型，而加入少量的糖。而我習慣將義大利蛋白霜作成吃起來有輕盈「奶油醬」的感覺，並運用在這道甜點中，藉此襯托出檸檬和香草的香氣。

在義大利蛋白霜上撒糖粉烘烤而成的「珍珠」（P.32）及焦化的杏仁片，形成絕妙的特色。包裹在義大利蛋白霜中的紅醋栗，也是為整體帶來韻律感的重要角色。但加的量不能過多，才能表現出物以稀為貴的珍貴之感。

直徑 6 ㎝的淺塔模型 12 個份

檸檬奶霜　crème de citron
- 基本份量（直徑 4.5 ㎝的圓球狀樹脂模型 90 個份）
- 全蛋　œufs entiers　10 顆
- 砂糖　sucre semoule　540g
- 檸檬汁　jus de citron　336g
- 檸檬皮屑　zeste de citron râpé　20g
- 檸檬油　huile de citron　1g
- 發酵奶油（切成 2 ㎝塊狀）　beurre　650g
  - ∧冷藏備用。

甜酥塔皮　pâte sucrée　下述份量取 250g
- 發酵奶油（切成 1.5 ㎝厚片）　beurre　600g
  - ∧在室溫中放到手指按壓下去時稍微有些抵抗感的軟度。
- 糖粉　sucre glace　450g
- 全蛋　œufs entiers　3 顆
- 鹽　sel　適量
- 香草精　extrait de vanille　適量
- 香草糖（P.15）　sucre vanillé　適量
- 杏仁粉　amandes en poudre　250g
- 低筋麵粉　farine faible　1kg
- 泡打粉　levure chimique　10g
  - ∧依P.236步驟1至11的作法製作（不加葡萄乾和榛果粉），取約250g的份量。

奶香杏仁奶油醬（P.71）　約 15g ／ 1 個
crème d'amandes au lait
- ∧放室溫回溫。

檸檬風味糖漿（蛋糕體用）　sirop d'imbibage
- 30° 波美糖漿（P.5）　sirop à 30° B　30g
- 檸檬汁　jus de citron　30g
  - ∧上述材料混合拌勻。。

檸檬風味義大利蛋白霜
meringue italienne au citron
- 糖漿　sirop
  - 水　eau　47g
  - 砂糖　sucre semoule　188g
- 蛋白　blancs d'œuf　105g
  - ∧使用當天打的新鮮蛋白。
- 砂糖　sucre semoule　21g
- 檸檬汁　jus de citron　適量
- 香草精　extrait de vanille　適量

紅醋栗（冷凍）　groseilles　80g

杏仁片　amandes effilées　3 片／ 1 個

糖粉　sucre glace　適量

發酵奶油（模型用）beurre pour moules　適量
- ∧在室溫中放到手指能輕鬆按壓下去的軟度。

檸檬奶霜＞

將全蛋打入調理盆中，先以打蛋器將蛋黃打散，再充分拌勻。加入砂糖，輕輕攪拌，不要打入多餘的氣泡。

充分拌到砂糖的顆粒感消失後，將檸檬汁分三次加入拌勻。因為直接將檸檬汁加到全蛋中容易會有腥味，在此砂糖有橋接的作用。

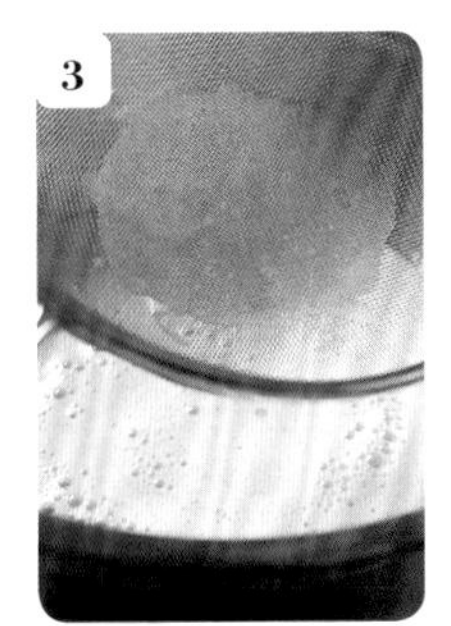

將步驟**2**用以濾網過篩後，倒入銅鍋中。濾網可以把蛋的繫帶（P.79）或蛋黃膜等留在濾網上。為了作出光滑的奶霜，一定要先過濾。

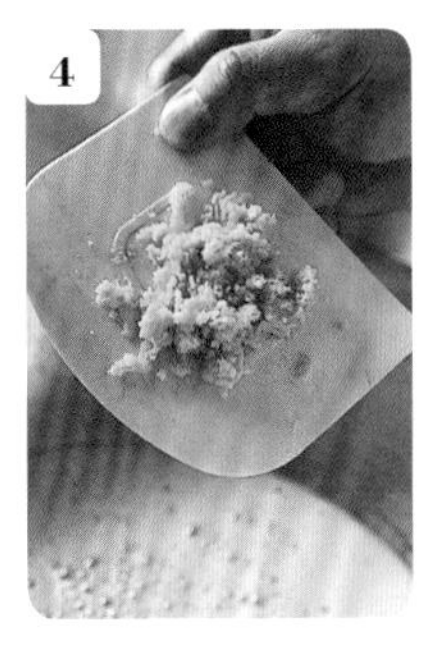

將檸檬皮屑加入步驟3中，開中火熬煮。

一邊煮，一邊以打蛋器輕輕攪拌，注意不要讓泡沫噴出來。沸騰後會先冒出大氣泡，然後立即消失（圖中是開始消失的狀態）。因為很容易燒焦，所以熬煮時要不停攪拌。

煮沸後再煮3分鐘，開始變濃稠後，加入檸檬油拌勻。

將步驟**6**離火，倒入另一個調理盆中。墊一盆冰水，迅速攪拌至降溫至38℃。

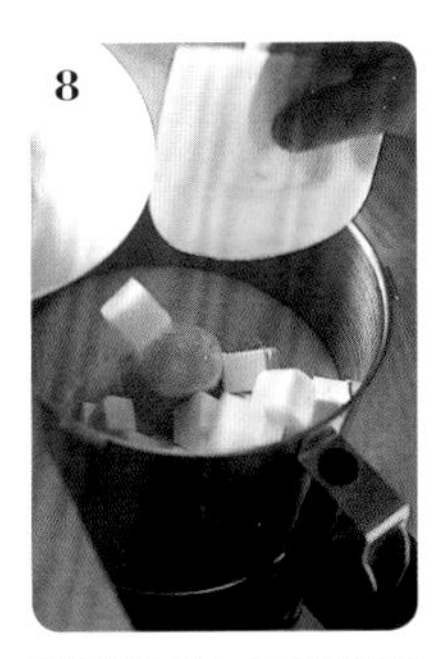

將步驟**7**倒入食物調理機中，分五次加入切成約2㎝方塊的奶油，一邊加，一邊攪拌。

將食物調理機適度傾斜，可以充分攪拌至奶油。

打成柔滑濃稠的狀態。加入冰冷的固態奶油，是為了將奶油的香氣、風味發揮到最大極限（P.11）。奶油一旦融化，吃起來就會像油一樣。

將步驟**10**放入裝有直徑10㎜的圓形花嘴中，擠到圓球形樹脂模型的邊緣。接著急速冷凍冰硬。

固定後，從模型中取出，放冰箱冷凍保存。

＞ ＞ ＞ ＞ ＞

甜酥塔皮 ＞

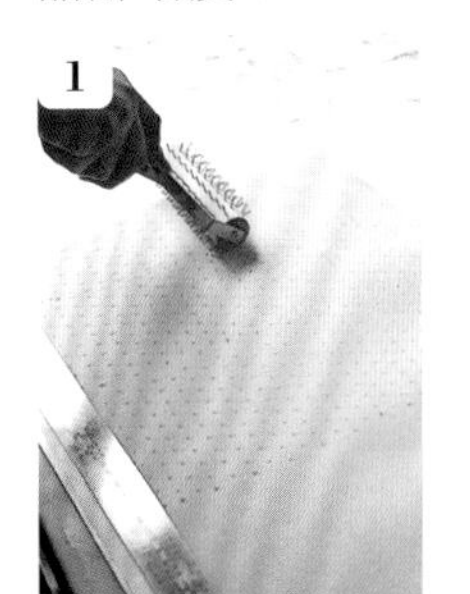

在甜酥塔皮還很硬時，先以擀麵棍敲打，再以手揉，讓硬度一致。再放入壓麵機中壓成2.6㎜厚。為了表現出存在感，特意壓得厚一點。以滾輪打孔器確實打洞。

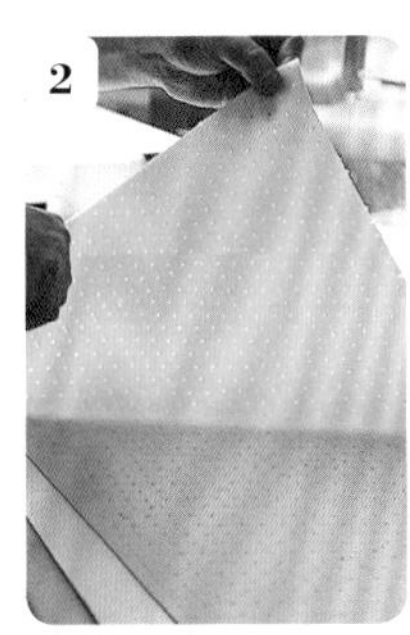

孔洞要打到穿過背面。這樣受熱性會更好，可以烤得很酥脆。因為孔洞會散出空氣，也會比較好鋪進模型中。放入冷藏冰硬後，壓模成直徑7.5㎝的圓形。

在塔模的內側刷厚厚一層室溫軟化的奶油，排列在鋁盤上。將步驟**2**輕輕地放在模型上。

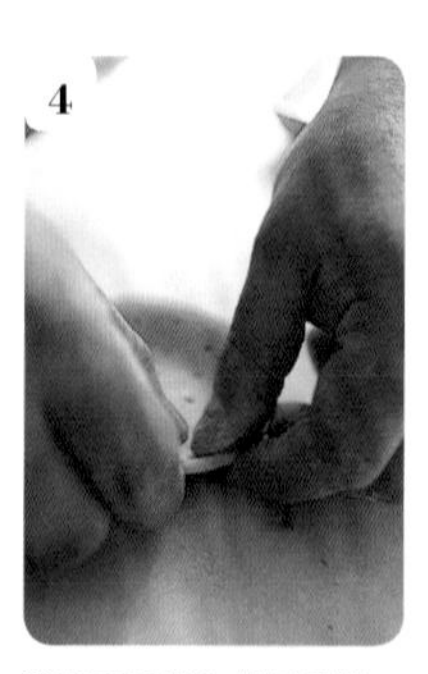

注意不要嵌入指甲痕跡，一邊轉動模型，一邊慢慢將派皮往下壓，以手指沿著模型壓實。小心不要破壞塔皮，也不要動到塔皮的厚度。

鋪好塔皮的狀態。使用側面傾斜的淺塔模型，是因為塔皮很軟的緣故。如果使用有直角且有高度的深模型，鋪的時候塔皮容易破掉。

蓋上烘焙紙避免乾燥，再放入冰箱冷藏使塔皮緊實。

將步驟**6**從冰箱取出。以小刀的刀尖以45度角沿著模型邊緣將多餘的塔皮切除。切口會比較漂亮。

將奶香杏仁奶油醬放入裝有直徑10㎜花嘴的擠花袋中，擠入步驟7，每個約15g。擠好後排列在烤盤上，放入旋風烤箱中，以180℃烘烤約20分鐘。

烘烤完成。為了烤得酥脆，所以使用旋風烤箱。外側烤得水分蒸發，焦香硬脆；中間則是烤得恰到好處，保留著奶香杏仁奶油醬的風味。

將塔連同塔模輕敲桌面，使熱氣散出後脫模。背面也烤得很平均。放在網架上待涼。

以刷子在表面刷兩次檸檬風味糖漿。一次刷整個表面，一次只刷中央部分。可強化檸檬的印象。

將冷凍備用的檸檬奶霜放在步驟**11**中間。再急速冷凍。

＞＞

檸檬風味義大利蛋白霜>

製作糖漿。將水、砂糖放入銅鍋中，插入溫度計，開中火煮。中途如果起泡，要將泡沫撈出，煮至117℃。當泡沫變小時，就表示接近117℃了。

當步驟1開始煮沸時，將蛋白和砂糖放入攪拌盆中，加入檸檬汁和香草精。和淋醬、奶油醬一樣，此處以檸檬及香草為義大利蛋白霜增添風味。

以中速拌至蛋白濃度均一後，再以高速一口氣打發。為了避免分離或消泡，有些作法不會打太發，不過因為我不想作出「厚重的奶霜」，所以要充分打發。

打到蛋白霜會彎曲的硬度後，就轉成中速，將煮至117℃的步驟1慢慢加入。一邊加入，一邊攪拌。糖漿加完後，以低速打約3分鐘，讓氣泡穩定。

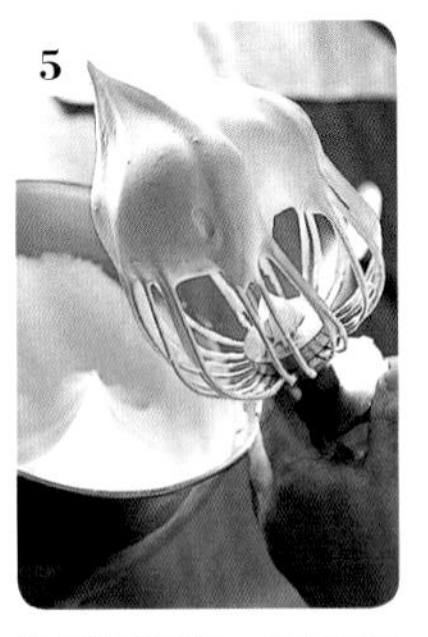

提起攪拌器後，蛋白霜呈現挺立尖角狀時即完成。作出「輕盈而有韻味的美味奶霜」的感覺。

將冷凍狀態的紅醋栗加入步驟5中，以漏勺大略拌勻，小心不要破壞氣泡。紅醋栗負責為整體帶來韻律感。以「寶物」為形象，加入少量的份量。

將放有檸檬奶霜的塔放在網架上，底下鋪一層紙。將步驟6放入裝有18mm圓形花嘴的擠花袋中，從檸檬奶霜的上方開始擠，將奶霜包裹起來。

以小抹刀將表面抹得均勻漂亮。

每個蛋糕上插三片杏仁片。因為是直著插，撒完糖粉烘烤後，兩面都會微焦，即使只有三片也會散發出誘人的香氣。

將步驟9拿在手中，拿起糖粉罐，以45度角將糖粉撒在整個義大利蛋白霜上。靜置5分鐘，再次以同樣的方式撒一次糖粉，撒好後擺在烤盤上。

因為使用糖粉罐撒，可以將糖粉撒得平均且全面。

將烤盤底下墊四張烤盤，總共五張，放入烤箱，以220℃烘烤約4分鐘，讓表面上色。有些較薄的部分會散出水蒸氣，形成珍珠顆粒。

王子

Prince

其實，我不喜歡巧克力的濃厚感。所以我所製作的巧克力蛋糕，都是以輕盈且帶有清涼感的巧克力蛋糕為主，不會讓人感到過於厚重。

這樣的巧克力蛋糕，與其搭配以加熱鮮奶油和巧克力作成的濃郁甘納許，更適合搭配打發鮮奶油加巧克力作成的入口即化巧克力香緹鮮奶油。這道名為王子甜點，是由炸彈麵糊、滋味濃醇的牛奶巧克力香緹鮮奶油，和加入兩種黑巧克力的黑巧克力香緹鮮奶油所組合而成。

除此之外，為了讓這道甜點吃起來不會感到厚重、膩口，在很多細節也下了工夫。例如：刷在蛋糕體上的糖漿或黑巧克力香緹鮮奶油中，都加了酒精濃度高的濃縮君度橙酒，以增添清涼感。另外，牛奶巧克力香緹鮮奶油中，則是加了糖漬橙皮、以杏仁作的自家製脆餅乾、巧克力焦糖杏仁糖，增添香氣與口感的變化。即使討厭吃巧克力的人，也能在豐富的口感變化中不自覺地一口接一口，它就是這麼棒的巧克力蛋糕。

在P.147登場用來固定數個半球狀模型的木板，可以用來穩定地擠奶油，這也是父親作給我的器具，有著很深的回憶。另外，「王子Prince」是由À PoinT的所在地——八王子來命名。集滿八個王子蛋糕，沒錯！就變成「八王子」囉！

直徑約6.5cm、130個份

巧克力杏仁蛋糕
biscuit d'amandes au chocolat　基本份量
（60×40cm的烤盤六盤份。使用其中三盤份）
- 生杏仁膏（1.5cm厚的薄片）
  pâte d'amandes crue　800g
  ∧在室溫中放到手指能輕鬆按壓下去的軟度。
- 糖粉　sucre glace　1.2kg
- 蛋黃　jaunes d'œuf　32顆份
- 全蛋　œufs entiers　8顆
- 蛋白　blancs d'œuf　32顆份
- 砂糖　sucre semoule　512g
- 玉米粉　amidon de maïs　500g
- 可可粉（無糖）　cacao en poudre　250g
- 沸騰融化奶油　beurre fondu　300g

君度橙酒風味糖漿（蛋糕體用）　sirop d'imbibage
- 30°波美糖漿（P.5）　sirop à 30° B　80g
- 水　eau　80g
- 濃縮君度橙酒　Cointreau concentré　40g

∧將上述材料混合。

牛奶巧克力香緹鮮奶油
crème chantilly chocolat au lait
- 牛奶巧克力（可可含量41%）
  couverture au lait 41% de cacao　1150g
- 炸彈麵糊　pâte à bombe
  - 30°波美糖漿（P.5）　sirop à 30° B　360g
  - 蛋黃　jaunes d'œuf　12顆份
- 鮮奶油（乳脂35%）　crème fleurette　1.3kg
- 巧克力脆餅（P.154）
  craquelin au chocolat　180g
- 糖漬橙皮（2mm至3mm小丁）
  écorce d'orange confite　240g

巧克力焦糖杏仁糖（P.154）
nougatine au chocolat　3個／1個

黑巧克力香緹鮮奶油
crème chantilly chocolat noir
- 鮮奶油（乳脂35%）　crème fleurette　2740g
- 濃縮君度橙酒　Cointreau concentré　136g
- 黑巧克力（可可含量55%）
  couverture noire 55% de cacao　1kg
- 黑巧克力（可可含量66%）
  couverture noire 66% de cacao　365g

黑巧克力鏡面淋醬（P.128）
glaçage au chocolat noir　適量

牛奶巧克力裝飾片（P.157的c）
décor de chocolat au lait　3片／1份

巧克力杏仁蛋糕＞

將放在室溫回軟的生杏仁膏放入桌上型攪拌器的盆中，分三次加入糖粉，一邊加，一邊以低速攪拌。

因為生杏仁膏很容易結塊，要隨時將沾附在攪拌器上的生杏仁膏和糖粉刮下。

攪拌成粉塊狀（細小的顆粒狀）即OK。

將蛋黃和全蛋分四次慢慢加入步驟**3**中拌勻。

麵糊一樣很容易結塊，記得隨時將沾附在攪拌器上的蛋液、生杏仁膏刮下來，並以刮板從底部往上翻拌，讓整體混合均勻。

攪拌成柔滑的乳霜狀即可。若攪拌過頭，生杏仁膏會出油，所以攪拌成乳霜狀時就要立刻停止攪拌。

製作蛋白霜。將蛋白放入攪拌盆中，加入⅓量的細砂糖。以中速將蛋白的濃度打勻後，再以高速打發。中途分兩次加入剩餘的砂糖，打成細密的蛋白霜。

打好的蛋白霜。打到蛋白霜拉起後呈現挺立尖角狀。

將步驟**6**一口氣加入步驟**8**中，以刮板迅速由底往上翻拌。

拌到殘留一點蛋白霜的白色就完成了。將混合過篩兩次的玉米粉和可可粉，以每次⅓的量分次加入，一邊加，一邊迅速由底往上翻拌。

粉類全部加入後，慢慢加入沸騰融化的奶油，一邊加，一邊以同樣的方式翻拌。

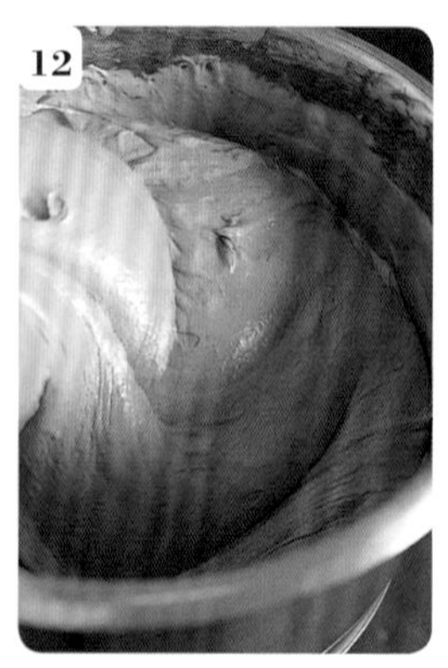

攪拌至蓬鬆有光澤的模樣即完成。不使用低筋麵粉而改以玉米粉製作，是為了讓口感吃起來更輕盈。

將步驟 **12** 倒在鋪有矽膠烘焙墊的烤盤中央，每盤 900g，再以抹刀抹平。

手指插入烤盤邊緣，將麵糊抹乾淨。除了可以避免麵糊從烤盤中溢出之外，也可以防止蛋糕邊緣烤焦。接著放入烤箱中，以 180℃烘烤約 15 分鐘。

烤好後，連同整個烤盤一起輕敲桌面幾下，讓熱氣散出，避免回縮。將蛋糕連同烘焙紙放在網架上待涼。這道甜點使用三片這種蛋糕片。

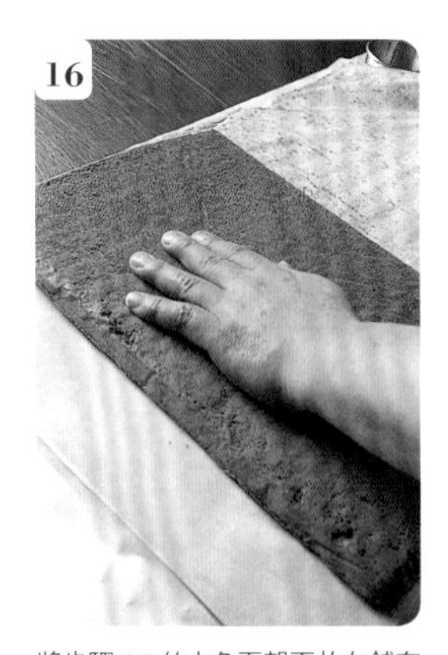

將步驟 **15** 的上色面朝下放在鋪有矽膠烘焙墊的木板上，取下烘焙紙。剝紙時，要以左手壓著蛋糕，避免蛋糕破裂。為了容易壓模，先將蛋糕急速冷凍。

以直徑 5.5 ㎝（底部用）、直徑 2 ㎝（中心用）的模型，各壓 130 片圓形蛋糕片。剩餘的蛋糕放一旁備用。

將步驟 **17** 的底部用蛋糕片上色面朝上，刷一層君度橙酒風味糖漿。把刷毛上的糖漿「滴落」在蛋糕上的感覺，刷上大量糖漿，令人可以直接感受到君度橙酒的香氣，且能緩和上色面的硬度。刷好後放入冰箱冷藏備用。

牛奶巧克力香緹鮮奶油>

將牛奶巧克力切碎後放入盆中，以隔水加熱法加熱至 55℃。使用牛奶巧克力，是為了讓蛋糕吃起來有柔和輕巧的感覺。

製作炸彈麵糊。將 30° 波美糖漿放入銅鍋中，煮至 117℃。蛋黃放入調理盆中，以打蛋器仔細打散，慢慢加入 117℃的糖漿中，一邊加，一邊拌勻。

將步驟**2**以篩網過濾後，移至桌上型攪拌器中。一邊以小湯勺壓著篩網，一邊將濾掉的蛋黃膜或繫帶去除。

將步驟**3**以攪拌機打發。先以高速一口氣打成黏稠的泡泡，轉成中速打約10分鐘，讓泡泡的大小穩定。中途要隨時將底部的蛋白往上翻拌，讓整體均勻。

打發完畢。舉起攪拌器時，呈現濃稠的緞帶狀往下層疊，痕跡過了一會兒才消失，就是適宜的狀態。

將步驟**5**移至另一個調理盆中，加入$\frac{1}{4}$量以攪拌機充分打發的鮮奶油。以打蛋器由底往上簡略地翻拌，不要破壞氣泡。

7

將步驟**1**的巧克力加入步驟**6**中，手持打蛋器以畫圓的方式充分攪拌。

8

將步驟**7**倒入剩下的打發鮮奶油中。由底往上翻拌，不要破壞氣泡，拌至八分均勻。

9

將巧克力脆餅、切成2㎜至3㎜小丁的糖漬橘皮加入步驟**8**中，一樣由底往上翻拌均勻。巧克力脆餅和糖漬橘皮可以增加清涼感，為口感帶來節奏感。

10

將步驟**9**倒入另一個調理盆中，使鮮奶油上下顛倒，依同樣的方式攪拌均勻。

11

將步驟**10**放入裝有直徑10㎜圓形花嘴的擠花袋中，擠入直徑5㎝的半球狀樹脂模型中，約七分滿。

12

將直徑2㎝的圓形巧克蛋糕體，上色面朝下放入模型中。將蛋糕往下壓，避免它往上浮。

13

在蛋糕周圍各擺三塊巧克力焦糖杏仁糖。只放一點比較有「寶物」感，奇數也比偶數更能讓人有「會不會還有呢？」的期待感，因此選擇放三塊。

14

再擠少量的步驟**10**到步驟**13**上，以小抹刀抹平，放冰箱急速冷凍。

15

冰硬後，將蛋糕取出，放冰箱冷凍保存。

黑巧克力香緹鮮奶油>

1

以打蛋器將鮮奶油充分打發。將玉米粉倒入調理盆中，加入⅙量的打發鮮奶油，以畫圓的方式充分拌勻。玉米粉能增添清爽滋味。

2

將步驟**1**倒入剩下的打發鮮奶油中。由底往上翻拌，小心不要破壞氣泡。先將少量混合，之後會比較容易拌勻。

3

在進行步驟**1**至**2**的同時，將兩種黑巧克力切碎後放入另一個調理盆中，隔水加熱至55℃備用。拿離熱水，加入⅓量的步驟**2**後，大力拌勻，讓材料乳化。

將步驟**3**倒回步驟**2**中，由底往上翻拌均勻。約拌至八分勻後，倒入另一個調理盆中，使鮮奶油上下顛倒，依照同樣的方式攪拌均勻。

將步驟**4**放入裝有直徑10㎜圓形花嘴的擠花袋中，擠入直徑6㎝的半球狀模型中，約模型的一半高。

將冷凍的牛奶巧克力香緹鮮奶油放入步驟**5**中央。

再擠少量的步驟**4**到步驟**6**上。

以小抹刀將表面抹平。

> > > > >

仔細刮掉沾附在抹刀上的鮮奶油，並將蛋糕抹平。

將底部用的巧克力杏仁蛋糕，刷有糖漿的面朝下，壓在步驟**9**上。為了方便淋淋醬，底部的蛋糕要作的比模型的直徑還要小一圈。壓好後放冷凍保存。

將步驟**10**的模型快速浸熱水兩次，再將蛋糕取出。

脫模後的狀態。放急速冷凍冰硬。冰硬後，將蛋糕排列在網架上，準備淋醬。

最後裝飾>

將加熱至肌膚溫度的黑巧克力鏡面淋醬倒入麵糊分配器中，淋在蛋糕上。待凝固後，再淋一次。第一次淋面等於打底，淋兩次可以增加光澤感。

將剩餘的巧克力杏仁蛋糕以食物調理機打碎，壓在步驟**1**的邊緣約2㎜寬。使蛋糕看起來更有溫度。周圍黏上牛奶巧克力裝飾片。

森林野莓檸檬舒芙蕾

Soufflé au citron avec fraises des bois

這是一道可以品嚐到檸檬、草莓、野草莓（森林草莓）三種酸甜風味的甜點。以草莓果泥代替水來作草莓慕斯，再加上義大利蛋白霜的糖漿、砂糖一起熬煮至117℃。透過熬煮，能作出草莓風味濃郁的義大利蛋白霜。而我的製作祕訣為，以果凍粉來凝固慕斯。果凍粉能作出不會過於Q彈，但能感覺到義大利蛋白霜的彈力，舒服地在舌尖化開的慕斯，可帶出檸檬希布斯特奶醬的口感和細緻的好滋味。

側面貼上幾片留有擠花痕跡，小巧渾圓的烤蛋白霜餅。除了能為口感帶來一些變化之外，更能為這道甜點增添溫暖的風情。

直徑約7.5cm，180個份

草莓慕斯　mousse aux fraises

- 草莓風味義大利蛋白霜
  meringue italienne aux fraises
  - 糖漿　sirop
    - 砂糖　sucre semoule　400g
    - 草莓果泥（冷凍）　pulpe de fraise　200g
    - 食用色素（紅色、粉末）　colorant rouge　適量
  - 蛋白　blancs d'œuf　190g
  - 砂糖　sucre semoule　19g
- 草莓果泥（冷凍）　pulpe de fraise　800g
- 檸檬汁　jus de citron　60g
- 草莓果泥（冷凍）　pulpe de fraise　300g
- 果凍粉（P.89）　gelée dessert　160g
- 鮮奶油（乳脂35%）　crème fleurette　800g

野草莓（冷凍）　fraises des bois

- 3顆至4顆／1份

檸檬鳩康地杏仁海綿蛋糕

biscuit Joconde au citron　基本份量

（60×40cm的長方圈3盤份）

- 杏仁糖粉　T.P.T.
  - 杏仁粉　amandes en poudre　780g
  - 糖粉　sucre glace　780g
- 低筋麵粉　farine faible　190g
- 檸檬皮屑　zeste de citron râpé　20g
- 全蛋　œufs entiers　685g
- 蛋白　blancs d'œuf　685g
  ∧使用當天打的新鮮蛋白。
- 砂糖　sucre semoule　274g
  ∧上述材料、器具和室溫均預先降溫。
- 沸騰融化奶油　beurre fondu　142g
  ∧依照P.37的方式製作。不過，在步驟1的粉類中加入檸檬皮屑拌勻，倒入放有長方圈的烤盤中，每盤1kg，烤約15分鐘。將小刀插入蛋糕邊緣，取出長方圈，連同烘焙紙一起放在網架上待涼。

檸檬風味糖漿（蛋糕體用）　sirop d'imbibage

- 30°波美糖漿（P.5）　sirop à 30° B　100g
- 檸檬汁　jus de citron　100g
  ∧將上述材料混合。

檸檬風味希布斯特奶醬

crème Chiboust au citron

- 檸檬汁　jus de citron　810g
- 檸檬皮屑　zeste de citron râpé　27g
- 發酵奶油（切成2cm塊狀）　beurre　200g
  ∧放室溫回溫。
- 鮮奶油（乳脂35%）　crème fleurette　600g
- 蛋黃　jaunes d'œuf　576g
- 砂糖　sucre semoule　202g
- 玉米粉　amidon de maïs　75g
- 吉利丁片　feuilles de gélatine　51g
- 檸檬油　huile de citron　適量
- 義大利蛋白霜　meringue italienne
  - 糖漿　sirop
    - 水　eau　143g
    - 砂糖　sucre semoule　574g
  - 蛋白　blancs d'œuf　850g
    ∧使用當天打的新鮮蛋白。
  - 砂糖　sucre semoule　85g
  ∧依照P.141的步驟1至5製作。不加檸檬汁和香草精。

蘋果果膠（P.178）　gelée de pomme　適量

開心果（切片）　pistaches　2片／1份

小蛋白霜餅　petites meringues

- 基本份量（直徑約2cm、約200個份）
- 蛋白　blancs d'œuf　140g
- 砂糖　sucre semoule　50g
  - 香草精　extrait de vanille　適量
- 糖粉　sucre glace　200g
  ∧上述材料、器具和室溫均預先降溫。

草莓慕斯＞

1

製作草莓風味的義大利蛋白霜。將糖漿用的砂糖、放冰箱解凍的草莓果泥、少量的水（份量外）溶化的食用色素倒入銅鍋中，開大火，一邊攪拌，一邊加熱。以網杓撈掉浮沫。

2

將步驟**1**煮至117℃。熬煮成帶著濃郁甜味和酸味的果醬狀果泥，稍後將加入蛋白霜中。因為很容易燒焦，持續以打蛋器或溫度計攪拌。圖中是煮至117℃的狀態。

3

步驟**1**煮沸後，將蛋白和砂糖倒入攪拌機中，先以中速將蛋白濃度打勻後，以高速打發。打到蛋白霜的尖角會往下彎的硬度時，轉成中速，分次加入步驟**2**，一邊加，一邊攪拌。

4

當糖漿加完後，再以低速打約3分鐘，讓氣泡穩定。打到蛋白霜的尖角挺立時即完成。

5

將步驟**4**移至鋁盤中，以刮板將表面刮成寬波浪形，以增加表面積，加速冷卻。立刻放入冰箱冷凍至0℃。

6

將放在冰箱冷藏解凍的800g草莓果泥和檸檬汁放入調理盆中，以打蛋器拌勻，隔水加熱，隨時攪拌一下，加熱至45℃。檸檬汁可以穩定顏色並帶來酸味。請注意溫度太高香氣會散失。

7

將放在冰箱冷藏解凍的300g草莓果泥放入銅鍋中，開中火。煮沸後，倒入放有果凍粉的盆中，以打蛋器拌勻，墊一盆冰水，攪拌至降溫至35℃。

8

將步驟**7**加入步驟**6**中拌勻，墊冰水攪拌至降溫至20℃。

9

將充分打發的鮮奶油倒入另一個調理盆中，加入⅓量的步驟**5**，以打蛋器由底往上簡略翻拌。拌好後，取⅓量加入步驟**8**中，以畫圓的方式充分拌勻。

10

將剩餘的步驟**9**都加入步驟**8**中，由底往上翻拌，注意不要破壞氣泡。最後加入剩餘的步驟**5**，依同樣的方式拌勻。

11

倒入另一個調理盆中，使鮮奶油上下顛倒，依同樣的方式攪拌均勻，草莓慕斯就完成了。降低鮮奶油的比例，以襯托出草莓風味的慕斯。

12

將步驟**11**放入裝有直徑10㎜圓形花嘴的擠花袋中，擠入直徑4㎝、高2㎝的圓柱形樹脂模型中，約八分滿。將擠花袋拿垂直狀擠，避免產生空隙。

13

將3顆至4顆冷凍的野草莓放進步驟12中。

再次擠少量的步驟11後，以小抹刀將表面抹平，放急速冷凍冰硬。冰硬後脫膜，放冷凍庫保存。

檸檬鳩康地杏仁海綿蛋糕＞

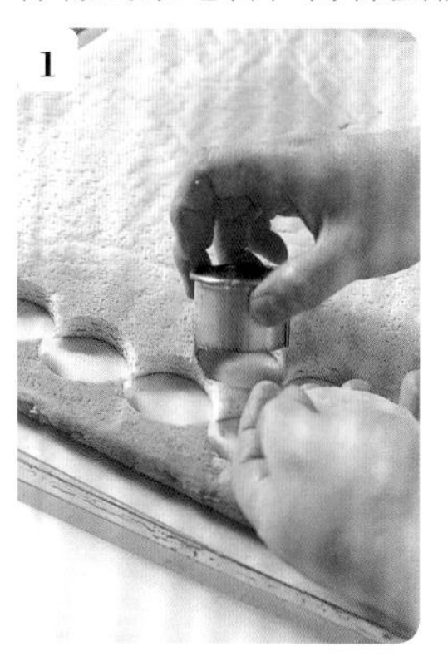

將檸檬鳩康地杏仁海綿蛋糕的上色面朝下，放在鋪有矽膠烘焙墊的烤盤上，將蛋糕上的烘焙紙取下。以直徑4.5㎝的圓形模型壓180片蛋糕片。將上色面朝下，蛋糕比較柔軟，會比較好壓模。

將壓模好的蛋糕片上色面朝上，排在鋪有矽膠烘焙墊的烤盤上。將檸檬風味糖漿以刷子直立式大量滴落在蛋糕上。放入冰箱冷藏備用。

檸檬風味希布斯特奶醬＞

將檸檬汁、檸檬皮屑、切成2㎝方塊的常溫奶油放入銅鍋中，開中火煮至沸騰。同時將鮮奶油倒入銅盆中，開小火煮至沸騰。

將蛋黃倒入調理盆中，加砂糖打發（P.17）。接著加入玉米粉，拌勻後加入步驟1中的⅓煮沸鮮奶油。

將步驟2倒回步驟1的鮮奶油盆中，轉較強的中火，邊拌勻邊加熱。順便說明，加玉米粉是因為玉米粉比低筋麵粉易熟，可以縮短加熱時間，且可防止檸檬汁的酸味消失。

待步驟3變得稍微黏稠後，加入步驟1中煮沸的檸檬汁拌勻。鮮奶油和檸檬汁直接加在一起會導致分離，因此須透過中介材料混合。約熬煮2分鐘。

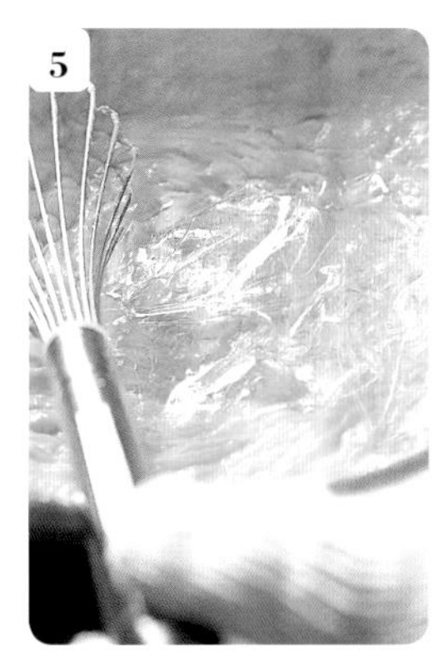

將步驟4離火，加入泡開後擦乾水氣的吉利丁片拌勻，再加入檸檬油。

將步驟5移到另一個調理盆中，加入⅓量的義大利蛋白霜。以畫圓的方式充分拌勻。

將剩餘的義大利蛋白霜分兩次加入步驟6中，一邊加，一邊由底往上翻拌，小心不要破壞氣泡。再倒入另一個調理盆中，使蛋白霜上下顛倒，依同樣的方式攪拌均勻。

將烘焙墊鋪在鋁盤上，排好直徑5㎝、高4.5㎝的圓形圈。將步驟7放入裝有直徑10㎜圓形花嘴的擠花袋中，擠約圓形圈的一半高，輕輕擠入避免破壞氣泡。

組合&最後裝飾>

在步驟8的中央放一塊冷凍的草莓慕斯，放的時候要一邊壓住圓形圈一邊放，小心不要讓蛋白霜溢出。為了表現出「驚喜」，要確實埋在中央，不要露出外面。

再擠一些步驟7，以小抹刀將表面抹平。從中央往前後抹比較有效率。

將檸檬鳩康地杏仁海綿蛋糕有刷糖漿的那面朝下，放在步驟10上。因為蛋糕片比圓形圈小5mm比較好脫模。放急速冷凍冰硬。

1

待檸檬風味希布斯特奶醬冰硬後，倒扣在鋁盤上，取下烘焙墊。放冷凍保存，取需要的量來裝飾。以瓦斯槍加溫模型後脫模，表面以刷子刷上大量的蘋果果膠。

將步驟1放在紙盤等器具上，在每個蛋糕周圍各黏八個小蛋白霜餅（右述）。這些小蛋白霜餅，可以為冷清的圓柱形蛋糕增添一些溫暖的風情。最後再放上開心果片作裝飾。

小蛋白霜餅>

將蛋白、砂糖、香草精放入冰涼的攪拌機專用攪拌盆內，輕輕攪拌。

以高速將步驟1打發。打到一定程度時，一邊分次加入少量糖粉，一邊以低速拌勻。加入糖粉是為了打出細密而口感酥脆的蛋白霜。

中途要將沾附在盆邊的蛋白霜刮下來，讓整體平均。這樣就完成了。尖角會往下垂落就是最剛好的狀態。

將矽膠烘焙墊鋪在烤盤上。將步驟3放入裝有直徑8mm圓形花嘴的擠花袋中，擠出直徑約2cm的圓形，留下收尾的擠花痕跡，作出造型。放入烤箱中，以90℃烘烤一個晚上。

烘烤完成。重點在於要烤到稍微有點呈現焦糖色。能為蛋糕增添滋味和風情。

粉彩色調的組合，非常可愛。每個部分都有使用蛋白霜，是一道很輕巧的甜點。

瑞秋

Rachel

瑞秋

Rachel

我是雷利・史考特導演執導的科幻電影《銀翼殺手》的影迷。這道甜點便是以這部電影為形象製作而成的愛心形大巧克力蛋糕。

「瑞秋」是這部電影中登場的人造人的名字。第一次看到的瑞秋時，不禁由衷地讚嘆：「多美麗的人兒啊……」愛心的左半邊是以穿著黑色老式西裝、擦著豔紅口紅的瑞秋為形象進行裝飾。

右半邊則是以人造人羅伊，那有如詩句般美麗的獨白為形象所作的裝飾。將銀珠糖撒在巧克力細緞帶上，捲成螺旋狀，表現出「發生在遙遠宇宙一隅的奇幻物語」。

在光澤閃耀的黑巧克力鏡面淋醬之下，是香氣芬芳的牛奶巧克力香緹鮮奶油＆巧克力杏仁蛋糕的組合。巧克力杏仁蛋糕上刷滿香草風味的糖漿，更加強調整體溫柔純潔的形象。

而為整體彷彿要溶化般的柔滑口感增添特色的是，帶有杏仁香氣的焦糖脆餅和焦糖杏仁糖。兩者皆以巧克力披覆，以防止濕氣滲入。脆餅是碎粒狀，焦糖杏仁糖則是塊狀，擁有兩種截然不同的口感，相當有趣，也為整體蛋糕帶來輕快的節奏感，直至吃到最後一口都不會膩。

約20×18cm的心形慕斯圈16個份

巧克力杏仁蛋糕（P.142）
- biscuit d'amandes au chocolat　烤盤4盤份
- ∧依照P.144步驟**1**至**16**的作法製作。

香草風味糖漿（蛋糕體用）　sirop d'imbibage
- 30°波美糖漿（P.5）　sirop à 30° B　170g
- 水　eau　170g
- 香草莢　gousse de vanille　¼枝
- 香草精　extrait de vanille　適量
- ∧將30°波美糖漿、水、香草莢（依P.15的方式切開）放入銅鍋中煮沸，以篩網過濾後放涼，加入香草精拌勻。

牛奶巧克力香緹鮮奶油
- créme chantilly chocolat au lait（P.142）　全份量
- ∧依照P.145步驟**1**至**10**的作法製作。不加巧克力脆餅和糖漬橘皮。

黑巧克力香緹鮮奶油（P.128）
- glaçage au chocolat noir　適量

牛奶巧克力裝飾片（P.157的**b**）
- décor de chocolat au lait　適量
- ∧將巧克力以波浪抹刀一邊用力壓，一邊刮好後，撒上適量的銀珠糖。

杏仁膏玫瑰　rose de pâte d'amandes　1朵／1份
- ∧先將糖藝用的杏仁膏作成小水滴形，當作玫瑰的芯。再將杏仁膏作成花瓣的形狀，四片一組貼在芯的周圍，作出玫瑰的形狀。將溶入水中的黃色食用色素裝入巧克力噴霧槍中，噴在玫瑰上；再將溶入水中的紅色食用色素也同樣噴在玫瑰上，將玫瑰上色後，適量地裝飾上金箔。將牛奶巧克力裝飾片（P.157的c）上方塗一些融化的黑巧克力，當作黏著劑黏在右頁步驟**6**的蛋糕上。

開心果（切片）　pistaches　適量

糖粉　sucre glace　適量

巧克力脆餅
- craquelin au chocolat　基本份量
- 杏仁角（1⁄16）　amandes hachées　300g
- 水　eau　100g
- 砂糖　sucre semoule　300g
- 香草莢　gousse de vanille　½枝
- 黑巧克力（可可含量55%）
- couverture noire 55% de cacao　適量

巧克力焦糖杏仁糖
- nougatine au chocolat　基本份量
- 杏仁角（1⁄16）　amandes hachées　300g
- 水麥芽　glucose　75g
- 砂糖　sucre semoule　750g
- 檸檬汁　jus de citron　適量
- 香草精　extrait de vanille　適量
- 黑巧克力（可可含量55%）
- couverture noire 55% de cacao　適量

巧克力杏仁蛋糕>

將巧克力杏仁蛋糕壓模成長約20cm（底部用）和約10cm（中心用）的愛心形各16片。將底部用的蛋糕片刷滿香草風味糖漿。

組合&最後裝飾>

將心形慕斯圈排列在鋪有烘焙紙的鋁盤上。將底部用的蛋糕片刷有糖漿那面朝上，鋪進慕斯圈中，再以直徑14㎜的圓形花嘴將牛奶巧克力香緹鮮奶油，如圖所示擠入模型中。

以小抹刀將鮮奶油抹到模形邊緣。中央撒上三層滿滿的巧克力脆餅（下述）。

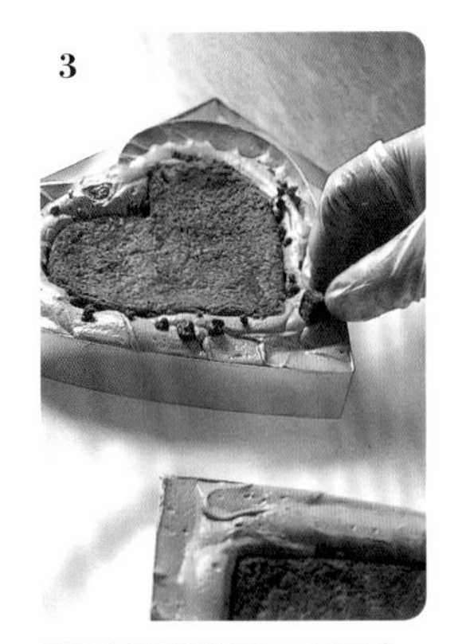

將中心用的蛋糕片放在步驟**2**上，緊密黏著鮮奶油，周圍撒約7顆巧克力焦糖杏仁糖（P.156）。為了避免切蛋糕時不好切，盡量不要放在愛心的中心線上。

再將牛奶巧克力香緹鮮奶油擠在步驟**3**上，表面以抹刀抹平。放冷凍保存，取需要的量來作裝飾。

以瓦斯槍將步驟**4**的模型周圍加熱，脫模後放在網架上。將黑巧克力鏡面淋醬倒入麵糊分配器中，淋在蛋糕上。先從周圍開始淋會比較均勻。

以抹刀將表面抹平。看起來光澤閃耀的模樣。以巧克力脆餅、牛奶巧克力裝飾片、杏仁膏玫瑰、開心果等作裝飾，再撒一些糖粉即完成。

巧克力脆餅>

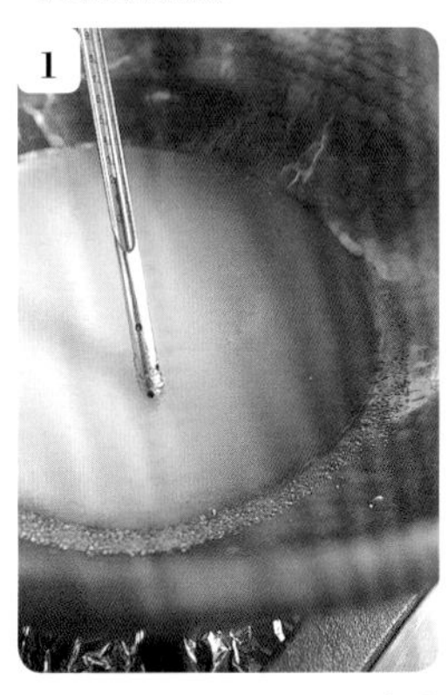

將杏仁角放入烤箱中，以160℃烘烤到稍微上色，再放在80℃的烤箱中保溫。將水和砂糖倒入銅盆中充分拌勻，插入溫度計，開中火。

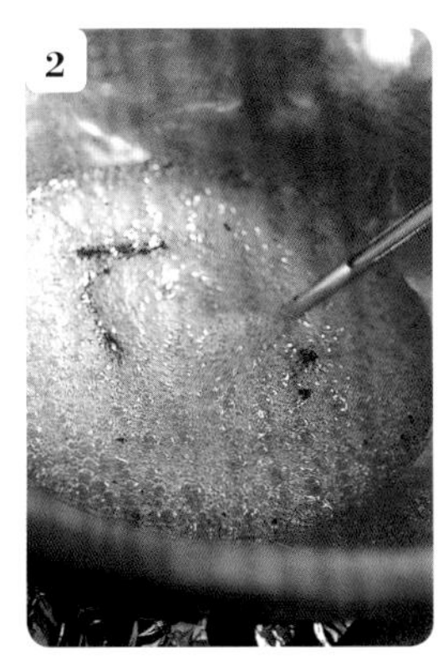

加熱時隨時攪拌。飛沫就用沾水的刷子刷掉。沸騰後撈掉浮沫，加入切開的香草莢（P.15），煮至112℃。香草可以讓香氣更多層次。

步驟**2**煮至112℃後離火，加入保溫的杏仁角，以木匙充分拌勻。砂糖會再結晶化，變成偏白的顏色。

將步驟**3**以大孔徑的篩網過篩。

將步驟**4**（過篩前後兩種狀態都使用。可以增加口感變化）。再次放入銅盆中，以小火炒成焦糖色。炒成美味的金黃色後，就可以關火了。

再次將步驟**5**以大孔徑的篩網過篩到烘焙紙上。殘留的部分也一起放涼。炒成漂亮焦脆的金黃色，香氣會更上一層樓。

將切碎的黑巧克力隔水加熱至50至55℃，依P.164「組合＆最後裝飾」步驟**2**至**3**的作法來調溫（不過步驟**3**調成29至31℃）。倒入調理盆中，加入步驟**6**，一邊旋轉調理盆，一邊以木匙攪拌均勻。

裹一層巧克力可以保持酥脆的口感，也不會流失杏仁的香氣和滋味。放在烘焙紙上完全凝固後，和乾燥劑一起裝入塑膠袋中，放冷凍保存。

巧克力焦糖杏仁糖>

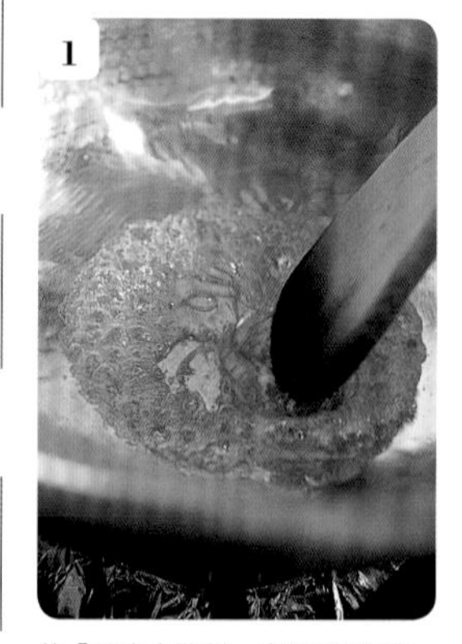

依「巧克力脆餅」步驟**1**的作法，將杏仁片烘烤後保溫備用。將水麥芽放入銅盆中，以小火加熱並隨時攪拌，煮至沸騰。加了水麥芽，成品就不會變得太硬。

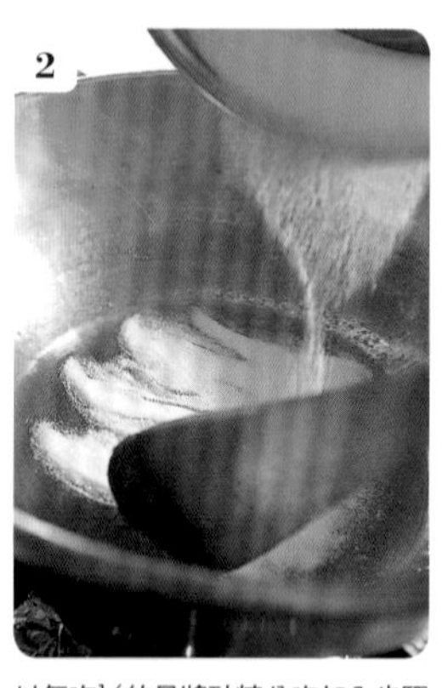

以每次⅙的量將砂糖分次加入步驟**1**中，依P.73步驟**1**至**3**的作法完全煮溶。因為要讓砂糖再結晶化，所以不要攪拌過頭。

帶砂糖全部加完，完全溶化後，加入檸檬汁和香草精。檸檬汁有防止過硬的作用。如果太硬，印象會太強烈，破壞甜點整體的平衡感。

因為不想將焦糖煮得太苦，所以煮至紅褐色時就關火。將步驟1的杏仁片加入拌勻。

在大理石桌上鋪一層烘焙紙，將步驟**4**攤開。使用大理石降溫比較快，還可以避免焦糖煮好的顏色變深。

杏仁糖會從底部開始變硬。以三角鏟從周圍往中央邊摺邊敲，摺三摺後會比較快冷卻。小心作業，注意不要燙傷。

待杏仁糖呈現恰好的硬度時，將它整合成一大塊長方形，在以擀麵棍擀成約1㎝厚。

依明信片大小→棒狀的順序切，最後切成約1㎝的小丁。切成方塊狀，是因為如果隨意切碎，吃的時候可能會劃傷嘴巴。切成方塊狀，就可以安心地吃，口感也比較有趣。

將步驟**8**以大孔徑的篩網過篩、冷卻。依照巧克力脆餅步驟**7**至**8**的作法披覆一層巧克力，放在烘焙紙上待其完全凝固後，同樣放冷凍保存。

各種裝飾巧克力

Décors de chocolat

將隔水加熱融化的巧克力，依P.164「組合&最後裝飾」步驟2至3的作法調溫後，作成各種形狀。仔細調溫好的巧克力光澤閃耀，流動性良好，可以作成各種形狀。

a（P.124「覆盆子巧克力蛋糕」中使用）

1 在大理石桌上放塑膠片，擠一條調溫（最終溫度約30℃）好的牛奶巧克力，以小抹刀抹開。

2 以波浪抹刀輕輕畫出花紋，不要劃到底。

3 將步驟2連同塑膠片整片拿起來，邊緣以手指抹乾淨。

4 將步驟3捲起來，放在鋁盤上固定。這種塑膠片是兩端有黏膠帶的訂製品，很好固定。待巧克力變硬後，取下塑膠片，放冰箱冷藏保存。

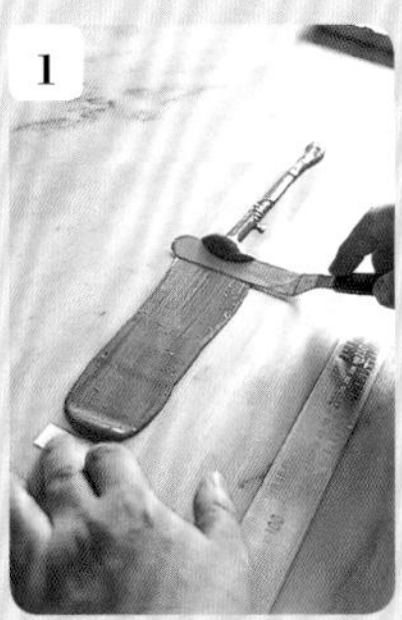

b（P.153「瑞秋」中使用）

1 依照a的作法製作。不過波浪刮刀要邊用力壓邊刮。

c（P.142「王子」、P.166「栗子夏洛特蛋糕」中使用）

1 將矽膠烘焙墊的背面朝上，鋪在大理石桌上固定（表面朝上，巧克力凝固時就會自動剝落，容易破壞形狀）。將調溫（最終溫度約30℃）好的牛奶巧克力以小抹刀抹好幾片在烘焙紙上，一邊壓著烘焙紙，一邊將抹刀往右抹開。

2 待巧克力凝固後，從烘焙紙上取下。看起來薄而細緻透明。再將巧克力片放冷藏保存。

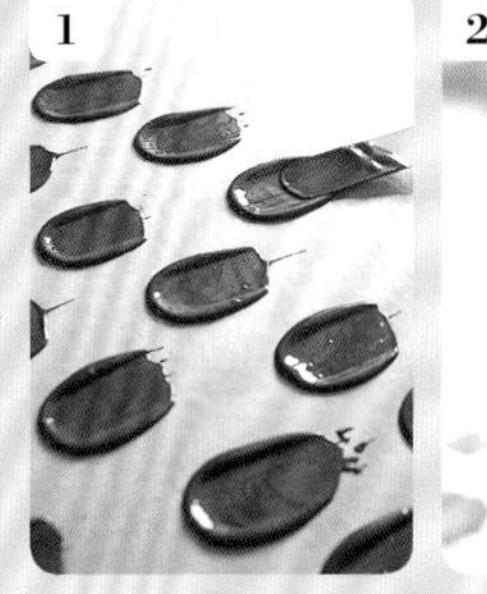

d（P.174「核桃夏洛特蛋糕」中使用）

1 將有圖樣的轉印紙放在大理石上。放上調溫（溫度參考e）好的白巧克力，以抹刀抹開成薄薄一片。

2 待半凝固後，以刮刀將周圍多餘的巧克力切除。將巧克力連同轉印紙一起翻面，放在鋪有矽膠烘焙墊的鋁盤上，上方再放一張鋁盤。待凝固後，撕下轉印紙，放冷藏保存。依需要裁切使用。

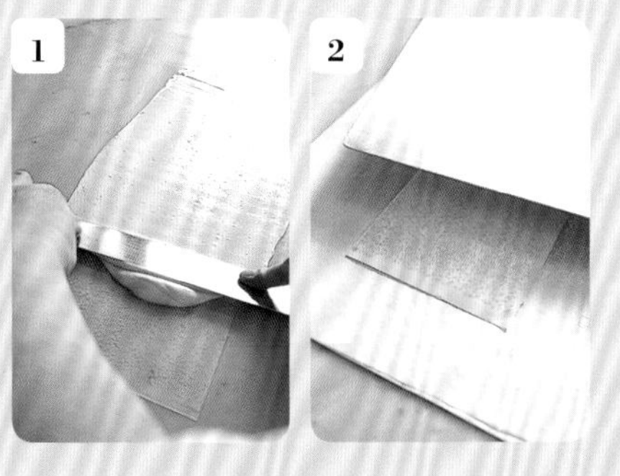

e（P.276「草莓魚派」中使用）

1 將白巧克力調溫後（不過是先以隔水加熱至40℃至45℃，再取⅓的量降溫到26℃至27℃，最後再加熱至29℃）。依c的作法一邊按著烘焙紙，一邊刮。留一端較厚的巧克力，以波浪刮刀輕輕刮出線條。待凝固後，壓模成「胸鰭」的形狀。放冷藏保存。

f（P.276「草莓魚派」中使用）

1 依c步驟1的作法固定好矽膠烘焙墊。將調溫（溫度參考e）好的白巧克力以紙製擠花袋擠成圓形。接著在白巧克力上以紙製擠花袋再擠一個小小的調溫黑巧克力（先隔水加熱至50℃至55℃，再取1/3的量降溫到27℃至28℃，最後再加熱至29℃至31℃）。

2 依同樣的作法在步驟1上再擠一顆小小的白巧克力。這樣「眼睛」就完成了。凝固後放冷藏保存。

葡萄柚果凍

Gelée aux pamplemousses

水果果凍是蛋糕店夏季的必備甜點，但，我認為「沒有比水果更棒的甜點」，所以若作不到比真正的水果還水嫩，就沒有製作的意義。使用吉利丁作的果凍有獨特的彈性，和「水嫩」的口感稍微不合。不過，試著使用寒天製劑後，發現硬度較低，若放久一點還會稍微出水。成品口感很棒，具有彷彿一起吃下水果果肉和果汁般的多汁感。於是，這道甜點便誕生了。

這道甜點是以三種要素組合而成。一是用寒天製劑製作的葡萄柚果凍。製作重點在於將寒天製劑和葡萄柚果汁混合後，加熱至80℃。若繼續加熱，葡萄柚的香氣就會散失。

另一項要素則是葡萄柚果肉凝凍。這裡使用吉利丁，作出稍硬而Q彈的凝凍，為口感增添變化。

最後一項要素是糖漬葡萄柚皮。柑橘類水果的特色是果皮會散發香氣。添加糖漬果皮更能襯托出葡萄柚的香氣，除了甜味和酸味，也能夠品嚐到些微的苦味，是能夠立體表現出葡萄柚魅力的一道甜點。

順帶一提，這個糖漬葡萄柚皮彷彿水果軟糖般的Q彈口感，頗受好評，是單獨商品化也沒問題的自信之作。

直徑6㎝的容器15個份

葡萄柚果凍　gelée aux pamplemousses
- 砂糖　sucre semoule　150g
- 寒天製劑　agar-agar　25g
  - ∧使用伊那食品工業的「イナアガーL」（inaaga L）。
- 葡萄柚果汁（100%濃縮果汁還原）jus de pamplemousse　1kg
- 礦泉水　eau minérale　250g

糖漬葡萄柚皮　écorce de pamplemousse confite　基本份量
- 紅寶石葡萄柚　pamplemousses roses　15顆
- 砂糖　sucre semoule　適量
- 粗砂糖　sucre cristallisé　適量
  - ∧使用日新製糖的「F3」。

葡萄柚果肉凝凍　gelée de pamplemousse
- 紅寶石葡萄柚果肉 pamplemousses roses　適量
  - ∧使用左欄製作糖漬葡萄柚皮剩餘的果肉約1/4份量。
- 礦泉水　eau minérale　200g
- 砂糖　sucre semoule　40g
- 檸檬汁　jus de citron　適量
- 檸檬皮　zeste de citron　1顆份
  - ∧以削皮器削成約1㎝寬。
- 吉利丁片　feuilles de gélatine　10g

蜂蜜　miel　適量

紅醋栗（冷凍）groseilles　約6顆／1份

薄荷葉　menthe　適量

PATISSERIE FRANÇAISE
À POINT
PATISSERIE FRANÇAISE
À POINT
POINT
PATISSERIE FRANÇAISE
À POINT
À POINT
PATISSERIE FRANÇAISE
PATISSERIE FRANÇAISE
À POINT
PATISSERIE FRANÇAISE
PATISSERIE FRANÇ

葡萄柚果凍>

將砂糖倒入盆中，加入寒天製劑，以打蛋器充分拌勻。

將葡萄柚果汁和礦泉水倒入銅鍋中，加熱至80℃，再加入步驟**1**中充分拌勻。如果加熱超過80℃，香氣容易流失，須注意。

將表面的浮沫以網勺撈除。

續以濾茶網過濾，倒入深盤中。由於在常溫下就會立刻凝固，所以須再次以網勺迅速且小心地將泡沫撈除。

深盤浸泡冰水冷卻。待約10分鐘就會凝固。以保鮮膜緊貼包覆，放冰箱冷藏一晚。

糖漬葡萄柚皮>

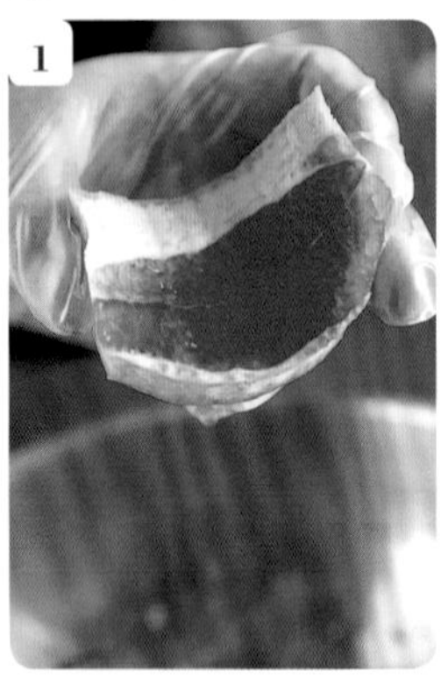

將紅寶石葡萄柚的上下部分切除，果皮以菜刀切成約1㎝寬的條狀。切果皮時要稍微帶一點果肉，這樣會更好吃。

將步驟**1**直切成約1㎝寬的長條狀，以水清洗淨。放入銅鍋中，加入大量的水（份量外），並開大火。

煮至沸騰後，續煮2至3分鐘。

將步驟**3**以濾網撈起，擦乾水分。

再以同樣的作法煮4次，煮好後擦乾水分。為了讓之後加入的砂糖容易滲透，須將果皮煮軟，並去除苦味、浮沫。附在果皮上的油分也要去除。

將完全擦乾水分的果皮秤重，放入鍋中，加入同樣重量的砂糖，以粗孔漏勺充分拌勻。

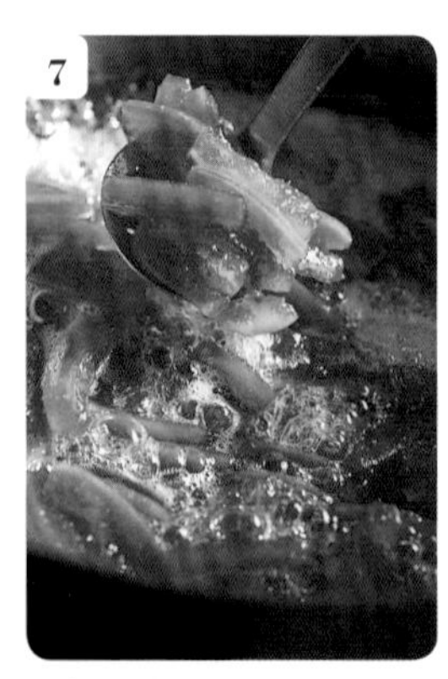

將步驟**6**倒入銅鍋中，以極小火加熱，並不時由底部往上翻拌，一直煮至水分收乾為止。為避免砂糖反砂，攪拌時動作要輕柔。

8 待汁水幾乎收乾，呈現美麗的透明狀時，即表示煮好了。

9 以濾網撈起。

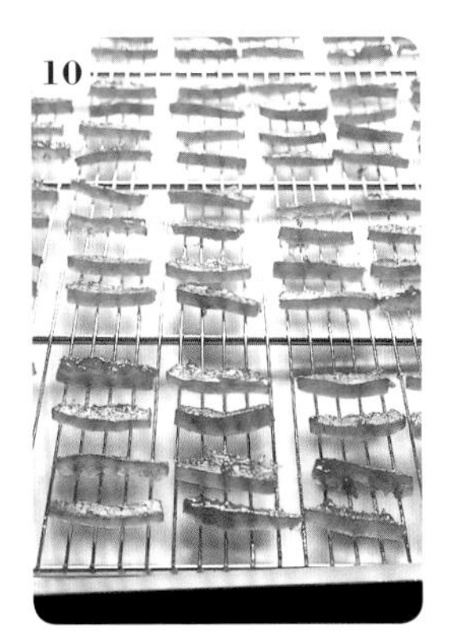

10 將步驟**9**排列在網架上，直到表面呈現些微乾燥的程度（若完全乾燥，之後粗砂糖會難以附著），靜置備用。

11 一條一條仔細地撒上粗砂糖。

葡萄柚果肉凝凍>

1 葡萄柚果肉使用製作糖漬果皮剩餘的果肉。以水果刀將果肉取出，切整齊後，擦乾水分。排列在深烤盤內，噴一層食用酒精。

2 將礦泉水、檸檬汁、檸檬皮放入銅鍋中煮沸。檸檬皮能增添清爽的滋味。

3 將步驟**2**離火，加入泡軟後擦乾水分的吉利丁片，充分攪拌至溶化。

4 將步驟**3**以濾茶網過濾至調理盆中，倒入步驟**1**的深烤盤內。深烤盤浸泡冰水待果凍冷卻後，蓋上保鮮膜放入冰箱冷藏凝固。

組合&最後裝飾>

1 將葡萄柚果肉凝凍切成3㎝的方塊。放入調理盆中，淋上適量蜂蜜。

2 以湯匙將葡萄柚果凍舀入至容器¼高處。靜置一晚讓果凍適度出水，變成水嫩的口感。如同在舀「豆腐腦」一般，隨興地舀入容器中。

3 放入三顆冷凍狀態的紅醋栗到步驟**2**上，再放入切成3塊至4塊的步驟**1**。依同樣的方式再次放入葡萄柚果凍後，再放三顆紅醋栗作裝飾。

4 最後放入糖漬葡萄柚皮，並裝飾薄荷葉。可以一次享受到葡萄柚的酸味、甜味和些微的苦味。寒天製劑和吉利丁兩種不同的果凍口感，嚐起來也很有趣。

帕林內果仁糖蛋糕

Praliné

這是一道以榛果果仁糖風味的奶油霜，搭配兩種杏仁風味的蛋糕體，薄薄地重疊十層，表面再撒滿焦糖化杏仁片的甜點。

我想要作出能留下綿長餘韻，令人印象深刻的滋味，所以使用了帶有濃醇香氣的發酵奶油。而最能發揮發酵奶油特色的，莫過於奶油霜了。在這道甜點中，榛果帕林內醬的濃郁風味和發酵奶油的滋味、香氣，絕妙地融合在一起。奶油霜的基底是將蛋黃倒入熱糖漿所作成的炸彈麵糊。雖然奶油霜香醇濃郁，但吃起來絕不會感到厚重。成就絕妙口感的關鍵就在於蛋糕搭配的方式。

兩種杏仁蛋糕的其中一種，是將杏仁粉和糖粉加入蛋白霜中，乾燥再烘烤而成的法式蛋白霜（meringue）脆皮蛋糕體。披覆一層牛奶巧克力，形成整合風味的保護膜，同時還可以防潮，酥脆的口感相當有特色。這片蛋糕和黏稠的奶油霜形成鮮明對比，為口感帶來美妙的變化。不過，法式蛋白霜脆皮蛋糕的問題是咬碎後，會徒留奶油霜在口中。因此，就輪到另一種杏仁蛋糕——鳩康地杏仁海綿蛋糕出場了。杏仁的香氣芬芳宜人，蛋糕體口感濕潤，不需要再刷糖漿，和奶油霜一起咀嚼就很美味。享用時的重點就是讓甜點的滋味能夠融為一體。以這道甜點而言，鳩康地杏仁海綿蛋糕可謂不可或缺。

「絕妙的口感」和「入口的融合感」都是能夠品嚐奶油霜濃郁美味的祕訣。

5×5cm，77個份

法式蛋白霜脆皮蛋糕 pâte à succès
- 基本份量（60×40cm的烤盤2盤份）
  - 蛋白 blancs d'œuf 500g
  - 鹽 sel 適量
  - 砂糖 sucre semoule 200g
  - 杏仁粉 amandes en poudre 280g
  - 糖粉 sucre glace 200g
  - ∧所有的材料、器具和室溫均預先降溫。因為法式蛋白霜脆皮蛋糕很容易扁塌，所以須將上述份量分成兩半來製作，一次一盤慢慢烤。

噴霧用巧克力 chocolat pour pistolet
- 牛奶巧克力（可可含量41%）couverture au lait 41% de cacao 1.5kg
- 沙拉油 huile végétale 150g
- 核桃油 huile de noix 150g

鳩康地杏仁海綿蛋糕（P.37） biscuit Joconde 烤盤3盤份

果仁糖風味奶油霜 crème au beurre praliné
- 發酵奶油（切成1.5cm厚片） beurre 1kg
  - ∧置於室溫中直至以手指按壓時會感到些許阻力的軟度。
- 炸彈麵糊 pâte à bombe
  - 水 eau 125g
  - 砂糖 sucre semoule 500g
  - 蛋黃 jaunes d'œuf 12個份
- 香草精 extrait de vanille 適量
- 榛果果仁糖醬 praliné de noisette 700g
  - ∧依P.282「花生風味奶油霜」的作法製作。但改以榛果果仁糖醬代替花生醬攪拌。

糖粉 sucre glace 適量

杏仁焦糖片 amandes caramélisées
- 30°波美糖漿（P.5） sirop à 30° B 350g
  - ∧註：波美（Baume）是測量溶液濃度的單位。
- 柑曼怡香橙干邑甜酒 Grand Marnier 50g
- 香草糖（P.15） sucre vanillé 4g
- 香草精 extrait de vanille 10g
- 杏仁片 amandes effilées 700g
- ∧少量製作會較美味，所以將上述份量分兩次製作。

法式蛋白霜脆皮蛋糕>

將蛋白倒入冰涼的桌上型攪拌機的攪拌盆中，加入鹽和1/3量的砂糖，以高速打發。鹽可以減少蛋白的韌性，作出入口即化的柔軟蛋白霜。

中途將剩餘的砂糖分兩次加入，一邊加入一邊打發。

將混合過篩兩次的杏仁粉和糖粉加入步驟**2**中，使用粗孔漏勺以一定的節奏由底部往上翻拌。

中途將沾附在盆子側面或底部的粉類以刮板刮下，均勻攪拌。圖中為沒有消泡、攪拌均勻的狀態。這樣口感才會酥脆。

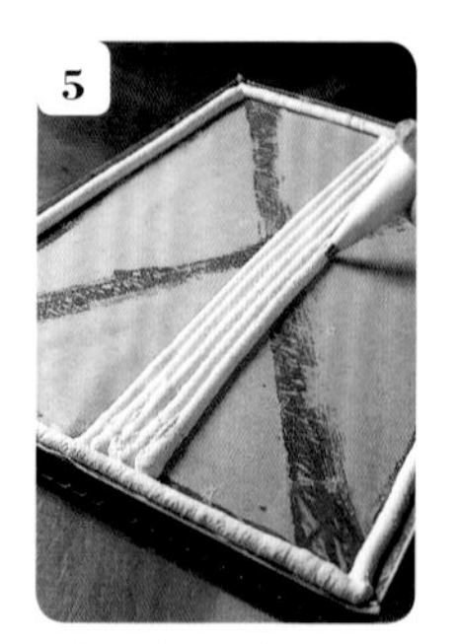

在鋪有矽膠烘焙墊的烤盤上，將步驟**4**以直徑8mm的花嘴擠成線狀。先在周圍擠一圈，再從中央往前、往後擠，會比較好操作。使用擠花袋可以擠得比較平均。

使用抹刀以45度角將步驟**5**抹平。來回抹兩次為佳。若抹太多次可能導致消泡，需注意。以手指插入烤盤邊緣，將邊緣的麵糊抹乾淨。

將步驟**6**放入110℃的旋風烤箱中，烤約4小時。為強調出不同於奶油霜的口感差異，務必充分烘烤。出爐後將蛋糕連同烘焙紙一起移至網架上。

蛋糕不需倒扣，上面再放一張網架。依照同樣的作法再烤一盤蛋糕。分別與乾燥劑一起放入塑膠袋中，靜置一晚。

組合&最後裝飾>

將切碎的牛奶巧克力和兩種油放入盆中，隔水加熱到45℃至48℃，融化巧克力。取1/4量放入巧克力噴霧器中，在兩片法式蛋白霜蛋糕的上色面噴一層，再放入冰箱冷藏。

取步驟**1**剩餘巧克力的1/3量，倒在大理石桌上調溫。以抹刀和三角鏟將巧克力攤平、收合，使溫度降到27℃至28℃。

將步驟**2**倒回裝有剩餘2/3量巧克力的調理盆中拌勻，加溫至到29℃至30℃。放入保溫器中備用。巧克力因為加了油，所以最後的溫度會設定得比平常稍低。

將底部用的鳩康地杏仁海綿蛋糕放在木板上，以湯勺舀兩匙步驟**3**在上色面上，以抹刀抹平整個蛋糕表面。

貼一張矽膠烘焙墊在步驟**4**上，該面朝下放入鋁盤中，放入冰箱冷藏凝固。

取出步驟**5**，撕下表面的烘焙紙（烘烤用）。將果仁糖風味奶油霜填入裝有3cm寬平口花嘴的擠花袋中，擠出2mm厚度的長條，共490g。

以抹刀抹平。使用擠花袋擠奶油霜，可以減少抹平的次數，也可以防止奶油霜滲入蛋糕中。奶油霜和蛋糕的分層一定要清楚分明。

8

取一片步驟1的法式蛋白霜脆皮蛋糕，將噴有巧克力的一面朝下，疊在步驟7上，以鋁盤壓緊。撕下烘焙紙（烘烤用），依步驟6至7的作法擠好果仁糖風味奶油霜後抹平。

9

將鳩康地杏仁海綿蛋糕上色面朝下疊在步驟8上，撕下烘焙紙（烘烤用），再依步驟6的作法，以奶油霜→法式蛋白霜脆皮蛋糕→奶油霜→鳩康地杏仁海綿蛋糕的順序重疊，最後以鋁盤壓緊。

好好地用力壓緊。

10

翻面後，撕下烘焙紙，蓋上矽膠烘焙墊和木板，再翻面放回鋁盤上。撕下烘焙紙（烘烤用），將奶油霜依步驟6至7的作法擠上果仁糖醬並抹平。再放入冰箱急速冷凍凝固。

11

將步驟10的兩端切除，切成55×35cm。以長尺作記號，切成縱邊7份、橫邊11份的5cm方形。

保持手腕穩定不晃動，刀子要確實拿好。

12

將焦糖杏仁片（下述）撒約8g在蛋糕表面，再撒上糖粉後即完成。焦糖杏仁片要以猶如「森林的枯葉」般令人忍不住想捏起來的姿態，直立地撒在蛋糕上。

焦糖杏仁片>

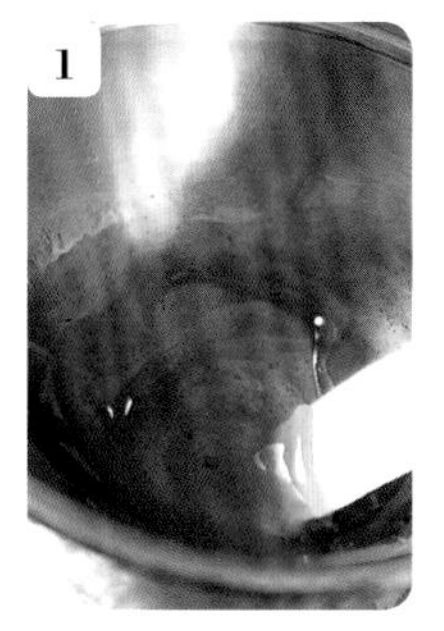

1

將30°波美糖漿放入盆中，並加入柑曼怡香橙干邑甜酒、香草糖、香草精拌勻。

2

將步驟1倒入另一個放有杏仁片的調理盆中，以手充分拌勻。為避免杏仁片碎裂，故以手攪拌。

3

將步驟2平鋪在鋪有烘焙布上烤盤中，以180℃烘烤約20分鐘。因為是從外側加熱，所以必須不時地將杏仁片從烤箱中取出，以手翻拌、移動杏仁片的位置，使之烤得更均勻。

稍微燙手，但是要忍耐、忍耐！

4

烤得香氣四溢。將杏仁片移至鋪有烘焙紙的網架上待涼。依同樣的作法再烤一次。杏仁片和柑橘類（柑曼怡香橙干邑甜酒）是非常對味的組合。最後和乾燥劑一起放入容器中保存。

栗子夏洛特蛋糕

Charlotte aux marrons

有一天，我在吃鳩康地杏仁海綿蛋糕時，突然覺得「味道好像『芋頭』喔！」。柔軟又蓬鬆溫熱的口感，能夠品嚐到澱粉的美味呢！因此，我就試著以鳩康地杏仁海綿蛋糕來搭配栗子巴巴露亞。這就是這道甜點誕生的契機。

為了表現出鳩康地杏仁海綿蛋糕的存在感，除了鋪在底部之外，也切成方塊狀拌入巴巴露亞中。將手指餅乾沿著模型側面繞一圈，作成容器的形狀，中間注入巴巴露亞，再加入糖煮帶皮和栗及糖漿蜜漬洋栗，作成一道有如珠寶般華麗的甜點。表面擠滿像蒙布朗般的栗子泥，再以糖煮帶皮和栗，及與栗子很對味的鮮奶油等裝飾得滿滿的。是能夠一次品嚐到多種美味的甜點。

咦，裝飾得這麼不平均，切蛋糕時不會容易吵架嗎？想想看，當家人團聚時，大家不是會熱鬧地討論該怎麼分蛋糕嗎？這一定也會成為美好的回憶……我是這麼的認為，所以才故意作出這樣的裝飾！

直徑18cm的圓形圈11個份

手指餅乾（P.34）
　biscuit à la cuillère　全份量（60×40cm的烤盤1盤份）
　∧依P.34步驟**1**至**16**的作法製作烘烤。但要將鋪有烘焙紙的烤盤改成直放，再以直徑8mm的圓形花嘴擠出橫線。烤好後連同烘焙紙一起放在網架上待涼。

香草風味糖漿（蛋糕體用）　sirop d'imbibage
　30°波美糖漿（P.5）　sirop à 30° B　170g
　水　eau　170g
　香草莢　gousse de vanille　¼枝
　香草精　extrait de vanille　適量
　∧將30°波美糖漿、水、香草莢（依P.15的作法剖開）放入銅鍋中煮沸，以篩網過濾後放涼，再加入香草精拌勻。

鳩康地杏仁海綿蛋糕（P.37）　biscuit Joconde　全份量
　（60×40cm的長方圈3盤份。使用其中2½盤份）
　∧依P.37的作法製作。但改為在套有長方圈的烤盤上，每盤倒入1kg的麵糊，烘烤約15分鐘。將小刀插入邊緣，取下長方圈，將蛋糕連同烘焙紙一起放在網架上待涼。

砂糖　sucre semoule　適量

栗子巴巴露亞　bavarois aux marrons
　英式蛋奶醬　sauce anglaise
　　牛奶　lait　1kg
　　香草莢　gousse de vanille　½枝
　　蛋黃　jaunes d'œuf　160g
　　砂糖　sucre semoule　100g
　　栗子奶油醬　crème de marron　1kg
　吉利丁片　feuilles de gélatine　26g
　香草精　extrait de vanille　適量
　鮮奶油（乳脂肪35%）　crème fleurette　1.2kg

糖煮帶皮和栗（切對半）　compote de marron japonais
　6塊／1份

糖漿蜜漬碎栗（罐頭）
　marrons au sirop petit cassé　適量

糖粉　sucre glace　適量

栗子泥　pâte de marron japonais　適量
　∧將蒸好的和栗加入占栗子重量40%的砂糖，打成泥。

香緹鮮奶油（P.89）　crème chantilly
　約200g／1份

糖煮帶皮和栗（裝飾用）　compote de marron japonais
　5顆／1份

蘋果果膠（P.178）　gelée de pomme　適量

金箔　feuille d'or　適量

牛奶巧克力裝飾片（P.157的**c**）
　décor de chocolat au lait　5片／1份

開心果（切片）　pistaches　5片／1份

手指餅乾>

將手指餅乾橫向切成11條56×3㎝的長條狀。翻面撕下烘焙紙後，以刷子刷上一層香草風味糖漿。

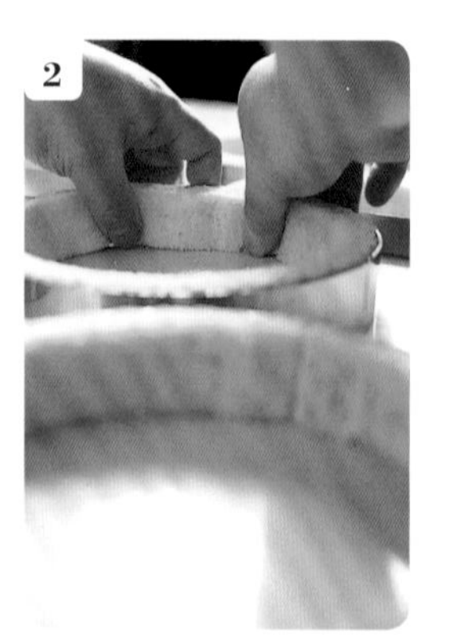

將烘焙墊鋪在鋁盤上，擺好圓形圈。將步驟1依P.114「手指餅乾」步驟4的作法，沿著模型邊緣鋪一圈。

鳩康地杏仁海綿蛋糕>

為了增加嚼勁與存在感，底部蛋糕採用鳩康地杏仁海綿蛋糕。將上色面朝下，撕下烘焙紙，壓模作成11片直徑16㎝的圓形蛋糕片。以刷子在上色面刷上大量的香草風味糖漿，再放入冰箱冷藏備用。

將長方圈½盤份（40×30㎝）的鳩康地杏仁海綿蛋糕兩端切整齊後，以巧克力切割器（使用於切巧克力的器具）切碎，拌入巴巴露亞中。首先要在機器上撒一層砂糖，避免蛋糕沾黏機器。

將蛋糕放在機器上，直切成1.2㎝寬的條狀。

將步驟3放在鋁盤上（低側邊的鋁製平盤），轉90度放回機器上。

再次直切成1.2㎝寬。

成為1.2㎝的小方塊。移至鋪有烘焙紙的鋁盤上，急速冷凍凝固。要急速冷凍是為了防止拌入巴巴露亞時，蛋糕吸收了巴巴露亞的水分，導致存在感消失。

栗子巴巴露亞>

依P.68步驟1至5的作法製作。但不需準備脫脂奶粉和要加入牛奶的砂糖。將蛋黃加入砂糖打發後，倒入⅓量再次加熱至沸騰前的熱牛奶。

將栗子奶油醬倒入另一個調理盆中，加入步驟1，以打蛋器呈畫圓的方式充分拌勻。

將步驟2倒回步驟1剩餘的牛奶中拌勻，開強中火。加熱至82℃後離火。

將步驟3移入另一個消毒過的調理盆中，插入消毒過的溫度計約2分鐘，利用餘溫將奶油醬燜熟。多了這道步驟，可以讓滋味更濃郁。因為奶油醬容易滋生細菌，需注意不可以降溫至75℃以下。

5

將泡軟後擦乾水分的吉利丁片加入步驟**4**中拌至溶化，以濾網過篩後移入另一個調理盆中（會意外地濾出很多栗子的纖維）。

6

將香草精加入步驟**5**中，盆底浸泡冰水攪拌降溫至10℃。通常巴巴露亞會先降溫至20℃，這個溫度會讓之後要加入的杏仁蛋糕很容易吸收巴巴露亞的水分。

7

將步驟**6**的攪拌盆從冰水中取出，加入⅓量以攪拌機打至十分發的鮮奶油，以畫圓的方式充分拌勻，剩餘的鮮奶油分兩次加入，邊加邊由底部往上大略翻拌。

8

將冷凍變硬的方塊狀鳩康地杏仁海綿蛋糕加入步驟**7**中，以橡皮刮刀大略拌勻。

組合＆最後裝飾>

1

將拌有鳩康地杏仁海綿蛋糕方塊的栗子巴巴露亞，倒入側面圍一圈手指餅乾的模型中約九分滿，再以湯匙輕輕抹勻。

2

將切對半的糖煮帶皮和栗避開中央，六個一份放在蛋糕周圍，兩顆栗子間再撒一些糖漿蜜漬碎栗子。將底部用的鳩康地杏仁海綿蛋糕刷有糖漿的那面朝下，蓋在巴巴露亞上，輕輕地往下壓，使蛋糕緊密結合。

3

將步驟**2**急速冷凍凝固。凝固後取出倒扣在鋪有烘焙紙的鋁盤上，將烘焙墊和圓形圈取下。再放入冰箱冷凍保存。

4

取需要的量作裝飾。以濾茶網將糖粉撒在側面的手指餅乾上。

5

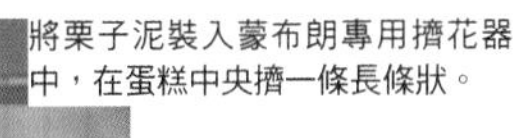

將栗子泥裝入蒙布朗專用擠花器中，在蛋糕中央擠一條長條狀。

＞ ＞ ＞ ＞ ＞

擠得滿滿的。

6

以抹刀整理好栗子泥的形狀，再以濾茶網撒上一層糖粉。

7

將香緹鮮奶油以8㎜寬的波浪形花嘴在蛋糕兩側擠出波浪狀。擺上裹了一層蘋果果膠的糖漬帶皮和栗，綴以少許金箔，並插上牛奶巧克力裝飾片，再撒些開心果作裝飾。

莎布蕾林茲蛋糕

Sablé Linzer

我修習甜點製作的城市亞爾薩斯（Alsace）鄰近德國，受德國甜點和維也納甜點影響至深。這道甜點便是受奧地利名點「林茲塔」啟發所創作出的甜點。

林茲塔是在肉桂香氣濃郁的塔皮中，注入滿滿的覆盆子果醬，再將同樣的塔皮作成格子狀鋪在表面，烘烤而成的甜點。看起來很樸素，但是肉桂和帶酸味的水果組合非常時尚，是一道滋味濃郁的熱烤甜點。而我想將它作成新鮮甜點。

雖然已經決定好以莎布蕾來夾肉桂風味巴巴露亞，但味道總是不夠好。肉桂的香氣充滿異國情調，十分有魅力，但卻太過直接且華麗，欠缺了一點廣度。於是我在巴巴露亞中加了一些香草，結果很成功！香草充滿母性的香氣增添了柔和的風味，使滋味變得溫暖。香草真是偉大！

肉桂風味的巴巴露亞中，包覆著林茲塔特有的帶籽覆盆子凝凍，它的酸味中和了甜味，顆粒感也成了一種特色。而為了讓客人有預感中央藏有覆盆子凝凍，特別在上面的莎布蕾餅乾淋了一層覆盆子白蘭地，使其變成可愛的粉紅色，最後再以糖粉裝飾成格子狀。沒錯，這也是模仿林茲塔作的裝飾。

直徑約7.5cm，48個份

莎布蕾麵團（P.234） pâte sucrée 約1.6kg
∧參考「蘭姆莎布蕾」的莎布蕾麵團。但不需添加葡萄乾和榛果粉，杏仁粉改為250g。一直到步驟11都是同樣的作法，取約1.6kg的份量。

肉桂風味巴巴露亞 bavarois à la cannelle
- 英式蛋奶醬 sauce anglaise
  - 牛奶 lait 450g
  - 香草莢 gousse de vanille 1枝
  - 肉桂棒 bâton de cannelle 1枝
  - 砂糖 sucre semoule 30g
  - 蛋黃 jaunes d'œuf 8顆份
  - 砂糖 sucre semoule 130g
  - 肉桂粉 cannelle en poudre 3g
- 吉利丁片 feuilles de gélatine 11g
- 香草精 extrait de vanille 適量
- 鮮奶油（乳脂肪35％） crème fleurette 675g

覆盆子凝凍（P.246） gelée de framboise 適量

覆盆子風味糖霜 glaceà l'eau à la framboise
- 糖粉 sucre glace 1kg
- 水 eau 約100g
- 覆盆子白蘭地 eau-de-vie de framboise 約100g
- 食用色素（紅色、粉末） colorant rouge 適量
  ∧以少量的水（份量外）溶化。
- 香草精 extrait de vanille 適量

糖粉 sucre glace 適量

覆盆子 framboises 2顆／1份

藍莓 myrtilles 2顆／1份

薄荷葉 menthe 適量

莎布蕾麵團>

在莎布蕾麵團還很硬時，先以擀麵棍敲打，再改以手揉，使硬度一致。放入壓麵機中壓成2.6㎜厚。放入冰箱冷藏讓麵團緊實後，以滾輪打孔器打洞。

將打洞面朝下（原因參照右圖）依P.236步驟**12**的作法，以直徑7.5㎝的菊花形模（上層用）、直徑6㎝的圓形模（底部用）各壓48片，壓好後放在鋪有矽膠烘焙墊的鋁盤上。

示意圖 1

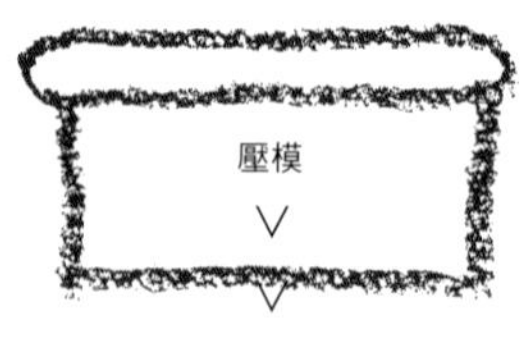

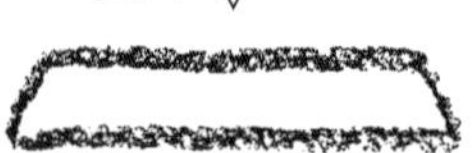

壓好的麵團從側面看的樣子

示意圖 2

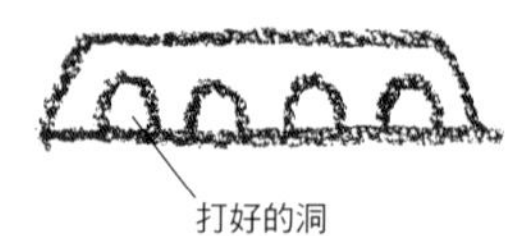

以壓模壓麵團時，麵團的底部會稍微變寬（從側面看是梯形），基本上莎布蕾要這種形狀才漂亮（圖1）。通常會將麵團打洞面朝上壓模，不過考慮到之後會在餅乾披覆一層糖霜，表面不平滑會較易操作，所以將打洞面朝下壓模（圖2）。

將步驟**2**連同烘焙紙移至烤盤上，噴水。放入烤箱，以180℃烘烤約12分鐘。

放入烤箱中約5分鐘後，以木製模型輕壓餅乾，防止過度膨脹。

烤好了。正面、背面都烤得同樣金黃焦香。將餅乾排列在墊著沖孔烤盤的網架上靜置待涼。

肉桂風味巴巴露亞>

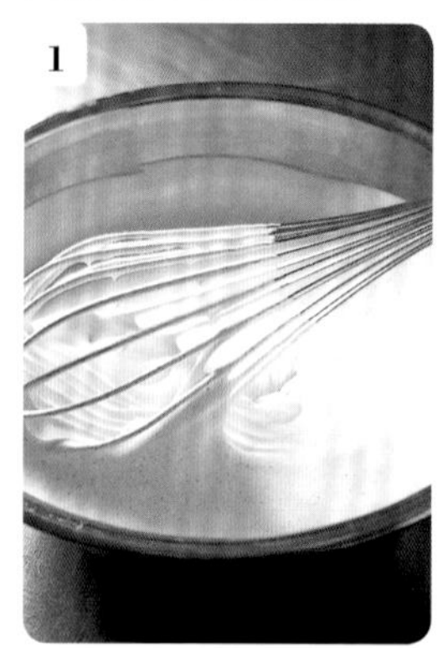

依P.68至69的作法製作。但不需加入脫脂奶粉。於步驟**1**加入肉桂棒，讓香氣轉移至牛奶中，在步驟**4**再加肉桂粉打發蛋黃。

將烘焙墊鋪在鋁盤上，排列好直徑6㎝的圓形圈。將步驟**1**填入裝有直徑8㎜圓形花嘴的擠花袋中，填入圓形圈中約六分滿。

以抹刀將巴巴露亞抹至貼合模型邊緣，讓中央凹陷。

將覆盆子凝凍以直徑8㎜的圓形花嘴，擠在步驟**3**的中央，擠四圈螺旋狀。

再次將肉桂風味巴巴露亞擠至與圓形圈等高。以小抹刀將表面抹平。再放入冰箱急速冷凍凝固。

組合＆最後裝飾>

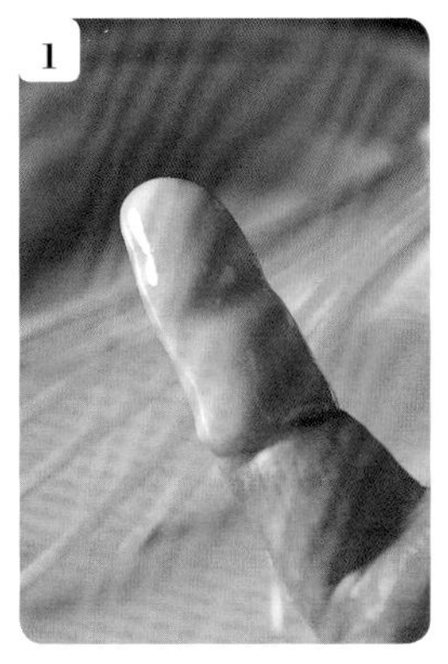

製作覆盆子風味糖霜。將所有材料放入調理盆中，以打蛋器拌勻。伸進食指沾到第二關節處，拿出來後慢慢數五秒，若糖霜能稍微透出肌膚，就是最恰當的濃度。以這個濃度為標準，適度調整水和糖粉（均為份量外）的份量。

重疊三個烤盤後，鋪一層烘焙紙，上面擺好網架。替上層用的莎布蕾沾糖霜。以手拿著菊花形的莎布蕾，將正面朝下，在表面沾一層步驟1的糖霜。

取出後讓多餘的糖霜滴落。

再以小抹刀將表面抹勻，沾到側面的多餘糖霜也刮掉。

將步驟**2**放在準備好的網架上，放入烤箱，以220℃烘烤約1分鐘，讓糖霜乾燥。呈現出透明感。

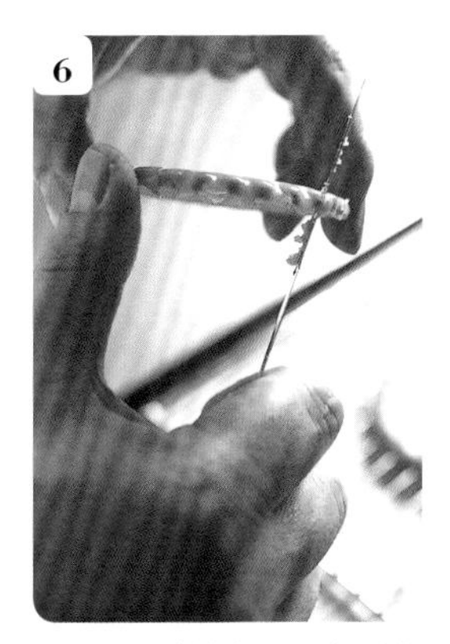

沾到側面的多餘糖霜，以小刀仔細刮乾淨。

餅乾上先放一張格子花樣的裝飾板，再以濾茶網撒上一層糖粉。

可愛的格子花樣作好了。這是以「林茲塔」為形象的裝飾。

將冷凍凝固的肉桂風味巴巴露亞放在適當的容器上，以瓦斯槍加溫模型周圍。

當圓形圈掉下來後，以抹刀將蛋糕拿起。

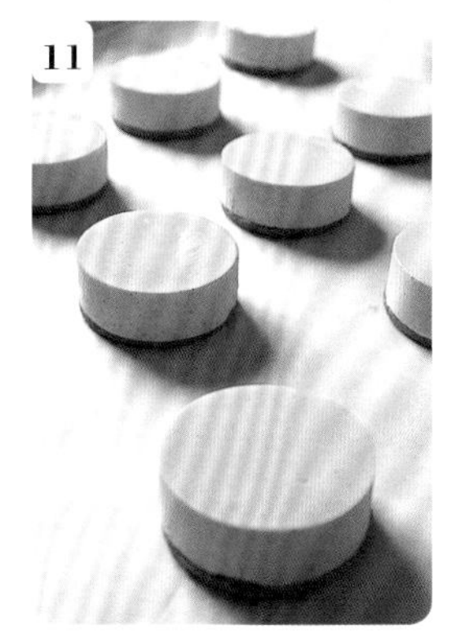

輕輕地將步驟**10**放在圓形的底部用餅乾上。上面放一片步驟**8**，再以覆盆子（有撒糖粉和沒撒糖粉的兩種都使用，可以增添不同風情）、藍莓、薄荷葉作裝飾。

核桃夏洛特蛋糕

Charlotte aux noix

我想利用夏洛特的模型作一個王冠造型的蛋糕，於是就創作出這道大型蛋糕了。

側面圍繞著一圈手指餅乾，底部和中心鋪有加了核桃的鳩康地杏仁海綿蛋糕，蛋糕上再擠些咖啡風味的奶油霜。中間夾層則是兩種柔滑的奶油醬，分別是原味和咖啡風味的慕斯琳奶油醬。這裡所說的慕斯琳奶油醬意思是「輕盈的奶油醬」，以卡士達醬和義大利蛋白霜混合而成。以靜置了一天的卡士達醬製作，會產生和巴巴露亞不同的風味，特別有魅力。慕斯琳奶油醬裡還包覆著方塊狀的核桃焦糖杏仁糖，讓口感和滋味都更添幾分特色。淋上濃稠的牛奶巧克力鏡面淋醬，上面再放幾塊核桃糖，最後插上白巧克力裝飾片即完成。

柔滑的滋味中，核桃、咖啡、焦糖、巧克力等各種不同的苦味交織成一首交響曲，是一道充滿各種美味的甜點。

直徑12cm的夏洛特模型35個份

手指餅乾（P.34） biscuit à la cuillère 4倍量

∧因為麵糊容易扁塌，所以分成四次擠花烘烤。

香草風味糖漿（蛋糕體用） sirop d'imbibage

30°波美糖漿 sirop à 30° B 170g

水 eau 170g

香草莢 gousse de vanille ¼枝

香草精 extrait de vanille 適量

∧將30°波美糖漿、水、香草莢（依P.15的作法剖開）放入銅鍋中煮沸，以篩網過濾後放涼，再加入香草精拌勻。

核桃鳩康地杏仁海綿蛋糕 biscuit Joconde aux noix

60×40cm的長方圈3盤份

核桃粉 noix en poudre 570g

杏仁粉 amandes en poudre 260g

糖粉 sucre glace 780g

低筋麵粉 farine faible 138g

全蛋 œufs entiers 20 顆

烤過的核桃（切對半） noix grillées 180g

蛋白 blancs d'œuf 685g

∧使用當天打發的新鮮蛋白。

砂糖 sucre semoule 263g

∧上述材料、器具和室溫均需預先降溫。

沸騰融化奶油 beurre fondu 92g

咖啡風味奶油霜 crème au beurre café

從下述成品取約2.5kg

發酵奶油（切成1.5cm厚片） beurre 2.1kg

∧置於室溫中直至以手指按壓時會感到些許阻力的軟度。

炸彈麵糊 pâte à bombe

水 eau 263g

砂糖 sucre semoule 1050g

蛋黃 jaunes d'œuf 21個分

香草精 extrait de vanille 適量

咖啡精 trablit 適量

∧依P.282「花生風味奶油霜」的作法製作。但不加花生醬，改為在步驟9時將香草精和咖啡精加入拌勻。

慕斯琳奶油醬 crème mousseline

卡士達醬 crème pâtissière 下述成品取1240g

牛奶 lait 2kg

香草莢 gousses de vanille 2枝

砂糖 sucre semoule 450g

蛋黃 jaunes d'œuf 400g

低筋麵粉 farine faible 170g

香草精 extrait de vanille 4g

吉利丁凍 masse gélatine 下述成品取195g

吉利丁片 feuilles de gélatine 90g

水 eau 180g

砂糖 sucre semoule 180g

香草精 extrait de vanille 適量

∧將泡軟後擦乾水分的吉利丁片放入盆中，加入水和砂糖，煮至沸騰溶化，以篩網過濾後，加入香草精拌勻。隔水加熱溶化後使用。「masse」是指將材料高密度混合的意思。

香草精 extrait de vanille 適量

鮮奶油（乳脂肪35%） crème fleurette 1.3kg

咖啡風味慕斯琳奶油醬 crème mousseline au café

卡士達醬 crème pâtissière 從左欄取1240g

咖啡精 trablit 20g

香草精 extrait de vanille 適量

吉利丁凍 masse gélatine 從左欄取195g

鮮奶油（乳脂肪35%） crème fleurette 975g

咖啡風味義大利蛋白霜

meringue italienne au café 從下述成品取300g

糖漿 sirop

水 eau 80g

砂糖 sucre semoule 375g

咖啡精 trablit 適量

蛋白 blancs d'œuf 180g

∧使用當天打發的新鮮蛋白。

砂糖 sucre semoule 18g

咖啡精 trablit 適量

∧依P.215「咖啡風味蛋白霜聖誕樹」步驟1至4的作法製作。但不需加香草精。另外，依P.150步驟5的作法降溫至0℃備用。

焦糖核桃糖 nougatine aux noix 基本份量

核桃（切對半） noix 2kg

水麥芽 glucose 560g

砂糖 sucre semoule 1.4kg

檸檬汁 jus de citron 適量

香草精 extrait de vanille 適量

∧將核桃切對半後，再切成⅛大小（烘烤前先切會切得比較漂亮，並且能讓焦糖均勻地裹上，味道也會更好），放入烤箱中，180℃烘烤至輕微上色，再放入80℃的烤箱中保溫備用。這些核桃是用以代替杏仁片，依P.156「焦糖杏仁糖」的作法製作。但要切成1.3cm的小丁，不需裹巧克力。

核桃糖 noix caramélisées

核桃（切對半） noix 3塊／1份

砂糖 sucre semoule 適量

∧分幾次製作。將核桃切對半後，再切成¼大小，放入烤箱中，以180℃稍微烘烤。依照P.73流程1至6的作法，煮好焦糖後離火，以尖刀插著核桃沾焦糖醬，再排在烘焙布上等待凝固。焦糖只要沾薄薄一層即可，若太厚反而有損美味。

白巧克力裝飾片（P.157的d）

plaquette de chocolat blanc 適量

牛奶巧克力鏡面淋醬

glaçage au chocolat au lait 基本份量

透明鏡面果膠 nappage neutre 430g

熱水 eau chaude 130g

鮮奶油（乳脂肪35%） crème fleurette 150g

牛奶巧克力（可可含量41%）

couverture au lait 41% de cacao 476g

手指餅乾>

1 依P.34步驟1至17同樣的作法製作烘烤。但改用上長29.5㎝＆下長36.5㎝、寬8㎝的弧形紙板，並以直徑10㎜的圓形花嘴將麵糊擠成如圖所示。烤好後將烘焙紙撕除。

2 為了讓步驟1的兩端可以連接起來，稍微將兩邊斜切。背面輕輕刷一層香草風味糖漿，放入底部鋪有OPP塑膠片的模型中，依P.114「手指餅乾」步驟4的方法連接起來。

核桃鳩康地杏仁海綿蛋糕>

1 依P.37的作法製作。但在步驟1就加入核桃粉，另將烤過的核桃如圖所示以食物調理機打成粗粒，在步驟3加入麵糊中，步驟8則是在套有長方圈的烤盤各倒1250g的麵糊，烤約17分鐘。

2 將放涼的蛋糕體撕下烘焙紙，以直徑 9 ㎝(底部用)、直徑 6.5 ㎝(中心用)的圓形壓模各壓 35 片。使用直徑 6 ㎜的圓形花嘴，以漩渦狀各擠 40g、30g 的咖啡風味奶油霜在上色面，擠好後放入冰箱急速冷凍凝固。

慕斯琳奶油醬>

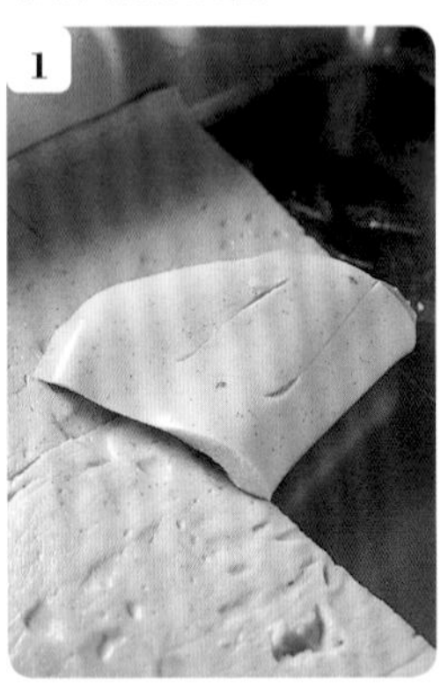

1 將卡士達醬依P.64步驟1至17的作法製作。但要將步驟2的砂糖改為200g，步驟4的砂糖改為250g，並於步驟8將香草莢取出。照片是靜置一晚後，呈現Q嫩且容易取下的狀態。

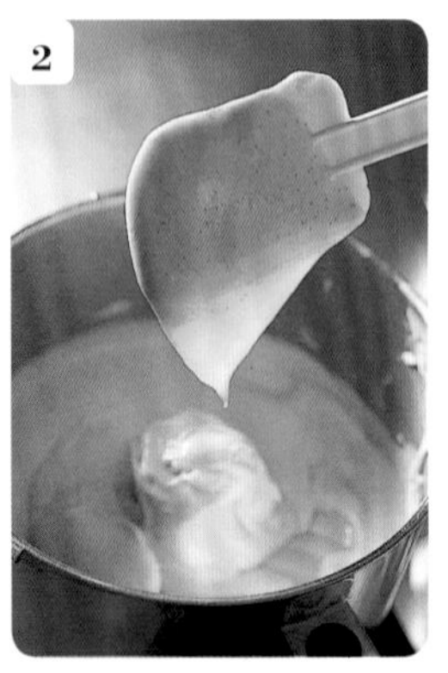

2 將步驟1放入食物調理機中，打成柔滑、容易拌勻的狀態。取1240g（約半量）使用（再從剩餘部分取1240g製作咖啡風味慕斯琳奶油醬）。放入調理盆中隔水加熱至45℃。

3 將吉利丁凍放入另一個調理盆中，隔水加熱溶化。加入⅓量的步驟2，以打蛋器充分拌勻。

4 將步驟3倒回步驟2的卡士達醬盆中，加入香草精。盆底浸泡冰水攪拌降溫至20℃。

5 將以攪拌機打至十分發的鮮奶油取⅓量加入步驟 4 中，以畫圓的方式充分拌勻。再將剩餘的鮮奶油分兩次加入，一邊加一邊由底部往上翻拌，大略拌勻。

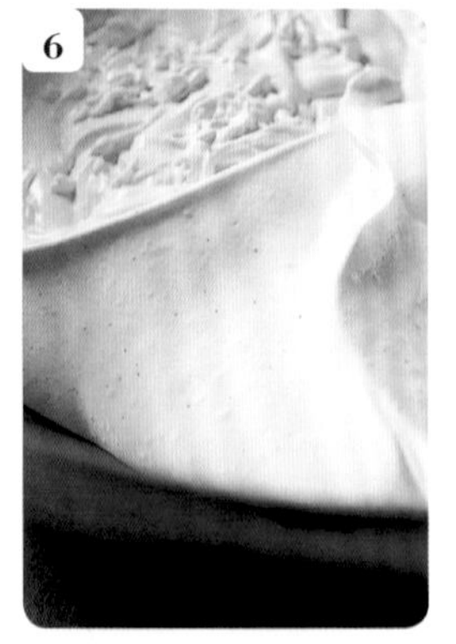

6 將步驟5倒入另一個調理盆中，使奶油醬上下顛倒，同樣由底部往上翻拌，攪拌均勻。最後攪拌成柔滑狀態。

咖啡風味慕斯琳奶油醬>

1 將 1240g 卡士達醬放入調理盆中，隔水加熱至 45℃。取 ⅓ 量加入倒有咖啡精的調理盆中，以打蛋器充分拌勻。

2 將步驟1倒回卡士達醬盆中，加入香草精。充分攪拌均勻。

3

將吉利丁凍放入另一個盆中，隔水加熱溶化。加入1/3量的步驟**2**，以打蛋器充分拌勻。倒回步驟**2**的調理盆中攪拌均勻。盆底浸泡冰水攪拌降溫至20℃。

4

將以攪拌機打至十分發的鮮奶油放入另一個調理盆中，加入降溫至0℃的咖啡風味義大利蛋白霜，大略拌勻。

5

將1/3量的步驟**4**加入步驟**3**中，以畫圓的方式拌勻。將剩餘的步驟**4**分兩次加入，邊加邊由底部往上翻拌，大略拌勻。倒入另一個調理盆中，使奶油醬上下顛倒，同樣由底部往上翻拌，攪拌均勻。

組合&最後裝飾>

1

將咖啡風味慕斯琳奶油醬填入裝有直徑10㎜圓形花嘴的擠花袋中，沿著手指餅乾側面擠至模型1/3高處。

2

將擠有螺旋狀咖啡風味奶油霜的中心，以核桃鳩康地杏仁海綿蛋糕擠有奶油霜的那面朝下，放在步驟**1**上，緊密貼合。

3

這次將慕斯琳奶油醬以直徑10㎜的圓形花嘴擠在步驟**2**上，擠至約模型八分滿。將焦糖核桃糖避開中心埋9顆在奶油醬中，上面再擠一層慕斯琳奶油醬至九分滿。

4

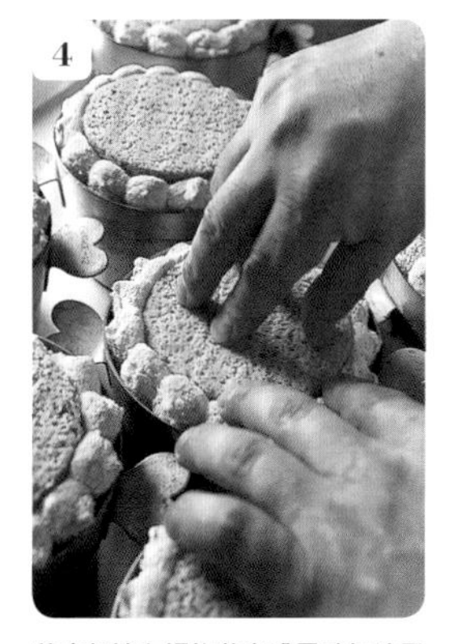

將底部擠有螺旋狀咖啡風味奶油霜的核桃鳩康地杏仁海綿蛋糕，以步驟**2**的方式將其蓋在奶油醬上，緊密貼合。再放入冰箱急速冷凍凝固，取出倒扣後移除模型。最後放冰箱冷凍保存。

5

取下步驟**4**的OPP塑膠片。將牛奶巧克力鏡面淋醬（下述）裝入紙卷擠花袋中，前端剪約3㎜，擠在蛋糕上。首先要先擠一圈輪廓，擠好後再從中心開始往外畫圈擠滿。

6

平均地淋上一層鏡面淋醬。因為淋醬偏硬，所以邊緣可以依喜好作滴落的花樣。再放上核桃糖、白巧克力裝飾片等作裝飾。

牛奶巧克力鏡面淋醬>

1

將透明鏡面果膠放入調理盆中，加入熱水並隔水加熱至溶化。鮮奶油加熱至沸騰前。

2

將切碎的牛奶巧克力放入食物調理機中。加入步驟**1**的鮮奶油拌勻，再加入步驟**1**的融化透明鏡面果膠拌勻。輕輕地攪拌即可，不要攪拌出氣泡。

3

將步驟**2**以篩網過濾後，容器底部浸泡冰水冷卻。完成後呈現柔滑狀態。冷藏保存，使用時加熱至肌膚溫度。因為是以果凍狀的透明鏡面果膠為基底，所以質地濃稠，適合淋在狹小的範圍上。

À POINT

我在法國修習甜點時負責冰淇淋（冰甜點）的製作，那時遇見了以焦糖冰淇淋和洋梨雪酪組合而成的Entremets Glacé（冰淇淋蛋糕），我以它為靈感，加上慕斯重新打造出這道甜點。

加了炸彈麵糊的焦糖慕斯，有布丁加焦糖般的濃郁滋味。重點在於不會太甜或太苦、煮得恰到好處的焦糖醬。考慮到之後要和鮮奶油等材料混合，找到自己追求的「恰好、適切」程度非常重要。

這種「恰到好處、剛剛好的感覺」，法文就是À Point。在法國，當apprentice（見習生）問「要作成什麼樣子？」時，主廚經常會回答「À Point」。

我想提供的不是以技術為主角、吃起來令人緊張的美味，而是能夠融化人心般，舒服又輕鬆的美味。包含著「恰到好處」這層意思，所以決定將這句話當作我的店名。

直徑15cm高4.5cm的圓形圈27個份

杏仁海綿蛋糕　biscuit d'amandes
　直徑約15cm，27片份
　生杏仁膏（切成1.5cm厚的片狀）
　　pâte d'amandes crue　570g
　　∧在室溫中放至手指能夠輕鬆按壓下去的軟度。
　蛋黃　jaunes d'œuf　28個份
　糖粉　sucre glace　285g
　蛋白　blancs d'œuf　23個份
　砂糖　sucre semoule　200g
　低筋麵粉　farine faible　305g

洋梨風味糖漿（蛋糕體用）　sirop d'imbibage
　30°波美糖漿（P.5）　sirop à 30° B　250g
　洋梨白蘭地　eau-de-vie de poire　250g
　∧將上述材料混合。

洋梨慕斯　mousse aux poires
　英式蛋奶醬　sauce anglaise
　　洋梨(罐頭)汁　sirop de poire en boîte　720g
　　香草莢　gousse de vanille　¾枝
　　蛋黃　jaunes d'œuf　144g
　　砂糖　sucre semoule　144g
　　脫脂奶粉　lait écrémé en poudre　72g
　吉利丁片　feuilles de gélatine　35g
　洋梨白蘭地　eau-de-vie de poire　144g
　鮮奶油（乳脂肪35%）　crème fleurette　1040g
　義大利蛋白霜　meringue italienne
　　下述成品取460g
　　糖漿　sirop
　　　水　eau　94g
　　　砂糖　sucre semoule　376g
　　蛋白　blancs d'œuf　210g
　　　∧使用當天打發的新鮮蛋白。
　　砂糖　sucre semoule　42g
　∧依P.114「洋梨慕斯」的作法製作。

洋梨（罐頭。切成1cm小丁）　poires au sirop en boîte
　1820g

焦糖醬　mousse au caramel
　焦糖基底　base caramel
　　鮮奶油（乳脂肪35%）　crème fleurette　2160g
　　香草莢　gousses de vanille　4¾枝
　　水麥芽　glucose　872g
　　砂糖（焦糖用）　sucre semoule　1304g
　　發酵奶油（切成1.5cm小丁）　beurre　208g
　吉利丁片　feuilles de gélatine　112g
　炸彈麵糊　pâte à bombe
　　水　eau　432g
　　水麥芽　glucose　144g
　　砂糖　sucre semoule　320g
　　蛋黃　jaunes d'œuf　1040g
　　∧依P.283「花生風味奶油霜」步驟2至7的作法製作。但在步驟2需將隔水加熱軟化的水麥芽也加入糖漿中。
　鮮奶油（乳脂肪35%）　crème fleurette　4640g

咖啡精　trablit　適量

蘋果果膠　gelée de pomme　基本份量
　（成品約1680g）
　蘋果汁（100%濃縮果汁還原）　jus de pomme　1kg
　砂糖　sucre semoule　250g
　果膠　pectine　18g
　水麥芽　glucose　420g

杏仁海綿蛋糕＞

將置於室溫回軟的生杏仁膏放入桌上型攪拌機的攪拌盆中，加入⅓量打散的蛋黃，以槳用攪拌頭低速拌勻。充分攪拌至如照片中的光滑狀態。

將⅓量的糖粉加入步驟**1**，以低速攪拌。依同樣方式將剩餘的蛋黃和糖粉各分兩次交錯加入。當所有材料攪拌均勻後，倒入另一個調理盆中，並放入冰箱冷藏備用。

將蛋白放入攪拌機中，以中速打散，加入⅓量的砂糖，以高速打發。中途將剩餘的砂糖分兩次加入，打成堅挺的蛋白霜。

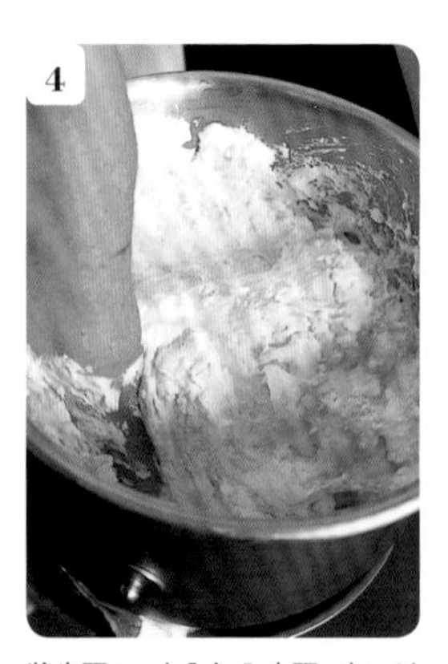

將步驟**2**一次全加入步驟**3**中，以刮板由底部往上迅速地大略翻拌。約有八成均勻後，再加入過篩兩次的低筋麵粉，以同樣的方式拌勻。

將畫有直徑15cm圓形圖樣的紙鋪在烤盤上，上面鋪一層烘焙紙。將步驟**4**填入裝有直徑15mm圓形花嘴的擠花袋中，擠出螺旋狀。放入烤箱中，以185℃烘烤約15分鐘，烤成看起來很美味的顏色。

烤製完成。將烤盤輕敲桌面數次，讓熱氣散出，防止回縮。放在網架上待涼，並撕下烘焙紙。再放入冰箱急速冷凍凝固，以直徑15cm的圓形模型軋形，上色面刷上大量的洋梨風味糖漿。

洋梨慕斯＞

將直徑12cm、高2.5cm的圓形圈排列在鋪有烘焙墊的烤盤上。以直徑12mm的圓形花嘴，將洋梨慕斯以螺旋狀擠至模型八分滿，鋪上切成1cm方塊的洋梨。放入大量洋梨可以品嚐到水潤的口感。

再將洋梨慕斯以螺旋狀擠在步驟**1**上，以抹刀抹平。並放入冰箱急速冷凍凝固。

焦糖慕斯＞

製作焦糖基底。將鮮奶油、香草莢（依P.15的作法剖開）、隔水加熱至軟化的水麥芽放入銅鍋中，以小火邊加熱邊拌勻，煮至沸騰。

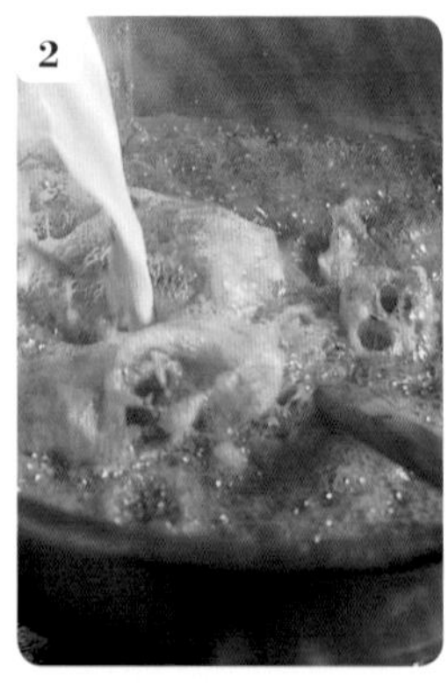

依P.73步驟**1**至**6**的作法製作焦糖醬，離火後將步驟**1**分成四至五次加入拌勻。倒入時糖漿會飛濺，請務必小心。鮮奶油視情況添加，用量為可將焦糖醬煮成稍微濃稠的狀態即可。

將步驟**2**以篩網過濾，倒入另一個調理盆中，加入切成1.5cm小丁的發酵奶油拌勻，以餘熱融化奶油。奶油可以使焦糖的香氣和滋味更加濃郁。

將泡軟後擦乾水分的吉利丁片加入步驟**3**中溶化拌勻。盆底浸泡冰水攪拌降溫至20℃。

將炸彈麵糊一次全加入步驟4中，以打蛋器由底部往上翻拌均勻。再將打至十分發的鮮奶油分三次加入，一邊加一邊以同樣的方式大略攪拌。

將步驟5移至另一個調理盆中，使慕斯上下顛倒，再依同樣的方式攪拌均勻。將直徑15cm高4.5cm的圓形圈排列在鋪有烘焙墊的鋁盤上，倒入慕斯約六分滿。

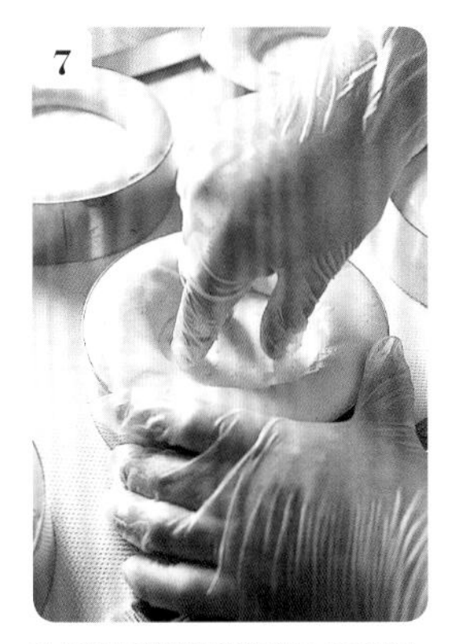

冷凍凝固的洋梨慕斯依P.127步驟8的方式取下模型。將洋梨慕斯壓進步驟6的中央，埋入其中。上面再倒一些慕斯，以抹刀抹平表面。

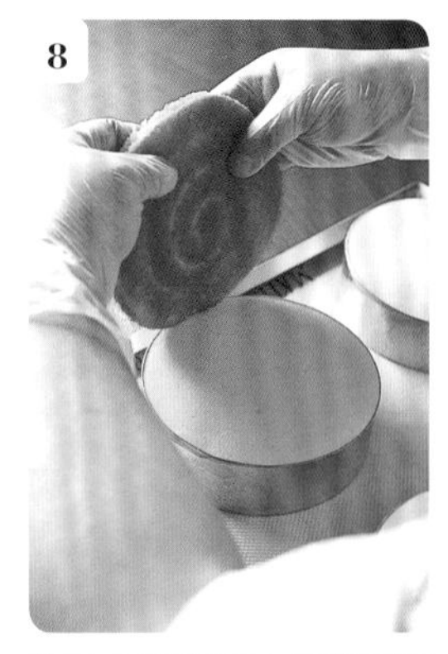

將杏仁海綿蛋糕刷有糖漿那面朝下，蓋在步驟7上。放入冰箱急速冷凍凝固。

最後裝飾>

將冷凍凝固的焦糖慕斯倒扣在鋪有矽膠烘焙墊的鋁盤上，取下烘焙墊。將露出圓形圈的慕斯邊緣以小刀切除。

刷子沾滿蘋果果膠（下述），在步驟1的上面以滑動般的方式刷一層果膠。

以另一把刷子沾滿咖啡精，滴落在步驟2上。

再以沾滿蘋果果膠的刷子在步驟3上滑動，作出大理石的花樣，並急速冷凍凝固。之後再刷上一層蘋果果膠，再度放入冰箱急速冷凍凝固。最後依P.127步驟8的作法，取下圓形圈。

蘋果果膠>

將蘋果汁、充分拌勻的砂糖和果膠倒入銅鍋中，邊攪拌邊以中火加熱。加熱至沸騰前，撈除浮沫，加入隔水加熱軟化的水麥芽，稍微熬煮一下，並將浮沫撈除。

將步驟1以篩網過濾，盆底浸泡冰水冷卻。蓋上保鮮膜，放入冰箱冷藏約兩天，讓它熟成。

彷彿在吃焦糖風味泡沫般的輕盈慕斯與清爽洋梨慕斯的組合。散落的洋梨為整體風味帶來韻律感。

4

Une vitrine alléc hante et une bonne odeur de cuisson

À Point 不是自動門，
而是有點厚重、需要推開的門。
這是為了讓客人有進入店中的感覺，
刻意營造出戲劇性的氛圍。
迎接進門而來的客人們，
是派和磅蛋糕等剛出爐的甜點香氣。
和放在蛋糕櫃中的新鮮甜點不同，
能夠刺激五感的生動感，這就是常溫甜點的魅力。

蘋果派

Feuilleté aux pommes

蘋果派

Feuilleté aux pommes

在巴黎修習甜點製作時，假日必定要去投幣式洗衣店報到。在等待衣物清洗的時間，我經常會去購買一家知名麵包店的蘋果派。那樸實的美味令人難以忘懷，我將它改造成很有自我風格的一道甜點。

我想作的派不是一下子就掉屑的纖細派點，而是口感硬脆，有著樸質咬勁的派。因此我使用的千層派皮，另外加入了作其他甜點時留下來的二次麵團（rognure）。這樣不但不會浪費剩餘的麵團，對於追求「延展（擀開的麵團）美學」的我而言，也是很重要的事。將切好的麵團兩端反摺，可以讓口感更有特色。

加入二次麵團的千層派皮上，鋪著切片的香橙磅蛋糕，再放上幾塊蜜漬蘋果。香橙磅蛋糕可以當作吸收蘋果汁的緩衝，還能提升整體的滿足感。最後放入幾片蜜漬蘋果、撒滿紅糖和香草糖，藉此強化烘烤後的香氣與風味。

這道以剛烤好的姿態一決勝負的樸實派點，不適合太拘謹的包裝。我想那家巴黎的麵包店一樣，將使用紙張隨意包起就交給客人的包裝，加上蛋糕店風格的「品味」，一併提供給客人。因此，我將派放在細緻的咖啡色玻璃紙上，將紙的一端扭起來，排列在蛋糕櫃上，希望客人可以就這麼直接品嚐，這種包裝方式也是很少見的。

約10cm正方形，15個份

加入二次麵團的千層派皮
- pâte feuilletée　下述成品取⅛量
  - 千層派皮（P.44）　pâte feuilletée　1團
    - ∧依P.46的「摺疊」作法進行至步驟**17**，再依同樣的作法三褶兩次（三褶共計四次），依P.45步驟**11**的作法，密封後放入冰箱休息一晚。
  - 千層派皮（P.44）用的二次麵團（多餘的麵團）
    - rognure de pâte feuilletée　約1.6kg
    - ∧使用第一次麵團時，以擀好的狀態放冰箱冷凍保存的派皮，將其放冰箱冷藏室解凍。加入的二次麵團的份量，控制在上一次麵團的⅔以下比較好。如果加太多，會讓麵團膨脹的狀況欠佳，有損口感。

蛋液（P.48）　dorure　適量

香橙磅蛋糕（切成3mm厚的薄片）　cake à l'orange
- 1片／1份
- ∧使用店裡賣剩的蛋糕。除了巧克力類之外，其他種類的磅蛋糕都可以。
- 溫的融化奶油　beurre fondu　約20g

紅糖（未精製原糖）　cassonade　適量

香草糖（P.15）　sucre vanillé　適量

糖粉　sucre glace　適量

蜜漬蘋果　pommes macérées　基本份量
- 蘋果　pommes　5顆
  - ∧富士、紅玉等品種。
- 砂糖　sucre semoule　適量
- 紅糖（未精製原糖）　cassonade　適量
- 香草糖（P.15）　sucre vanillé　適量
- 檸檬汁　jus de citron　適量

加入二次麵團的千層派皮>

1 將千層派皮從冰箱中取出，以擀麵棍敲打，使硬度一致。再放入壓麵機中壓成6㎜厚的長方形。

2 將步驟**1**橫放，中央放入一半份量的二次麵團。加入二次麵團可以作出偏硬的樸實口感。為了方便加入麵團中，二次麵團不能揉成團，一定要以擀平的狀態保存。

3 將步驟**2**的一邊摺到二次麵團的上面，以擀麵棍輕敲，使麵團緊密結合。

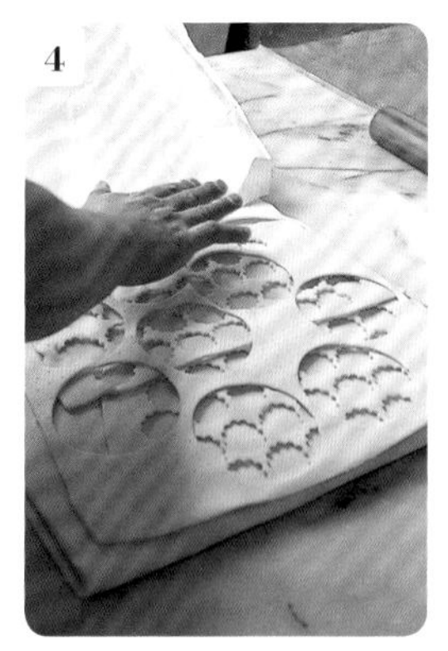

4 將剩餘的二次麵團放在步驟**3**上，再將另一邊的麵皮摺到二次麵團上。

5 以擀麵棍敲打讓麵團密合，避免層次錯開。依照P.45步驟**11**的作法將麵皮密封，放入冰箱冷藏半天到一晚。

6 將步驟**5**放入壓麵機中，壓成2㎝厚，約70×40㎝。將麵皮切成八等份，使用其中一份。以擀麵棍輕敲後，放入壓麵機中，壓成2㎜厚，約52×32㎝。

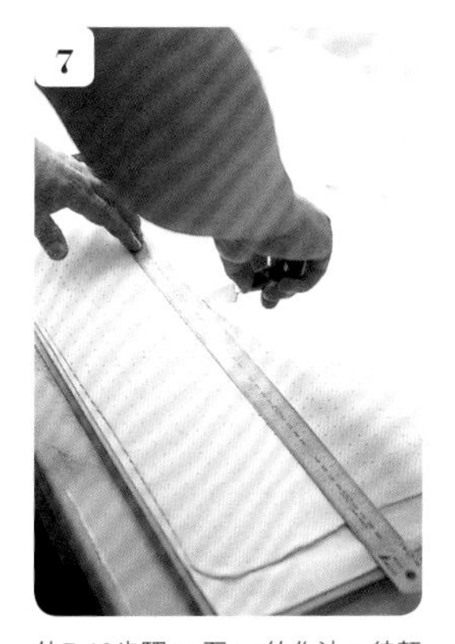

7 依P.46步驟**20**至**21**的作法，待麵皮鬆弛後放在烘焙紙上，打洞。蓋上烘焙紙，放在室溫中休息約30分鐘，再放入冰箱冷藏約1小時，使麵皮緊實。取出麵皮，切成15片邊長10㎝的正方形。

8 將正方形麵皮的四個角分別以刷子刷上蛋液後，反摺過來。這樣烤好後的形狀更豐富，口感也會出現變化。再放冰箱冷凍保存。

組合&烘烤>

1 將千層派皮排列在鋪有矽膠烘焙墊的烤盤上，放上香橙磅蛋糕片。將蜜漬蘋果（右述）的汁水瀝乾，試嚐味道後，適量加入砂糖，再加入溫的融化奶油。

2 將蜜漬蘋果各放四塊在步驟**1**的香橙磅蛋糕上，撒上紅糖和香草糖，放入烤箱中，以230℃烘烤約20分鐘。烤好後放網架上待涼，冷卻後放在咖啡色玻璃紙上，撒一層糖粉。

蜜漬蘋果>

1 蘋果削皮後，以可去核的十四份切割器切成扇形。試一下味道，確認甜味和酸味。

2 將步驟**1**放入調理盆中，加入砂糖、紅糖、香草糖，以手拌勻，再加入檸檬汁補充酸味。蓋上保鮮膜，放入冰箱冷藏一晚。

檸檬週末蛋糕

Week-end au citron

有個詞叫作cake avec tête（有頭的蛋糕）指的是「表面會膨脹起來的磅蛋糕」。「週末蛋糕」也有表面是平坦的樣式，不過我作的是cake avec tête。因為我認為常溫蛋糕必須要有活潑的躍動感。表面像岩漿一樣膨脹裂開，帶著充滿元氣的表情，就是À Point週末蛋糕的標記。

我最執著的，就是帶有戲劇性且美麗的裂痕。經過重重研究後，我發現以沾了冷卻融化奶油的刮刀，插入麵糊中央數公厘深後，劃出一道線條，再送入烤箱烘烤的效果最好。若以刀子劃痕跡，在烘烤時烤出一條融化奶油線，看起來會很像割傷的模樣，有種人工割痕的感覺，但使用我的方法，就能烤出自然漂亮的裂痕。

麵糊是以將所有材料依序加入拌勻的「全合一法（all in one）」製作。最後加入融化奶油，奶油的油脂可以產生濕潤的密實感。製作的重點在於，麵糊作好後要先放在室溫中約1小時，再放入冰箱冷藏休息兩天。如此一來，所有的材料會充分融合，除了可增添滋味之外，風味和香氣也會擁有更多層次。

為了襯托蛋糕的風味，也為了突顯最後淋在蛋糕上的檸檬糖霜（檸檬風味的糖液淋醬）的顏色，特別訂作了厚紙板，放在模型側面緩和火力，防止烤過頭，這是我的隱藏密技。火力緩和，側面熟得比較慢，同時帶來的好處是麵糊也會往上膨脹得更漂亮。

最後淋上檸檬糖霜，也是這道甜點的特色。我想賦予這道甜點「像結在湖面上的薄冰一樣」閃耀著光芒的特色。檸檬清爽的酸味，鬆脆裂開的纖細糖層，與濕潤綿密的蛋糕體形成絕妙的對比。

同時具備「活力」和「細緻的氣質」兩項魅力，無疑是一道真正有魅力的甜點。

16×7cm的磅蛋糕模型15個份

砂糖 sucre semoule 1320g
紅糖（未精製原糖） cassonade 80g
檸檬皮屑 zeste de citron râpé 40g
低筋麵粉 farine faible 540g
高筋麵粉 farine forte 540g
泡打粉 levure chimique 20g
全蛋 œufs entiers 20顆
鹽 sel 適量
酸奶油 crème aigre 500g
香草精 extrait de vanille 適量
濃縮君度橙酒 Cointreau concentré 150g
沸騰融化奶油 beurre fondu 400g
冷卻融化奶油 beurre fondu 適量
杏桃果醬 confiture d'abricot 適量
檸檬糖霜 glace au citron
- 糖粉 sucre glace 3kg
- 檸檬汁 jus de citron 約900g
- 食用色素（黃色、液體） corolant jaune 適量
- 檸檬油 huile de citron 適量

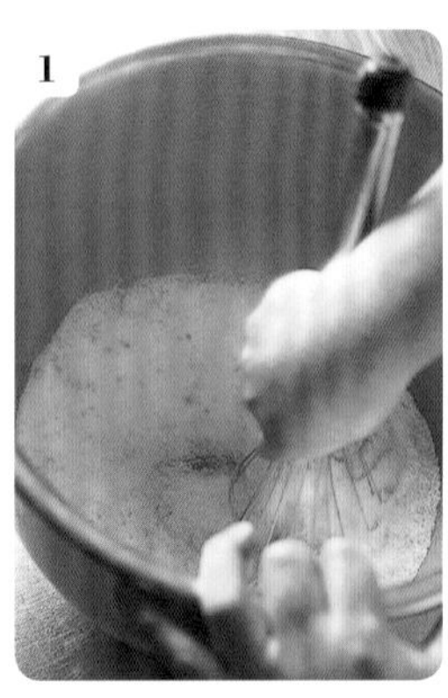

將砂糖和紅糖放入攪拌盆中，加入檸檬皮屑後，以打蛋器充分拌勻。使檸檬的香氣儘可能地轉移至砂糖中。

將混合過篩兩次的低筋麵粉、高筋麵粉、泡打粉加入步驟**1**中，以槳狀攪拌頭低速攪拌。待全體拌勻且散發出檸檬香氣後即完成。

將全蛋放入另一個碗中打散，加鹽攪拌。如果全蛋沒有完全打散，蛋白的水分會和麵粉的蛋白質結合，產生多餘的麵筋（P.38），導致麵團變硬，需注意。

將酸奶油放入另一個調理盆中，充分拌至光滑狀態。將步驟**3**分四次加入拌勻。因為材料很容易分離，所以要少量分次加入，充分拌勻。

當步驟**4**充分融合，質地變得光滑時，加入香草精，再將濃縮君度橙酒分三次加入拌勻。

將步驟**5**分三次加入步驟**2**中，一邊加一邊以低速拌勻。

隨時停下攪拌機，將沾附在攪拌頭上的麵糊刮下，由底部往上翻拌，讓整體均勻混合。慢慢地麵糊會開始產生韌性。

將沸騰的溶化奶油分三次倒入步驟**7**中，以免分離。奶油的油分可以適度切斷麵筋韌性，形成細密的麵糊。

將步驟**8**的攪拌盆從攪拌機中取出，由底部往上翻拌均勻後，倒入另一個調理盆中，成為非常柔滑的麵糊。蓋上保鮮膜後，靜置於室溫中約1小時。期間尚未溶化的砂糖會完全溶化。

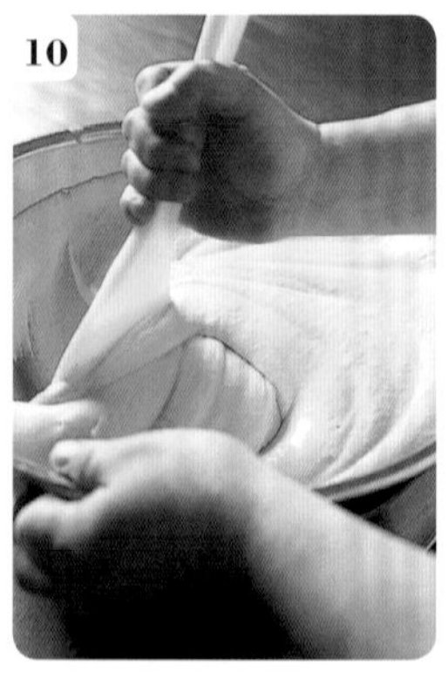

再次將麵糊由底部往上翻拌，使整體均質化，再倒入另一個調理盆中。蓋上保鮮膜，放入冰箱冷藏兩天，使麵糊熟成。熟成後粉類和水分會完全融合，粉感會消失。

將烘焙紙鋪在模型上。此時，先將裁切成模型側面大小的厚紙板擺在兩側。這是為了不讓蛋糕烤過頭的作法。不僅能夠提升麵糊的滋味，也可以彰顯檸檬糖霜的顏色。

將步驟**10**填入裝有直徑10㎜圓形花嘴的擠花袋中，一模擠270g。將模型在鋪有濕布的桌面上敲幾下，讓麵糊流至模型的每個角落。

將刮刀浸在冷卻的溶化奶油中，插入麵糊中央數公厘深，劃出一條線。烘烤時，麵糊會沿著這條線裂開，形成美麗的裂痕。將模型擺在重疊兩個的烤盤上。

放入烤箱中，以180℃烘烤約50分鐘。因為模型側面鋪了厚紙板，火力比較緩和，側面的麵糊熟得比較慢，整體反而會漂亮地往上膨脹。膨脹的同時，裂痕也會出現。

烤好後，將模型在桌面敲幾下，使熱氣散出，避免回縮。將蛋糕連同烘焙紙（厚紙板無須取出）取出模型，放在鋪有烘焙紙的沖孔烤盤上待涼。冷卻後放入收納盒中，蓋上蓋子，冷藏約2天讓蛋糕熟成。

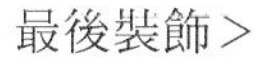

將杏桃果醬倒入銅鍋中，煮至稍微黏稠的程度。形成類似梅醬的濃郁風味。

待步驟**1**的熱氣散去後，將蛋糕由上往下浸到果醬中，讓整個蛋糕沾滿果醬。拿起蛋糕滴落多餘的果醬，並以刷子刷勻。裂痕中多餘的果醬也要刷除。

將步驟**2**排列在墊著鋁盤的網架上。等待果醬半乾，約1小時。

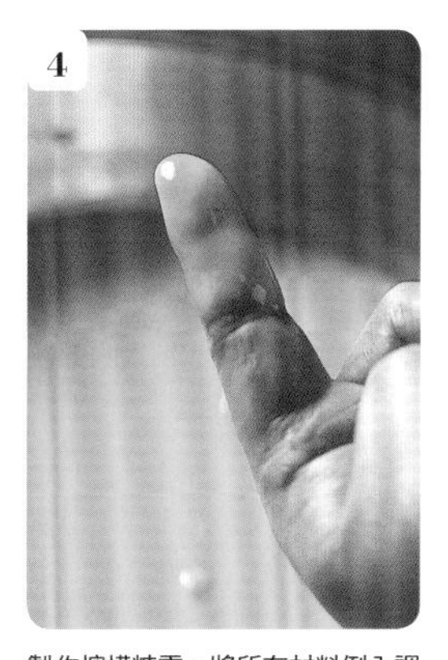

製作檸檬糖霜。將所有材料倒入調理盆中，以打蛋器拌勻。伸進食指沾到第二關節處，拿出來後慢慢數五秒，若糖霜能稍微透出肌膚，就是最恰當的濃度。以這個濃度為標準，適度調整水和糖粉（均為份量外）的份量。

將步驟**3**由上往下浸入步驟**4**中，讓整個蛋糕沾滿糖霜。

將步驟**5**拿起後，滴落多餘的糖霜，以手指輕輕抹掉裂痕中多餘的糖霜。

將步驟**6**排列在墊有鋁盤的網架上，滴落多餘的糖霜。放入鋪有烘焙紙，重疊兩個的烤盤上。再放入烤箱中，以200℃烘烤約1分30秒，讓表面迅速乾燥，散發光澤。

切開後，表面的檸檬糖霜會細緻地裂開。糖層和果醬層，加上綿密的蛋糕風味，使口感對比更有特色。

巧克力海綿蛋糕

Biscuit chocolat

所謂的Gâteau Chocolat，也就是剛出爐的巧克力蛋糕。說到巧克力蛋糕，一般時常見到蛋糕體下方集結成「豆沙」狀的模樣，但我不太喜歡這種厚重感。我想作的是能夠充分感受到巧克力的風味與香氣，叉子能夠輕鬆插到底，麵糊精神飽滿地向上膨脹，直到中心都很輕盈的巧克力蛋糕。

製作的重點在於要先在拌了砂糖的蛋黃中加入少量熱水，這是我從法式料理的醬汁中得到的靈感。加入熱水能使蛋黃的氣泡量增加，含水量也會增加，蛋糕就能夠烤得蓬鬆柔軟。一旦受熱性變好，連中心也能充分烤透。

蛋白霜則要打至十分發。如果打得不夠，就會和巧克力蛋奶醬融合過頭，使麵糊結塊。所以要打出細密且最大限度的氣泡量，分散在麵糊中。

烘烤也很重要。要以高溫一次烤好。如果中途溫度下降，麵糊就會往下塌陷。必須讓以蛋白的細緻泡沫作為骨架膨脹的麵糊保持穩定，使它往上高高膨起。

麵糊中除了巧克力，也加入能夠直接散發香氣的極細可可粉。放入口中，蛋白的細緻氣泡立刻溶化，可可的香氣在口中蔓延開來。

這道巧克力蛋糕的氣泡蓬鬆綿密，如海綿蛋糕般輕盈。因此我將它命名為「巧克力海綿蛋糕」。

直徑15cm的圓形模型（底部可分離）4個份

黑巧克力（可可含量55%）
couverture noire 55% de cacao　250g

發酵奶油（切成2cm大小）　beurre　200g
∧置於室溫中回溫。

鮮奶油（乳脂肪47%）　crème fraîche　108g

香草糖（P.15）　sucre vanillé　適量

蛋黃　jaunes d'œuf　12顆分

砂糖　sucre semoule　220g

熱水（90℃）　eau chaude　80g

蛋白　blancs d'œuf　12顆份
∧使用當天打發的新鮮蛋白。置於室溫中回溫。

砂糖　sucre semoule　200g

香草精　extrait de vanille　適量

低筋麵粉　farine faible　70g

可可粉（無糖）　cacao en poudre　160g

糖粉　sucre glace　適量

將裁切成模型2倍高的矽膠烘焙墊，沿著模型側面鋪好。再放入切細的巧克力、奶油、鮮奶油、香草糖。香草能使香氣更芬芳。

將步驟**1**隔水加熱，持續攪拌，加熱至55℃。超過55℃容易導致分離，之後和蛋融合時也會消除蛋的氣泡，須注意。

將蛋黃放入桌上型攪拌機的攪拌盆中，以打蛋器打散，再加入220g砂糖，並迅速攪拌。如果沒有迅速攪拌會很容易結塊。

打至濃稠後，加入90℃的熱水充分拌勻。加入熱水後，砂糖會溶化滲透得比較快，也會形成很多細小的氣泡。另外，水量增加也會讓蛋糕變得比較蓬鬆。

將步驟**4**隔水加熱攪拌，加熱至比肌膚溫度稍微高一點的溫度，會比較好打發。

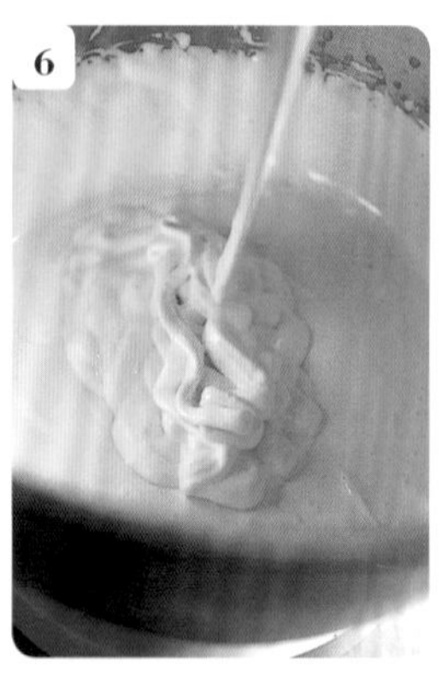

將步驟**5**以攪拌機高速攪拌。打至十分發後，轉成中速拌勻。打至會留下攪拌器的痕跡，呈現出光澤感即可。撈起時，會像緞帶一樣滴落堆疊，痕跡會殘留一會兒才消失。

製作步驟**6**時，同時將蛋白打發。將蛋白和¼量的200g砂糖放入桌上型攪拌機的攪拌盆中，以中速打散後，轉高速打發。中途將剩餘的砂糖分三次加入。

如果砂糖沒有完全溶化會容易結塊，蛋白霜也容易消泡，須注意。請打發至幾乎要分離之前，如此即作出質地光滑而細緻，容易和其他材料拌勻的蛋白霜了。

將步驟**6**一次全加入調整成55℃的步驟**2**中，再加入香草精。巧克力中雖然已經加了香草糖，但再次添加香草精可補強香草的香氣。請以打蛋器大略拌勻。

在呈現大理石模樣，還有少許沒有拌勻的狀態時，加入混合過篩兩次的低筋麵粉和可可粉。一邊轉動調理盆，一邊以打蛋器由底部往上大略翻拌。

待拌成大理石花紋狀時，加入¼量的步驟**8**，依同樣的方式有節奏地拌勻，注意不要破壞氣泡。加入可可粉後，麵糊會變緊實，因此動作要快。

將步驟**8**全部加入後，快速拌勻，再倒入另一個調理盆中，使麵糊上下顛倒，最後依同樣的方式攪拌至整體均勻。

拌勻後的狀態。因為充滿大量的氣泡，麵糊會緊緊黏在湯匙上。

將步驟**13**以各450g分別倒入步驟**1**準備好的模型中，放入烤箱中，以180℃烘烤約45分鐘。必須先鋪一層模型2倍高的烘焙紙，這是因為麵糊會像舒芙蕾一樣往上膨脹。

＞＞＞＞＞　　　＞＞＞＞＞

烤好後，蛋糕十分有活力地膨脹起來，表面有些裂痕。將蛋糕連同模型輕敲桌面數下，使熱氣散出，避免回縮。再放在罐子等容器上，取下模型。

放在網架上，撕下側面的烘焙紙，靜置待涼。

待涼後，取下底板。一份一份以手拿取，並以濾茶網撒上糖粉。

這道蛋糕的特色是高度高，底下的部分也沒有結成豆沙狀。表面細緻地開裂，口感很清爽。中心則像舒芙蕾般輕盈而有彈性。

亞爾薩斯熔岩巧克力蛋糕

Fondant chocolat à l'alsacienne

這道甜點的原形，是來自於我在亞爾薩斯紅酒街旁的農家吃到的巧克力蛋糕。巧克力、奶油、砂糖的配方幾乎相同，是被稱為gâteau familial（家常甜點）的甜點之一。看起來很樸素，但味道相當高雅。柔軟的蛋糕體在口中化開，巧克力的風味瞬間蔓延開來。

製作時最重要的一點，是要將氣泡適度地消除。和製作馬卡龍糖片時的攪拌手法（P.26）一樣，將打至最極限，氣泡皮膜非常薄的蛋白霜加入麵糊中，再以將氣泡消除八分為目的來拌勻。這樣微小的泡沫便會被打消，只剩餘最低限度的份量，不過，這些殘存的纖細氣泡會因隔水加熱而慢慢吸收熱氣，形成入口即化的輕盈口感，襯托巧克力蔓延在口中的滋味。因此，巧克力的選擇也很重要。我選擇可可含量高，香氣、苦味、酸味都很明顯，會留下複雜滋味餘韻的巧克力。

同樣是巧克力蛋糕，作法卻和將氣泡打發至最大限度的「巧克力海綿蛋糕」（P.190）截然不同。依想製作的滋味或口感，在材料的使用、攪拌方式和烘烤方式上，也會下各種工夫。

「經過烹調依然新鮮，形狀改變仍舊自然」這是我曾經在食譜書《對海的憧憬：海之幸法式料理》（高橋忠之著，柴田書店出版）上看到的一句話。我作的甜點，正如這句話所表現的意境。藉由製作甜點，再次切身體驗到巧克力的魅力。這道巧克力蛋糕是我引以為傲的作品。

直徑12㎝的夏洛特模型6個份
黑巧克力（可可含量68%）
couverture noire 68% de cacao　600g
發酵奶油（切成2㎝小丁）　beurre　600g
∧置於室溫中回溫。
香草糖（P.15）　sucre vanillé　適量
蛋黃　jaunes d'œuf　12顆份
砂糖　sucre semoule　300g
熱水（90℃）　eau chaude　80g
蛋白　blancs d'œuf　12顆份
∧使用當天打發的新鮮蛋白。置於室溫中回溫。
鹽　sel　適量
砂糖　sucre semoule　200g
香草精　extrait de vanille　適量
低筋麵粉　farine faible　96g

1

在模型底部鋪一張裁剪成底部大小的OPP塑膠片。這是為了避免麵糊黏在底部難以脫模，同時也為了看起來有光澤又美麗。成品也是直接貼著塑膠片販售。

2

將切碎的巧克力、奶油、香草糖放入調理盆中，一邊隔水加熱至55℃，一邊攪拌至材料融化。香草糖可以使巧克力的香氣更有層次。

3

將蛋黃放入桌上型攪拌機的攪拌盆中，以打蛋器打散，再加入300g砂糖後迅速拌勻。如果沒有馬上攪拌，會容易結塊。

4

將步驟**3**攪拌至濃稠狀後，加入90℃的熱水充分拌勻。繼續隔水加熱，直至比肌膚溫度高一點的溫度，會比較好打發。

5

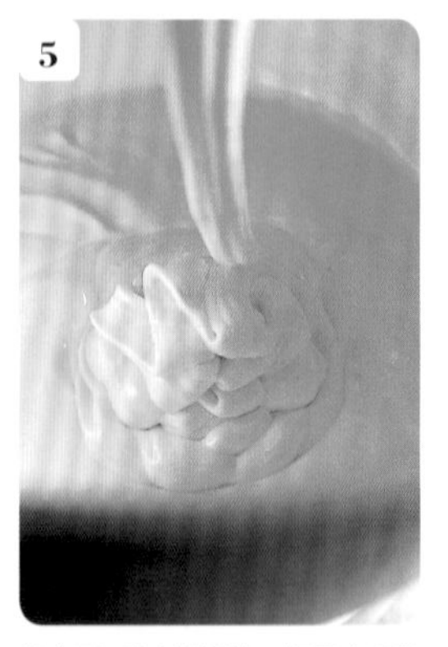

將步驟**4**以高速攪拌。打至十分發後，轉成中速拌勻。打至會留下攪拌器的痕跡，且呈現出光澤感即可。撈起時會像緞帶一樣滴落堆疊，痕跡會殘留一會兒才消失。

6

製作步驟**5**時，同時將蛋白打發。將蛋白和鹽、¼量的200g砂糖放入桌上型攪拌機的攪拌盆中，以中速打發。鹽可以弱化筋性，使蛋白霜更好打發。

7

中途將剩餘的砂糖分三次加入，打至尖角呈現彎曲狀的硬度後，轉高速打發。打發至幾乎要分離之前，將細緻的泡沫打出最大限度的氣泡量。

8

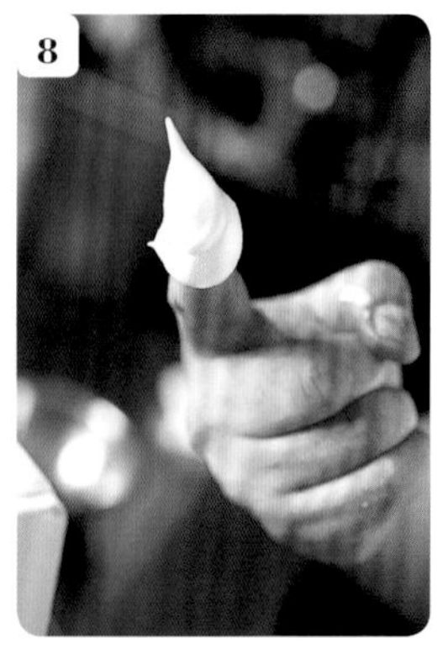

非常細緻，容易和其他材料拌勻的蛋白霜完成了。因為加了鹽，弱化蛋白的韌性，使蛋糕變得更加入口即化。在步驟**11**至**13**時，也可以適度消除氣泡。

9

將步驟**5**一次全加入調整成55℃的步驟**2**中，再加入香草精。香草的香氣可利用香草精作補強。再以打蛋器大略拌勻。

10

將步驟**9**拌成大理石紋後，加入過篩兩次的低筋麵粉。為了避免破壞蛋黃的氣泡，要將打蛋器由底部往上翻拌，大略拌勻。

11

> > > > >

1、2、3、4、5……
有節奏地拌勻。

當步驟**10**的顏色均勻後，將步驟**8**的蛋白霜一次加入。依照步驟**10**的作法拌入脫脂奶粉。

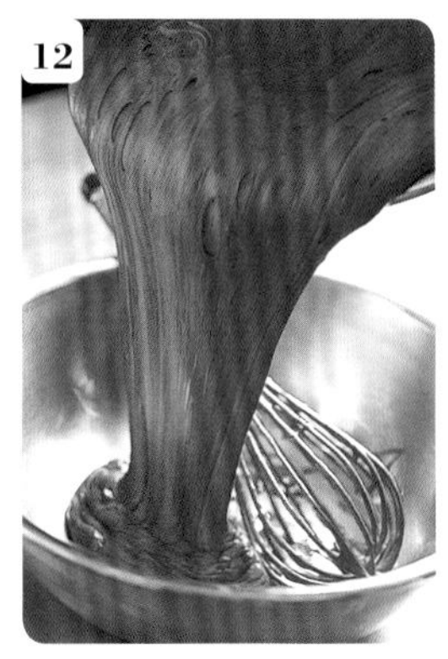

12

當步驟11呈八分均勻的狀態時，將麵糊倒入另一個盆中，使麵糊上下顛倒，以同樣的方式拌勻。當麵糊的顏色變深、有光澤，且散發出巧克力香氣時即完成。

13

攪拌好的狀態。氣泡大約消泡八成，只留兩成。被打散的細微氣泡能夠帶來明顯的柔軟口感，和巧克力一起溶化在口中，襯托巧克力的風味，也讓口中餘韻繚繞。

14

在步驟1的模型中各倒入約420g的步驟13。將模型輕敲鋪有濕布的桌面，讓表面平整。

15

將步驟14排列在深烤盤中。在烤盤中注入約50℃的熱水至模型的⅓高處，打開烤箱換氣口，以150℃烘烤約2小時。

16

烤1小時後，以尖刀在蛋糕上刺幾個小洞，讓濕氣散出，繼續烘烤。打開換氣口是為了避免烤箱溫度上升太快，蛋糕會過度膨脹。

17

輕壓表面，若有彈性就是烤好了。連同深烤盤一起放在網架上，讓蛋糕穩定。

18

放涼後，以小刀在模型內側繞一圈，倒扣在紙盤上，讓蛋糕自然掉出模型。如果勉強脫模，側面容易凹陷，須注意。

栗子派

Galette aux marrons

這道派點中間包裹著加入糖煮帶皮和栗的奶香杏仁奶油醬，原形來自於「肉餡派」。將肉包在派皮中蒸烤，肉的鮮味不會流失，嚐起來是不是多汁又美味？甜點也是一樣。將奶香杏仁奶油醬密封在千層派皮中烘烤，奶油醬的水分不會蒸發掉，而以美味濃縮的狀態加熱烤熟。烤好後，濕潤的質地就像日本的「豆沙餡」一樣。仔細想想，杏仁奶油醬就像是以杏仁來煮「豆沙」一樣呢！在奶香杏仁奶油醬中，還加入日本人最喜歡的栗子，更增加了蓬鬆柔軟的美味。

在此還有一項令人矚目的重點，就是以小刀在派皮表面切割的條紋。這項作業稱為割紋，rayer。為了不破壞派皮，一般都以刀子的刀背來割紋，不過我還是使用刀尖，割到幾乎要切斷派皮的深度。如此一來，烘烤時該部分的派皮便會像松葉一樣往上打開，讓受熱性變好，還會在口中往各個方向散開，能夠真實表現出酥脆的「聲響」。和千層派使用的派皮不一樣，能夠充分享受到千層派皮的精隨。

割在派皮上的紋路不只是裝飾而已，還可以為口感帶來變化，也有助於蒸發多餘的蒸氣。割紋的技術，也讓人見識到甜點師傅的手藝。

直徑約21㎝，4個份

奶香杏仁奶油醬（P.71）
crème d'amandes au lait　約800g
∧依P.71的作法製作，但不需靜置一晚，直接取約800g使用。

糖煮帶皮和栗　compote de marron japonais　7顆／1份

加入二次麵團的千層派皮（P.184）
pâte feuilletée　半量
∧依P.185「加入二次麵團的千層派皮」步驟1至6的作法製作，從切成八份的麵皮中取四份使用。

蛋液（P.48）　dorure　適量

糖粉　sucre glace　適量

奶香杏仁奶油醬>

將奶香杏仁奶油醬填入裝有直徑14㎜圓形花嘴的擠花袋中，在直徑15cm的圓形淺盆中各擠約200g。再放入糖煮帶皮栗子，中央放一顆，周圍放六顆。

將步驟**1**以刮刀抹平，邊緣擦乾淨。放入冰箱急速冷凍凝固。

取出冷凍凝固的步驟**2**，將容器底部浸泡熱水。

將奶香杏仁奶油醬以滑動的方式從調理盆中取出（脫模，démouler）。

由於呈表面光滑的淺半球形，包入千層派皮後就不會凹凸不平，可以包得很漂亮。以保鮮膜密封，放入冰箱冷藏一晚熟成，再改放冷凍室保存。使用前請放入冰箱冷藏室解凍。

加入二次麵團的千層派皮>

將四片加入二次麵團的千層派皮分別以擀麵棍輕輕擀開，放入壓麵機中壓成2.6㎜厚，約28cm寬的長方形。

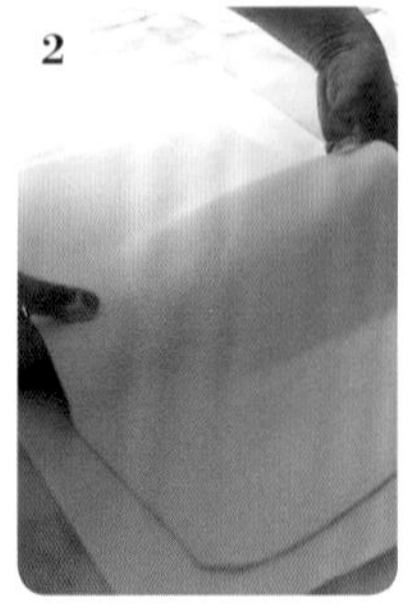

將步驟**1**依P.46步驟**20**的作法鬆弛麵皮後，放在烘焙紙上。再覆蓋一張烘焙紙，放在室溫中休息30分鐘，最後放入冰箱冷藏1小時，使麵皮緊實。

組合＆烘烤>

取出加入二次麵團的千層派皮，將直徑約21cm的派皮模型壓在麵皮上，以小刀沿著模型裁切，一片麵皮切兩片，總計八片。切時要將小刀傾斜，使切口形成45度斜角。

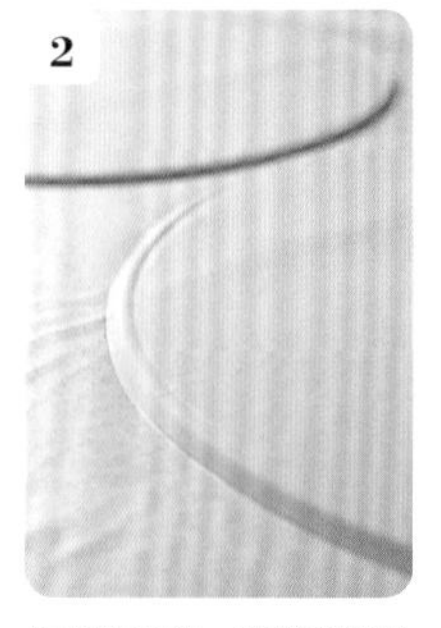

切好的派皮。邊緣斜切是為了烤好時能讓側面看起來呈垂直狀。另外，為了記住麵皮的擀開方向，會以小刀在麵皮表面輕輕劃一條線作記號。

將步驟**2**麵皮的其中四片，切口朝下平放在旋轉台上。邊緣預留2㎜寬度，以刷子在表面刷一層蛋液。如果刷太厚，因為蛋液有水分，烘烤時可能會因為沸騰而使上下兩片派皮分離，須注意。

將解凍的奶香杏仁奶油醬，放在步驟**3**派皮的中央。

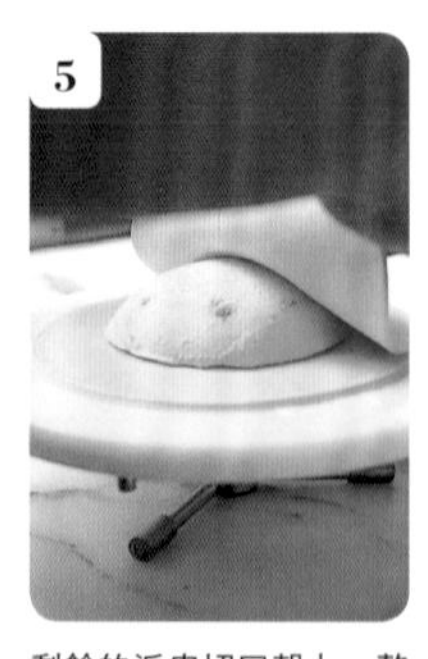

剩餘的派皮切口朝上，整片攤開蓋住步驟**4**。如此連接處就會形成V字形，側面便可以垂直膨脹（圖1）。另外，將上下兩片派皮依步驟**2**作的記號錯開90度，重疊起來（圖2為佳例）。

輕輕按壓派皮，排出空氣，使派皮緊密貼合。

將派皮的連接處以手指壓緊，再以小刀刀背從邊緣45度角斜切，劃出溝紋（刻裝飾線，chiqueter）。

再次輕壓派皮中心，讓整體緊密貼合。並於表面刷上蛋液。

在中央的球狀部分割花紋（割紋。P.198）。將小刀刀尖由中心向外側畫弧形般移動。割出幾乎要將派皮切斷的深度。

在球狀部分和派皮之間也以小刀刀尖平壓後劃開，作出凹陷的花樣。如此派皮會更加緊密，烘烤時派皮邊緣也會往中心膨脹，增添另一種風情。

在鋪有矽膠烘焙墊的烤盤上噴水後，將步驟**10**排列在上面。中央以用竹籤戳一個洞，作為換氣孔。

全體噴水，放入烤箱中，以200℃烘烤約40分鐘。藉由噴水補充水分，烤箱內充滿蒸氣，派皮會慢慢地膨脹起來。

＞ ＞ ＞ ＞ ＞

13

第一次撒的糖粉，要輕輕地撒……。

＞ ＞ ＞

烤好後暫時將派取出，以濾茶網撒兩次糖粉。第一次先輕輕撒，待糖粉溶化後，再撒第二次。

再以205℃烘烤10分鐘，讓表面上光（P.42）。最後放在網架上待涼。

裝飾邊緣和割紋讓派皮烤得很漂亮。因為使用加入二次麵團的千層派皮，派皮不會過度膨脹，酥脆的口感吃起來令人舒暢愉悅，與奶香杏仁奶油醬濕潤的口感形成明顯對比，十分有趣。

示意圖 1

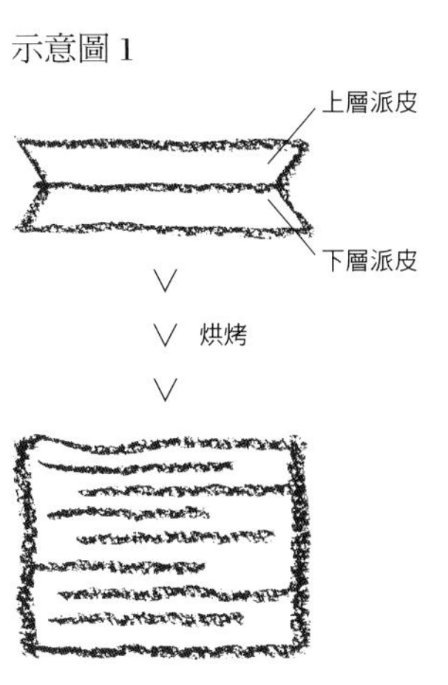

示意圖 2（劣例）

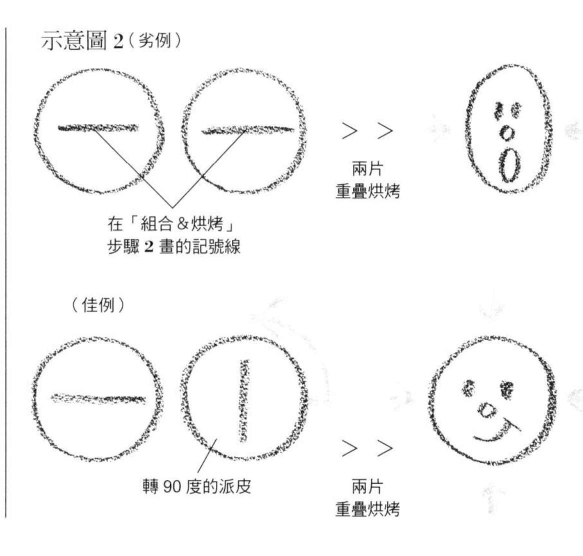

烤千層派皮時，會往擀開的方向回縮。因此如果將兩片同方向的派皮疊在一起，烤好回縮的方向也會一樣，就會烤成橢圓形（劣例）。將擀開方向錯開90度再疊起，就會從四邊平均回縮，烤成漂亮的圓形（佳例）。

栗子煙囪

Cheminée au marron

這是「栗子派」（P.198）的迷你版。因為尺寸較小，很容易烤熟，加上表面也有割花紋（割紋。P.198），能將多餘的蒸氣散出，更能品嚐到派皮的酥脆口感。

插在中央的銀紙筒，是因為我想作一些特別的裝飾。有一種派料理的手法是像這樣將醬汁從直立的圓筒中流進去，不過這道甜點跟這個手法沒關係。我在巴黎修習甜點製作時，休息日常去塞納河畔一邊吃烤栗子一邊發呆。當時眺望的街道煙囪仍然留在我腦海裡，於是便將它融入甜點的名字和裝飾中了。

直徑約8cm，16個份

奶香杏仁奶油醬（P.71）

crème d'amandes au lait　15g至20g／1個

∧依P.71的作法製作，但不需休息一晚，直接取320g使用。

糖煮帶皮和栗　compote de marron japonais　1顆／1份

加入二次麵團的千層派皮（P.184）

pâte feuilletée　¼量

∧依P.185的「加入二次麵團的千層派皮」步驟**1**至**6**的作法製作，從切成八份的麵皮中取兩份使用。依P.200「加入二次麵團的千層派皮」步驟**1**至**2**的作法，將麵團鬆弛、放室溫休息後，移至冰箱冷藏，使麵團緊實。

蛋液（P.48）　dorure　適量

糖粉　sucre glace　適量

奶香杏仁奶油醬>

將奶香杏仁奶油醬填入裝有直徑10mm圓形花嘴的擠花袋中，擠入直徑5cm的球形模型中。中央放一顆糖煮帶皮栗子，上面再擠一些奶香杏仁奶油醬。

以小抹刀橫擦抹平。急速冷凍凝固後，依P.200「奶香杏仁奶油醬」步驟**3**至**5**的作法脫模、冷藏熟成後，放冰箱冷凍保存。使用時再放冷藏室解凍。

組合＆烘烤>

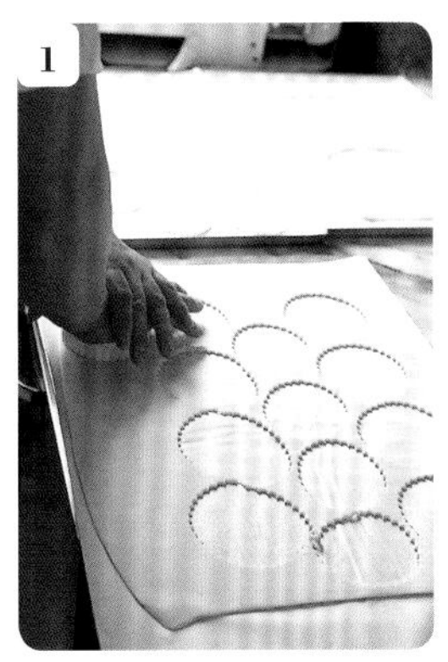

將兩片加入二次麵團的千層派皮取出，以直徑7.5cm（底部用）、直徑9.5cm（上層用）的菊花形模各壓16片派皮。為了記住麵皮的擀開方向，以小刀在麵皮表面輕輕劃一條線作記號。

以刷子在底部用的派皮上刷一層蛋液，將解凍的奶香杏仁奶油醬放在中央。

依步驟**1**作好的記號，將上層用的派皮錯開90度，重疊起來（P.201的圖2是佳例）。以直徑6cm的菊花形模輕壓派皮中央，讓兩張派皮緊密貼合。

在步驟**3**的表面刷蛋液，依P.201步驟**9**至**10**的作法製作割紋，壓出下凹的花樣。

依P.201步驟**11**至**14**的作法烤好後放涼。但改為放入200℃的烤箱中烘烤約30分鐘，撒上糖粉後再以205℃烤8分鐘，讓表面上光最後插一枝鋁箔紙作的紙筒裝飾。

因為尺寸比較小，「奶香杏仁奶油醬」很容易熟透，「croustillant（酥酥脆脆的樣子）」的派皮口感很明顯，也增加了中心糖煮帶皮栗子的存在感。

奶奶的塔

Tarte grand-mère

Tarte grand-mère就是指「奶奶風格的塔」，也有人稱為「Tarte paysanne（鄉村風塔）」。它不是指特定的配方，而是指所有樸實的塔。在法國修習甜點製作時，租屋處的房東太太有時候會請我吃手工作的塔。塔是法國最受歡迎的gâteau familial（家常甜點）。

我作的「奶奶的塔」，是將海綿蛋糕體鋪在千層派皮上，放上焦糖炒蘋果，再倒入以蛋和酸奶油等材料作成的蛋奶醬烤製而成。海綿蛋糕體是使用「費雪草莓蛋糕」（P.86）剩餘的部分。將它壓模成圓形，浸入蛋奶醬內，再鋪在千層派皮上。吸收了蛋奶醬的海綿蛋糕體變得像麵包布丁一樣，洋溢著懷舊的氛圍。它還有一項優點，因為海綿蛋糕體會吸收蛋奶醬的水分，讓派能夠保持酥脆的口感，隔天再吃還是很好吃。

煮過的水果搭配蛋香濃郁的蛋奶醬所形成的美味，是我在法國時特別感動的事情之一。這道塔會先炒好焦糖蘋果，蘋果淋上蛋奶醬後的濃郁風味，美味得有如夢境一般。

這除了是蛋糕店的奢華甜點，同時也蘊含著奶奶為孫子注入的疼愛之情，是一道充滿溫暖的甜點。

直徑16cm的塔模型4個份

鄉村蛋奶醬　appareil paysanne
- 全蛋　œufs entiers　360g
- 砂糖　sucre semoule　225g
- 紅糖（未精製原糖）　cassonade　75g
- 酸奶油　crème aigre　500g
- 鮮奶油（乳脂肪47%）　crème fraîche　350g
- 香草精　extrait de vanille　適量
- 蘋果白蘭地酒　calvados　適量

千層派皮（P.44）　pâteà feuilletée　½團

∧依P.46的「摺疊」作法進行至步驟**18**，取½份量的麵團。以擀麵棍敲打，使硬度一致，再放入壓麵機中壓成2.6mm厚，長約30cm的長方形。依P.46步驟**20**至**21**的作法將麵團鬆弛後打洞（不過為避免蛋奶醬漏出，打洞時動作要輕柔，不可打穿到背面），再次鬆弛後，靜置於室溫中休息，再放入冰箱冷藏，使麵團緊實。

蛋液（P.48）　dorure　適量

海綿蛋糕（P.40）　pâteà génoise

長方圈⅓盤份

∧烤好後將上色面切除，切成5mm厚的薄片，以直徑12cm至13cm的圓形模型壓成4片。

糖漬橘皮（切成2mm至3mm小丁）

écorce d'orange confite　適量

葡萄乾（科林斯葡萄）　raisins de Corinthe　適量

杏仁片　amandes effilées　適量

糖粉　sucre glace　適量

發酵奶油（模模型用）　beurre pour moules　適量

∧在室溫中放到手指能夠輕鬆按壓下去的軟度。

焦糖炒蘋果　pommes sautées　基本份量
- 蘋果　pommes　8顆
  - ∧富士、紅玉等品種。
- 發酵奶油　beurre　70g
- 砂糖　sucre semoule　70g
- 砂糖　sucre semoule　160g
- 香草精　extrait de vanille　適量
- 檸檬汁　jus de citron　適量
- 蘋果白蘭地酒　calvados　適量

鄉村蛋奶醬>

1

將全蛋打入調理盆中，充分打散後，依序加入砂糖、紅糖，擦拌均勻。

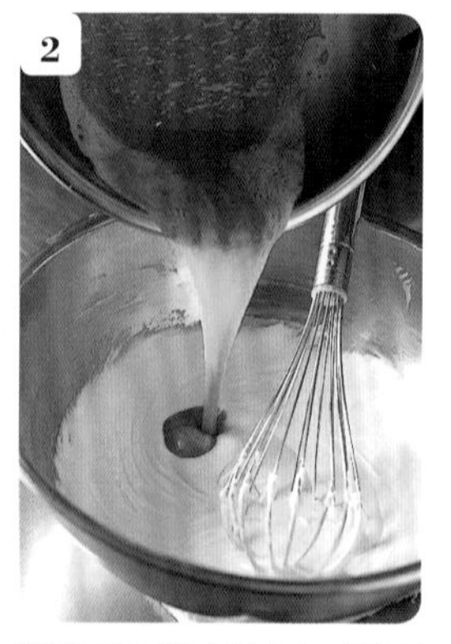

2

將酸奶油和鮮奶油放入另一個調理盆中，充分拌勻，分三次加入步驟**1**，邊加邊充分拌勻。中途將沾附在打蛋器上的蛋奶醬刮下，讓整體均勻混合。

3

將步驟**2**以濾網過篩到另一個盆中。加入香草精、蘋果白蘭地拌勻，放冰箱冷藏一晚。經過一段時間的熟成後，味道會更芳醇。

千層派皮>

1

將千層派皮從冰箱取出，放上一個直徑約21㎝的派皮模型，以小刀沿著模型切四片派皮。

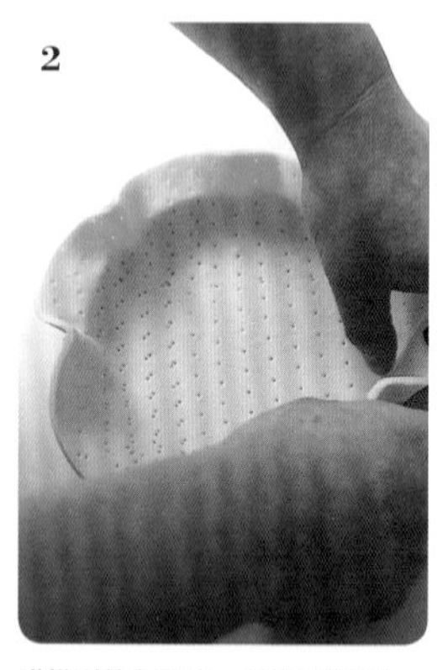

2

塔模型的內側塗一層薄薄的奶油，將步驟1輕輕放在上面。一邊旋轉塔模，一邊慢慢地將派皮往下壓，輕輕地以手指按壓，讓派皮緊貼模型側面。一邊注意不要影響派皮的厚度，一邊鋪滿模型每個角落。

3

將側面重疊的部分推開，讓派皮邊緣往模型外側反摺。這是為了防止烤好後派皮回縮，也可以為外觀、口感帶來一些變化。

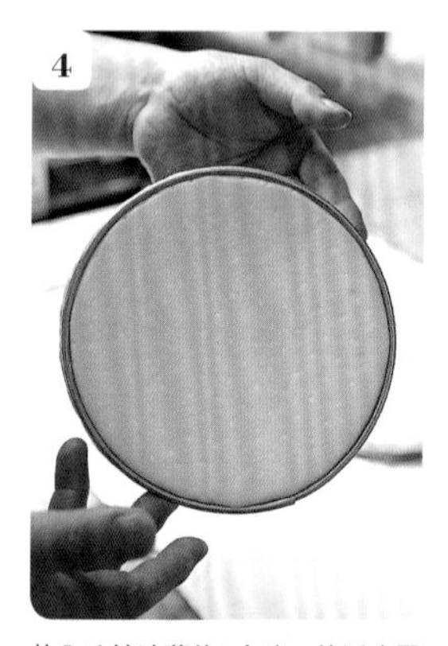

4

放入冰箱冷藏約1小時，使派皮緊實。反摺到模型外的派皮預留約4㎜寬度，其餘以小刀切除。照片中為角落毫無空隙的底部狀態。

5

將步驟4排在鋪有矽膠烘焙墊的烤盤上。派皮上鋪一張鋁箔紙，放入重石。噴水後，放入烤箱中，以185℃烘烤30分鐘。

6

將步驟5取出，從上輕壓重石，抑制派皮膨脹。將烤盤前後調轉方向，再烤約10分鐘，讓整體更均勻。烤好後從烤箱取出。

7

以湯勺取出重石，輕輕除去鋁箔紙。在派皮內側刷一層蛋液。為了避免蛋奶醬流出，一定要仔細地將有打洞的地方塗滿蛋液。

8

再次放入烤箱中，以185℃烘烤約5分鐘至6分鐘。將派皮烤成金黃色。

組合&烘烤>

1

將海綿蛋糕體浸泡在鄉村蛋奶醬中（如此蛋奶醬才會充分滲入蛋糕體內），鋪在烤好的千層派皮上。最後烘烤時，海綿蛋糕體也會吸收蘋果汁，帶出整體一致的口感。

將切成2mm至3mm的糖漬橘皮、葡萄乾撒滿在步驟1上。

再將九塊焦糖炒蘋果（下述）排列成放射狀，中央再疊三塊。將原本排在深烤盤時底部的那面朝上放置。這是為了不讓派皮吸收多餘的水分。

撒上杏仁片後，以麵糊分配器注入鄉村蛋奶醬。刻意將杏仁片的一部分沾濕，能夠表現出家庭式的口味與氛圍。

再次撒上杏仁片，並以濾茶網撒兩次糖粉。糖粉可以形成酥脆又細緻的皮膜，與中央蛋奶醬的柔滑口感相互對比。

在烤盤下方再疊三個烤盤，共計四個，放入烤箱中，180℃烘烤約40分鐘。烤好後會呈現膨脹飽滿的狀態。冷卻後會稍微下沉。

焦糖炒蘋果>

蘋果削皮、去核後，以八等分切割器切成扇形。試試味道，確認甜度和酸味。

將奶油放入平底鍋中打散，加入70g砂糖，開較小的中火邊拌邊煮，煮至呈現淡褐色。待煮成澄淨的紅褐色時就是最好的狀態。煮過頭會太苦，使蘋果的風味流失。

將一塊蘋果放入鍋中，確認沾在蘋果上的焦糖顏色，如果沒問題，就放入全部的蘋果。加入160g砂糖補強甜度。如此可以修飾焦糖的苦味，讓滋味層次更豐富。

加入香草精、檸檬汁，繼續熬煮。慢慢地蘋果會釋出水分。熬煮溶入焦糖中的蘋果汁（風味）（濃縮，réduire），之後再回淋蘋果上。

當蘋果煮熟後，加入蘋果白蘭地點燃（讓酒精燃燒蒸發）。藉由澆酒燃燒，可以讓滋味多一道層次。

將步驟5排列在深烤盤上。蓋上保鮮膜，鎖住香氣和風味，放置室溫半天後，再放入冰箱冷藏一晚。

冷藏一晚後的樣子。放置一段時間，味道會更濃郁。

聖誕蘇格蘭蛋糕

Cake écossais Noël

「蘇格蘭蛋糕」是我在亞爾薩斯修習甜點製作時的店Jacques的特製甜點。在我修習的最後一週，店長Bannwarth先生教授予我的，也是亞爾薩斯地方眾多常溫甜點的其中一種。外側是加了蛋白霜的巧克力風味杏仁霜，內側則是以杏仁奶油醬加低筋麵粉拌勻的麵糊，表面沾滿了杏仁角，是充分應用杏仁的一道甜點。

使用大量堅果的常溫甜點，在從亞爾薩斯到歐洲等內陸寒冷的地區經常看到。比起剛出爐，密封兩到三天的蛋糕，因為杏仁的風味熟成，完全吸收了葡萄乾和蘭姆酒的風味，更能凸顯這道甜點的精華。構造雖然簡單，但蔓延在口中的滋味非常豐富且令人驚豔，這就是歐洲甜點的實力。「Patron, merci beaucoup（店長，謝謝您）！」Bannwarth先生送給我用來作這道甜點的長條波紋模，是我帶著珍貴回憶的寶貝之一。每到聖誕季節，我就會為它加上這次將介紹的糖粉雪花圖樣。

在法國，有個詞是「gâteaux de voyage」，意思是「旅行時帶的甜點」。像蘇格蘭蛋糕這類放得越久越好吃的磅蛋糕，就是gâteaux de voyage的最佳代表。帶著自己喜歡的甜點去旅行，一邊欣賞從車窗外流洩而過的景色，心中想起旅行時遇見的小小溫暖，嚐一口喜愛的蛋糕。這種享受蛋糕的方式，也是我在法國學到的美好經驗。

20×12cm的長條波紋模17個份

杏仁奶油醬　crème d'amandes
- 發酵奶油（切成2cm厚的片狀）　beurre　1.3kg
  ∧在室溫中放到手指能夠輕鬆按壓下去的軟度。
- 糖粉　sucre glace　950g
- 全蛋　œufs entiers　25顆
- 香草精　extrait de vanille　適量
- 蘭姆酒　rhum　100g
- 杏仁粉　amandes en poudre　1.6kg
- 低筋麵粉　farine faible　320g
- 蘭姆酒漬葡萄乾（無籽白葡萄）　sultanines au rhum　500g

巧克力風味杏仁霜　masse chocolat
- 蛋白　blancs d'œuf　950g
- 砂糖　sucre semoule　600g
- 杏仁粉　amandes en poudre　930g
- 可可粉（無糖）　cacao en poudre　120g
- 砂糖　sucre semoule　360g

糖粉　sucre glace　適量
- 發酵奶油（模型用）　beurre pour moules　適量
  ∧在室溫中放到手指能夠輕鬆按壓下去的軟度。

杏仁角（1/16，模型用）　amandes hachées pour moules　適量

杏仁奶油醬>

依P.71步驟**1**至**6**的作法製作。但不要加鹽。加入混合了香草精的蛋液後，分次慢慢倒入加熱至40℃至45℃的溫蘭姆酒拌勻。

將混合過篩兩次的杏仁粉和低筋麵粉加入步驟**1**中，以低速攪拌，再加入蘭姆酒漬葡萄乾拌勻。移入盆中，放入冰箱冷藏熟成一晚。使用前3小時至4小時取出，置於室溫中回溫。

巧克力風味杏仁霜 組合&烘烤>

準備模型。將放在室溫中回軟的奶油，以刷子厚厚地刷一層在模型內側。刷厚一點是為了讓杏仁角比較容易沾附在模型上，奶油也較易滲入蛋糕中，更添一層風味。

將杏仁角撒在步驟**1**的模型中搖動，讓模型內側盡量沾滿杏仁角。將多餘的杏仁角抖落。放入冰箱冷藏固定。

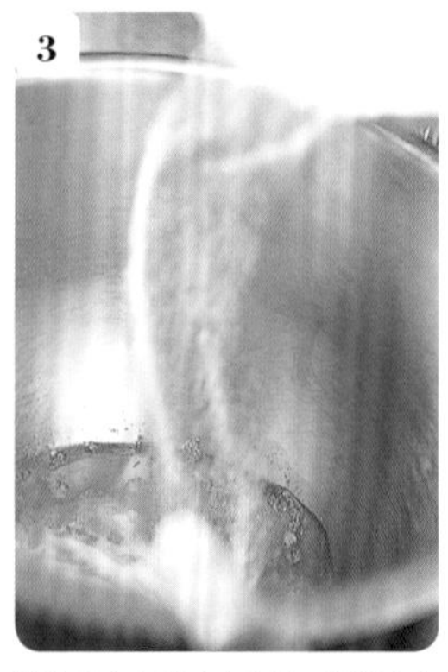

製作巧克力風味杏仁霜。將蛋白放入攪拌盆中，加入¼量的砂糖。以低速將蛋白打成均一濃度後，再以高速打發。中途將剩餘的砂糖分三次加入。

打至拿起攪拌器時，蛋白霜呈現挺立的尖角狀。這樣就完成倒入模型中也不會消泡，細密又光滑的蛋白霜了。

在混合過篩兩次的杏仁粉和可可粉中加入砂糖拌勻。拌好後，一邊加入蛋白霜中，一邊以刮板由底部往上翻拌。小心不要破壞氣泡，簡單迅速地翻拌。

攪拌時
要以最容易
施力的姿勢，
有節奏地拌！

拌至看不見蛋白霜的白色即完成。倒入步驟**2**準備好的模型中，以刮刀將杏仁霜往模型兩邊抹，使杏仁霜緊貼著模型（鋪層，chemiser）。

8

再以刮刀從一端抹至另一端，將底面抹平。兩端也要整齊地抹平杏仁霜。

9

抹好巧克力風味杏仁霜的狀態。

10

將置於常溫中回溫的杏仁奶油醬，以刮刀由底部往上翻拌，使整體均質化。

11

將步驟10放入沒有裝花嘴的擠花袋中，擠入步驟9中。

12

以刮刀將表面抹平。將模型在桌面上輕敲幾下，讓奶油醬流至模型的每個角落。

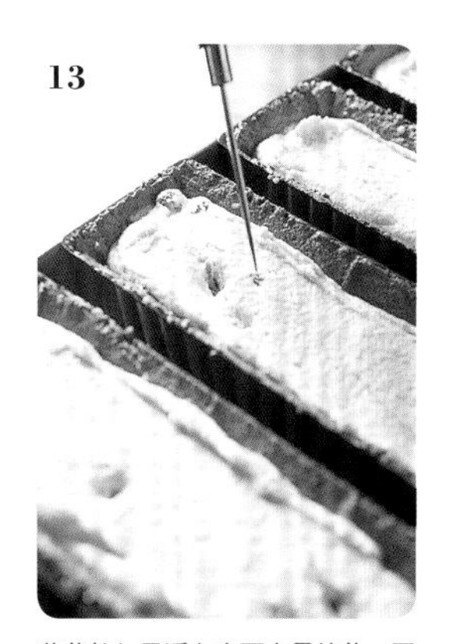

13

葡萄乾如果浮在表面容易烤焦，因此以尖刀將葡萄乾埋入奶油醬裡，再以刮刀抹平痕跡。接著放入烤箱中，以180℃烘烤約55分鐘。

14

表面烤成漂亮的金黃色。出爐後在桌面輕敲幾下，讓熱氣散出，避免回縮。

15

倒扣在鋪有烘焙紙的沖孔烤盤上，將模型取下。緊緊沾附在蛋糕上的杏仁角非常美麗。放涼後放入收納盒中，蓋上蓋子，放入冰箱冷藏2天至3天，讓蛋糕熟成。

16

取出後在蛋糕上放雪花圖樣的模板，以濾茶網篩上一層糖粉，作出花樣。

蛋糕的每個部分都有使用杏仁，是一道滋味濃郁的甜點。蘭姆酒浸漬的無籽白葡萄乾也是它的特色之一。

蒙布朗週末蛋糕

Week-end Mont-blanc

將焦糖風味的費南雪麵糊烤成磅蛋糕的模樣，是道非常華麗的甜點。中心還包裹著作成圓柱形的栗子泥。靈感源自一種法國Traiteur（熟食）「鵝肝醬布里歐麵包」。栗子泥可以固定在麵糊中不會沉下去，是不是很不可思議？ 這其中有個祕密。我訂作了兩端可以穿過棒子的模型，將作成圓柱形的栗子泥固定在棒子上，再放入烤箱烘烤。配合想作的甜點來改造模型或器具，也是作甜點的樂趣之一。順帶一提，我常常去逛大賣場之類的商店，找找看有沒有能用於作甜點的器具。雖然有點離題，不過像是作「巧克力海綿蛋糕」（P.190）時用來抹平麵糊的道具，原本是用來刷油漆的刮板；而作「布列塔尼酥餅」（P.230）時，用來壓在餅乾上面抑制麵團膨脹的木頭模型，其實是玩具積木。

焦糖基底使用的焦糖醬，考慮到要和鮮奶油混合，又希望能讓整體滋呈現清爽感，因此重點是要煮得比P.73的焦糖更濃縮。適度的苦味能夠與杏仁的香味和栗子的鬆軟感形成絕妙組合。

將這道華麗的甜點作成聖誕節的豪華甜點也很受歡迎。每逢聖誕節，我會在蛋糕上裝飾一個以咖啡風味義大利蛋白霜作成的聖誕樹。這道甜點是焦糖和咖啡兩種苦味的競演。

16×7cm的磅蛋糕模型12個份

發酵奶油（7cm大）　beurre　600g
　∧置於室溫中回溫。
蛋白　blancs d'œuf　1kg
　∧置於室溫中回溫。
砂糖　sucre semoule　1kg
鹽　sel　適量
杏仁粉　amandes en poudre　400g
低筋麵粉　farine faible　400g
香草精　extrait de vanille　適量
柱狀栗子泥　pâte de marron japonais　12根
　∧在蒸好的栗子中加入占栗子重量40%的砂糖，打成泥，作成直徑約3cm，長約13.5cm的圓柱形，放入冰箱冷凍保存。
發酵奶油（模型用）　beurre pour moules　適量
　∧在室溫中放到手指能夠輕鬆按壓下去的軟度。
杏仁粉（模型用）
　amandes en poudre pour moules　適量

焦糖基底　base caramel　下述成品取200g
　鮮奶油（乳脂肪47%）　crème fraîche　200g
　香草莢　gousse de vanille　½枝
　砂糖　sucre semoule　200g
咖啡風味蛋白霜聖誕樹　déor meringue au café
　咖啡風味義大利蛋白霜　meringue italienne au café
　　糖漿　sirop
　　　水　eau　80g
　　　砂糖　sucre semoule　375g
　　　咖啡精　trablit　適量
　　蛋白　blancs d'œuf　180g
　　　∧使用當天打發的新鮮蛋白。
　　砂糖　sucre semoule　18g
　　咖啡精　trablit　適量
　　香草精　extrait de vanille　適量
　烤杏仁（切對半）　amandes grillées　適量
　烤榛果（切對半）　noisettes grillées　適量
　烤核桃（切對半）　noix grillées　適量
　銀珠糖（大、小）　perles argentées　適量

準備模型。將放在室溫中回軟的奶油，以刷子厚厚地刷一層在模型內側。將杏仁粉撒在模型中搖動，讓模型內側盡量沾滿杏仁粉，並將多餘的杏仁粉抖落。

以手指將沾附在模型邊緣的杏仁粉擦除。這是為了讓烤出來的成品更可愛，不使沾在蛋糕邊緣的不規則杏仁粉減損美觀。再放入冰箱冷藏固定。

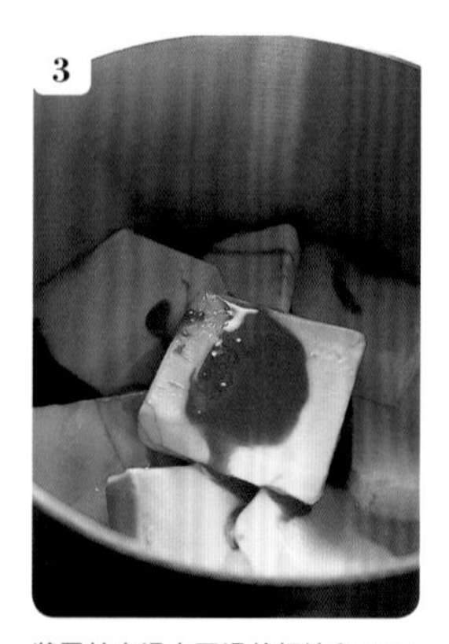

將置於室溫中回溫的奶油和200g隔水加熱融化的焦糖基底（右頁）放入銅鍋中，開小一點的中火，一邊加熱一邊以打蛋器攪拌，煮至沸騰。

在進行步驟**3**的同時，將置於室溫中回溫的蛋白以打蛋器中充分打散，加入砂糖和鹽。鹽可以為味道帶來張力。

以畫圓的方式攪拌，一直拌至砂糖的顆粒感消失。記得攪拌動作要輕柔。適度打入氣泡，能讓麵糊質地更輕盈。

將混合過篩兩次的杏仁粉和低筋麵粉一次全加入步驟**5**中，以畫圓的方式充分拌勻。

攪拌至光滑狀態後，趁著沸騰的步驟**3**溫度還很高時加入其中，以同樣的方式拌勻。如此一來砂糖也會完全溶化。

攪拌至光滑且均一狀後，再加入香草精。

將步驟**8**各290g倒入步驟**2**準備好的模型中（約模型的一半高），模型兩端插入細棒（兩端有孔的客製模型）。

將圓柱形栗子泥插入棒子兩端。這樣栗子泥就固定在中央了。

以刮刀將表面整平，蓋住栗子泥。移至烤盤上，放入烤箱中，以180℃烘烤約50分鐘，烤成金黃焦香。烤好後輕敲桌面幾下，讓熱氣散出，防止回縮。

以抹刀插入模型內側，取出蛋糕，將蛋糕放在鋪有烘焙紙的沖孔烤盤上待涼。蛋糕邊緣的杏仁粉看起來像衣領一樣，非常可愛。最後裝飾上咖啡風味蛋白霜聖誕樹(右頁)。

焦糖基底>

將鮮奶油、香草莢（依P.15的作法剖開）放入鍋中，煮沸後離火。鍋底墊一盆冷水稍微降溫，蓋上保鮮膜靜置約30分鐘，讓香草的香氣釋放（浸漬。P.68）。

製作焦糖。銅鍋以中火稍微溫熱後，倒入⅓量的砂糖，改以小火熬煮。待砂糖周圍開始融化後，以木匙慢慢攪拌，煮至融化。

待砂糖完全融化，呈現紅褐色時，便可再加一次砂糖。將剩餘的砂糖分兩次加入，依同樣的作法慢慢熬煮。

煮至變成較深的紅褐色（依照自己的經驗和基準來判斷即可）。如果泡沫往上噴，煙變濃就要攪拌一下，待泡沫下沉後，再倒入稍微溫熱的步驟**1**。注意此時糖漿會飛濺。

立刻倒入調理盆中，盆底浸泡冰水冷卻。冷卻後取出香草莢，蓋上保鮮膜放入冰箱冷藏保存。靜置2天至3天，香氣和濃度都會增加。

咖啡風味蛋白霜聖誕樹>

製作咖啡風味蛋白霜聖誕樹。將水、砂糖、咖啡精倒入銅鍋中，煮至117℃（P.263）。將蛋白、砂糖、咖啡精、香草精加入桌上型攪拌機的攪拌盆中。

步驟**1**的糖漿煮沸後，再開始打發蛋白。先以中速打至蛋白霜會往下彎的硬度後，再以高速打發。

待糖漿加熱至117℃後離火，等冒出的小氣泡下沉後，慢慢倒入以中速攪打的步驟**2**中，一邊加入一邊打發。糖漿全部倒入後，轉成低速再攪打約3分鐘。

打至光滑且有挺立尖角時，咖啡風味蛋白霜就完成了。

將步驟**4**趁熱填入裝有8㎜寬聖多諾黑（Saint-Honoré）花嘴的擠花袋中，在鋪有矽膠烘焙墊的烤盤上擠出聖誕樹型。

上面裝飾烤好的堅果，再撒上銀珠糖（大、小顆）。放入60℃的旋風烤箱中烤約2天，讓它完全乾燥。持續以低溫烘烤，會有光澤感。

焦糖色的濕潤蛋糕體。栗子泥漂亮地維持在正中心。

送子鳥（Stollen，史多倫聖誕麵包）

Cigogne

我突然想作聖誕節的傳統甜點「史多倫」，是因為在合羽橋的道具街看到橢圓模型。總覺得那個模型看起來有點像小嬰兒，於是就聯想到作成包著包巾的嬰兒耶穌模樣的史多倫了。甜點的名字由來，是傳說中會帶來小寶寶，也是亞爾薩斯地區象徵幸福的「送子鳥（白鸛）」。

製作的重點在於，先將以酵母、麵粉、水作成的中種麵團麵團發酵，再加入整個麵團中（中種麵團法，Ansatz）。因為加入大量生杏仁膏和奶油、乾果、核桃的豐富麵團比較難發酵，所以要先將基底麵團發酵才行。另外，添加的葡萄乾要使用浸漬於蘭姆酒數年的葡萄乾。如此一來，滋味和香氣都會更有層次與深度。為了使麵團能有適度的嚼勁，過程中不加壓發酵，並要充分排出空氣。作出漂亮的外型，也是身為甜點師傅的堅持。先將麵團放入模型後，再以特製的壓模壓印，以獨特作法作出中央突起的造型。

在烤好的麵團上抹一層奶油後撒上砂糖。奶油的重點是使用去除乳清（白色沉澱物）的澄清奶油。奶油中如果有雜質，很容易腐壞。在撒糖粉前，先撒一層砂糖，就會產生像炸麵包一樣微刺的有趣口感。

經過一段時間熟成的滋味，也是這道甜點的精華所在。「為珍愛的人，謹慎地製作，珍惜地享用」。這道甜點能夠讓人確切地感受到作甜點的初衷，是À Point的招牌特色。

直徑21㎝的橢圓模型20個份

中種麵團　levain
　新鮮酵母　levure de boulanger　250g
　牛奶　lait　690g
　法國麵包粉　farine à baguettes　625g
　∧使用日本鳥越製粉的「France」。
脫脂奶粉　lait écrémé en poudre　100g
生杏仁膏（切成7㎜厚片）
　pâte d'amandes crue　500g
　∧在室溫中放到手指能夠輕鬆按壓下去的軟度。
砂糖　sucre semoule　250g
紅糖（未精製原糖）　cassonade　75g
鹽　sel　38g
香草糖（P.15）　sucre vanillé　25g
全蛋　œufs entiers　230g
香草精　extrait de vanille　25g
綜合香料　épices spéciales　下述成品取10g
　肉桂粉　cannelle en poudre　30g
　小荳蔻　cardamome en poudre　10g
　荳蔻　muscade en poudre　10g
　∧將上述材料混合。

發酵奶油（7㎝塊狀）　beurre　1250g
　∧在室溫中放到手指能夠輕鬆按壓下去的軟度。
法國麵包粉　farine à baguettes　2.5kg
蘭姆酒漬葡萄（科林斯葡萄）
　raisins de Corinthe au rhum　1250g
蘭姆酒漬葡萄（無籽白葡萄）
　sultanines au rhum　1250g
糖漬橘皮（切2㎜至3㎜小丁）
　écorce d'orange confite　320g
核桃（切對半）　noix　500g
　∧切好後再切成¼大小。
砂糖　sucre semoule　適量
香草糖（P.15）　sucre vanillé　適量
糖粉　sucre glace　適量
發酵奶油（模型用）　beurre pour moules　適量
　∧在室溫中放到手指能夠輕鬆按壓下去的軟度。
無鹽奶油（澄清奶油用）　beurre clarifié　1.8kg
　∧為了不讓味道太濃，故不使用發酵奶油，而改用無鹽奶油。

製作中種麵團。將新鮮酵母放入調理盆中，以打蛋器壓碎。倒入加熱至30℃的牛奶，充分拌勻，使酵母溶化。酵母大約達到25℃之後就會活化。

將混合過篩兩次的法國麵包用粉和脫脂奶粉放入另一個調理盆中，充分拌勻後，在粉類中央挖個洞，倒入步驟**1**的酵母液。以橡皮刮刀切拌均勻。

將步驟**2**的表面和邊緣整理乾淨。插入溫度計，蓋上擰乾的濕毛巾，放在26℃濕度70％的地方（「À Point」是放在烤箱上）約40分鐘至1小時，讓麵團發酵。

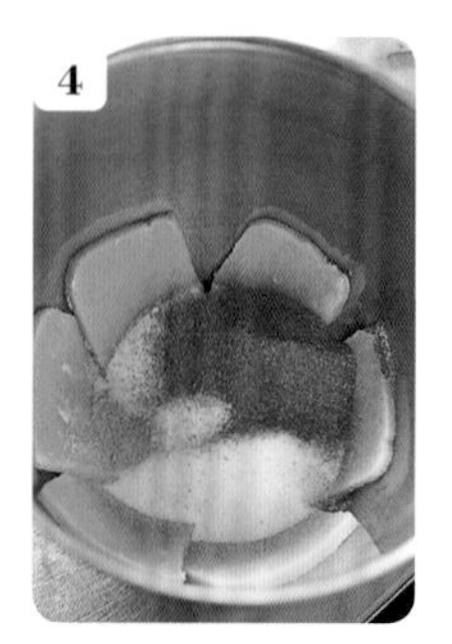

將置於室溫回軟的生杏仁膏和砂糖、鹽、香草糖一起放入桌上型攪拌機的攪拌盆中。

以低速攪拌步驟**4**，待全體拌勻後，慢慢分次加入全蛋，邊加邊拌勻。

待步驟**5**變得光滑柔軟之後，加入香草精和綜合香料，以中速拌勻。

將置於室溫回軟的奶油放入另一個桌上型攪拌機的攪拌盆中，以槳用攪拌頭攪拌，打入空氣。

將步驟**6**分次慢慢加入步驟**7**中，以低速拌勻。最後打成光滑的「杏仁膏奶油醬」。

步驟**3**中種麵團的發酵狀態。大約膨脹成2倍。

將過篩兩次的法國麵包粉放入食物調理機中，加入步驟**9**的中種麵團和步驟**8**的⅓量杏仁膏奶油醬。以勾狀攪拌頭低速攪拌，避免產生多餘的黏性。

待步驟**10**混合後，將剩餘的步驟**8**分兩次加入，同樣拌勻。隨時停下攪拌機，將沾附在攪拌頭上的麵團刮下。漸漸地麵團會成團，也不會沾黏在攪拌頭上。

攪拌完成（此時麵團的溫度在大約26℃最佳）。兩手拿著往左右兩邊分開，會呈幾乎沒有拉力的狀態。此時如果有多餘的黏度，口感就會變硬。

將步驟**12**表面整平，噴一些水。插入溫度計，蓋上擰乾的濕毛巾，放在26濕度70%的地方約放置一小時，進行一次發酵。

充分浸滿蘭姆酒後，熟成的葡萄乾看起來非常棒。

將兩種蘭姆酒浸漬葡萄乾、糖漬橘皮、核桃放入調理盆中，以手拌勻。因為經常要使用到葡萄乾和糖漬橘皮，所以需事先以手拌勻。為了讓麵團更容易發酵，可將麵團放置在烤箱上保溫。

15
步驟13一次發酵的狀態。約膨脹成2倍大。

16
在步驟15的中央將步驟14分數次加入，並以周圍的麵團覆蓋起來，這樣會較容易拌勻。

17
以勾狀攪拌頭低速攪拌。另外，果乾和堅果待一次發酵後再加入，這是因為加入後會使發酵活動變弱。

18
當果乾和堅果拌勻後，取出麵團放在大理石桌上，以雙手輕輕按壓，將多餘的空氣排出。

19
將步驟18由前往後摺，在將左右往中間摺成三褶。進行這樣整合的作業，也能夠適度增加韌性。

20
將步驟19的收口朝下，表面收緊成圓形。放入攪拌盆中按平，再依步驟13的作法進行約一小時的二次發酵。模型內側先以刷子刷一層奶油備用。

21
二次發酵後。因為加了果乾和堅果，所以沒有膨脹很多。取出放在大理石桌上，再次以雙手輕輕按壓，排出空氣。

22
將步驟21以刮板切成四等分，每份再平均切成五等分，每個約480g，共20個。將每個麵團成形成適合模型大小的長方形。

23
一個個成形。首先以手輕輕將麵團壓開，以擀麵棍將前方⅔的部分壓成約一半的厚度（圖1）。

24
以雙手拿起擀開的⅔部分往後摺，再將前端的麵團朝前方反摺。這樣就會變成中央較高的形狀（圖2）。

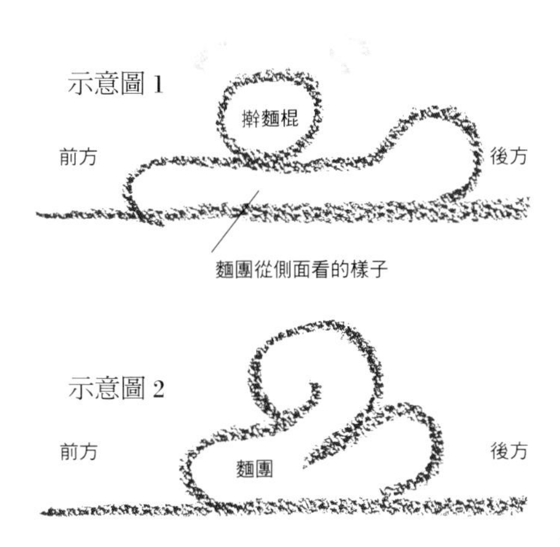

25
將步驟24放入準備好的模型中，以壓模（特製品）按壓，讓麵團緊貼著模型的每個角落。

26
放在烤盤上，噴水。為避免麵團乾燥，蓋一張烘焙紙並插入溫度計，靜置約90分鐘作最終發酵。

27
將步驟26再噴一次水，放入烤箱中，以180℃烘烤約1小時。烤至表面呈現金黃色。脫模後，放在網架上待涼。

最後裝飾＞

1 將澄清奶油（下述）加熱至60℃。將稍涼的麵包迅速浸一下奶油後立刻拿起，放在網架上讓多餘的奶油滴落並冷卻。將砂糖倒入收納盒中，加入香草糖，直至香草香氣明顯散發的份量，拌勻備用。

2 將放涼的麵包放入收納盒中，全部沾滿砂糖，再移至墊著鋁箔紙的網架上。

3 將步驟2移至鋪有烘焙紙的鋁盤上，將另一個收納盒倒扣覆蓋其上，放入冰箱冷藏一晚。取出後，以濾茶網撒上糖粉。分兩次撒不同的糖，可以增加甜度和口感的變化。冷藏約一週，熟成後便可以販售了。

澄清奶油＞

1 將奶油放入深烤盤中，放入烤箱，以60℃烤約2小時至3小時，使奶油融化。圖中前方是融化的奶油。融化後，「乳清（白色沉澱物）」便會分離。

2 將步驟1急速冷凍再次凝固，白色部分以刀子刮除。將刮除乳清的奶油再次放入深烤盤中，以60℃烘烤至融化。

3 完全融化後，以濾茶網過篩即完成。

奶油的比例很高，麵包不會過硬，所以能在口中輕柔地化開爽。表層的奶油香氣和砂糖的口感，令人印象深刻。建議切成1.5㎝的厚片享用。

5

Petits cadeaux

瑪德蓮、費南雪 etc.。
將這些經典甜點作得極致美味，
是我的目標。
製作小巧常溫甜點的重點，在於鹽和香草。
如同大家都知道「紅豆湯要加鹽」般，
鹽可以襯托出甜味，即使小巧，
也可以表現出令人印象深刻、充滿力道的滋味。
而添加香草，則是賦予繚繞心頭的餘韻。

瑪德蓮

Madeleine au citron

費南雪

Financier

瑪德蓮

Madeleine au citron

不知道是否受小時候的印象影響，對我來說，瑪德蓮就是經典的「蜂蜜檸檬」口味。雖然也有一些店家很重視瑪德蓮的口味變化，不過我還是想以放到嘴邊時，能夠聞到一股清新檸檬香的瑪德蓮來一決勝負。

最重要的訣竅，是在一開始就要將檸檬的香氣完全轉移至砂糖之中。如此一來整個麵糊都會充滿檸檬香。我想為蛋糕的滋味增添一些懷舊的甜味和深度，所以除了砂糖外還加了紅糖。若在全蛋中加鹽還可以讓味道更有張力。

作好的麵糊必須先靜置一晚休息。經過一晚，麵糊中的液體會充分融合，成為相互調和且具有一體感的滋味。想讓麵糊的風味完全發揮，烘烤方式也很重要。必須充分烤透，卻不可以烤過頭。掌握能夠發揮麵糊風味、恰到好處的烘烤程度，是相當重要的事。

瑪德蓮和費南雪都是大家熟悉的常溫甜點，經常被認為很相似，不過實際上味道和作法都大不相同。我會讓瑪德蓮的麵糊充分休息後再烤，但是費南雪的麵糊為了保持蛋白的氣泡，作好就要立刻烘烤。要經常思考不同甜點的滋味、想讓客人品嚐到甜點的獨特之處，皆需對製作方式下一番工夫。

長度7cm的瑪德蓮模型150個份
發酵奶油（切成2cm小丁） beurre 1kg
∧置於室溫中回溫。
砂糖 sucre semoule 800g
紅糖（未精製原糖） cassonade 130g
檸檬皮屑 zeste de citron râpé 30g
全蛋 œufs entiers 24顆
鹽 sel 適量
蜂蜜 miel 100g
∧使用百花蜜。
轉化糖 trimoline 100g
香草精 extrait de vanille 適量
低筋麵粉 farine faible 1kg
泡打粉 levure chimique 25g
發酵奶油（模型用） beurre pour moules 適量
∧在室溫中放到手指能夠輕鬆按壓下去的軟度。
高筋麵粉（模型用） farine forte pour moules 適量

費南雪

Financier

費南雪的美味重點，我認為在於奶油豐厚的香氣與濃度。由於費南雪是以奶油、杏仁粉等油脂含量多的材料組合而成，一不注意就很容易變得油膩難嚥。

為了避免這種情形發生，奶油有特定的處理方式。一般作費南雪時，會將奶油煮至帶點黑色的褐色，過濾後再加進麵糊中，但我認為這樣加熱後，奶油的風味會「炭化」，再經過過濾，更將奶油蘊含的風味和香氣都去除了。因此我研究過奶油的加熱狀況後，放棄將奶油煮成紅褐色的方式。煮奶油時一定要不停地攪拌，避免只有部分奶油溫度比較高，同時能使乳清（白色沉澱物。會吸收使奶油變焦色的蛋白質、糖質等的水溶性成分）細緻地分散，不需過濾就加入麵糊中，才能將奶油的香氣和濃度發揮到最大限度。

還有一個重點，蛋白要稍微打發，才能讓蛋糕吃起來較輕盈。這是我在巴黎MILLET修習甜點製作學習到的經驗，也是令我印象深刻的技術之一。對於法國流派的細緻「氣泡運用」，令我充滿了感動。

費南雪要趁蛋白還沒消泡前趕快烘烤，這點很重要。迅速作業後，倒入橢圓模型中，並立刻放入烤箱烘烤。很快地，就會像舒芙蕾一樣漂亮地膨脹起來。因為橢圓模型有深度，因此可以烤成外側酥脆、輕巧，中央保有杏仁和奶油風味，濕潤可口的模樣。

這樣就完成飽滿膨脹、表面輕微開裂、充滿精神的費南雪了。

長7cm的橢圓模型48個份

蛋白 blancs d'œuf 500g

鹽 sel 適量

砂糖 sucre semoule 500g

轉化糖 trimoline 100g

杏仁粉 amandes en poudre 200g

低筋麵粉 farine faible 200g

發酵奶油（7cm大） beurre 500g

∧在室溫中放到手指能夠輕鬆按壓下去的軟度。

香草精 extrait de vanille 適量

發酵奶油（模型用） beurre pour moules 適量

∧在室溫中放到手指能夠輕鬆按壓下去的軟度。

將切成2cm方塊，回溫後的奶油放入銅鍋中，開中火邊攪拌邊煮至沸騰。

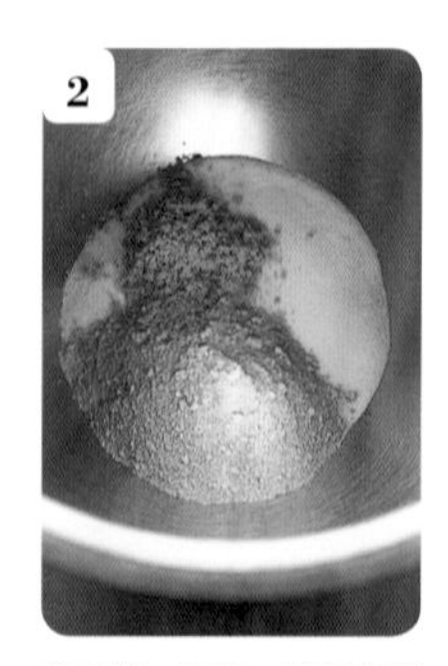

將砂糖、紅糖、檸檬皮屑放入攪拌盆中。

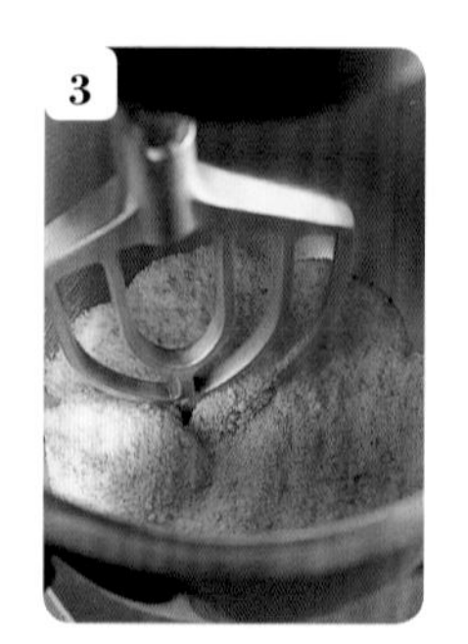

以低速將步驟**2**拌勻，讓檸檬的香氣充分轉移至砂糖上。多這一道步驟，可以讓整個麵糊都充滿檸檬香。

在進行步驟**3**的同時，將全蛋放入調理盆中，以打蛋器打散。如果這裡沒有充分打散，蛋白的水分就會和麵粉的蛋白質結合，形成多餘的麵筋（P.38），導致口感變硬。

將鹽加入步驟**4**中拌勻。鹽可以襯托出甜味。另外，給予瑪德蓮這種小型甜點一些衝擊感，增強印象也是很重要的小技巧。

將蜂蜜、轉化糖、香草精依序加入步驟**5**中。蜂蜜使用味道容易融合的百花蜜。轉化糖可以讓蛋糕體更濕潤，香草則能夠增加香氣。

確認步驟**3**砂糖的香氣。加上步驟**6**蜂蜜和香草的香味，能夠作出洋溢著「蜂蜜檸檬」香的瑪德蓮。

將混合過篩兩次的低筋麵粉和泡打粉，一口氣加入充分吸收了檸檬香的砂糖中，同樣以低速攪拌均勻。

將步驟**6**分次慢慢加入拌勻。隨時要停下攪拌機，將沾附在攪拌頭上的麵糊刮下，讓整體更均勻。當步驟**6**加完後，再攪拌3分鐘，使粉類和液體充分融合。慢慢地就會呈現出光澤感。

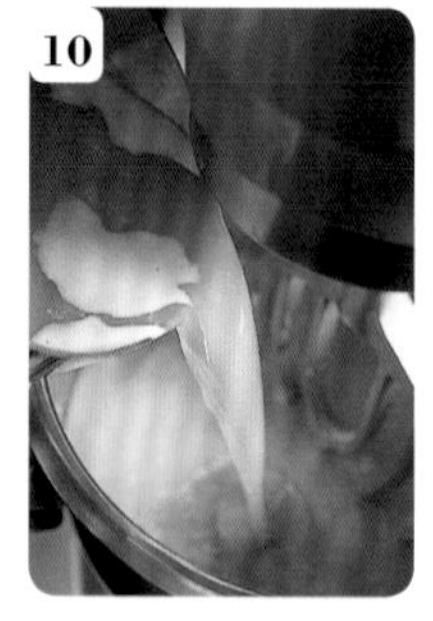

將步驟**1**煮沸的融化奶油分三次加入步驟**9**中拌勻。加入沸騰融化的奶油，是因為比較容易分散在麵糊中。請將麵糊攪拌均勻。

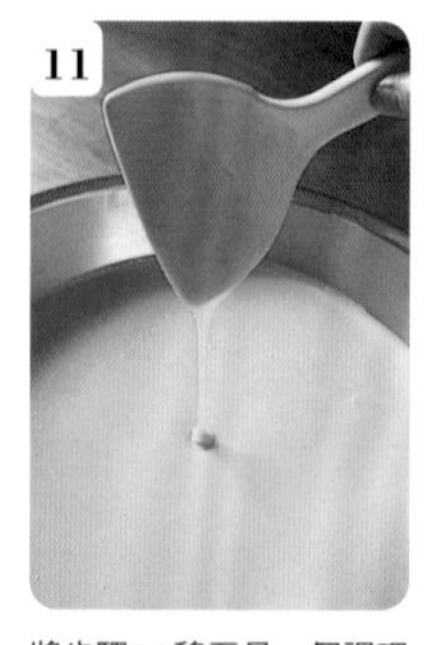

將步驟**10**移至另一個調理盆中。照片是作好後撈起的狀態。稍微有些黏稠的液狀。蓋上保鮮膜後，靜置於室溫中約1小時，目的是為了讓砂糖完全融化，並讓液體充分滲入粉類中。

以刮刀將步驟**11**由底部往上翻拌，再倒入另一個調理盆中。蓋上保鮮膜密封後，放入冰箱冷藏一晚。照片是冷藏一晚後的狀態。濃度增加，撈起後會呈現緞帶狀滴落堆疊，痕跡會殘留一會兒才消失。

在取出步驟**12**前先準備模型。以刷子將置於室溫回軟的奶油刷在模型上，刷到稍微有些偏白的感覺。再放入冰箱冷藏使奶油凝固。

將步驟13從冰箱中取出，從上方篩一些高筋麵粉。將模型傾斜，拍掉多餘的粉。

均勻地鋪滿一層粉的狀態。奶油和粉形成的皮膜，能有助於蛋糕脫模，也可以帶來酥脆的口感。

將步驟12由底部往上翻拌，倒入另一個調理盆中，同樣攪拌均勻。經過休息一晚，麵糊中的水分充分融合，提升了風味。如果繼續靜置休息，麵糊的膨脹力就會減弱。

將步驟16填入裝有直徑10㎜圓形花嘴的擠花袋中，擠入模型約九分滿。放入烤箱中，以180℃烘烤20分鐘至30分鐘。

中央漸漸地膨脹起來。

烤箱會從靠近四個角落的麵糊開始熟成，須注意烤色，依序將蛋糕取出。為了使蛋糕散發「蜂蜜檸檬」的香氣，注意不要烤過頭。

將烤好的蛋糕放在鋪有烘焙紙的的沖孔烤盤上待涼。為了不讓販賣時有花紋的那一面被破壞，要將膨脹的「肚臍」朝下。

通常常溫甜點的模型是不清洗就直接保存的，但À Point為了讓蛋糕有新鮮的奶油香氣，每次都會使用清潔劑輕輕地刷洗金屬製的模型。

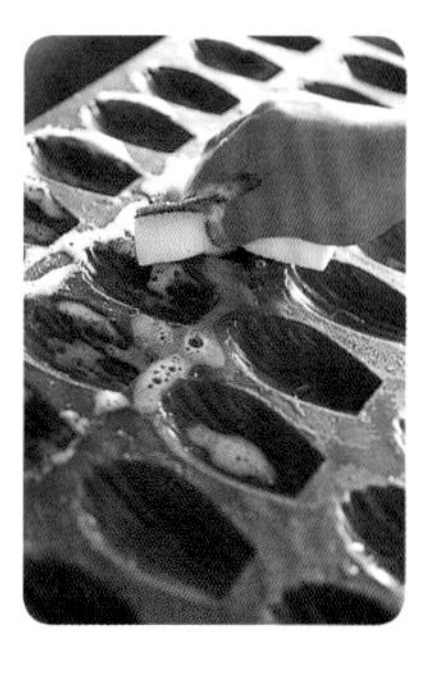

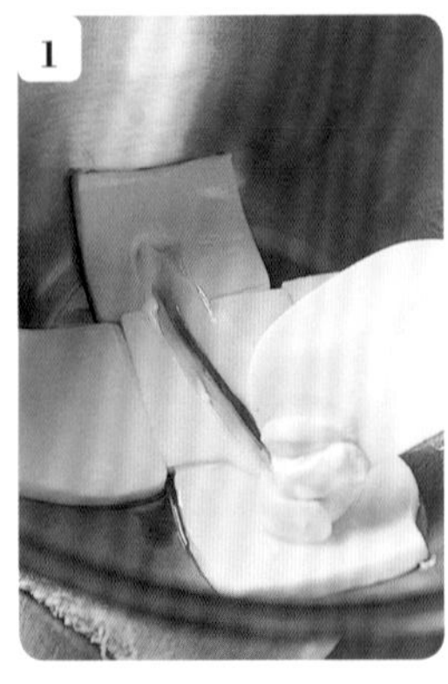

用於塗模型的奶油，先在室溫中放到手指能夠輕鬆按壓下去的軟度。使用前以橡皮刮刀拌勻。

以刷子將步驟1的奶油均勻刷在模型上。模型刷一層奶油除了可以方便脫模，也可以增添蛋糕的風味。動作要迅速，刷子的摩擦熱容易讓奶油融化，須注意。

將蛋白打入調理盆中，以打蛋器打散，加鹽拌勻。鹽除了可以濃縮風味，也有減弱蛋白韌性的效果，讓蛋白更容易打發。

再加入砂糖到步驟3中，以畫圓的方式輕輕攪拌，將空氣打入蛋白霜中。

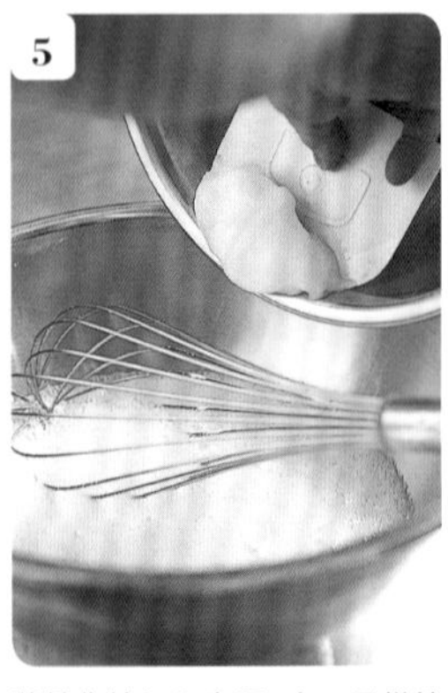

將轉化糖加入步驟4中，同樣拌勻。轉化糖有讓麵糊更濕潤的作用。

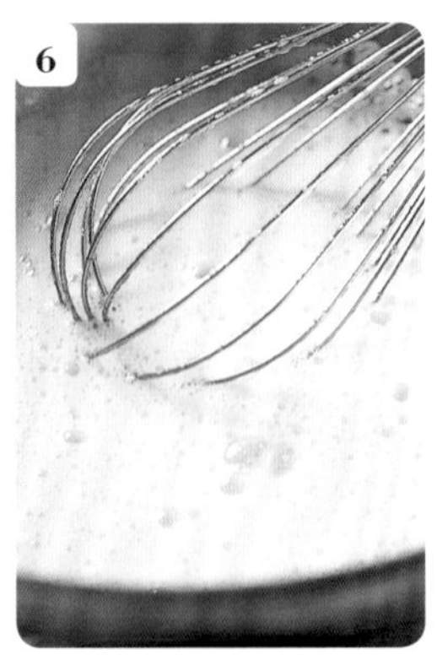

將蛋白的韌度完全打散，打至提起打蛋器時蛋白會迅速流下的程度，表面充滿了清晰可見的細小氣泡。這樣蛋糕才會烤得鬆軟，口感輕盈。

將混合過篩兩次的杏仁粉和低筋麵粉一次全加入步驟6中拌勻。之後的動作都要迅速，以免蛋白消泡。

將奶油放入銅鍋中，開小火煮至融化後，轉大火，以打蛋器不停攪拌，一直煮至變成紅褐色。加熱時要不停攪拌是為了讓奶油均勻受熱，也為了使乳清細緻地分散開來。

將煮成紅褐色的步驟8一次全加入步驟7中。不需過濾直接加入，是為了完整發揮出奶油的風味。

為了讓奶油熱氣能夠滲入麵糊中，要迅速確實地攪拌。

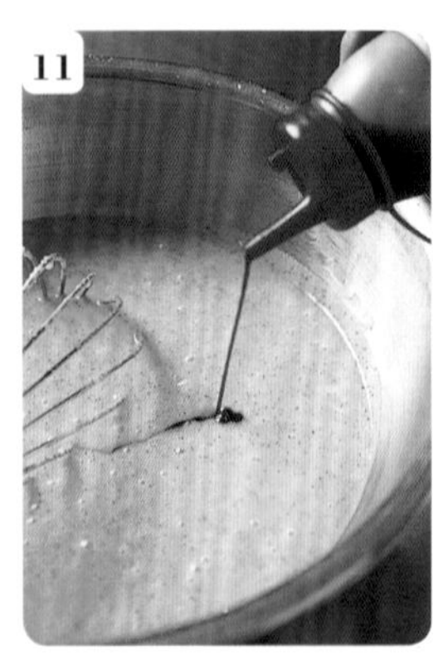

將香草精加入步驟10中，讓香氣更豐富。為了避免香氣因熱氣而流失，香草精要在奶油拌勻後再加。

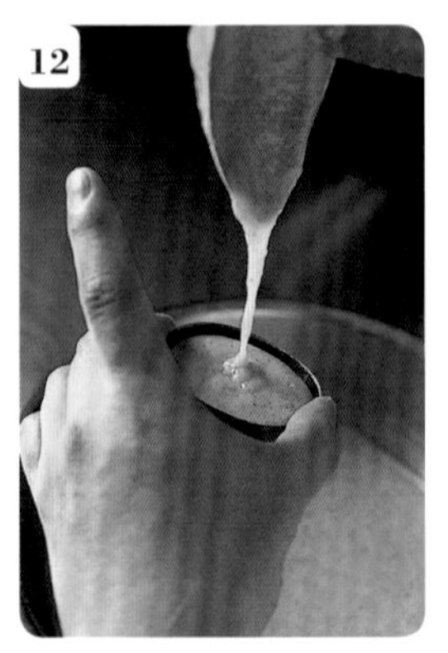

以湯勺將步驟11從準備好的模型邊緣2mm處往下滴落。立刻放在烤盤上，放入烤箱中，以230℃烘烤約6分鐘。為了讓氣泡發揮作用，動作要快。

麵糊受熱後，會像舒芙蕾一樣往上膨脹。先使用高溫讓麵糊膨脹起來。

在烤盤下再墊一個烤盤，移至200℃的烤箱中，慢慢烘烤至中心熟透。一邊觀察烤色，一邊變換模型的位置，讓全體都能烤得均勻。

烤得很不錯喔！
好可愛啊！

當烤至恰當的顏色時，將蛋糕從烤箱中取出。

如果烤得不夠，吃起來就會有油膩感。為了帶出蛋白麵糊的風味，外側要烤得熟一點。讓蛋糕中能夠產生「香氣的對比」。

將模型輕敲烤盤幾下，讓熱氣散出，防止回縮。脫模後放在鋪有烘焙紙的沖孔烤盤上，去除多餘的油分並放涼。

費南雪最大的魅力之一，
就是「小巧的身形」
和「活力十足的裂痕」
相互襯映！

布列塔尼酥餅

Galette bretonne

這是一道使用了大量奶油，布列塔尼地區的甜點。

在法國停留三年的最後一週，我為了找尋這道甜點，去了布列塔尼半島旅行。搭上夜間列車，當朝陽在車窗外升起的時刻，正到達霑濕了夜露的牧草地帶。在這個日照時間短，雨量又多的地方，種不了多彩的水果。打在半島上的大西洋海浪，讓牧草殘留著潮水的香氣，而吃了這些牧草的牛，則生產出帶有一點點海水香氣的奶油。說到我在市場上吃到的金黃色奶油，那豐富的風味啊……身在日本的我依然會夢到它，就是這麼令人憧憬的奶油。

所以這道甜點，我希望能讓奶油的風味發揮到最大極限。因此，奶油不能讓它融得太軟。我認為奶油在固體的狀態，最能感受到它的美味（P.11）。糖類則使用糖粉。因為砂糖比較不好融化，為了讓砂糖融化必須拉長攪拌時間，容易打入多餘的氣泡。如果氣泡太多，就比較難品嚐到原本的風味了。為了避免產生多餘的筋性（P.38），小心將粉類加入拌勻後，讓麵糊休息兩天，使滋味熟成。

另一個重點是烘烤的方式。這種較厚的餅乾，外側要烤得上色較深，內側則為了保留麵糊的風味，要烤成「有熟但顏色偏白」的狀態。裡外的對比能夠讓整體的滋味更加立體。烘烤時輕輕地壓一下餅乾以抑制膨脹也是一個訣竅。這樣才能作出蓬鬆輕盈，但保有適度細密感，有點嚼勁的餅乾。

將烤好的餅乾切開，中心是偏白的顏色。烤得奶油香氣四溢，cuisson à point（熟度剛剛好）！

直徑6cm，約300個份
發酵奶油（切成1.5cm厚片） beurre 3kg
∧置於室溫中直至以手指按壓時會感到些許阻力的軟度。
糖粉 sucre glace 1.8kg
蛋黃 jaunes d'œuf 360g
鹽 sel 30g
鮮奶油（乳脂肪35%） crème fleurette 150g
香草精 extrait de vanille 適量
蘭姆酒 rhum 150g
低筋麵粉 farine faible 3kg
泡打粉 levure chimique 30g
蛋液（P.48） dorure 適量

每一道
細心的動作，
都牽動著
成品的美味程度。

將切成1.5cm厚片狀的奶油置於室溫中回軟。以手指按壓時會感到些許阻力，是最剛好的軟度。盡量使用接近固態的奶油，才能發揮奶油的風味。

將奶油放入攪拌盆中，以槳用攪拌頭低速攪拌。如果打入多餘的空氣，就會比較難品嚐到餅乾的風味，所以要慢慢攪拌。將沾附在攪拌頭上的奶油仔細刮下。拌至整體均勻即可。

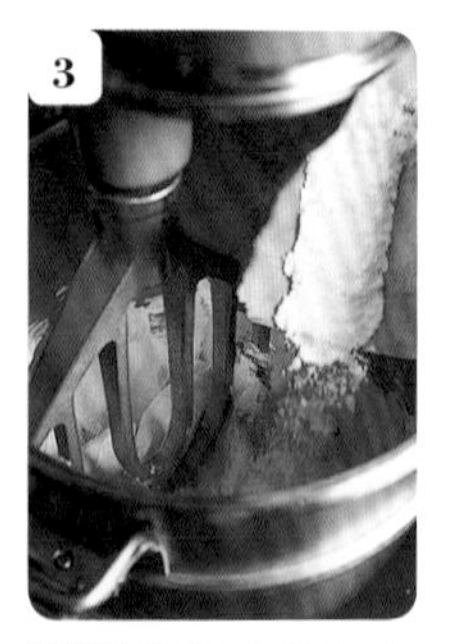

將糖粉分三次加進步驟**2**中，邊加邊以同樣的方式攪拌。

將沾附在攪拌頭上的奶油或糖粉仔細刮下。要隨時將奶油由底部往上翻拌，使整體更均勻。

在進行步驟**2**的同時，將蛋黃打入調理盆中，以打蛋器充分拌勻。再加鹽拌勻。鹽可以帶來鹹鹹甜甜的滋味，是這道甜點的重要材料。

將鮮奶油、香草精也加入步驟**5**中拌勻。

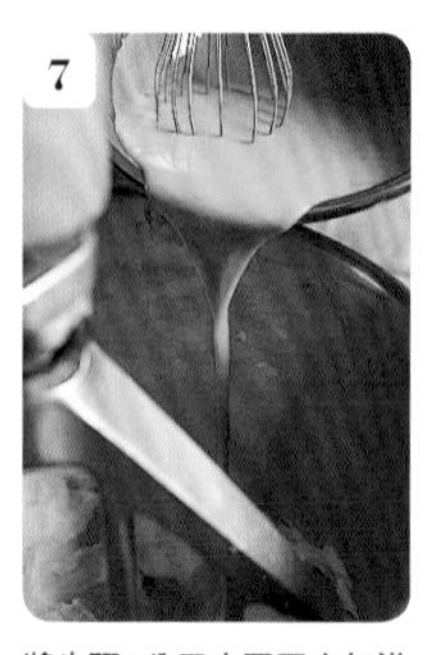

將步驟**6**分三次至四次加進步驟**4**中，邊加邊以低速攪拌。

在最後一次要加入步驟**4**的蛋液中，倒入蘭姆酒拌勻。這樣蘭姆酒會比較容易融合。為了發揮蘭姆酒的香氣，要在加粉類之前添加。

充分攪拌讓蛋液和奶油融合。中途隨時將沾附在攪拌頭上的蛋液或奶油刮下，並由底部往上翻拌，讓整體均勻。

將混合過篩兩次的低筋麵粉和泡打粉一次全加入步驟**9**中，以低速拌勻。因為奶油和低筋麵粉的比例一樣（油分較多），不易形成麵筋。

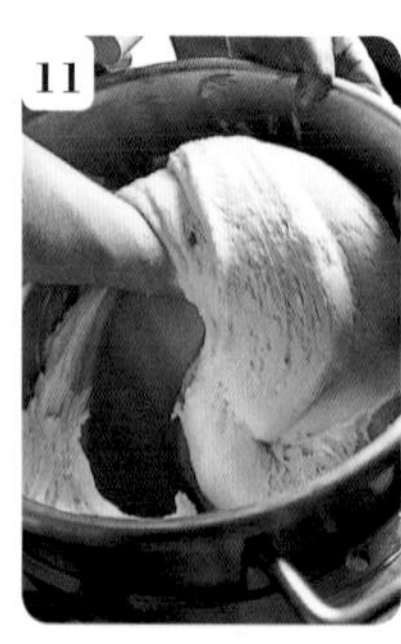

攪拌至看不見粉粒後，再次將麵團由底部往上翻拌，讓整體平均。是個幾乎可以捲起來的柔軟麵團。

將步驟**11**放在塑膠布上攤開，依P.236步驟**10**至**11**的作法，將麵團包成約4cm厚的長方形。放入冰箱冷藏兩晚熟成。會變成水分完全滲透，很有一體感的麵團。

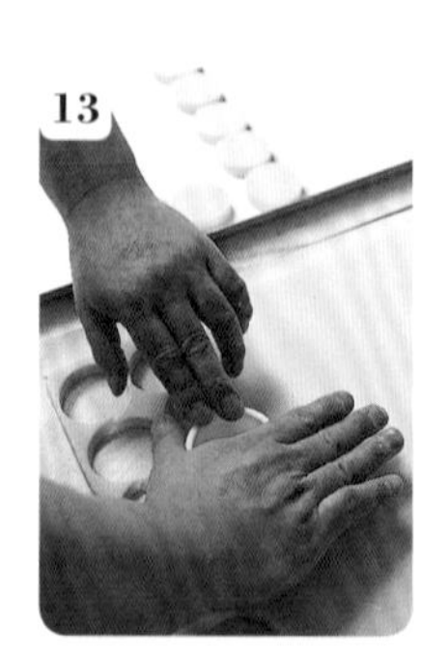

取出步驟**12**，在麵團還很硬時，先以擀麵棍敲打，再改以手揉，使硬度一致。適量地撒一些麵粉（高筋麵粉，份量外），以壓麵機壓成11.5mm厚，放入冰箱冷藏，使麵團更加緊實厚，再以直徑5.5cm的圓形模型壓模。

將烘焙布鋪在烤盤上，噴一層水。這是為了在刷蛋液時，能夠方便劃出花紋，讓麵團和烘焙墊密合的小手續。

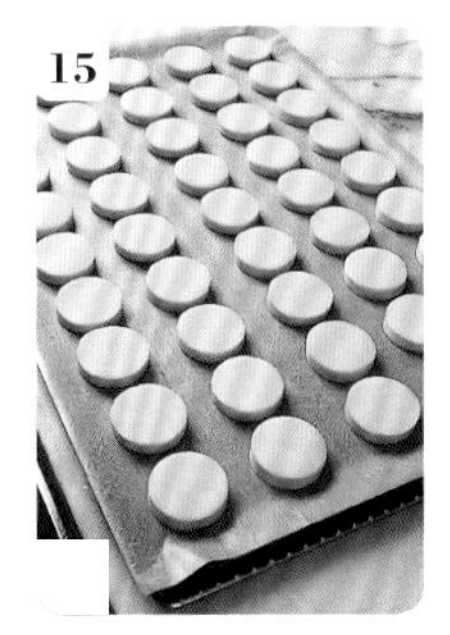

15 將麵團排列在烤盤上。為了方便步驟18劃花紋的動作，一定要排列整齊。放入冰箱冷藏約30分鐘，使麵團緊實。

16 刷兩次蛋液。第一次的蛋液是打底。以刷子輕輕地在表面刷一層。這樣也能順便溶化殘留在表面的手粉。

17 將步驟16放回冰箱冷藏約2小時，讓第一次刷的蛋液充分滲入麵團之後，再仔細地刷一層蛋液，注意不要滴到側面。第二次刷的蛋液除了顯色，也是為了增加厚度，讓步驟18劃的花紋更明顯。

18 在步驟17的表面以蛋糕用叉子劃出花紋（割紋。P.198）。

19 將直徑6cm的圓形圈緊密排列（為了均勻受熱）在鋪有矽膠烘焙墊的另一個烤盤上。將步驟18的麵團放入圓形圈中。因為麵團很軟，如果沒有使用模型，可能就會往外攤平。

20 放入烤箱中，以185℃烘烤30分鐘至40分鐘。烤至13至15分鐘時，會開始膨脹，此時先從烤箱取出，以木頭模型輕輕壓一下麵團。

21 步驟20的作業是為了調整麵團的密度。因為加了泡打粉，麵團的密度會有些粗，不過如果適當地按壓，便能作出「粗而密實」的舒適口感。

22 中途要將烤盤調頭，下面墊一個烤盤，一邊烘烤一邊觀察烤色。從背面已經上色的餅乾開始取出。將表面和背面烤成同樣的顏色。

23 連同模型一起排列在烤盤上，待熱氣散去後再脫模放涼（溫熱時容易碎裂）。烤得香氣四溢。

表面、背面、側面都充分上色，中央則稍微偏白。這是保留奶油香氣的烘烤方式。吃起來不會過度輕盈，有著適當地密實感。

蘭姆莎布蕾
Sabléau rhum

檸檬莎布蕾
Sabléau citron

這是我在巴黎MILLET修習甜點製作時發生的事。有一次客人下了訂單，要我們準備早上開會要吃的早餐。早餐的內容是可頌和莎布蕾。「早餐原來是吃這樣的東西啊！好時尚喔！」當初的感動，我到現在都還記得。會議似乎也進行得很順利呢！

我最喜歡表面淋一層glace au rhum（糖霜）的莎布蕾了。鬆脆輕巧的莎布蕾，雖然直接吃也很美味，但是有些單調。加了糖霜這層纖細的皮膜後，不但口感多了些變化，外觀也更加閃耀美麗，有著高雅而脫俗的份圍。即使只有一片，也十分有存在感。總覺得能夠從那彷彿會滲入身體內的豐醇甜味中，得到不少力量。在假日的「清醒時光」或悠閒度過的下午茶時光，沏一杯紅茶，和珍愛的人一起品嚐。我經常一邊想像著這樣的景象，一邊製作這道甜點。

雖然說作法就是製作所謂的莎布蕾麵團，但重點是不可以打入多餘的氣泡，盡量不要攪拌太久。這樣才能作出充分發揮奶油風味、吃起來酥脆輕盈，同時還保有適當密實感的餅乾。不烤過頭，發揮麵團原本的美味，是我作的甜點的共通點。

烤好的餅乾先塗一層杏桃果醬後再淋上糖霜，送入口中一咬，糖霜碎裂開來，才會注意到果醬的存在。這兩層風味形成的絕妙對比令人驚豔，一片小小的莎布蕾，竟能讓人瞬間微笑。這也是我所認為的，淋了糖霜甜點的獨特魅力。

〈蘭姆莎布蕾〉

直徑約6cm的菊花模型，約110片份

莎布蕾麵團 pâte sucrée
- 發酵奶油（切成1.5cm厚片） beurre 600g
  ∧置於室溫中直至以手指按壓時會感到些許阻力的軟度。
- 糖粉 sucre glace 450g
- 全蛋 œufs entiers 3顆
- 鹽 sel 適量
- 香草精 extrait de vanille 適量
- 香草糖（P.15） sucre vanillé 適量
- 葡萄乾（科林斯葡萄） raisins de Corinthe 200g
- 榛果粉 noisettes en poudre 200g
- 杏仁粉 amandes en poudre 50g
- 低筋麵粉 farine faible 1kg
- 泡打粉 levure chimique 10g

杏桃果醬 confiture d'abricot 適量

蘭姆酒風味糖漿 glace au rhum
- 糖粉 sucre glace 2kg
- 水 eau 約300g
- 蘭姆酒 rhum 約300g
- 香草精 extrait de vanille 適量

〈檸檬莎布蕾〉

長約7cm的橢圓模型，約150片份

莎布蕾麵團 pâte sucrée
- 發酵奶油（切成1.5cm厚片） beurre 600g
  ∧置於室溫中直至以手指按壓時會感到些許阻力的軟度。
- 糖粉 sucre glace 450g
- 檸檬皮屑 zeste de citron râpé 10g
- 全蛋 œufs entiers 3顆
- 鹽 sel 適量
- 香草精 extrait de vanille 適量
- 香草糖（P.15） sucre vanillé 適量
- 杏仁粉 amandes en poudre 250g
- 低筋麵粉 farine faible 1kg
- 泡打粉 levure chimique 10g

杏桃果醬 confiture d'abricot 適量

檸檬風味糖漿（P.186） glace au citron 適量

莎布蕾麵團>

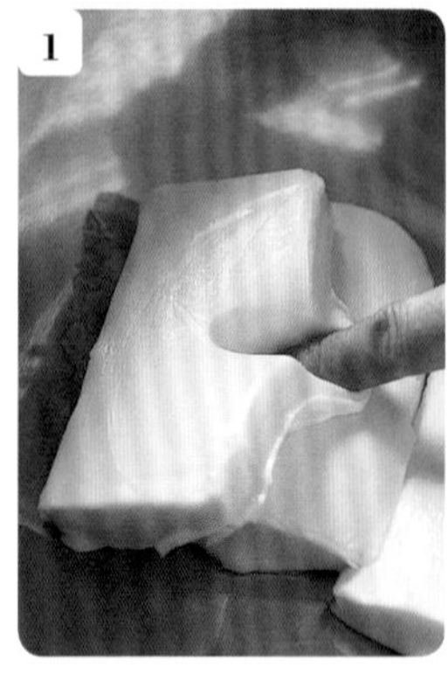

將切成約1.5cm厚片的奶油放入調理盆中，置於室溫中回軟。以手指按壓時會感到些許阻力，是最剛好的軟度。

以打蛋器呈畫圓的方式慢慢擦拌，拌成乳霜狀。

將糖粉一次全加入步驟**2**中，依同樣的方式擦拌均勻。

將全蛋打入另一個調理盆中，打散後依序加入鹽和香草精拌勻。

將步驟**4**分三次加入步驟**3**，邊加邊以同樣的方式擦拌均勻。

擦拌均勻後，加入香草糖。不只加香草精，也加入香草糖補強香氣。

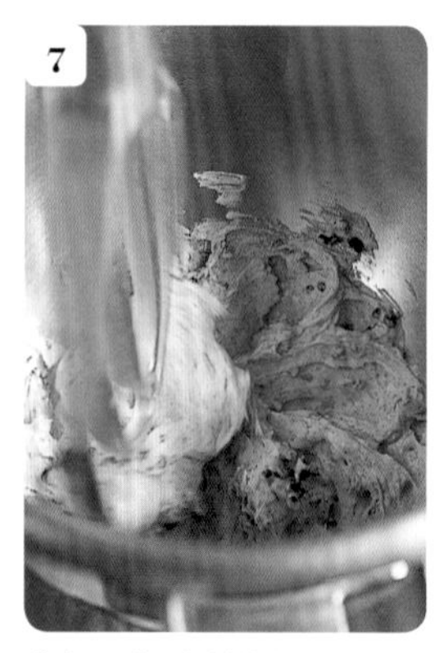

將步驟**6**移入攪拌盆中，加入葡萄乾，以槳用攪拌頭低速拌勻。攪拌至葡萄乾均勻分散即可。

將混合過篩兩次的榛果粉和杏仁粉加入步驟**7**中，依同樣的方式攪拌。因為加了油分較多的堅果粉，能作出滋味濃郁、口感鬆軟的麵團。拌至看不見粉粒即可。

再加入混合過篩兩次的低筋麵粉和泡打粉，依同樣的方式拌勻。拌至看不見粉粒即可。如果拌太久，口感會變硬，須注意。

將步驟**9**取出放在塑膠布上。不需整合，直接以塑膠布包起來，並以手壓平。

以擀麵棍擀成約1cm厚的長方形。這是不需揉捏就可以整合麵團的方法。放入冰箱冷藏一晚，讓麵團休息。隔天取出後，在麵團還很硬時，先以擀麵棍敲打，再改以手揉，使硬度一致。

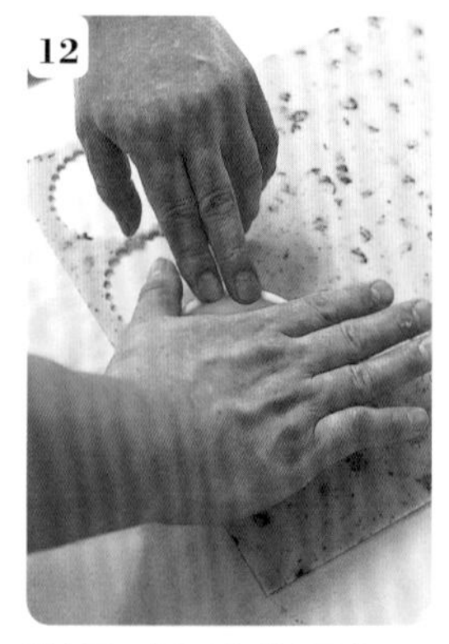

將步驟**11**放入壓麵機中壓成2.6mm厚。放入冰箱冷藏固化後，以直徑6cm的菊花模型壓模。模型要從麵皮的正上方往下壓，手要留縫以排出空氣，不需完全蓋在模型上，這樣形狀才不會歪斜。

最後裝飾＞

13
將矽膠烘焙墊鋪在烤盤上，噴水後將步驟**12**排列好。放入烤箱中，以180℃烘烤約12分鐘。

14
放入烤箱中烤約7分鐘至8分鐘後，麵團會開始膨脹，這時先從烤箱取出，以木頭模型輕壓，抑制麵團膨脹，再放回烤箱。

15
烤至正反均一、恰到好處的顏色。為了保留麵團的風味和香氣，中心不能烤得過熟。最後放在網架上待涼。

1
依P.189步驟**1**的作法熬煮杏桃果醬。以刷子沾果醬刷在餅乾表面，沾到側面的部分以手指擦除。放在墊著鋁箔紙的網架上，靜置約1小時。

2
Glaçage（淋糖霜）是我最喜歡的工作之一。

＞ ＞ ＞ ＞ ＞

重疊兩個烤盤，鋪一張烘焙紙，上面再放網架。蘭姆酒風味糖漿依P.189步驟**4**的作法製作。將步驟**1**刷有果醬那面浸在蘭姆酒風味糖漿中，取出後滴落多餘的糖漿。最後以小抹刀迅速抹平。

3
將沾到側面的糖霜也刮乾淨。

4
放在步驟**2**準備好的網架上，放入烤箱中，以200℃烘烤約1分鐘至2分鐘，讓表面快速乾燥。看起來很有光澤。

檸檬莎布蕾

1
依「蘭姆莎布蕾」的作法製作。不過，作到左頁的步驟3時，將檸檬皮屑和糖粉一起加入。另外，不需添加葡萄乾和榛果粉，之後以直徑7㎝的橢圓模型壓模烘烤。

2
烤至正反均一、恰到好處的顏色，這點也和「蘭姆莎布蕾」一樣。

3
剝開後，可以感覺中心比外側還要稍微白一點。如果烤至中心也是同樣的顏色，整體都呈深色，就是烤過頭了。焦味會掩蓋麵團的風味，務必要注意。

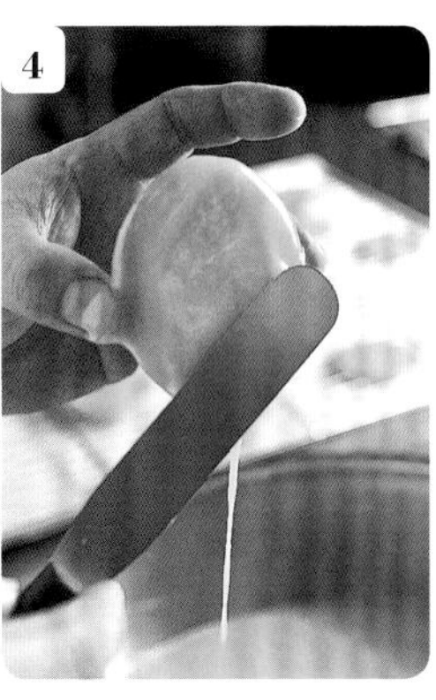
4
依「蘭姆莎布蕾」的作法刷杏桃果醬、淋糖霜後，再放入烤箱快速烘乾。

咖哩千層酥條

Allumette au curry

起司千層酥條

Allumette au fromage

這是一款可以搭配啤酒、紅酒或自己喜歡的酒，當作下酒零食來享用的鹹千層派。有相當受歡迎的咖哩風味和起司風味兩種。

因為想強調零食的口感，所以不使用千層派皮，而改將塔皮摺二次三褶，這樣可以帶出恰到好處的咬勁。兩種口味都會加入起司，這裡選用烘烤後香氣和濃度都明顯突出的埃德姆起司。除了將市售的埃德姆起司加入麵團裡，也會將埃德姆起司放入食物調理機中，分別打成2mm至3mm及4mm至5mm大小的顆粒，撒在麵團表面，不但能替外表增色，還可以為口感帶來韻律感。此外，也特別將濃縮的起司泥加入麵團中，提高滿足感。雖說是鹹味千層酥，不過配方的砂糖比例很高，鹹鹹甜甜的滋味令人回味無窮。

咖哩風味使用的咖哩粉，是選擇「熟悉的味道」S&B食品公司的產品。除了加在麵團中，還要記得撒在麵團兩邊。送入口中時，咖哩的香氣撲鼻而來，相當能勾起食欲。

〈咖哩千層酥條〉

9×1.2cm，約800條份
塔皮麵團 pâte brisée
- 低筋麵粉 farine faible 1.5kg
- 高筋麵粉 farine forte 500g
- 發酵奶油（切成2cm小丁） beurre 1kg
  - ∧冷藏備用。
- 埃德姆起司粉（市售） fromage EDAM en poudre 200g
- 咖哩粉 curry en poudre 26g
- 蒜粉 ail en poudre 6g
- 乾燥義大利巴西里 persil séché 6g
- 白胡椒（粒） grains de poivre blanc 20g
- 全蛋 œufs entiers 200g
- 砂糖 sucre semoule 200g
- 鹽 sel 50g
- 牛奶 lait 470g
- 縮起司泥 concentré de fromage 170g

埃德姆起司（4mm至5mm大） fromage EDAM 適量
埃德姆起司（2mm至3mm大） fromage EDAM 適量
蛋液（P.48） dorure 適量
咖哩粉 curry en poudre 適量

〈起司千層酥條〉

9×1.2cm，約800條分
塔皮麵團 pâte brisée
- 低筋麵粉 farine faible 1.5kg
- 高筋麵粉 farine forte 500g
- 發酵奶油（切成2cm小丁） beurre 1kg
  - ∧冷藏備用。
- 埃德姆起司粉（市售） fromage EDAM en poudre 200g
- 白胡椒（粒） grains de poivre blanc 20g
- 全蛋 œufs entiers 200g
- 砂糖 sucre semoule 200g
- 鹽 sel 50g
- 牛奶 lait 300g
- 縮起司泥 concentré de fromage 330g

埃德姆起司（4mm至5mm大） fromage EDAM 適量
埃德姆起司（2mm至3mm大） fromage EDAM 適量
蛋液（P.48） dorure 適量

塔皮麵團>

將混合過篩兩次的低筋麵粉和高筋麵粉，及切成約2cm小丁、預先冷藏好的奶油放入調理盆中。

為了不讓奶油結塊，以手將奶油裹滿麵粉。

將步驟**2**放入食物調理機中打碎。

奶油粉碎後的狀態。稍微有點粗也沒關係。如果打太細，成品的咬勁也會變差。

將步驟**4**放入調理盆中，加入埃德姆起司粉（市售）、咖哩粉、蒜粉、乾燥義大利巴西里、白胡椒（將胡椒粒以 麵棍壓碎），以手拌勻。

將全蛋打入另一個調理盆中，以打蛋器打散，加入砂糖和鹽拌勻。砂糖和鹽的比例約在4：1，這樣的味道最平衡。

將牛奶加入步驟**6**中拌勻。

將濃縮起司泥放放入另一個調理盆中攪拌，緩緩地加入少量步驟**7**，邊加邊拌勻。因為濃縮起司很難拌勻，所以要慢慢分次加入。

將⅓量的步驟**8**倒入攪拌盆中，一次全加入步驟**5**。先放入少量液體，粉就會吸收水分，變得較易拌勻。以槳用攪拌頭低速攪拌。

待步驟**9**拌勻後，暫時停止攪拌，再加入一半量的步驟**8**，以同樣的方式拌勻。拌勻後再加入剩餘的量，再次拌勻。隨時停下攪拌機，將沾附在攪拌頭上的麵糊刮下。

步驟**10**拌勻後（均勻就好。攪拌太久口感會變硬，須注意），放在塑膠布上。不需揉捏，直接以塑膠布包起來，並以手壓平。

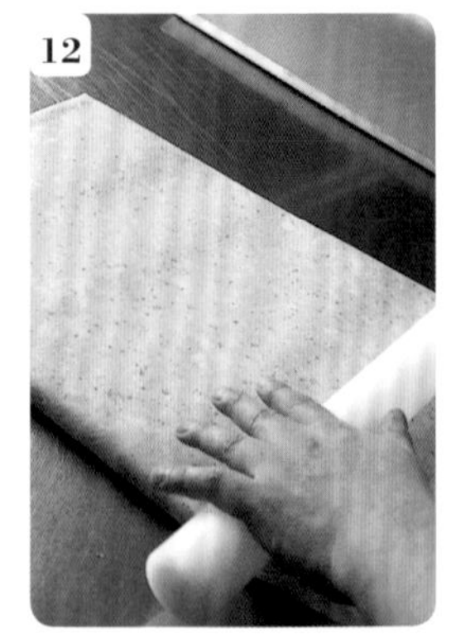

以擀麵棍擀成約2cm厚的長方形。放入冰箱冷藏兩天，讓麵團熟成。

成形、烘烤>

1

將麵團取出，放在室溫中靜置約30分鐘。在麵團還很硬時，以麵棍敲打，使硬度一致。放入壓麵機中壓成7mm厚的長方形，依P.46步驟**15**的作法摺三褶。

2

依P.46步驟**16**至**17**的作法，再次將麵團以壓麵機壓平後，摺三褶（三褶兩次），作好記號，密封起來。放入冰箱冷藏，休息一晚。隔天取出後，放在室溫中約30分鐘，再依同樣的作法放入壓麵機中壓成3.6mm厚的長方形。最後依P.46步驟**20**的作法讓麵團鬆弛。

3

在步驟**2**將麵團取出前，先準備撒在麵團上的埃德姆起司（照片中紅色球狀的物品）。將表面的紅蠟部分去除，放入食物調理機中打成4mm至5mm大和2mm至3mm大的顆粒。

4

將步驟**2**蓋上烘焙紙，放在室溫中休息30分鐘後，再放入冰箱冷藏約1小時，使麵皮緊實。切成24×9cm的長方形。放入冰箱冷凍保存，取出需要的份量作裝飾。將麵皮隔些微間隔排列整齊（為了方便撒咖哩粉），以刷子在表面刷上蛋液。

5

將步驟**3**打碎的4mm至5mm埃德姆起司適量撒在步驟**4**上。

6

再隨意撒上打碎的2mm至3mm埃德姆起司。

7

以抹刀輕壓，使起司和麵皮密合。

8

將尺放在麵皮中央，兩端以濾茶網篩上咖哩粉。撒在兩端是為了能夠在品嚐時，直接感受到咖哩的香氣。

9

將步驟**8**冷凍，使麵皮更緊實。如此一來，麵皮才能切成四角平整的條狀。取出麵皮，切成1.2cm寬。一片麵皮可切20條。

10

將步驟**9**並排在鋪有矽膠烘焙墊的烤盤上，放入烤箱中，以160℃烘烤30分鐘。

11

因為加了濃縮起司泥，所以不容易烤熟。中途要將麵皮從烤箱取出兩次，轉換麵皮方向再烤，讓兩個側面也能烘烤平均，且烤得香氣四溢。烤好後，放在鋪有烘焙紙的網架上待涼。

一起司千層酥條一

1

依「咖哩千層酥條」的作法製作。但不需加咖哩粉、蒜粉、乾燥義大利巴西里。因為不需撒咖哩粉，可以將切片的麵皮緊密排列在一起。

香草蝴蝶餅

Bretzel à la vanille

這是我在亞爾薩斯遇見的甜點。是一種外型帶有豐富鄉土色彩，口感酥脆爽口、充滿魅力，且散發香草風味的餅乾。

當地會在這道餅乾的表面淋上糖霜，讓它看起有光澤，但因為我想強調它的樸實感，所以在表面撒一些杏仁，表現出凹凸不平的感覺。帶皮杏仁準備兩種規格，一種切得較粗，一種切得較細，用於撒在粗粒上面。不同粗細的杏仁為餅乾的外表帶來更多變化。

為了將杏仁黏在餅乾上而刷上蛋液，不使用有顏色的蛋黃，只將蛋白打散，作出光亮的質感。

寬約5.5cm，約70個份

發酵奶油（切成1.5cm厚片） beurre 125g

∧置於室溫中直至以手指按壓時會感到些許阻力的軟度。

糖粉 sucre glace 65g

紅糖（未精製原糖） cassonade 65g

香草糖（P.15） sucre vanillé 適量

全蛋 œufs entier 1顆

鹽 sel 適量

香草精 extrait de vanille 適量

微烤的小麥胚芽 germes de blé grillés 50g

低筋麵粉 farine faible 250g

蛋白 blancs d'œuf 適量

帶皮杏仁 amandes brutes 適量

∧以食物調理機打碎後過篩。留在篩網上的杏仁和篩過的杏仁兩種都使用。將沒有篩過的杏仁以烤箱烤至微微上色。

將奶油依P.236步驟**1**至**2**的作法，打成柔軟的乳霜狀，加入糖粉、紅糖，再以同樣的方式畫圓擦拌均勻。紅糖可以強化風味。

將香草糖加入步驟**1**中，同樣擦拌均勻。香草糖即使加熱香氣也不易流失，很適合常溫甜點使用。

將全蛋打入另一個調理盆中，加入鹽和香草精拌勻。比起只使用蛋黃，使用全蛋更可以作出酥脆而扎實的口感。加入香草精可以強調香氣。

將步驟**3**分三次加入步驟**2**中，邊加邊輕輕擦拌，避免打入空氣。如過打入過多氣泡很容易膨脹，成品難以烤得細緻。但我想作出帶有適度密實感的口感。

將步驟**4**倒入攪拌盆中，加入微烤過的小麥胚芽、過篩兩次的低筋麵粉。添加小麥胚芽可以增加麵團的風味，散發出樸實感。以槳用攪拌頭低速拌勻。

只要拌至看不見粉粒即完成。將畫有直徑5.5cm圓形圖樣的紙鋪在烤盤上。將步驟**5**填入裝有直徑8mm圓形花嘴的擠花袋中，擠出蝴蝶形。

將充分打散的蛋白以刷子刷在步驟**6**的餅乾上。因為想要作出樸實而光亮的質感，所以不使用蛋黃，只刷蛋白。

趁蛋白還沒乾時，撒上烤好的杏仁碎粒，以手輕壓，使杏仁和麵團密合。將較細的杏仁粉粒撒在上面，抖落多餘的杏仁。放入烤箱中，以160℃烘烤約20分鐘。

6

Meringues et dip

À Point 的蛋白霜甜點變幻莫測。
雖然配方簡單，但依形狀、用法不同，
有多采多姿的表現方式，
這也是蛋白霜甜點的有趣之處。
將蛋白霜甜點沾著慕斯一同食用，
是我想出的創意新吃法。
和以湯匙吃有著截然不同的樂趣。
以小泡芙和小巧塔皮餅乾
沾奶油醬一起享用的吃法，
也是我很喜歡的創意巧思。

馬卡龍

Macaron

馬卡龍

Macaron

如同「馬卡龍糖片」（P.26）中的說明，馬卡龍可說是「我作甜點的原點」，對我而言十分重要。

馬卡龍的種類，除了有附上照片介紹內餡作法的「覆盆子」、「柿種米果巧克力」之外，還有「檸檬芝麻」、「帕林內果仁糖」、「黑醋栗」等。「覆盆子」是夾了覆盆子凝凍的馬卡龍。這種果泥煮了之後仍保有新鮮滋味，而濃稠度則以水麥芽來補足。另外，「柿種米果巧克力」則是從自己喜歡在吃完甜食後配點鹹食的嗜好發想出來的。披覆一層巧克力的柿種米果，酥脆口感和醬油的滋味，搭配甘納許的濃郁風味，成為絕妙新組合。而「檸檬芝麻」則是從我在餐廳作過的炒芝麻美乃滋所延伸出來的口味。這兩樣食材不可思議地對味，芝麻的顆粒感更添幾分特色。

馬卡龍糖片在夾餡前，要先在內側壓個洞。這是為了能夾多一點內餡。夾好餡後須放入冰箱冷凍，再放冷藏慢慢解凍，這點很重要。如此一來，適度回潮的糖片就會和夾餡融為一體，不僅更入口即化，吃起來也更水潤。

輕微「啪」一聲碎開的表皮和入口即化的內餡，形成「口感的對比」。體驗到水潤感的同時，杏仁和內餡的「濃度」與「香氣」也更加突出。馬卡龍是濃縮了法式甜點魅力的一道甜點。

〈覆盆子馬卡龍〉
Macaron à la framboise

直徑約3cm，70個份
馬卡龍糖片（P.28） pâte à macarons 全份量
覆盆子凝凍 gelée de framboise 下述成品取約420g
　覆盆子果泥（冷凍） pulpe de framboise 1kg
　覆盆子籽（冷凍） pépins de framboise 100g
　∧加拿大產的碎片狀冷凍覆盆子解凍後過濾，將果泥和籽分開，分別冷凍保存備用。
　檸檬汁 jus de citron 20g
　覆盆子白蘭地 eau-de-vie de framboise 80g
　果膠 pectine 28g
　砂糖 sucre semoule 900g
　水麥芽 glucose 50g
　覆盆子白蘭地 eau-de-vie de framboise 20g

〈柿種米果巧克力馬卡龍〉
Macaron au chocolat

直徑約3cm，70個份
黑巧克力（可可含量66%）
couverture noire 66% de cacao 適量
∧切碎後放入盆中，隔水加熱至50℃至55℃，使巧克力融化，依P.164「組合＆最後裝飾」步驟2至3的作法調溫（但最終溫度改為29℃至31℃）。
柿種米果 petites galettes piquantes de riz 70個
∧使用醬油味較濃的特製品。
馬卡龍糖片（P.28） pâte à macarons 全份量
∧參閱P.28至29。依同樣的作法製作，但在步驟1加入褐色的食用色素（液體），步驟4將可可粉（無糖）20g和杏仁粉、糖粉一起混合過篩兩次後加入。另外，加了可可粉後麵糊容易變硬，擠完麵糊後，放入烤箱前的靜置室溫時間長短，須觀察麵糊狀態來調整。
甘納許 ganache 下述成品取約560g
　鮮奶油（乳脂肪35%） crème fleurette 300g
　鮮奶油（乳脂肪47%） crème fraîche 200g
　香草莢 gousse de vanille 1枝
　黑巧克力（可可含量66%）
　couverture noire 66% de cacao 400g
　黑巧克力（可可含量68%）
　couverture noire 68% de cacao 100g
　香草精 extrait de vanille 適量

組合＆最後裝飾＞

將冷卻的馬卡龍糖片從烘焙紙上取下，以大拇指在內側中央壓個洞。這是為了能夠夾多一點覆盆子內餡。將壓洞的馬卡龍糖片兩片一組放在網架上。

將覆盆子凝凍（下述）填入裝有直徑6mm圓形花嘴的擠花袋中。一組的其中一片擠約6g。

將兩片糖片組合起來。裝入販賣用的盒子中，蓋上蓋子，放入冰箱冷凍約兩天，使味道融合。再放冰箱冷藏約兩天，慢慢解凍，讓馬卡龍適度回潮，增加水潤感後再品嚐。

覆盆子凝凍＞

將放在冰箱冷藏解凍的覆盆子果泥放入銅盆中，加入同樣解凍的覆盆子籽。為了作出適度的顆粒感，先將果泥過濾後分開種籽，再加入佔果泥重量10%的份量於其中。

將檸檬汁、80g覆盆子白蘭地加入步驟1中，以打蛋器充分拌勻。

果膠和砂糖充分拌勻，加入步驟**2**中，攪拌均勻後開中火熬煮。

一邊以打蛋器攪拌一邊熬煮。以沾了水的刷子將濺至銅盆內側的飛沫刷除。沸騰後，以網勺仔細撈除浮沫。

加入隔水加熱軟化的水麥芽，以同樣的方式煮5分鐘。水麥芽可用以增加濃稠度。為了煮出水潤感，必須長時間熬煮，加入保濕性強的水麥芽，能讓糖片不會滲入太多水分。

將步驟**5**離火後，倒入另一個調理盆中，盆底浸泡冰水冷卻。降溫至35℃後，加入20g覆盆子白蘭地，以橡皮刮刀拌勻，補強因加熱而流失的香氣。

繼續浸泡冰水直至溫度降為10℃。緊密蓋上保鮮膜後，放入冰箱冷藏一晚，讓凝凍沉澱。照片是冷藏一晚後的狀態。十分融合且更佳濃稠。

組合＆最後裝飾＞

1 將調溫完成的巧克力淋在柿種米果上，放在矽膠烘焙墊上待其凝固。依P.247「組合＆最後裝飾」步驟1的作法，準備馬卡龍糖片。於一半的糖片上放一顆披覆了巧克力的柿種米果，輕輕地壓入糖片中。

2 將甘納許（右述）填入裝有直徑6㎜圓形花嘴的擠花袋中，在柿種米果上擠約8g，再依P.247「組合＆最後裝飾」步驟2至3的作法，將馬卡龍組合起來。

甘納許＞

1 將兩種乳脂肪含量不同的鮮奶油倒入銅鍋中（為了調整濃度），香草莢依P.15的作法剖開。開中火，一邊攪拌一邊煮至沸騰。

2 進行步驟1的同時，將兩種巧克力切碎，放入食物調理機中打得更碎一點。事先將巧克力切碎，比較不會損傷食物調理機的刀片。

3 待步驟1煮沸後，以篩網過濾，加⅓量到步驟2中，輕輕攪拌，使巧克力充分融化。

4 再依同樣的作法，將剩餘的步驟1分兩次加入攪拌。使用食物調理機攪拌可以迅速拌勻，減少打入多餘的空氣，打成乳化良好的狀態。

5 在步驟4中加入香草精，輕輕攪拌。香草的香氣能更襯托出巧克力的香氣。

6 將步驟5倒入深烤盤中，緊密蓋上保鮮膜後放涼。圖為是完全乳化、充滿光澤感的樣子。

—其他風味的馬卡龍—

下述是P.245照片中成品的口味和內餡作法。馬卡龍糖片的製作方法基本上和P.28至29一樣，但可以適當地變換食用色素，烘烤時間也要稍微調整。

「檸檬芝麻」……檸檬奶霜（P.138）。另外，馬卡龍糖片要加入炒黑芝麻。
「帕林內果仁糖」……果仁糖風味奶油霜（P.162）。
「黑醋栗」……黑醋栗凝凍。使用黑醋栗果泥、黑醋栗利口酒，依覆盆子凝凍（P.246）的作法製作。

大馬卡龍
Gros macaron

直徑約7㎝的「柿種米果巧克力風味馬卡龍」，是情人節的特別商品。表面畫有愛心和小花圖樣（模仿亞爾薩斯地區特產陶器的花樣）。這個圖樣是取少量的馬卡龍麵糊，染色後分別以紙捲擠花袋畫在剛擠好的馬卡龍糖片上。

馬卡龍的一天

製作馬卡龍的日子，所有工作人員都會專注於馬卡龍上。從1993年將馬卡龍作為開店一週年紀念甜點亮相以來，已經不知道和馬卡龍度過了多少個季節。終於，我們也作了À Point專屬的陶瓷馬卡龍囉！

麵糊變化的風姿，
看幾次都不會膩。

椰子蛋白霜餅
Crottin coco

熱帶香椰

Coco tropique

椰子蛋白霜餅

Crottin coco

這道甜點的靈感是來自於我最喜歡的零食──Karl（彎彎脆餅）。以上顎和舌頭輕輕壓碎，就會在口中「嘩」地融化，椰子的香氣瞬間瀰漫在口中，是À Point蛋白霜甜點的特別版。

這道甜點是從法式蛋白霜（Meringue française）的運用上所延伸出的新創意。通常，法式蛋白霜是將蛋白和砂糖分幾次攪拌，當砂糖溶入蛋白的水分中後，再將蛋白打發並烘烤。不過，這樣作容易變成較硬的口感。我想要作成像Karl一樣有脆度，又能夠融化在口中的感覺，因此一開始只加最少量的砂糖，將蛋白打至十分發後，再加入剩餘的砂糖。如此一來，砂糖的黏性就不會影響到蛋白，可以打出富含空氣的氣泡，而且是不均一又綿軟的氣泡。這些氣泡能帶來入口即化的輕盈口感。

此外，烘烤方式也很特別。蛋白霜通常都是以低溫烘烤成純白色，不過這樣有時候會吃到蛋白的蛋腥味。À Point有好幾種蛋白霜甜點，都是使用有換氣口加上自製通氣口的旋風烤箱，以稍微高的溫度將水分確實烤乾。如此一來，最後加入蛋白霜中的砂糖就會在烘烤時融成恰好的焦糖狀，散發出有如烤焦糖時那種充滿懷舊氣息的甜香味。

沒有使用華麗或稀有的食材，但卻是長久以來頗受歡迎的一道甜點。以「口感價值」受到顧客肯定這一點而言，這道也算是我甜點人生中最「劃時代」的作品了。

直徑約3㎝，140至150個份

蛋白　blancs d'œuf　300g

砂糖　sucre semoule　300g

玉米粉　amidon de maïs　25g

椰子碎粉　coco râpé　80g

∧上述材料、器具和室溫均預先降溫。不過砂糖只要冰鎮⅘量，其餘⅕量為了方便溶入蛋白，維持室溫即可。

椰子碎粉　coco râpé　適量

熱帶香椰

Coco tropique

這是一道藏著surprise的夏日甜點。

在瀰漫熱帶甜味的椰子慕斯上，裝飾著鳳梨和芒果等水果，上面還有一層Q軟水嫩的水凝凍（透明果凍）。椰子慕斯使用酒精濃度較高的濃縮君度橙酒來鎖住椰子特有的甜味，是這道甜點美味的祕訣。水凝凍則表現出閃耀的質感和清涼感。

那麼，其中究竟有著什麼驚喜呢？那就是在椰子慕斯中，藏有一個「椰子蛋白霜餅」。椰子蛋白霜餅所對比出的口感和芳香風味，具有襯托主體Q軟水嫩的作用。因為同為椰子風味，所以非常對味。為了配合這道甜點，將椰子蛋白霜餅作成球形，外層披覆巧克力，以免吸收慕斯的水分。為了避免巧克力收縮而破壞椰子蛋白霜餅的形狀，巧克力必須先和沙拉油混合均勻。巧克力要以刷子輕輕刷成纖細的皮膜，以免太過搶眼。

水嫩的果膠和慕斯中，突然冒出酥脆的椰子蛋白霜餅。為了讓人享受到這份驚喜，椰子蛋白霜餅一定要埋得夠深，教人無法從外表一眼就看出端倪。

直徑6cm的容器140個份

椰子蛋白霜餅（P.252） crottins coco 140個
　∧但不留收尾的尖角。
牛奶巧克力（可可含量41%）
　couverture au lait 41% de cacao 適量
沙拉油 huile végétale 適量
　∧牛奶巧克力的20%量。
椰子慕斯 mousse de coco
　椰子果泥 pulpe de coco 1kg
　吉利丁片 feuilles de gélatine 32g
　可可奶醬 crème de coco 50g
　濃縮君度橙酒 Cointreau concentré 45g
　鮮奶油（乳脂肪35%） crème fleurette 1.6kg
　義大利蛋白霜 meringue italienne
　　糖漿 sirop
　　　水 eau 80g
　　　砂糖 sucre semoule 315g
　　蛋白 blancs d'œuf 175g
　　　∧使用當天打發的新鮮蛋白。
　　砂糖 sucre semoule 17.5g
　∧依P.141步驟1至5的作法製作。但不需加檸檬汁和香草精。依P.150步驟5的作法冷卻至0℃備用。

芒果（切成7mm小丁） mangues 適量
奇異果（切¼圓片） kiwis 適量
紅醋栗（冷凍） groseilles 適量
薄荷葉 menthe 適量
酒漬水果 fruits macérés 基本份量（約30個份）
　洋梨（罐頭。切成7mm小丁） poires au sirop en boîte 450g
　鳳梨（罐頭。切成7mm小丁）
　　ananas au sirop en boîte 450g
　檸檬汁 jus de citron 適量
　濃縮君度橙酒 Cointreau concentré 適量
水凝凍 gelée d'eau 基本份量（20至30個份）
　礦泉水 eau minérale 1kg
　檸檬皮 zeste de citron 1顆份
　　∧以削皮刀削成約1cm寬。
　檸檬汁 jus de citron 30g
　砂糖 sucre semoule 175g
　果膠 pectine 17.5kg
　水麥芽 glucose 415g

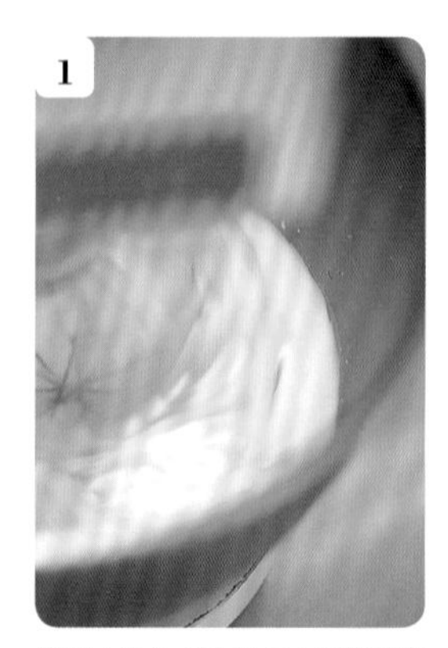

將蛋白放入冰涼的桌上型攪拌機中，加入常溫的⅕量砂糖。以高速一口氣打發。

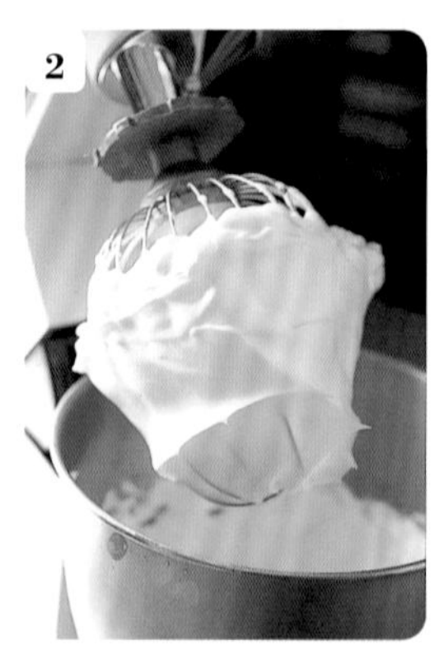

打至十分發。只加最少量的砂糖，所以沒有黏度，充滿了空氣。

將剩餘預先冰過的砂糖、玉米粉、80g可可碎粉一次加入蛋白霜中。在打發後才加入砂糖，可以防止蛋白霜變成硬實的口感。

慢慢旋轉攪拌盆，以粗孔漏勺由底部往上有節奏地快速撈拌均勻。

攪拌均勻後的狀態。雖然飽含空氣，氣泡卻很不均勻。這樣才能產生輕柔且入口即化的口感。

將步驟**5**以直徑14㎜的圓形花嘴擠在鋪有矽膠烘焙墊的烤盤上，作成紡錘形（這種形狀最能品嚐出以上顎和舌頭壓碎後融化在口中的感覺）。

將椰子碎粉撒在步驟**6**上，放入烤箱中，以105℃烘烤3小時至4小時。全程以高溫烘烤也是這道甜點的特色。

烤好了。因為步驟**3**中添加的砂糖在烘烤時分散在蛋白霜中，散發出如焦糖般的香氣。中央也烤得很均勻芳香。

椰子蛋白霜餅＞

將沙拉油加入切碎的牛奶巧克力中，隔水加熱至45℃至48℃，使巧克力融化，再依P.164「組合＆最後裝飾」步驟**2**至**3**的作法調溫後，放入保溫器。以刷子在蛋白霜餅上刷上薄薄一層巧克力，待其凝固。

椰子慕斯＞

將200g椰子果泥倒入鍋中煮至沸騰。將泡軟後擦乾水分的吉利丁片放入盆中，倒入煮沸的椰子果泥，攪拌均勻。

將800g椰子果泥倒入另一個調理盆中，隔水加熱至45℃。移開熱水後，加入步驟**1**充分拌勻。

將步驟**2**的盆底浸泡冰水攪拌，冷卻至35℃。取椰子奶醬和濃縮君度橙酒放入另一個調理盆中，加入⅓量冷卻好的步驟**2**拌勻。君度橙酒可以鎖住椰子的甜味。

將混合了椰子奶醬的步驟**3**倒回椰子果泥盆中，浸泡冰水攪拌，降溫至18℃。為了方便之後和鮮奶油、義大利蛋白霜拌勻，稍微提高一點濃度。

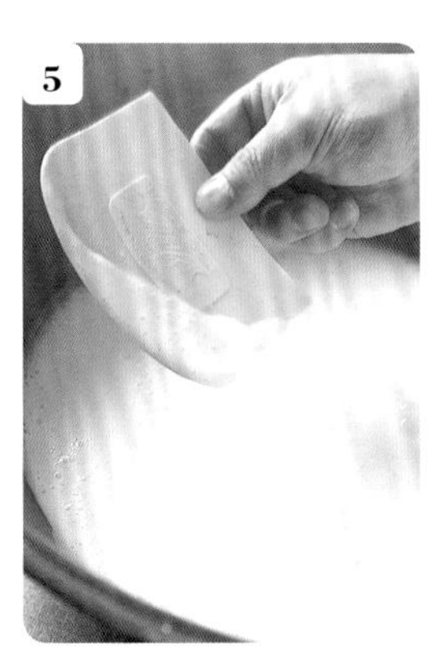

降溫至18℃的狀態。以刮板舀起，會稍微留在刮板上的濃度。

將把使用攪拌機打至十分發的鮮奶油放入另一個調理盆中，一口氣加入降溫至0℃的義大利蛋白霜。由底部往上快速大略拌勻。

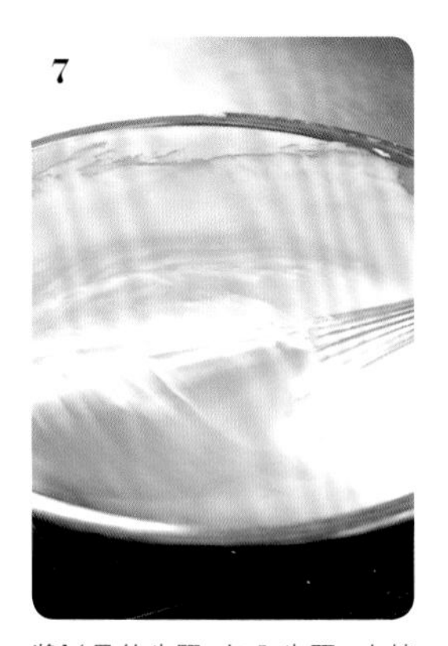

將⅓量的步驟**6**加入步驟**5**中拌勻。再分兩次加回步驟**6**中，邊加邊由底部往上拌勻。移至另一個盆中，使慕斯上下顛倒，快速地大略地拌勻。

只需攪拌均勻即可。拌太久會消泡，使口感變得厚重，須注意。填入裝有直徑12㎜的圓形花嘴中，擠至容器¼高的位置。

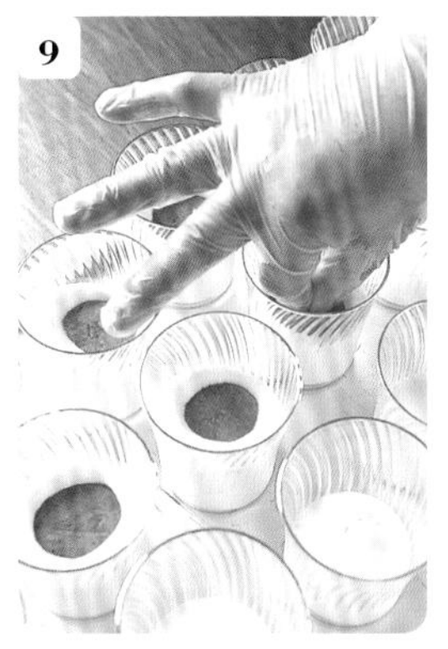

將披覆了牛奶巧克力皮膜的椰子蛋白霜餅，尖端朝下埋入椰子慕斯中。注意必須埋得不能從側面看見。

再次擠入椰子慕斯到容器的⅔處。將容器輕叩鋪有濕毛巾的桌面，使表面平均。放入冰箱冷凍保存，取需要的量移至冷藏室解凍後，進行裝飾。

組合&最後裝飾>

在已解凍的椰子慕斯上以湯匙鋪一層酒漬水果（下述）。並撒上芒果、奇異果、紅醋栗（冷凍狀態）、薄荷葉，再以湯匙舀入水凝凍（下述）。

酒漬水果>

將所有材料放入調理盆中拌勻，蓋上保鮮膜放入冰箱冷藏一晚。檸檬汁和君度橙酒可以去除罐頭的臭味，增添香氣。加入酒漬水果，還有增加口感樂趣、為整體帶來清涼感的作用。

水凝凍>

將礦泉水、檸檬皮、檸檬汁放入銅鍋中，充分拌勻後，加入砂糖和果膠。加了果膠就能夠作出不會太過Q彈的水嫩濃郁感。

將步驟**1**以中火煮沸。中途隨時以網勺撈除浮沫。沸騰後加入以隔水加熱軟化的水麥芽，攪拌均勻後再次煮沸。

將步驟**2**以篩網過篩後，倒入調理盆中，放回檸檬皮，盆底浸泡冰水冷卻。以保鮮膜密封後，放入冰箱冷藏一晚。使用時去除檸檬皮。

咖啡馬林糖

Meringue au café

烤好的蛋白霜餅搭配新鮮甜點時，例如：用於裝飾在蒙布朗上，通常都會將蛋白霜餅的存在隱藏起來。對於喜歡蛋白霜餅的我而言，總是想著要作一道將蛋白霜餅擺在最前頭，可以開心享受蛋白霜餅滋味的新鮮甜點！因此便創作出了這道甜點。

在咖啡風味的慕斯上擠鮮奶油，大膽地將棒狀蛋白霜餅隨意立上。這是希望顧客享用時，可以隨興地以蛋白霜棒沾著慕斯和鮮奶油一同享用。

關於搭配蛋白霜的慕斯，我經歷了好一番嘗試。若以輕盈的蛋白霜餅搭配清爽的慕斯，吃完後沒有滿足感。嘗試多種組合之後，發現以濃縮咖啡使用的義式深焙咖啡豆所煮成的咖啡，作出來的咖啡風味慕斯最能在心中留下餘韻。不過該怎麼說呢，咖啡的香氣雖然很有深度，卻缺少廣度，對於我理想的滋味還差一步。應該怎麼辦呢？

解決這個難題的，果然還是香草。咖啡和香草的香氣同時散發，不但香氣有了廣度，整體滋味也會像被香氣包裹一般，洋溢著馥郁芳香，也提升了滿足感。在我所追求的味道中，香草最是不可或缺。

雖然食譜中沒有提到，不過這道甜點通常會搭配和「補充蛋白霜餅（三枝9cm長）」一起販售，蛋白霜餅會連同乾燥劑一起放入袋子中。就如P.294中所介紹的，**À Point**的蛋白霜餅因為沒有使用砂糖來增強蛋白霜，所以吸濕性很高，因此放在慕斯上的蛋白霜棒立刻就會吸收濕氣。當然也有人說一開始就將蛋白霜棒分開賣就好了，但是我不想這麼做。這道甜點要擺上蛋白霜棒才算完成，加上以我的作法製作的蛋白霜，即使有濕氣也會產生獨特的美味。而且最重要的是，我想讓客人了解到，蛋白霜就是如此纖細。

直徑7.5cm的容器110個份

咖啡慕斯 mousse au café
- 咖啡風味義大利蛋白霜 meringue italienne au café
  - 糖漿 sirop
    - 水 eau 80g
    - 砂糖 sucre semoule 375g
    - 咖啡精 trablit 適量
  - 蛋白 blancs d'œuf 180g
    ∧使用當天打發的新鮮蛋白。
  - 砂糖 sucre semoule 18g
  - 咖啡精 trablit 適量
- 牛奶 lait 1kg
- 咖啡豆（濃縮咖啡用） grains de café 200g
- 香草莢 gousses de vanille 2枝
- 蛋黃 jaunes d'œuf 20顆份
- 砂糖 sucre semoule 220g
- 即溶咖啡 café soluble 10g
- 咖啡精 trablit 適量
- 吉利丁片 feuilles de gélatine 25g
- 鮮奶油（乳脂肪35%） crème fleurette 1.5kg

鮮奶油（乳脂肪47%） crème fraîche
約15g／1個

糖粉 sucre glace 適量

蛋白霜棒（P.294） bâtons de meringue 3倍量
∧參閱P.294「蛋白霜餅乾杯」的作法。分三次製作。

咖啡慕斯＞

依P.215「咖啡風味蛋白霜聖誕樹」步驟**1**至**4**的作法，製作咖啡風味義大利蛋白霜。但不需加香草精。依P.150步驟**5**的作法冷藏至0℃。

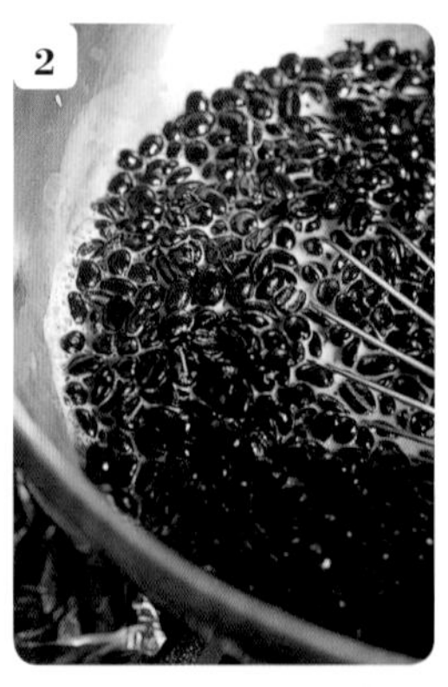

將牛奶倒入銅鍋中，加入咖啡豆後開火。不時以打蛋器攪拌，加熱至邊緣開始冒小泡泡，即將煮沸時（約80℃）。

將步驟**2**關火並蓋上鍋蓋，蒸燜約20分鐘，使咖啡的香氣釋出，滲入牛奶中（浸漬。P.68）。不將咖啡豆磨成粉，是為了表現蛋白霜淡淡的風味。磨成粉後釋出的苦味會太強烈。

將步驟**3**以篩網過濾，去除咖啡豆。加入適量牛奶（份量外），將整體份量調整為1kg。

將步驟**4**放入銅盆內，香草莢依P.15的作法剖開後加入（但要將豆莢切成兩等分）。再次邊攪拌邊開中火加熱。香草的香氣可以替微微的咖啡香增色。當液體表面的邊緣開始冒泡後就離火。

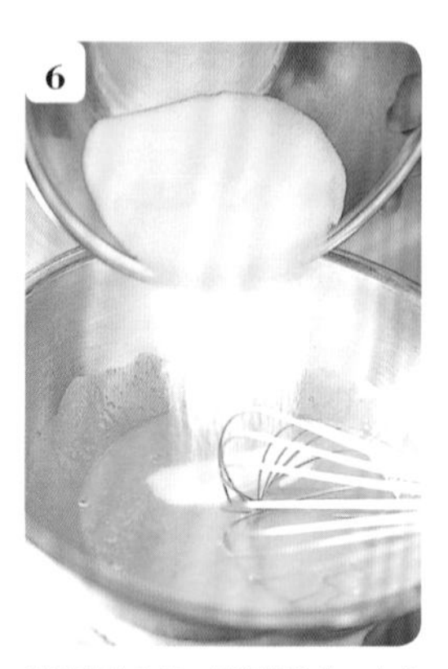

將蛋黃放入另一個調理盆中，充分打散。一口氣加入砂糖中，輕輕攪拌至偏白色（打蛋黃。P.17）。

砂糖要完全溶於蛋黃中，這點很重要。如果沒有完全溶化，蛋黃加熱時很容易結塊。另外，即使打發了也會難以感受到蛋黃的風味，要多注意。

將即溶咖啡和咖啡精倒入另一個調理盆中，以湯勺舀兩匙步驟**5**加入其中拌勻。

將步驟**8**加入步驟**7**中拌勻。

將步驟**9**倒入步驟**5**的銅盆中。開較強的中火，一邊攪拌一邊加熱至82℃。

將步驟**10**離火，倒入另一個消毒過的盆中，插入消毒過的溫度計，不時攪拌一下，靜置約3分鐘，這樣能夠增加濃度。由於容易孳生細菌，請不要降溫至75℃以下。

將泡軟後擦乾水分的吉利丁片加入步驟**11**中煮溶。打蛋器或濾網等都要經過消毒，徹底做好衛生管理。

將步驟12以篩網過濾，倒入另一個調理盆中，浸泡冰水攪拌降溫至20℃。

將1.5kg鮮奶油以攪拌機打至十分發後，移至另一個調理盆中，加入步驟1冷卻至0℃的咖啡風味義大利蛋白霜。由底部往上翻拌，大致拌勻即可。

移開步驟13底部的冰水，步驟14分四次加入其中。最初的一次以畫圓方式充分拌勻，第二次之後就由底部往上大略翻拌均勻。

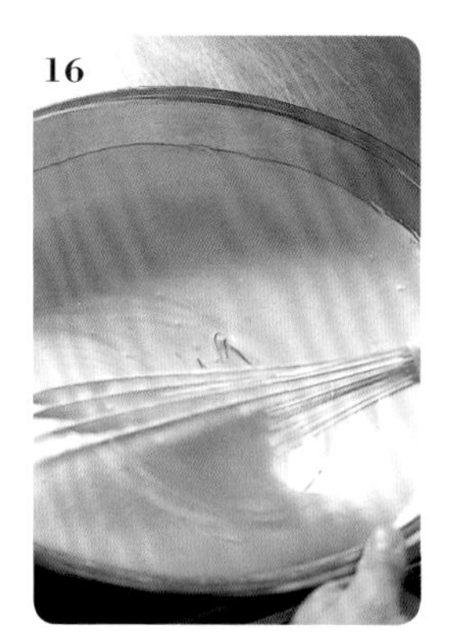

拌至八分均勻後，倒入另一個調理盆中，使蛋白霜上下顛倒，再由底部往上翻拌，使整體均勻。

拌至蓬鬆柔滑即完成。以打蛋器撈起後，呈現緞帶狀滴落堆疊，痕跡立刻消失，就是最好的狀態。

將步驟17填入裝有直徑12㎜圓形花嘴的擠花袋中，擠入排列在鋁盤上的容器裡，約七分滿。將整個鋁盤輕敲桌面，使表面均勻。放入冰箱冷凍保存，取需要的量放冷藏室解凍後，作最後裝飾。

組合&最後裝飾>

將鮮奶油打至立起柔軟尖角的程度。以直徑8㎜的圓形花嘴，在已解凍的咖啡慕斯上擠出約15g的螺旋形。一份擺四枝蛋白霜棒（下述），並撒上糖粉。

蛋白霜棒>

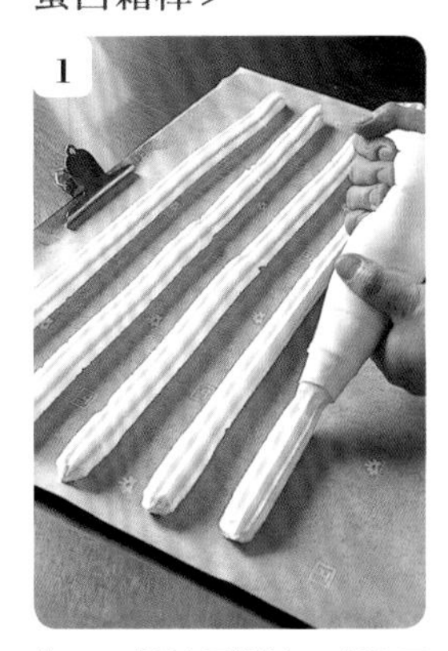

依P.297「蛋白霜餅乾杯」步驟1至3的作法製作，擠好後烘烤。不過這裡使用直徑20㎜的星形花嘴。一份基本份量擠17枝至18枝。

烤好後，將步驟1連同烘焙紙放在桌面上冷卻。待熱氣散去後，連同烘焙紙移至木板上，以麵包刀切成5㎝至6㎝長。和乾燥劑一起放入收納盒中保存。保存時間以三天為限。

咖啡烤布蕾

Crème au café

這是在隔水烘烤的咖啡風味奶油醬上，鋪上咖啡風味的義大利蛋白霜，經過兩次烘烤的甜點。豐醇濃郁的柔滑奶油醬，和湯匙一插入便瞬間裂開的纖細義大利蛋白霜皮膜，兩者形成的對比是最大的特色。創意的來源是於法國修習甜點製作時，在巴黎餐廳Jamin吃到的「奶油烤布蕾」。它表面的甜菜糖呈現變成糖果前的狀態，有如糯米紙般薄薄地覆在烤布蕾上，感覺非常細緻。這麼高雅的品味，我想要以蛋白霜來呈現。

為這道甜點再添一層絕妙口感的，是浮現在義大利蛋白霜表面的「珍珠」（P.32）。故意將糖粉撒得不均勻，一部分糖粉便會吸收義大利蛋白霜的水分，進而形成一層薄膜，烘烤時，水蒸氣從薄膜中噴出，就形成了像珍珠一樣的小巧球狀凸起。它能為義大利蛋白霜的口感增添一些韻律感。

製作這道甜點必須要注意的就是溫度管理。將隔水烘烤後冷藏的奶油醬再次烘烤，等於是將先加熱過一次而殺菌，再加以冰涼的奶油醬，又一次提高溫度，造成細菌孳生的危險。為了避免細菌孳生，隔水烘烤的奶油醬在作業前要一直放在冰箱中，擠入蛋白霜後，再放烤箱烤5分鐘即可。如此一來，這道甜點使用的耐熱容器，中心溫度大約就只有10℃，不會到達容易孳生細菌的溫度範圍。使用計時器和中心溫度計來作正確的管理是必要的事情。

直徑8cm的耐熱容器約34個份
咖啡豆（濃縮咖啡用。中研磨） café moulu 143g
沸騰熱水 eau bouillante 413g
牛奶 lait 495g
鮮奶油（乳脂肪47%） crème fraîche 825g
砂糖 sucre semoule 132g
蛋黃 jaunes d'œuf 17顆份
砂糖 sucre semoule 165g
咖啡風味義大利蛋白霜 meringue italienne au café
- 糖漿 sirop
  - 水 eau 100g
  - 砂糖 sucre semoule 380g
  - 咖啡精 trablit 20g
- 蛋白 blancs d'œuf 200g
  ∧使用當天打發的新鮮蛋白。
- 咖啡精 trablit 適量

∧因為成品很容易塌陷，須將上述份量分兩次製作。
糖粉 sucre glace 適量

PATISSERIE FRANÇAISE
À POINT
PATISSERIE FRANÇAISE
À POINT

1 將中研磨的咖啡豆放入盆中，注入沸騰的熱水拌勻。蓋上保鮮膜燜10分鐘。

2 將牛奶和鮮奶油放入銅鍋中，加入132g砂糖，開火熬煮。以打蛋器一直攪拌至砂糖溶化為止，煮至沸騰前約90℃。煮至90℃後，關火並蓋上蓋子，直到進行步驟7時再次加熱至約90℃。

3 將蛋黃放入調理盆中打散，加165g砂糖打發（P.17）。如果打入太多氣泡會容易產生「空隙」，也會難以品嚐到蛋黃的風味，須注意。

4 攪拌至砂糖的顆粒感消失，出現光澤，且提起打蛋器會迅速滴落的狀態。

5 將浸水後完全擰乾的棉布鋪在濾網上，將步驟1過濾至另一個調理盆中。

6 拿起棉布兩端，用力擰乾。適量添加熱水（份量外），將重量補足至413g。

7 將煮至約90℃的步驟2關火，加入步驟6。盡量輕輕地拌勻，不要起泡。不過，因為熱膨脹的關係，多少會有些氣泡。

8 將步驟7分五次加入步驟4中，邊加邊輕輕地拌勻。

9 將步驟8以篩網過篩至另一個調理盆中，以網勺撈除泡沫。在這個階段還維持在60℃以上，就是好的狀態。降到60℃以下，烘烤時間會拉長，造成分離、水分蒸發等，減損成品的柔滑度。

＞＞＞＞＞

輕輕地注入，不要弄出氣泡……

＞＞

10 將浸濕的廚房紙巾鋪在收納盒內，將耐熱容器排放好。將步驟9以濾茶網過篩後放入麵糊分配器中，從耐熱容器邊緣2mm處輕輕注入。鋪廚房紙巾是為了緩和火力。

11 麵糊分配器要盡量接近耐熱容器，從容器的邊緣輕輕注入，避免產生氣泡。如果還是有氣泡，可噴食用酒精消除。

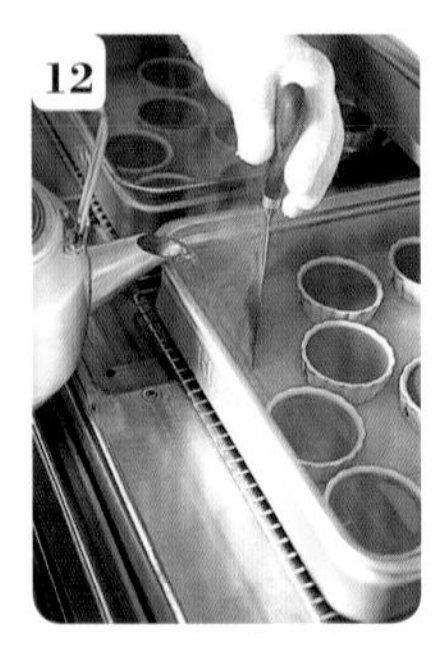

12 為了減緩火力，在收納盒的下方放網架，再放入烤箱。將三角刮刀立在在耐熱容器前方，注入沸騰的熱水至耐熱容器一半高度。以120℃隔水烘烤約1小時。

＞＞＞＞＞

若將耐熱容器傾斜，表面也不會起波紋，就表示烤熟了。出爐後立刻放在網架上約1小時待涼。

烤好後舀起的狀態。有光澤，表面還有些微晃動的柔軟感。一舀下去立刻裂開，斷面仍保有水分。

將步驟13放入收納盒中，不加蓋放入冰箱冷藏1小時後，再蓋上蓋子冷藏約一天。靜置一天後奶油醬會更密實，斷面更柔滑，帶有綿稠的濃度。

咖啡風味義大利蛋白霜>

將水、砂糖、咖啡精放入銅鍋中，插入溫度計，開大火。一邊攪拌至沸騰，一邊撈除浮沫，煮至117℃。加入咖啡精後對流會減弱，所以要一邊攪拌一邊加熱。

待步驟1開始沸騰後，將蛋白、咖啡精放入攪拌盆中，以高速打至蛋白霜尖角彎曲垂下的硬度。將步驟1離火後，搖動鍋子，使冒出的氣泡消沉，慢慢倒入蛋白霜中，邊倒邊以中速打發。

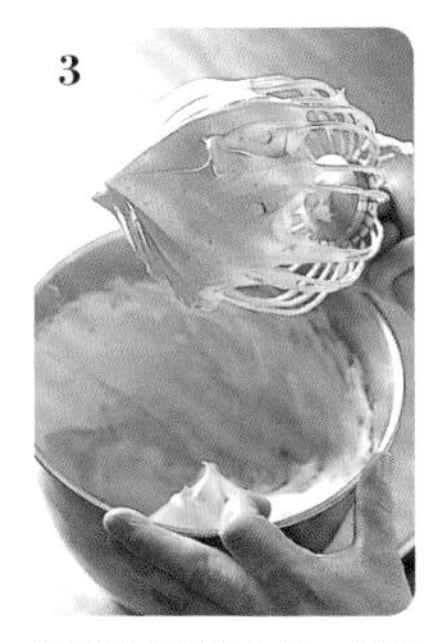

待糖漿全部加入後，繼續打發3分鐘。打至呈現挺立的尖角狀。使用鋼線較少的攪拌器，沾在模型上時，會適度地形成離水的粗氣泡。

組合&最後裝飾>

將網架墊在烘焙紙上，從冰箱取出耐熱容器排列其上。表面噴食用酒精消毒。咖啡風味義大利蛋白霜一旦完成，立刻以直徑10㎜的圓形花嘴，採螺旋狀擠在布蕾上。

將步驟1的表面以抹刀切平。再以糖粉罐撒上滿滿的糖粉，靜置5分鐘。因為義大利蛋白霜很快就會乾燥，所以要以一定數量為單位，擠好蛋白霜後就先抹平撒糖粉。

由於糖粉罐的孔洞較大，若要完整撒滿表面可能會撒得不平均。在靜置的5分鐘時間內，糖粉就會被義大利蛋白霜的水分溶化，在表面形成不均勻的薄膜。

將步驟3的網架調轉180度，再次撒糖粉。從反方向撒會比較平均。即使如此，也會有糖粉溶化與沒溶化的地方，為口感帶來韻律感。

為了避免烤焦，並讓義大利蛋白霜能順利冒出珍珠，要將沾附在耐熱容器邊緣或側面的義大利蛋白霜及糖粉擦乾淨。將耐熱容器並排在重疊五個的烤盤上，只開200℃上火，打開換氣口，烤5分鐘。

從烤箱取出（此時布蕾的中心溫度約為10℃），為了不讓餘熱使中心溫度上升，須立刻放在網架上待涼。表面的珍珠非常可愛。

À Point烤布蕾

Crème À POINT

「À Point烤布蕾」意思是「烤得恰到好處的布蕾」，也是特意包含了店名的名字。

這是一道類似起司奶油版烤布蕾的甜點。它誕生的契機，是因為我想將「起司塔」的蛋奶液再凝固得軟一點。以隔水烘烤的方式雖然也能讓質地稍軟，但塔皮卻無法以隔水烘烤的方式製作。因此，我先將蛋奶液倒入耐熱容器中隔水烘烤，之後再將另外烤好的塔皮餅乾裝飾在上面。

作蛋奶液最重要的是細心攪拌，以避免結塊。為了使蛋奶液可以快點烤熟，因此要將沸騰的鮮奶油和奶油混合，提高整體溫度。如果烘烤時間太長，奶油起司會容易分離沉澱。烤好後，可使用瓦斯噴槍烤一層焦糖，為穩定的蛋奶液增添一些口感變化。

放在布蕾上的塔皮餅乾風格隨興，與纖細的千層派皮全然相異，十分有魅力。餅乾壓成小小的愛心形狀，呈現出司康般的家庭風。想烤出不歪斜的美麗心形餅乾，祕密技巧是在烘烤中途將餅乾翻面。以可愛的愛心餅乾沾著滋味濃郁柔滑的布蕾一同享用吧！

直徑18㎝的耐熱容器約2盤份

奶油起司（切成2㎝厚片） fromage blanc ramolli 500g
∧在室溫中放到手指能夠輕鬆按壓下去的軟度。

砂糖 sucre semoule 176g

全蛋 œufs entiers 7顆

蛋白 blancs d'œuf 2顆份

檸檬汁 jus de citron 8g

發酵奶油（切成1.5㎝小丁） beurre 92g
∧置於室溫中回溫。

鮮奶油（乳脂肪35%） crème fleurette 200g

砂糖 sucre semoule 適量

紅糖（未精製原糖） cassonade 適量

愛心塔皮餅乾 pâte brisée 基本份量
（寬約5㎝、約600個份）

- 低筋麵粉 farine faible 1660g
- 高筋麵粉 farine forte 1660g
- 發酵奶油（切成2㎝小丁） beurre 2.6kg
  ∧預先冷藏備用。
- 全蛋 œufs entiers 420g
- 砂糖 sucre semoule 150g
- 鹽 sel 30g
- 牛奶 lait 660g

∧依P.240「塔皮麵團」及P.241「成形、烘烤」步驟1至2的作法製作（但不需加埃德姆起司粉、辛香料、香草類、濃縮起司泥）。壓成3.6㎜厚，經過鬆弛後，蓋一張烘焙紙，放在室溫中休息30分鐘，再移入冰箱冷藏約1小時，使麵團緊實。

將放在室溫中軟化的奶油起司移入調理盆中，以打蛋器打成乳霜狀。

將176g砂糖一次全加入步驟**1**中，擦拌至柔滑為止。注意不要打入多餘的氣泡。

中途隨時將沾附在打蛋器上的奶油起司或砂糖刮下，均勻攪拌。

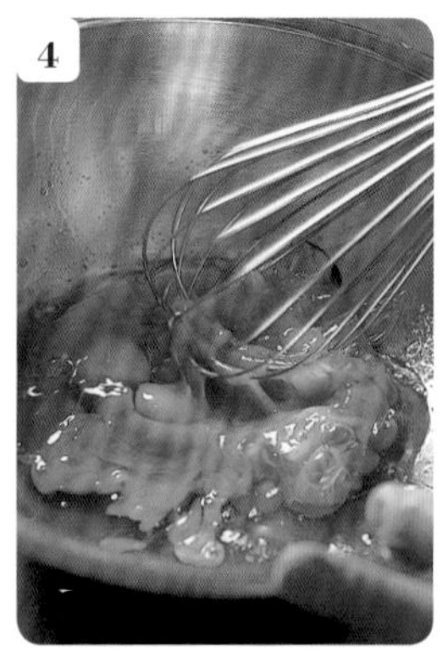

將蛋白和全蛋打入另一個調理盆中，以打蛋器充分拌勻。先以打蛋器將蛋黃壓碎。先稍微隔水加熱打散，之後會比較容易與奶油起司融合。

待步驟**4**充分打散成稀薄的狀態後，將步驟**3**分三次加入其中，邊加邊拌勻，拌至柔滑狀態。要隨時將沾附在打蛋器上的蛋液或奶油起司刮下拌入。

將檸檬汁倒入另一個調理盆中，加入少量的步驟**5**。因為加了檸檬汁容易分離，所以先另取少量混合。

將步驟**6**倒回步驟**5**中拌勻。

將置於室溫中回溫的奶油放入銅鍋中，加入鮮奶油。開中火，以打蛋器小幅度攪拌，煮至沸騰。

將煮沸的步驟**8**分三次倒入步驟**7**中，充分拌勻。如果烘烤時間太久，奶油起司容易分離沉澱，為了加快烤熟速度，加入熱的步驟**8**，提高蛋奶液的溫度。

柔滑且溫熱的蛋奶液作好了。

將步驟**10**以篩網過篩後，再以濾茶網過濾至麵糊分配器中。

將耐熱容器放在收納盒中，倒入步驟**11**的蛋奶液。麵糊分配器要盡量靠近耐熱容器，避免產生氣泡。趁蛋奶液降溫前迅速進行。

為了減緩火力，在步驟12的收納盒下方放置網架，再移入烤箱。將三角刮刀立在在耐熱容器前方，注入沸騰的熱水至耐熱容器一半的高度。以130℃隔水烘烤約25分鐘。

烤好會呈現稍微膨起的狀態。連同收納盒一起放在網架上冷卻。慢慢冷卻，蛋奶液就不會分離，可以柔軟地凝固。整體滋味融合後，口感像絹絲般柔滑。

將砂糖和紅糖（砂糖的10%量）混合，稍微分散撒在冷卻的步驟14上。將沾附在耐熱容器邊緣的砂糖擦乾淨，表面以瓦斯噴槍烤一層焦糖。一盤裝飾八個愛心塔皮餅乾（下述）。

愛心塔皮餅乾>

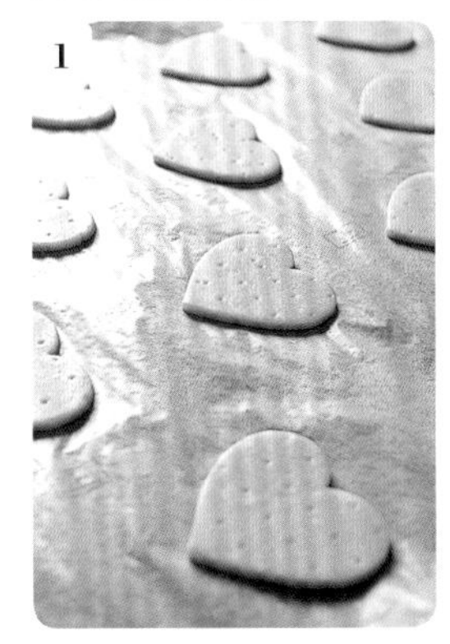

將塔皮從冰箱取出，以滾輪打孔器打洞。壓成約5cm寬的心形，排列在鋪有矽膠烘焙墊的烤盤上。

從步驟1的上方噴水。噴水可以使烤箱內充滿蒸氣，緩和烤箱火力，讓塔皮能夠慢慢膨脹。

將步驟2放入180℃的烤箱中，烤約30分鐘。大約烤10分鐘時將塔皮翻面。這樣愛心的兩面都會烤得很平整漂亮。這樣作也會使餅乾側面能漂亮地垂直膨脹。

翻面後的狀態。正反面都覆上均一的烤色。

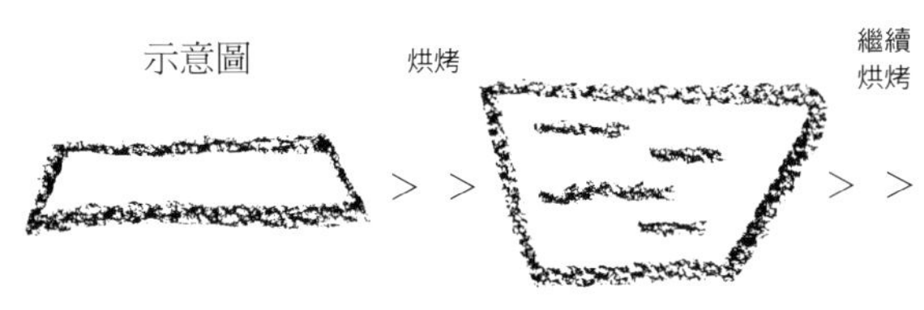

從側面看壓模好的塔皮。是底部較寬的梯形。

烘烤時，剛翻面的狀態。這時還是倒梯形的狀態。

翻面後，整體均勻受熱，側面也會均勻垂直地往上膨脹。

因為側面筆直，即使橫放裝飾也很美麗。

聖多諾黑泡芙杯

Tasse de saint-honoré

「聖多諾黑」是在千層派皮或塔皮上擠入泡芙奶醬烘烤，再以小泡芙和鮮奶油裝飾的一種法國傳統甜點。我將它改良成杯子狀，讓客人可以更輕鬆地享用。這道甜點的藍圖是以小泡芙堆疊而成的泡芙塔和香蕉巴菲組合而成。是「一顆有兩種美味」的結構！

杯子中是芳香的蘭姆酒風味巴巴露亞。底部有焦糖炒香蕉和蘭姆酒漬葡萄乾，以增加口感。巴巴露亞上高高地擠了一團加了滿滿香草糖、看得到香草籽的香緹鮮奶油，裝飾著撒有珍珠糖的法式小泡芙（沒有夾餡的小泡芙）。可以使用法式小泡芙沾著香緹鮮奶油或巴巴露亞一同食用。

杯子中還有一個小驚喜，那就是愛心塔皮餅乾（P.264）。有時嚐嚐看吸收了巴巴露亞的水分，有些濕軟的塔皮餅乾，感覺也很特別。有點像是將奶油醬和海綿蛋糕體等混合作成的甜點「查佛蛋糕」，可以品嚐到塔皮餅乾和巴巴露亞的風味融合而成的美味。

直徑7.5cm的容器130個份

蘭姆酒漬葡萄乾（無籽白葡萄） sultanines au rhum
 5顆／1份

蘭姆酒風味巴巴露亞 bavarois au rhum
- 英式蛋奶醬 sauce anglaise
  - 牛奶 lait 1kg
  - 香草莢 gousses de vanille 2枝
  - 砂糖 sucre semoule 45g
  - 蛋黃 jaunes d'œuf 250g
  - 砂糖 sucre semoule 280g
  - 脫脂奶粉 lait écrémé en poudre 30g
- 吉利丁片 feuilles de gélatine 20g
- 蘭姆酒 rhum 100g
- 香草精 extrait de vanille 適量
- 鮮奶油（乳脂肪35%） crème fleurette 1.5kg

∧依P.68至69的作法製作。但香草精不在步驟12時加入，而改在步驟13中，將英式蛋奶醬浸泡冰水降溫至35℃，取⅓量加入放有蘭姆酒和香草精的另一個盆中，迅速拌勻後再倒回蛋奶醬中，再次邊拌勻邊降溫至20℃。

À Point風卡士達醬（P.64）
 crème pâtissière à ma façon 適量

愛心塔皮餅乾（P.264） pâte brisée
 1塊橫切一半／1份

香緹鮮奶油 crème chantilly
- 鮮奶油（乳脂肪47%） crème fraîche 適量
- 砂糖 sucre semoule 適量
  ∧為鮮奶油總重的10%。
- 香草精 extrait de vanille 適量
- 香草糖（P.15） sucre vanillé 適量

法式小泡芙（P.48） chouquettes 大3顆、小1顆／1份
 ∧參閱P.48至49的泡芙麵糊。依同樣的作法製作，但要擠成直徑2cm（約15g）和直徑1cm（約7g），刷上蛋液後，適量撒上珍珠糖、香草糖後烘烤。

糖粉 sucre glace 適量

焦糖炒香蕉 bananes sautées
- 下述成品取130片
- 香蕉（切成1cm厚圓片） bananes 9根
  ∧放入收納盒中蓋上蓋子，放在烤箱上方蒸熱。
- 發酵奶油 beurre 70g
- 砂糖 sucre semoule 70g
- 砂糖 sucre semoule 160g
- 香草精 extrait de vanille 適量
- 檸檬汁 jus de citron 適量
- 蘭姆酒 rhum 適量

PATISSERIE FRANÇAISE

組合＆最後裝飾＞

在容器中央各放入一片焦糖炒香蕉（下述），周圍各放約五粒蘭姆酒漬葡萄乾。

將蘭姆酒風味巴巴露亞以直徑10㎜的圓形花嘴擠在步驟**1**上，約模型的八分滿。放入冰箱冷凍保存，取需要的量放冷藏室解凍後裝飾。

將À Point風卡士達醬以直徑12㎜的圓形花嘴，在已解凍的步驟**2**周圍擠一圈，各約20g。

將橫切成愛心形的塔皮餅乾放入步驟**3**中央。這塊塔皮餅乾具有增加享用樂趣的作用。

製作香緹鮮奶油。將所有材料放入調理盆中，底部浸泡冰水打發至呈柔軟的尖角狀。重點是要加入大量稍微帶些灰色的香草糖。

將步驟**5**填入裝有直徑12㎜星形花嘴的擠花袋中，在步驟**4**中央擠高高的一團，各約20g。

將大顆的法式小泡芙裝飾在香緹鮮奶油周圍。

小顆的法式小泡芙由上往下撒糖粉，並裝飾在香緹鮮奶油上。

焦糖炒香蕉＞

依P.207「焦糖炒蘋果」的作法，將蘋果改成香蕉製作。將蘋果白蘭地換成蘭姆酒。

7

Des gâteaux pour les enfants

小朋友的甜點

本篇是我認為會特別受到小孩喜愛的甜點。
當我有了孩子以後，
便想著要作哪些能讓小孩開心、可以玩樂，
還能共同享受親子快樂時光的甜點。
好吃是當然的，希望還可以藉由這些甜點，
引發話題、成為家族團聚時的名配角……
能夠舒緩心情的「小朋友甜點」，也很受大人歡迎。

鄉村蛋糕

Pain-bis

「鄉村蛋糕」是「鄉村海綿蛋糕」的簡稱。「鄉村」指的是「鄉村麵包」。外表看起來是不是很像麵包呢？將手指餅乾麵糊烤成圓球形，中間夾著滿滿的À Point風卡士達醬和香緹鮮奶油，是一道樸質又有滿足感的甜點。我很喜歡這種家庭式的甜點。因為我認為簡單就是美味，所以在這道甜點的作法上也下了很多工夫。

手指餅乾中加入紅糖和香草，帶出滋味的深度，不需擠成特定形狀，讓它自然地烤成圓形。這裡的重點是，烘烤前要先放在室溫下15分鐘。這樣麵糊會適度地扁塌，使得組織參差不齊，品嚐時便會產生絕妙的韻律感。

麵糊上撒大量的糖粉和高筋麵粉也是這道甜點的特色。這麼作具有多重效果，首先是外觀會像麵包一樣表現出樸質的風情。再者，表面會形成一層皮膜，緩和進入的熱氣，能夠讓表面酥脆，中央柔軟，形成兩種對比的口感。皮膜較薄的地方衝出水蒸氣形成「珍珠」（P.32），也能增添口感的樂趣。表面像是麵包紋路的割痕，在烘烤時會散出蒸氣，碰到蒸氣的砂糖便會溶化且焦糖化，形成帶點甜味的顆粒感，也很有趣。

當À Point風卡士達醬和香緹鮮奶油適度滲入餅皮中時，是最好吃的時候。餅皮會染上一股獨特的香氣。雖然剛出爐時也很美味，不過餅皮與奶油醬融為一體時，也別有一番風味。鄉村蛋糕就是一道能深切感受豐富滋味的甜點。

直徑約20cm，6個份

手指餅乾 biscuit à la cuillère
- 蛋白 blancs d'œuf 8顆份
  - ^使用當天打發的新鮮蛋白。
- 鹽 sel 適量
- 砂糖 sucre semoule 200g
- 蛋黃 jaunes d'œuf 8顆份
- 香草精 extrait de vanille 適量
- 紅糖（未精製原糖） cassonade 20g
- 低筋麵粉 farine faible 200g
- 香草糖（P.15） sucre vanillé 適量
- 糖粉 sucre glace 適量
- 高筋麵粉 farine forte 適量

À Point風卡士達醬（P.64）
crème pâtissière à ma façon 約210g／1份

香緹鮮奶油（P.89） crème chantilly
約100g／1份

手指餅乾＞

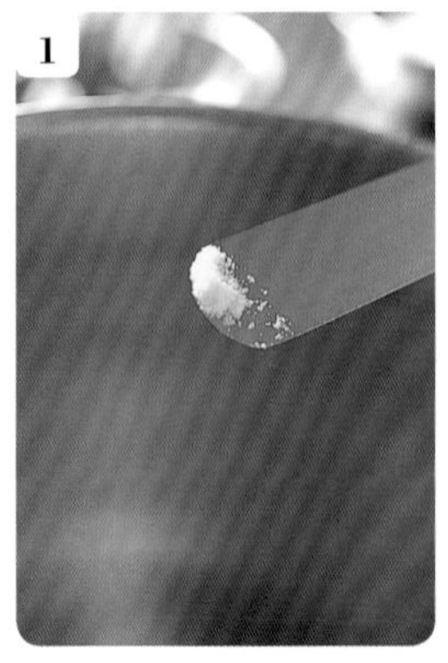

1 將蛋白放入桌上型攪拌機的攪拌盆中，加鹽打散。鹽可以弱化蛋白的韌度。不但可以幫助打發，打好後也較不易塌陷，還可以增添味道的層次感。

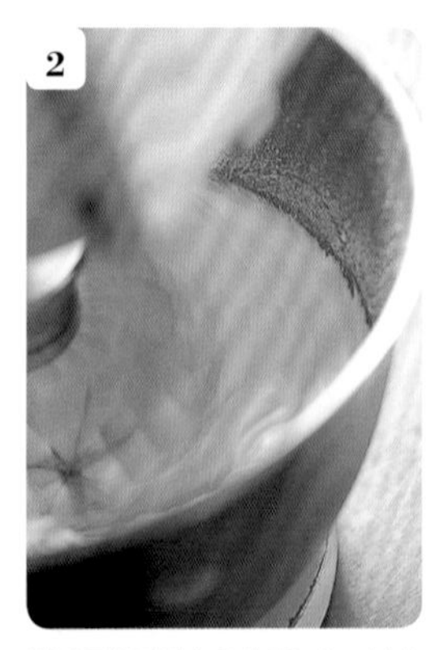

2 將1/3量的砂糖加入步驟**1**中，以高速一口氣打發。中途將剩餘的砂糖分兩次加入。

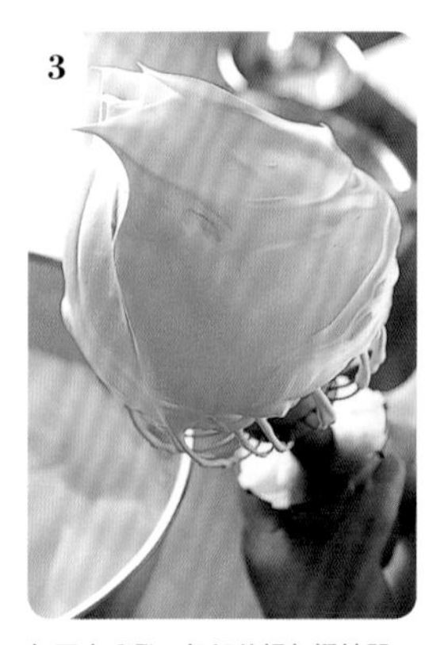

3 打至十分發。打好後提起攪拌器，蛋白霜會呈現挺立的尖角。

4 將蛋黃、香草精放入調理盆中，以打蛋器打散，加入少量步驟**3**的蛋白霜拌勻。先取少量拌勻，之後整體比較容易混合均勻。

5 將步驟**4**倒回步驟**3**的調理盆中加入紅糖。紅糖在蛋白霜打好後再添加，會導致融合得不均勻，這樣反而能為風味帶來一些變化。一邊轉動攪拌盆，一邊以粗孔漏勺由底部往上翻拌。

6 在蛋黃還沒完全拌勻時，將加了兩小撮香草糖、過篩兩次的低筋麵粉加入其中，一邊加一邊以同樣的方式攪拌。攪拌時，注意不要破壞蛋白霜的氣泡。

7 攪拌均勻即可。蛋白霜的氣泡仍保持完整。

8 將畫有直徑12㎝圓形圖樣的紙型鋪在烤盤上，上面再鋪一層矽膠烘焙墊。將步驟**7**以刮板舀起，成形成圓球狀。動作要迅速，避免蛋白霜消泡。

9 以湯匙將步驟**8**大致整理好。

10 在步驟**9**的表面以濾茶網撒上2㎜至3㎜厚的糖粉。

11 再於糖粉上撒大量的高筋麵粉。糖粉和高筋麵粉會在表面形成薄膜，讓表面烤得酥脆，而中心火力和緩，能烤得蓬鬆柔軟。高筋麵粉經過加熱後，意外地不會有粉感。

12 將步驟**11**以抹刀劃出格子狀。抹刀一定要確實壓進麵包中。

每劃一道痕跡，就要用擰乾的濕布將抹刀擦乾淨。不忽略每一個小細節，才能造就成品的美麗與美味。

剛劃好格紋後的樣子。直接靜置15分鐘。特地放在室溫中，讓麵糊扁塌，膨脹後會導致氣泡不均勻。如此，品嚐時就會替略微粗糙的口感帶來節奏感。

靜置約15分鐘後的狀態。切痕變得比較寬，麵糊也往旁邊塌陷。放入烤箱中，以180℃烘烤約20分鐘。

烤好的樣子。當切痕部分冒出蒸氣時，砂糖就會溶化且焦化，形成有顆粒的口感與芳香的甜味。珍珠也跟著成形，外觀的姿態很豐富。連同烘焙紙一起放在網架上待涼。

組合＆最後裝飾>

冷卻後撕下烘焙紙，放在鋪有烘焙紙的木板上。在前後各放一根厚度12㎜的方形細柱，以麵包刀將餅皮切成兩片。

將À Point風卡士達醬填入裝有直徑12㎜圓形花嘴的擠花袋中，如圖般，留下一些擠放香緹鮮奶油的空間，擠在餅皮上。

將香緹鮮奶油填入裝有直徑12㎝星形花嘴的擠花袋中，擠在步驟2留下的位置上。中央擠得高高的。

再擠上滿滿的À Point風卡士達醬，將香緹鮮奶油蓋住。蓋上上層的餅皮，使內餡和餅皮輕輕貼合。餅皮和奶油醬融合約半天的時間，就是最好吃的時刻。

另外，店的標籤是使用杏桃醬（份量外）黏著固定。我想起小時候，很喜歡標籤拿起來舔上面的果醬，所以會擠上很多我覺得美味的果醬。

草莓魚派
Poisson aux fraises
優游自得的魚派
> > > > >

> > > > >　被解剖了！

草莓魚派

Poisson aux fraises

由於我是從料理界轉入甜點界，切魚片我可是很擅長哦！或許正因為這個緣故，有時我會很想作一些特別熱血的工作。這道甜點就是反映了這樣的心情，是一道抱著「好想解剖魚！」的想法所創作出來的派。魚是以「比目魚」為原形。為了方便放入蛋糕盒中，魚的外型作成四方形，自己畫了紙型來對照製作。

將千層派皮切成魚的形狀，再畫上魚鱗的圖樣和魚鰭的線條。魚鰭線條以小刀刀尖來深刻刻畫，這是我的堅持，也是為了讓線條更加明顯。另外，相對於「千層派」須使用烤盤壓在派皮上的作法（P.46），這裡則是將成形好的派皮放入烤箱後，讓它自然地膨脹起來。輕盈的派皮口感，也是這道甜點的特色。

烤好的派要立刻「解剖」。先以小刀將表面中央的派皮切開，中間清除乾淨。這時中間會冒出氤氳蒸氣，更加激起我的「料理心」。

整理乾淨的派中，會放滿大家都喜歡的食材。將為了方便塞入派中而預先冷凍的海綿蛋糕、À Point風卡士達醬、香緹鮮奶油、水果、迷你派等組合在一起。這個「填塞」的過程，會讓我想起法式料理farce（在食材中鑲入其他食材的料理），是很有趣的步驟。

說到「解剖魚」，想起小時候看父親切新卷鮭時的感動，讓我重新感受到父親的威嚴。希望能透過家人一起解剖（切分）這道甜點，加深家人之間的感情！

約29×22㎝，2盤份

千層派皮（P.44）　pâte feuilletée　¼團

∧依P.46的「摺疊」作法進行至步驟18，取¼份量的麵團。以擀麵棍敲打，使硬度一致，再放入壓麵機中壓成2.6㎜厚，約35㎝寬的長方形。依P.46步驟20的作法讓麵團鬆弛30分鐘，移至烘焙紙上，放冰箱冷藏約1小時，使麵團緊實。

蛋液（P.48）　dorure　適量

糖粉　sucre glace　適量

巧克力裝飾片（P.157的e、f）　déors de chocolat

1片e，2個f／1份

香緹鮮奶油（P.89）　crème chantilly　適量

海綿蛋糕體（P.40）　pâte à génoise

長方圈⅓盤份

∧將上色面切除後，切成1.3㎝厚的薄片，配合填塞位置（頭、背鰭、腹鰭、身體中央）的大小，分別切兩份，放入冰箱冷凍備用。

À Point風卡士達醬（P.64）

crème pâtissière à ma façon　適量

草莓　fraises　約15顆／1份

∧1份放2顆至3顆有蒂的草莓，其餘的去掉蒂頭。

愛心塔皮餅乾（P.264）　pâte brisée　1個／1份

藍莓　myrtilles　5顆至6顆／1份

覆盆子　framboises　6顆至7顆／1份

薄荷葉　menthe　適量

櫻桃　cerises　1顆／1份

千層派皮>

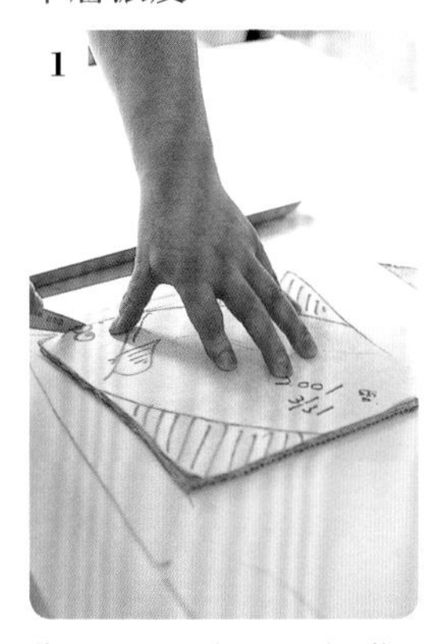

將千層派皮從冰箱取出，上面放好畫出魚圖樣的紙型，以小刀切兩片。

在鋪有矽膠烘焙墊的烤盤上噴水，將步驟1容易烤熟的尾巴部分擺在烤盤中央。將嘴巴部分切除，作出微笑的嘴型。整體以刷子刷一層蛋液。

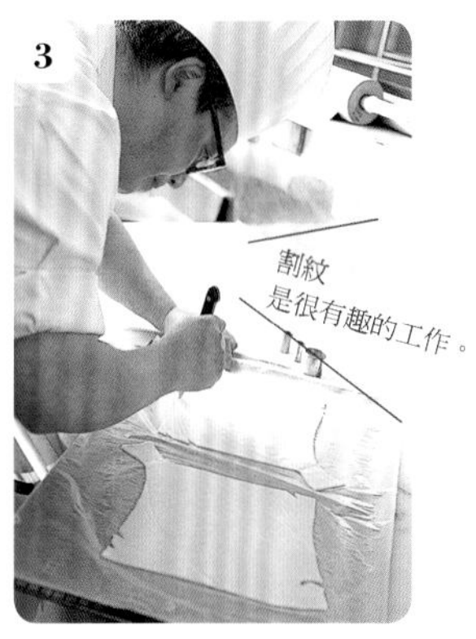

以小刀劃出紋路（割紋。P.198）。以刀鋒邊緣畫出魚鰭以外的線條。以大中小不同尺寸的花嘴壓出魚鱗模樣。將魚鰭的邊緣切除一部分，以刀尖畫出紋路。

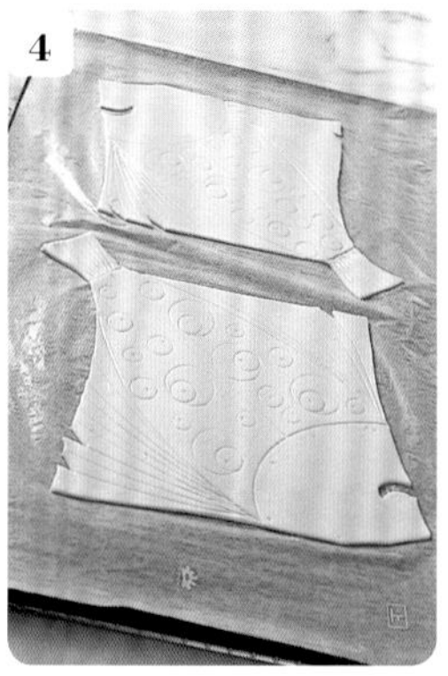

魚鱗的圖樣是以「鯉魚旗」為原形。將刀尖垂直在中央戳幾個洞。噴水後，打開烤箱換氣口，以200℃烤約25分鐘。

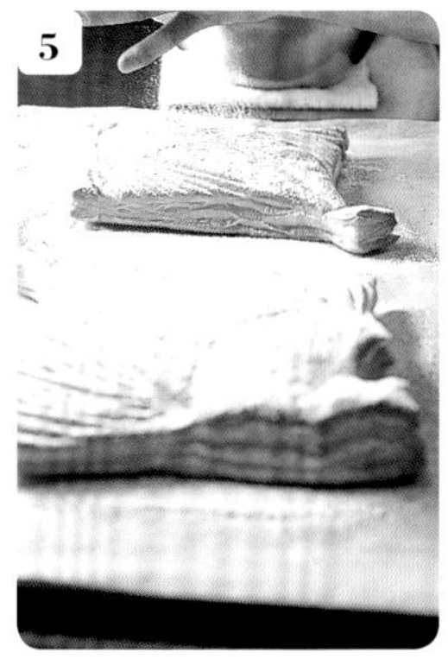

暫時從烤箱中取出，以濾茶網將糖粉分兩次撒在派上。第一次以融入派皮的感覺輕輕撒，開始融化後，再次撒上滿滿的糖粉。

關閉烤箱換氣口，以200℃烤約7分鐘，讓表面上光（P.42）。烤得光澤閃耀。以刀尖畫的紋路非常明顯。取出後移至鋪有烘焙紙的鋁盤上。

組合&最後裝飾>

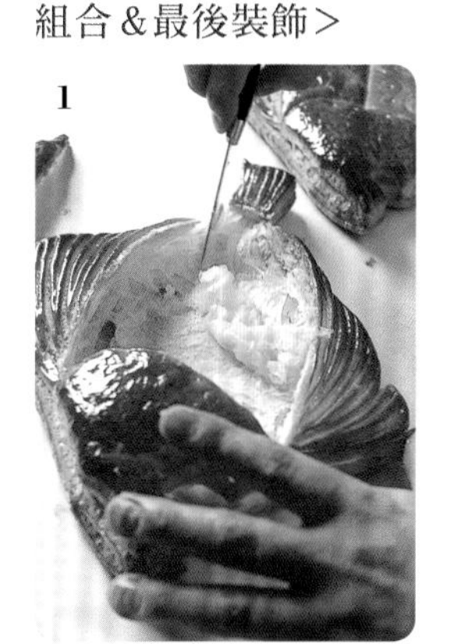

趁上光的部分尚未凝固，以小刀將身體表面的派皮沿中央線切成兩片（內部還很燙，要小心）。將中央的派皮去除。頭、背鰭、腹鰭的部分則由側面往中間切開。

待步驟1冷卻後，將巧克力裝飾片（眼睛和胸鰭）以溶化巧克力（份量外）黏起來。頭、背鰭、腹鰭的空洞以直徑12㎜的星形花嘴填入香緹鮮奶油，並塞入冷凍的海綿蛋糕。

將香緹鮮奶油以直徑12㎜的星形花嘴，大量擠在冷凍的身體用海綿蛋糕上，中央抹得像小山一樣。這是以「將慕斯放在比目魚的切片上」為原形所設計而成。

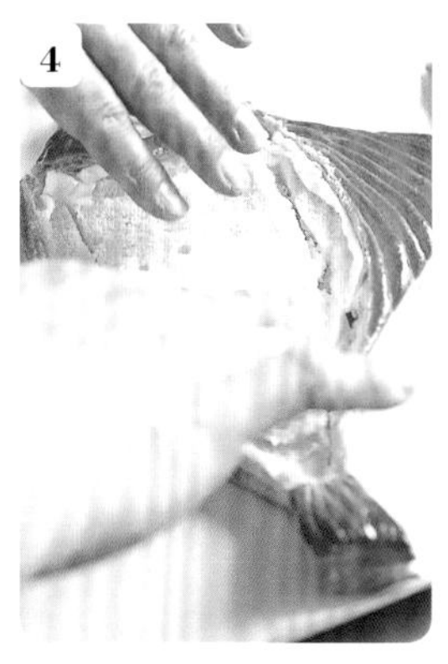

將步驟3擠上香緹鮮奶油的那一面朝下，蓋在步驟2的中央，緊密貼合。

將À Point風卡士達醬以直徑12㎜的圓形花嘴，大量擠在步驟4上，並擺滿去蒂的草莓。將步驟1取下的兩片派皮插在蛋糕兩邊，再以有蒂的草莓作裝飾。

將象徵心臟的愛心形塔皮餅乾放在步驟5上。並裝飾藍莓、以濾茶網撒上糖粉的覆盆子、薄荷葉，而嘴巴部分別夾一顆櫻桃。

小熊達克瓦茲

Dacquoise aux cacahouètes

小熊造型的可愛「達克瓦茲」。達克瓦茲通常吃起來會有一點黏，不過À Point的達克瓦茲是以口感清爽、中央濕潤且膨軟有彈性、入口即化為特色。

最重要的就是打出綿密的蛋白霜。為了讓蛋白霜有韌度，須使用當天打發的新鮮蛋白。為了打出細緻又不易消失的氣泡，材料、器具、室溫都要預先降溫冷卻，砂糖分數次加入，打至尖角挺立的全發狀態。要作出可愛的小熊外型，擠麵糊的方式也很重要。為了不在下巴處殘留收尾的痕跡，要從耳朵部分開始擠。作這道甜點時，小熊臉上的「珍珠」（P.32）不能太明顯，因此要將糖粉以細目篩網平均撒在麵糊上。

達克瓦茲的夾餡是花生風味奶油霜和柑橘醬。這是我從美國很受歡迎的一種花生醬加果醬的三明治得來的靈感。充滿豐富杏仁風味的達克瓦茲餅乾，和有著濃郁香氣與韻味、帶有微微苦味且充滿個性的夾餡絕妙地相配。我將帶皮花生偷偷藏在小熊的耳朵裡，當作最後的「驚喜」。

約8×6cm，60個份

達克瓦茲麵糊　pâte à dacquoises
- 蛋白　blancs d'œuf　1kg
  - ∧使用當天打發的新鮮蛋白。
- 砂糖　sucre semoule　300g
- 杏仁粉　amandes en poudre　750g
- 糖粉　sucre glace　450g
  - ∧上述材料、器具和室溫均預先降溫。
- 糖粉　sucre glace　適量

花生風味奶油霜
crème au beurre aux cacahouètes　基本份量
- 發酵奶油（切成1.5cm厚片）　beurre　1Kg
  - ∧置於室溫中直至以手指按壓時會感到些許阻力的軟度。
- 炸彈麵糊　pâte à bombe
  - 水　eau　125g
  - 砂糖　sucre semoule　500g
  - 蛋黃　jaunes d'œuf　12顆份
- 香草精　extrait de vanille　適量
- 花生醬　pâte de cacahouète　850g

柑橘醬　marmelade d'orange　10g至15g／1份

帶皮微烤鹹花生　cacahouètes brutes grillées
2顆／1份

達克瓦茲麵糊>

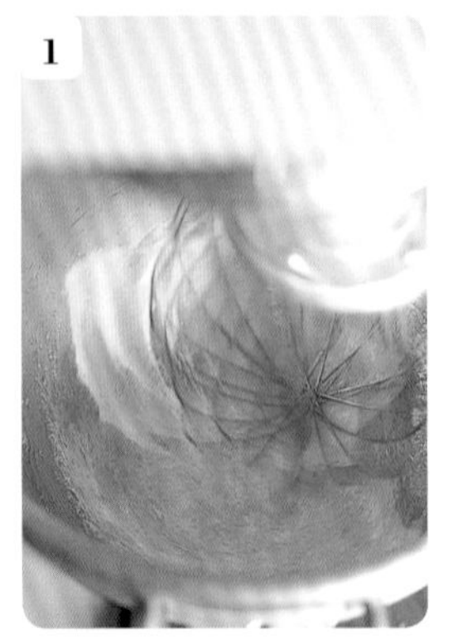

1 將蛋白放入攪拌盆中，加入$\frac{1}{3}$量的砂糖，以中速打發。打至濃稠後轉成高速。中途將剩餘的砂糖分兩次加入。

2 打至提起攪拌器後，會呈現尖角挺立的狀態。如此一來，細緻不易消泡、充滿空氣的蛋白霜就完成了。

3 將混合過篩兩次的杏仁粉和450g糖粉加入步驟**2**中，以刮板由底部往上快速翻拌。

4 拌至看不到粉粒，整體呈現有光澤的狀態即完成。考慮到擠花時也會破壞氣泡，所以不可攪拌太久。

5 將約8×6cm的小熊形達克瓦茲模型噴水後，排在鋪有矽膠烘焙墊的烤盤上。將步驟**4**以直徑14mm的圓形花嘴快速擠入模型中。從耳朵開始擠，就不會在下巴留下收尾的痕跡，可以烤得很漂亮。

6 將表面以傾斜的抹刀刮平。先由前往後移動抹刀，將沾在抹刀上的麵糊擦掉後，再由後往前一次刮平。為了避免消泡，要盡量減少抹平的次數。

7 以網目較細的篩網將糖粉平均撒在表面。靜置5分鐘。

8 將模型前後掉頭，和步驟**7**一樣撒滿糖粉。這樣能夠撒得比較平均。如果糖粉撒得太隨興，就會形成太多珍珠，小熊的臉會充滿顆粒，也容易產生裂痕。

9 小心取下模型，避免破壞麵糊。我使用內側打磨光滑的特製模型，小熊形狀很明顯。放入烤箱中，以200℃烘烤約15分鐘。

10 烤好了。烤色和珍珠都很剛好，可愛的小熊完成了。連同烘焙紙一起放在網架上放涼。

11 因為將蛋白霜打至十分發，所以沒有黏度，可以輕鬆剝開。表面酥脆，中央則濕潤有彈性。整體口感相當清爽，入口即化。

花生風味奶油霜>

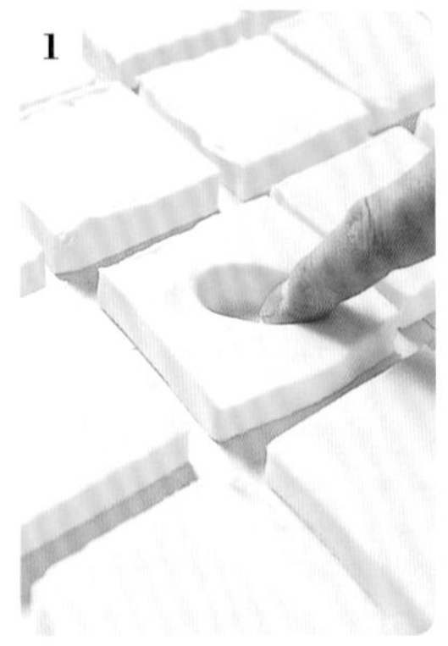

1 將切成1.5cm厚片的奶油放在室溫中回軟。直至以手指按壓時會感到些許阻力的軟度即可。盡量使用接近固態的奶油，才能發揮奶油的風味（P.11）。

製作炸彈麵糊。將水和砂糖放入銅盆內充分拌勻，熬煮至117℃。中途要不時以沾水的刷子刷掉噴在盆內側面的飛沫，並以網勺將浮沫撈除。

將蛋黃放入調理盆內，以打蛋器充分拌勻。將煮至117℃的糖漿慢慢注入蛋黃中，邊加邊迅速拌勻。

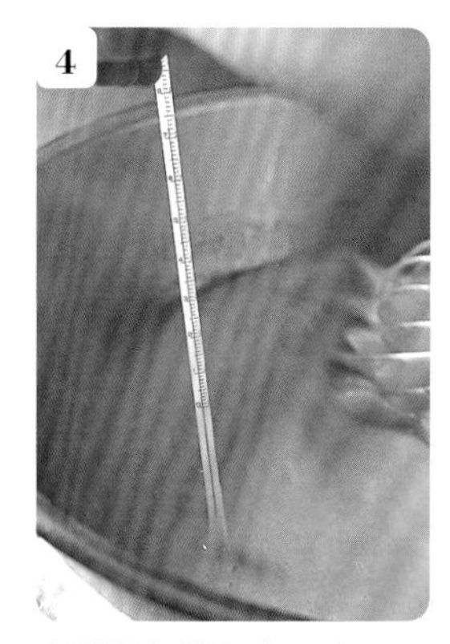

讓蛋黃均勻受熱很重要。確認一下溫度。如果到達70℃以上就OK。如果低於70℃，就隔水加熱3分鐘至75℃以上，消毒殺菌。

將步驟**4**以小湯勺邊擠壓邊過篩，篩入攪拌盆中。篩網上意外地會留下很多蛋白的繫帶（P.79）和結塊。

將步驟**5**以球狀攪拌器高速打發。為了防止細菌孳生，要一口氣降溫，邊降溫邊攪拌。攪拌至濃稠狀後，從底部往上翻拌，改為中速，攪拌至攪拌盆側面冷卻，氣泡大小也趨於穩定的狀態。

提起攪拌器後，呈現濃稠的緞帶狀往下滴落堆疊，痕跡會殘留一會兒才消失的狀態。

將步驟**1**分四次加入步驟**7**中，邊加邊以槳用攪拌頭低速拌勻。將奶油全數加入後，轉成低速攪拌。轉成低速是為了讓狀態穩定，同時也可以防止摩擦產生的熱使奶油融化。

將香草精加入步驟**8**中，再將花生醬分三次左右加入，邊加邊攪拌至柔滑狀。中途隨時將沾附在攪拌頭上的花生醬等刮下，使整體均勻混和。

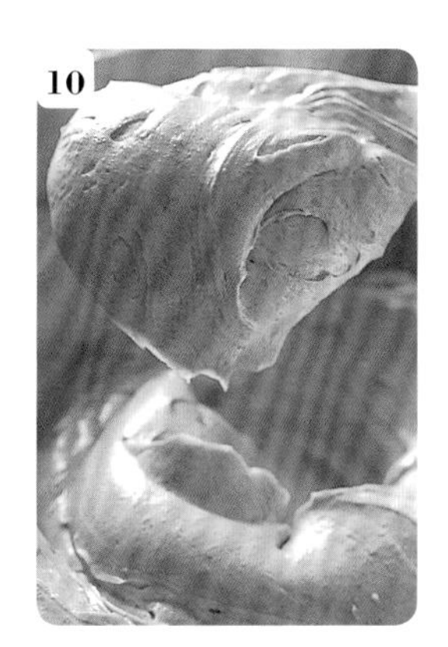

將步驟**9**移至另一個調理盆中，使奶油霜上下顛倒，再以刮刀由底部往上翻拌，讓整體均勻混合。攪拌成蓬鬆有光澤的樣子。

組合＆最後裝飾>

將達克瓦茲從烘焙紙上取下，兩片一組，一片翻面，雙雙排列在網架上。將花生風味奶油霜填入裝有直徑6㎜圓形花嘴的擠花袋中，描出耳朵和臉的輪廓。

將柑橘醬填入裝有直徑8㎜圓形花嘴的擠花袋中，在臉的中央各擠10g至15g。

在兩隻耳朵上分別埋入一粒帶皮微烤鹹花生。它的口感、香氣和鹹味會成為亮點。蓋上另一片達克瓦茲，輕壓使餅乾和夾餡密合。

草莓派

Feuilleté aux fraises

將千層派搭配草莓的「拿破崙派」，以自我風格進行再改造。和作千層派時一樣撒上大量砂糖烘烤，在這片可以當作葉子派直接品嚐的派皮上，裝飾著À Point風卡士達醬、草莓和香緹鮮奶油這三樣黃金組合。

這道甜點以送給重要的對象，或給自己的「最棒的禮物」為意象。放在蛋糕盒中依然醒目，是有如女王般華麗的甜點。

直徑約8cm，12個份

千層派皮（P.44） *pâte feuilletée* ¼團

∧依P.46的「摺疊」作法進行至步驟**18**，取¼份量的麵團。以擀麵棍敲打，使硬度一致，再放入壓麵機中壓成2.6mm厚。依P.46的步驟**20**至**21**待麵團鬆弛後打洞，再次鬆弛後，靜置於室溫中休息，放入冰箱冷藏，使麵團緊實。

砂糖 *sucre semoule* 適量

糖粉 *sucre glace* 適量

À Point風卡士達醬（P.64）

crème pâtissière à ma façon 約40g／1份

草莓（去蒂頭） *fraises* 5顆／1份

香緹鮮奶油（P.89） *crème chantilly*

約7g／1份

千層派皮>

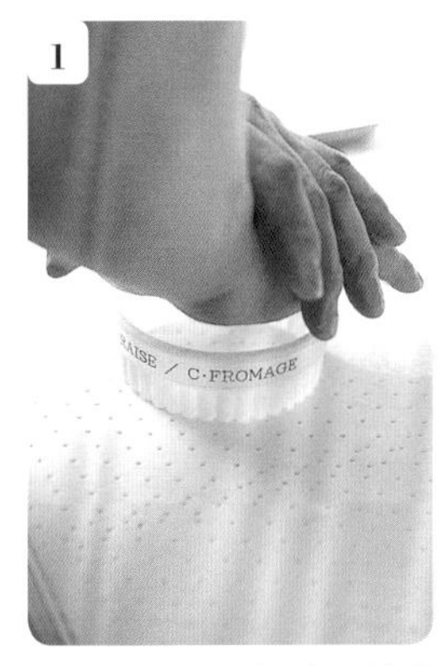

將千層派皮從冰箱中取出，以直徑8cm的菊花模型壓模。雙手重疊自模型正上方往下壓，會比較穩定，形狀才不會歪斜。但不需將雙手完全蓋住模型，須讓空氣可以排出。

將壓模好的派皮放入冰箱冷藏，使派皮緊實，排列在鋪有烘焙紙的網架上，撒上砂糖。噴水後移至烤盤上，放入烤箱中，以190℃烘烤約8分鐘。

派皮開始膨脹。暫時從烤箱中取出，上面放一個烤盤抑制膨脹後，再放入烤箱烤10分鐘。

再次將步驟**3**從烤箱中取出，還可以看到殘留的砂糖。以刮刀將派皮翻面。

翻面後，分兩次以濾茶網撒上糖粉。第一次先輕輕撒，等糖粉融化，第二次再撒得平均一點。放入烤箱中，以200℃烘烤約6分鐘，讓表面上光（P.42）。最後取出放在網架上待涼。

表面以糖粉上光，看起來光澤閃亮，口感酥脆。背面則留有砂糖的顆粒感。一次可以品嚐到兩種美味。

組合&最後裝飾>

在派皮的中央以直徑14mm的圓形花嘴擠入À Point風卡士達醬。周圍裝飾五顆草莓。

從步驟**1**上方，將À Point風卡士達醬擠入草莓間的空隙，中央再將香緹鮮奶油以直徑12mm的星形花嘴擠上。打造彷彿「公主皇冠」的外形。

多瓦多瓦

Doigt-doigt

這個動物餅乾是我跟兒子的共同創作，說穿了就是合作餅乾。當兒子還小時，我因為工作的關係，很少有時間陪他玩，心裡總覺得很抱歉。因此，我們便開始了我在晚上寫圖畫信，兒子則在早上回覆我的互動，期間我知道兒子喜歡動物這件事，心想我的工作能作什麼讓兒子感到開心，因此就想出了這道餅乾。

為了作小熊、大象、貓頭鷹的造型餅乾，我自己畫圖訂製了餅乾模型。「多瓦（Doigt）」在法文中，是「手指」的意思。沒錯，這種餅乾就是「指偶」餅乾。小熊能以手指抓住它的手臂，大象則在鼻子、貓頭鷹在嘴巴的部分挖個洞，讓手指可以伸進去，邊玩邊吃。我以小時候最喜歡吃的消化餅乾為原形，在麵團中加入小麥胚芽，以增加風味和營養。如果麵團太鬆散會容易裂開，所以將低筋麵粉的比例拉高。我想像著「玩指偶，玩膩了就吃掉」這樣的情景，研究出最適當的厚度。

順帶一提，雖然照片中沒有入鏡，不過用來裝一片片餅乾的袋子，上面印的圖樣正是兒子畫的運動會體操圖，內容是開心微笑的小朋友們。

我沒有想到的是，客人除了會買給孩子，也常常是買給自己。或許是因為這道餅乾能夠舒緩心情，勾勒出懷舊的氣氛吧！

約10×7cm（小熊）・約12×7.5cm（大象）・
約12×8cm（貓頭鷹），共計400片份

小麥胚芽 germes de blé 765g
發酵奶油（切成1.5cm厚片） beurre 3kg
∧置於室溫中直至以手指按壓時會感到些許阻力的軟度。
糖粉 sucre glace 1kg
紅糖（未精製原糖） cassonade 500g
香草糖（P.15） sucre vanillé 36g
全蛋 œufs entiers 970g
鹽 sel 40g
香草精 extrait de vanille 適量
杏仁粉 amandes en poudre 255g
粗砂糖 sucre cristallisé 510g
∧使用日新製糖的「F3」。
低筋麵粉 farine faible 5.1kg
泡打粉 levure chimique 25g

將小麥胚芽平鋪在墊有烘焙紙的烤盤上，放入烤箱中，以160℃烘烤15分鐘至20分鐘，烤出香氣。放涼備用。

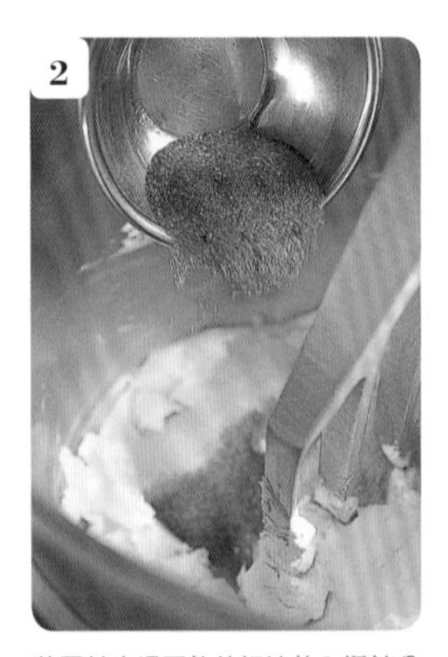

將置於室溫回軟的奶油放入攪拌盆中，以槳用攪拌頭低速打成乳霜狀。依序加入糖粉、紅糖、香草糖。

將全蛋打入調理盆中，以打蛋器充分打散。打至稀薄的狀態之後，加鹽拌勻。鹽可以為味道增添層次感。

將步驟**3**邊攪拌邊隔水加熱至肌膚溫度（30℃以上）。為了更容易和奶油融合，要稍微加溫。

將步驟**4**分四次加入步驟**2**中，以免分離，邊加邊以槳用攪拌頭低速攪拌。最後的蛋液加入香草精拌勻後，再加入步驟**2**中。

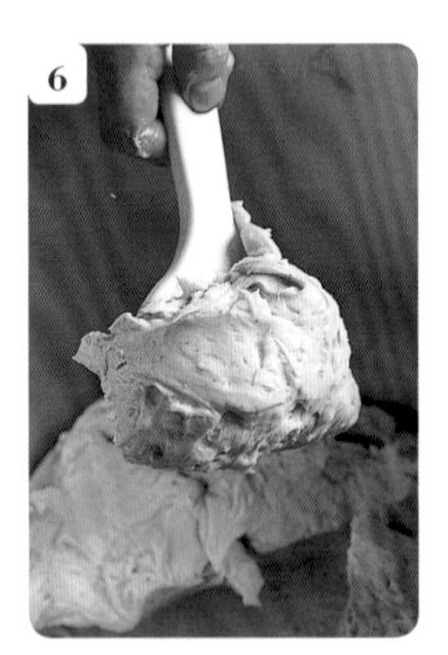

徹底融合無分離的柔滑狀態。

將步驟**1**放入盆中，加入杏仁粉以手拌勻。

將步驟**7**一次全部加入步驟**6**中，再加入粗砂糖，以低速拌勻。粗砂糖的口感和甜度可以為整體風味增添特色。刻意在這個階段加入，且不使糖完全溶化，可以作出有顆粒的口感。

大約攪拌至八分均勻即可。

將混合過篩兩次的低筋麵粉和泡打粉一次加入步驟**9**中，以低速拌勻。中途隨時將沾附在攪拌頭上的麵糊刮下，以刮板將麵團由底部往上翻拌均勻。

拌勻的模樣。攪拌至看不見粉粒即可。注意不要攪拌過頭，否則口感會變硬。

將步驟**11**取出放在塑膠布上。不需揉捏，直接以塑膠布包起來，並以手整平。使用擀麵棍擀成約2㎝厚的長方形。放入冰箱冷藏一晚，讓麵團熟成。

經過一晚後，水分完全分散至麵團中，使味道更相融。將麵團取出，在還很硬時先以擀麵棍敲打，再改以手揉，使硬度一致。

將步驟13放入壓麵機中，壓成4.2㎜厚。考慮到要當作指偶使用，所以作得稍微厚一點。放在烘焙紙上，移至冰箱冷藏使麵團緊實。

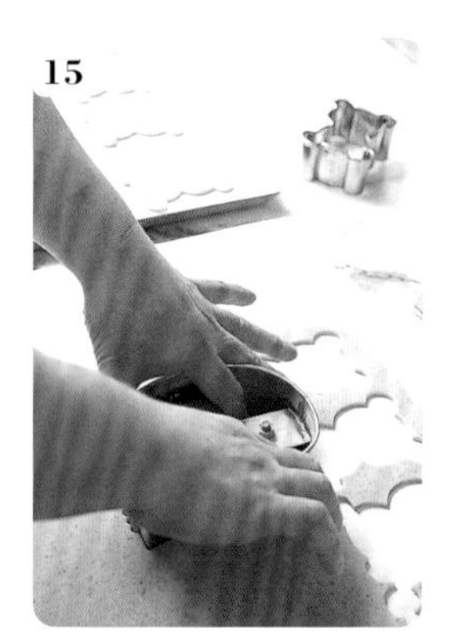

取出步驟14，分別以小熊、大象、貓頭鷹的模型壓模。

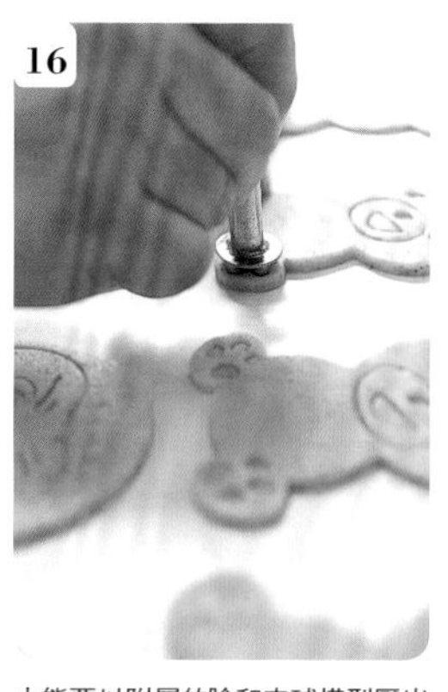

小熊要以附屬的臉和肉球模型壓出圖樣。

大象要以圓形模型將鼻子部分挖個洞。貓頭鷹的嘴巴部分也使用圓形模型挖空。

將步驟16至17放冰箱冷凍保存，取需要的量自然解凍後烘烤。排列在鋪有矽膠烘焙墊的烤盤上，放入烤箱中，以180℃烘烤12分鐘至13分鐘。

中途麵團開始膨脹時，先從烤箱中取出，以木頭模型輕壓，抑制麵團膨脹。

烤至正反面呈現均一的金黃色即完成。烤至餅乾出現香味，但不能烤過頭，否則會有苦味。剝成兩半後，中間有熟但仍有些偏白的狀態，是最剛好的程度。放在網架上待涼。

自己設計圖樣再訂製的模型。連細節都很講究，小熊的笑臉有兩種哦！

比利時餅乾

Spéculos

這是在北法和比利時很受歡迎的香料餅乾。我在亞爾薩斯修習甜點製作時去逛了聖誕市集，還看到約50㎝、作成人偶型的這種香料餅乾。雖然臉部表情作得太逼真有點恐怖，但是很能切實地感受到異國文化。另外，在咖啡店裡會隨咖啡附上的香料餅乾，充滿了辛香料的香氣，十分好吃。不是有那種在口中化開後，稍微帶一點黏度的進口餅乾嗎？將黏在牙齒上的餅乾屑以舌尖舔掉，享受最後的餘韻，其實也很有趣。比利時餅乾就能享受到這種獨特的懷舊美味。於是我抱著想幫忙推廣歐洲文化的心情，帶回兩種我認為日本人也很熟悉的木製模型。一種是被譽為小孩子守護神的聖尼古拉（圖中央）模型，另一種是聖誕老人（照片左右）的模型。聖誕季節會使用這兩種模型，其他時節則會加入杏仁，作成又薄又小的長方形。

這種餅乾的特色，是一下子就啪地裂開的爽快口感。因為沒有加蛋，所以烤得很硬脆。不過這也是因為若不作得硬一點，就沒辦法烤出較大的形狀了。另外，加入使用甜菜製成的紅砂糖「甜菜糖（Vergeoise）」也很獨特，能夠帶出滋味的深度。加入香料，或許也是為了去除這種砂糖特有的「菜味」。順帶一提，我個人並不太喜歡特別強調辛香料的香氣，所以使用的香料只有肉桂一種，再加入香草讓香氣更明顯。另外，糖類若只使用甜菜糖，味道會太濃厚，所以也加入砂糖。砂糖特意不完全溶化，讓餅乾吃起來有一些顆粒感，增加口感特色。

約10×5㎝、75至80片份

發酵奶油（切成2㎝小丁） beurre 250g
∧置於室溫中回溫。

牛奶 lait 125g

砂糖 sucre semoule 375g

甜菜糖 vergeoise 125g

香草糖（P.15） sucre vanillé 10g

低筋麵粉 farine faible 375g

高筋麵粉 farine forte 375g

小蘇打粉 bicarbonate de soude 5g

肉桂粉 cannelle en poudre 8g

鹽 sel 1g

香草精 extrait de vanille 適量

將切成2㎝小丁，置於室溫中回溫的奶油和牛奶一起放入鍋中。開小火，以打蛋器邊攪拌邊煮至沸騰。

將砂糖、甜菜糖、香草糖放入調理盆中，以打蛋器拌勻。

將混合過篩兩次的低筋麵粉、高筋麵粉、小蘇打粉、肉桂粉、鹽，放入另一個調理盆中混合均勻。鹽有濃縮味道的作用。

將沸騰的步驟**1**一次倒入步驟**2**中拌勻。因為甜菜糖較難溶化，所以要先將液體加熱。不過，甜菜糖未完全溶化的部分，也會產生顆粒狀的有趣口感。

待步驟**4**拌勻後，加入香草精攪拌均勻。為了釋放出香氣，香草精要在熱的液體拌勻後再加入。

將步驟**3**倒入桌上型攪拌機的攪拌盆內，慢慢加入步驟**5**，以槳用攪拌頭低速拌勻。中途隨時將沾附在攪拌頭上的粉類刮下，讓整體均勻。攪拌至成團即可。

將步驟**6**取出放在大理石桌上，成形成寬度約比木製模型長邊稍微短，2㎝至3㎝厚的長方形。以保鮮膜包好，在室溫中靜置1小時至2小時。

將木製模型以手均勻撒上一層薄薄的高筋麵粉（份量外）。因為圖樣很細緻，所以很容易沾黏麵團，一定要仔細撒勻。

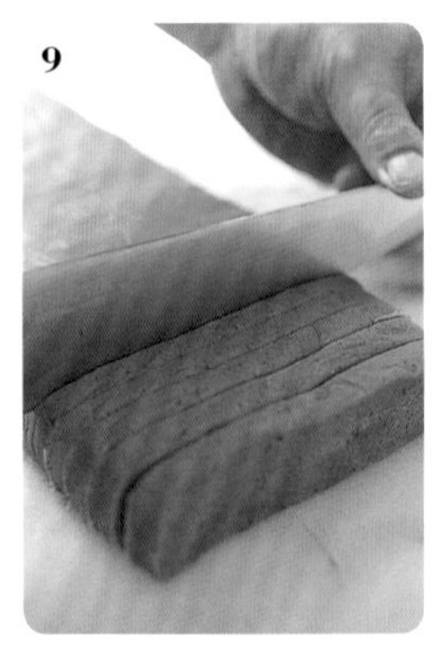

將步驟**7**的麵團切成7㎜厚片。

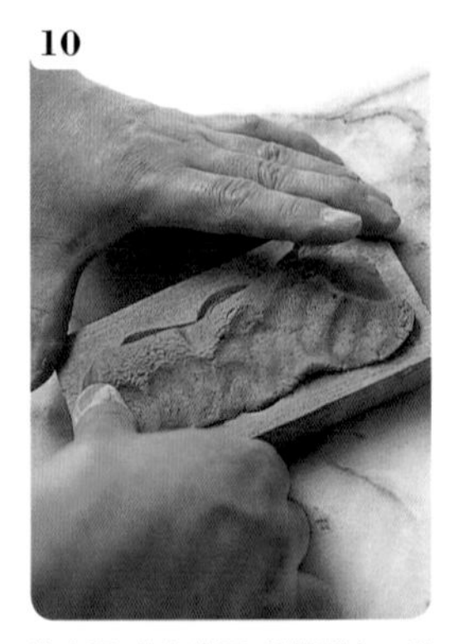

將步驟**9**放在步驟8的模型上，以手指輕壓，使麵團和模型密合。

以小刀將步驟**10**切平，取下多餘的麵團。

再以手指整平表面。取下的麵團先靜置一旁，不要揉捏，等收集到一定份量後，再以保鮮膜包起來防止乾燥。最後還可以再壓一次模。

13

將步驟**12**的模型正面朝下水平地拿好，直接往大理石桌面敲，將麵團敲下來。

14

麵團脫模後的狀態。這是聖誕老人的圖樣。放入冰箱冷凍保存，取需要的量自然解凍後烘烤。

15

將步驟**14**排列在鋪有矽膠烘焙墊的烤盤上，噴水後放入烤箱中，以180℃烘烤10分鐘至12分鐘。這是沒有加蛋的配方，也因為將奶油溶化後再加入，口感與其說是「酥脆」，其實更像「硬脆」的感覺。最後在網架上待涼。

在史特拉斯堡購買的木製模型。使用後以乾布擦乾淨，並以竹籤清除殘留在細節處的麵團，放在陰涼處收納。因為吸收水分後容易發霉、破裂，所以不需水洗，可直接使用。

爆餅 PON

小爆餅 Petit-PON

蛋白霜餅乾杯 Tasse meringue

這是使用可以作成多種外形的法式蛋白霜（meringue française）所創作出的三項甜點。「爆餅」是作成心形或小熊形狀的蛋白霜餅。「小爆餅」則是比爆餅還要小一點的圓形蛋白霜餅乾。

À Point的蛋白霜是在「椰子蛋白霜餅」（P.250）也有介紹過的獨特作法，在口中會舒服地瞬間化開，留下香氣餘韻。於此，我想了很多不同口味的版本。其中還有加了海苔粉和炒黑芝麻的「米果風味」這種日式口味。蛋白霜在口中碎裂開來的感覺，總覺得跟米果有些像，我想將它打造成一種新的「經典美味」。

「蛋白霜餅乾杯」則是以特製的小熊頭和小雞造型花嘴，將蛋白霜擠成棒狀烘烤，再像金太郎糖一樣切成一塊塊，隨意放入塑膠製的杯子中販賣。可以搭配冰淇淋或鮮奶油一同食用，有各種享用的方式。放在小朋友的蛋糕上作裝飾，也是很棒的點子。

滋味恬淡、口感輕盈的蛋白霜餅，任何飲品都很好搭配，而且不論男女老少都會喜歡。因為重量很輕，也有很多客人當作送客喜糖。

順帶一提，之所以取名為「爆餅」，是因為和小時候吃過的「爆米香」有點類似，加上聽起來很響亮的關係。那種爆裂的聲響，就跟蛋白霜餅一樣轉瞬即逝。通常，蛋白霜餅是可以保存一段時間的點心，不過「À Point」的蛋白霜因為沒有使用砂糖來穩固蛋白，因此吸濕性很高，即使放入乾燥劑，在製作途中就會吸收不少濕氣。不過，正因為採用這種作法，所以吃起來不會乾硬，入口即化，非常美味。香氣會在口中像「御來光」（山頂日出的光芒)一樣擴散開來，非常有戲劇性。

〈米果爆餅〉
OKAKI PON

寬約7cm的愛心模型，約80片份
蛋白 blancs d'œuf 300g
砂糖 sucre semoule 300g
∧上述材料、器具和室溫均預先降溫。
海苔粉 cheveux de mer séchés 0.7g
炒芝麻（黑） sésame 7g
糖粉 sucre glace 適量

〈草莓小爆餅〉
Petit-PON aux fraises

直徑約5cm的圓形模型，約130片份
蛋白 blancs d'œuf 300g
砂糖 sucre semoule 300g
食用色素（紅色。粉末） colorant rouge 適量
∧上述材料、器具和室溫均預先降溫。
草莓（冷凍乾燥） fraises lyophilisées 8g
∧放入食物調理機中打成細末。
糖粉 sucre glace 適量

〈蛋白霜餅乾杯〉
Tasse meringue

寬約2cm，約700個份
蛋白 blancs d'œuf 300g
砂糖 sucre semoule 300g
∧上述材料、器具和室溫均預先降溫。

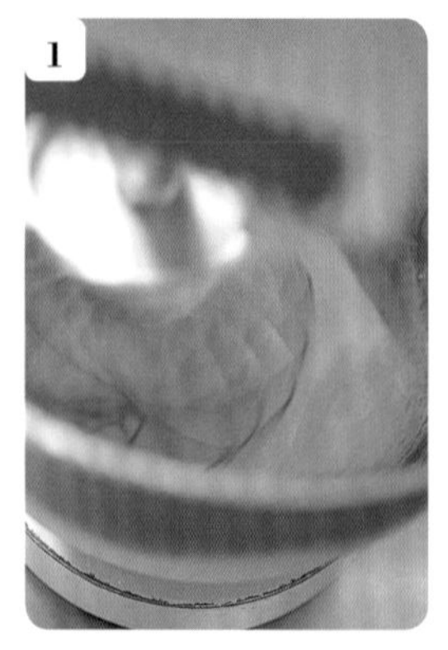

1 將蛋白放入冰涼的桌上型攪拌機的攪拌盆中，加入⅓量的砂糖。以高速一口氣打發。

2 打至十分發後，取下攪拌盆，將海苔粉和炒黑芝麻放入剩餘的砂糖中拌勻，再加入蛋白霜中。

3 一邊轉動攪拌盆，一邊以粗孔漏勺由底部往上有節奏地翻拌均勻。

4 攪拌均勻的狀態。蛋白霜飽含空氣。由於有⅔量的砂糖是只以粗孔漏勺攪拌，所以氣泡缺少砂糖帶來的穩定性。不過也因此產生入口即化的絕佳特性。

5 將約7㎝寬的愛心模型噴水後，排列在鋪有矽膠烘焙墊的烤盤上。將步驟**4**填入裝有直徑15㎜圓形花嘴的擠花袋中，迅速擠入模型中。

6 表面以抹刀傾斜刮平。盡量減少抹平的次數，以免消泡。

7 以糖粉罐將糖粉從步驟**6**上方約10㎝左右的高度，以45度角由左至右往下撒。將烤盤轉180度，再依同樣的方式撒一次。靜置約5分鐘。

8 糖粉吸收了部分蛋白霜中的水分，形成薄薄的皮膜，烘烤時，水蒸氣噴出，便會形成「珍珠」(P.32)。最後輕輕地將模型取下。

9

10 使用內側打磨光滑的特製模型。脫模後是漂亮的心形。放入旋風烤箱中，以105℃烘烤約2小時。

11 這道餅乾的特色是以稍高的溫度一口氣烘烤，讓香氣漫出。步驟**2**中加的砂糖會在烘烤時溶入麵糊中，增加焦糖般的甜味。取出後連同烘焙紙一起移至網架上待涼。

草莓小爆餅

依左頁的作法製作。但在步驟**1**要加入以少量水（份量外）溶化的食用色素再打發。另外，步驟**2**中加入的砂糖，必須先和打成粉末的冷凍乾燥草莓混合。

使用直徑5cm的圓形達克瓦茲模型取模。烤好後的模樣。

蛋白霜餅乾杯

依左頁步驟**1**至**4**的作法製作蛋白霜。但是步驟**2**只需加砂糖，作成原味蛋白霜。

使用約2cm寬的小熊頭和小雞模型花嘴擠蛋白霜。

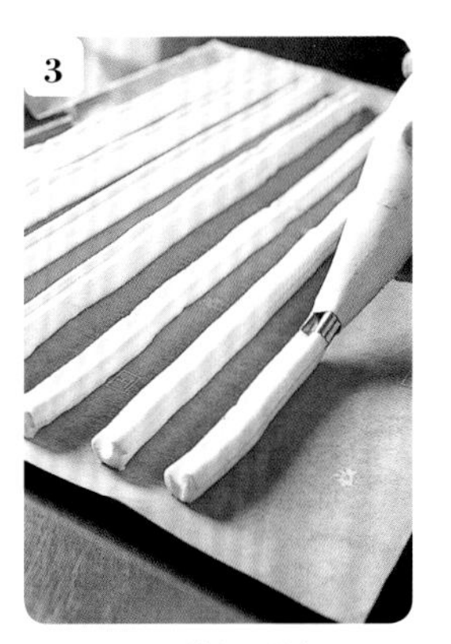

烤盤鋪矽膠烘焙墊。將步驟**1**填入裝有步驟**2**花嘴的擠花袋中，分別擠成約55cm長的棒狀。共擠約21根。放入旋風烤箱中，以100℃烘烤約3小時。

將烤好的步驟**3**連同烘焙紙一起放在桌面上冷卻。待熱氣散去，連同烘焙紙一起移至木板上，以麵包刀切成1.5cm長。

將步驟**4**以大網目的篩網過篩。

將蛋白霜餅和乾燥劑一起放入收納盒中保存。保存期限最多約三天。

其他種類爆餅／小爆餅

其他的爆餅

下述是P.295照片中的爆餅種類。作法基本上和「米果爆餅」一樣，但是加入⅔量砂糖中的食材有所不同。另外有些要添加食用色素。

「草莓」……冷凍乾燥草莓。
「抹茶」……抹茶粉。
「紫蘇」……紅紫蘇的粉末。
「鳳梨」……冷凍乾燥鳳梨。
「原味」……什麼都不加。擠入小熊形狀的達克瓦茲模型（P.282）中。

其他的小爆餅

下述是P.295照片中的小爆餅種類。作法基本上和「草莓小爆餅」一樣。但是加入⅔量砂糖中的食材有所不同。

「抹茶」……抹茶粉。
「鳳梨」……冷凍乾燥鳳梨。

8

Boulanger-pâtissier

麵包獨特的酵母香氣，
彷彿在傳達生命的喜悅般，
那帶著躍動感的豐富滋味，為店裡增色不少。
身為甜點師傅的我所作的麵包，
是充滿著奶油和蛋的豐富香氣，由甜點延伸而出的點心。
創作靈感主要來自於週末享受早午餐時的情景。

亞爾薩斯咕咕霍夫

Kouglof alsacien

亞爾薩斯咕咕霍夫

Kouglof alsacien

「Ça ne sent pas（沒有香氣）！」

在亞爾薩斯的Jacques修習甜點製作時，店長吃了我去巴黎遊玩帶回來的咕咕霍夫後，這麼說道。

咕咕霍夫是亞爾薩斯地區引以為傲的甜點。當地甜點有著發源地獨具的魅力，這點我是從咕咕霍夫身上學到的。在當地，都是使用在地特產的陶製模型烘烤咕咕霍夫。陶製模型的特點是受熱均勻且和緩，將蛋糕烤得非常漂亮。還有一點是陶製模型才有的優點，那就是陶製模型所散發的「香氣」。陶製模型原則上是不清洗的，使用後仔細擦乾淨，放在陰涼處保存即可。在倒入麵糊前會先刷一層奶油，這些奶油和麵糊的風味會逐漸滲入模型中，將金屬模型所沒有的配方外美味，及深沉獨特的香氣（酸敗臭），融入咕咕霍夫之中。以使用多次、黑亮亮的模型烤出來的咕咕霍夫，只要吃一口，就能感受到彷彿會滲入體內的濃郁深沉風味。這樣的模型是店裡的寶物。咕咕霍夫就是一家店的歷史。

À Point從開店以來，就一直使用我回國時，店長為我挑選的陶製模型烘烤咕咕霍夫。À Point的咕咕霍夫，特色是加了大量的奶油和蛋，有著布里歐麵團的濃郁風味。為了作出「咬勁」恰好的韌度，每一種麵團的整合方式我都有所堅持。用來裝飾的杏仁粒，也要一邊思考怎麼擺才漂亮，一邊排在模型底部，為了避免從麵包上剝落，事先要仔細地刷上蛋白。雖然Boulangerie（麵包店）也會賣咕咕霍夫，不過我的咕咕霍夫豐富的配方和細緻的製作，都表現出甜點師傅的心意。

À Point的咕咕霍夫模型，因為經年累月，增添了不少風情。它也會一直這樣，繼續刻劃著店的足跡。

直徑15cm的咕咕霍夫模型12個份

咕咕霍夫麵團　pâte kouglofs

- 發酵奶油　beurre　1.6kg
- 砂糖　sucre semoule　240g
- 鹽　sel　40g
- 新鮮酵母　levure de boulanger　100g
- 牛奶　lait　200g
- 轉化糖　trimoline　80g
- 高筋麵粉　farine forte　1650g
- 低筋麵粉　farine faible　350g
- 全蛋　œufs entiers　24顆
- 葡萄乾（無籽白葡萄）　sultanines　500g
- 糖漬橘皮（切成2mm至3mm小丁）　éorce d'orange confite　200g

杏仁粒（直切對半）　amandes　16半粒／1份

∧使用形狀鮮明的加州產杏仁。以帶皮的狀態放入熱水中，將皮剝除，直切對半後，靜置乾燥。

蛋白　blancs d'œuf　適量

發酵奶油（模型用）　beurre pour moules　適量

∧在室溫中放到手指能夠輕鬆按壓下去的軟度。

咕咕霍夫麵團＞

依P.52步驟**1**至**13**的作法製作。但不需加脫脂奶粉。將葡萄乾和糖漬橘皮放在麵團中央。

以周圍的麵團將葡萄乾和糖漬橘皮包起來。這個小動作可以讓麵團更容易拌勻。

以勾狀攪拌頭低速拌勻。中途隨時停下攪拌器，將沾附在攪拌頭上的麵糊刮下，混合均勻。

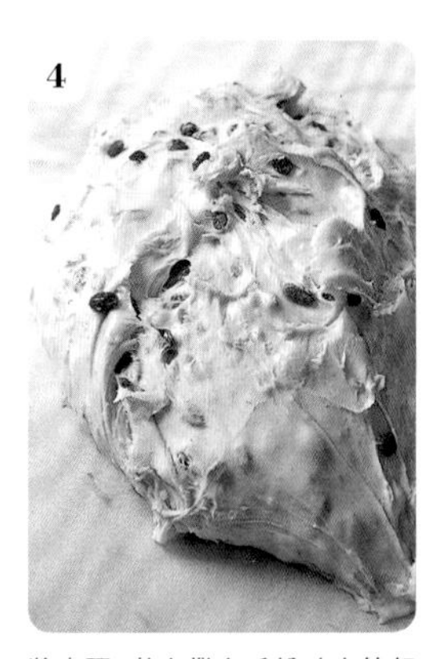

將步驟**3**放在撒有手粉（高筋麵粉。份量外）的大理石桌上。

將步驟**4**依後述步驟**9**至**13**的作法，攤平成長方形後整合成團。有適度的彈性，表面的葡萄乾包覆著一層薄模，是很棒的狀態。

將步驟**5**放入撒有手粉的調理盆中，整合好形狀後，再撒一層手粉，以免沾黏。將乾布鋪在調理盆上，再蓋一張塑膠布，避免乾燥。放在室溫中（濕度約70%）約90分鐘，進行一次發酵。

一次發酵後的狀態。膨脹成約2倍大。不使用發酵機，是因為在低溫中慢慢發酵，比較不會給麵團壓力，發酵狀態會更好，也可以防止拌入的奶油溶出。

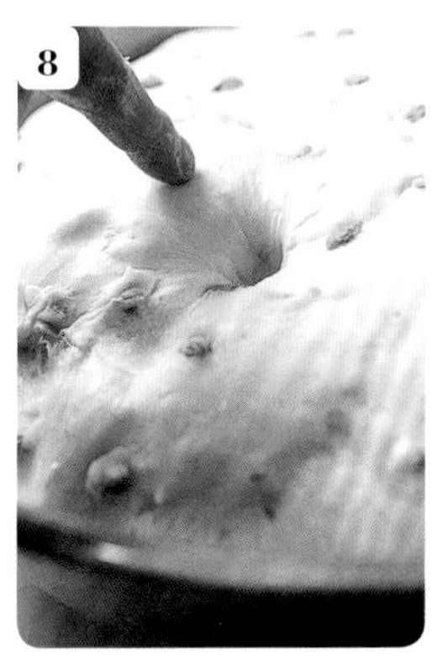

以沾了手粉的手指插入麵團中再拿出來，如果能留下痕跡，表示發酵程度良好。

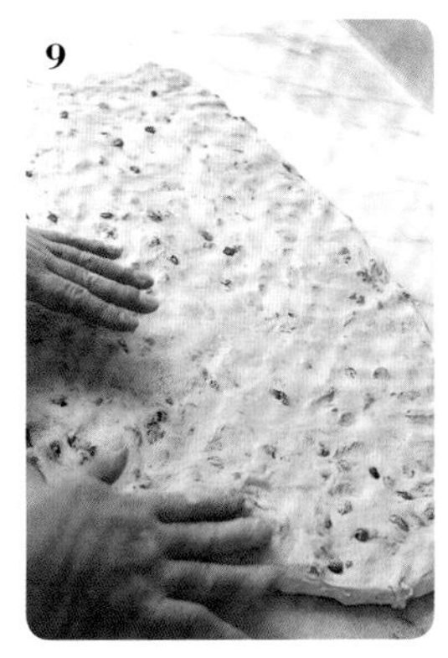

將麵團取出，放在撒有手粉的大理石桌面上，以雙手輕拍，將麵團內的空氣排出，一邊拍一邊整成長方形。

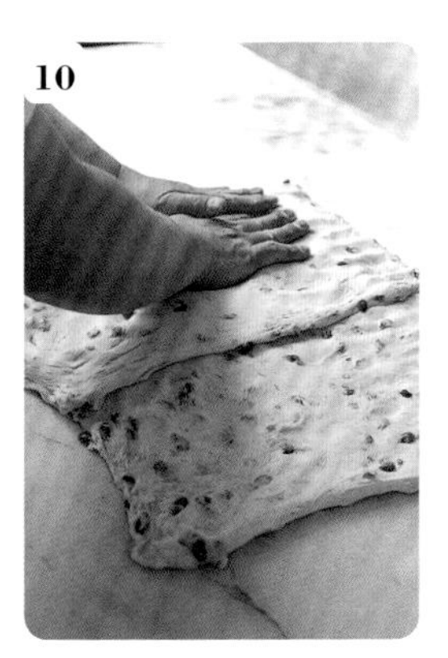

將步驟**9**由左右往中間摺三褶。

再將步驟**10**由後往前捲。

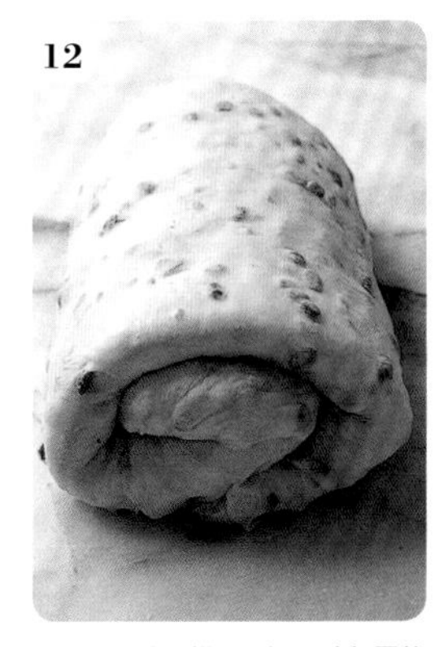

捲成蛋糕捲的樣子。這是讓麵團能更快產生彈性的作法。可以想像成幫麵團「強化肌肉（P.38麵筋）」。

13

將步驟12收口朝下拿起來，再將麵團前後左右集中至底部，整成圓形。

14

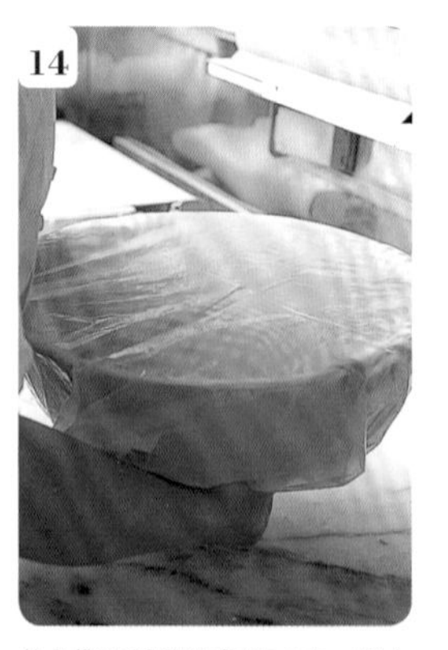

放入撒有手粉的步驟13中，蓋上乾布和塑膠布。放入冰箱冷藏一晚，讓麵團熟成、發酵。

15

冷藏發酵的狀態。約膨脹成1.5倍。

成形&烘烤>

1

將冷藏發酵的麵團取出，放在撒有手粉的大理石桌上。先以手輕拍麵團，再以擀麵棍擀開，將空氣排出。分割成12個四方形，1份約500g。

2

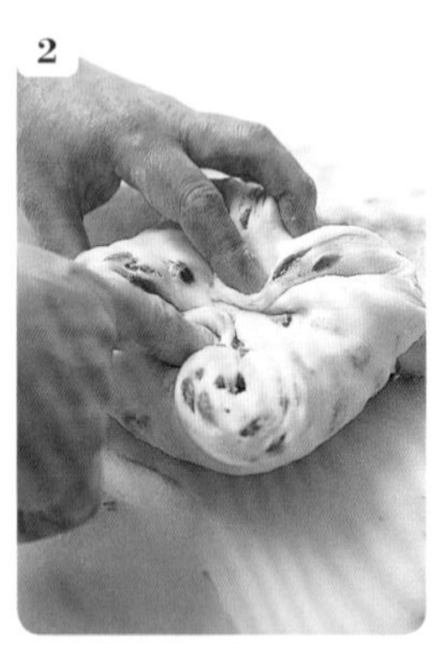

一個個成形。撒上適量手粉，以手壓扁麵團，將四個角往中央摺。

3

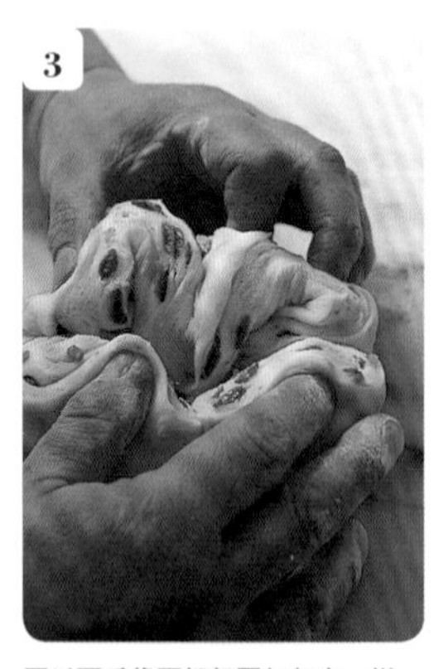

再以兩手像要把麵團包起來一樣，將麵團由四周向中間集中。

4

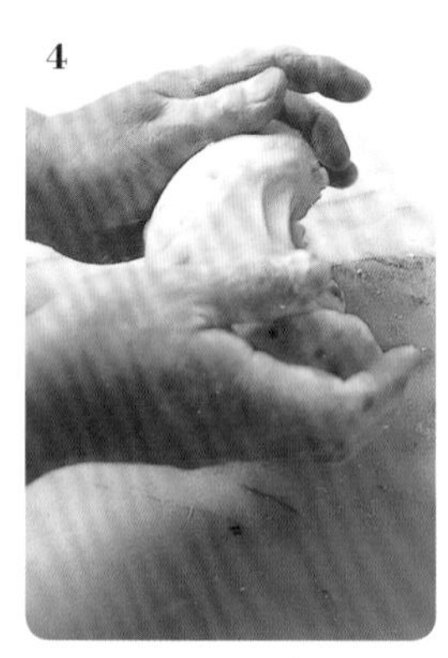

將步驟3翻面，讓收口在底部。

5

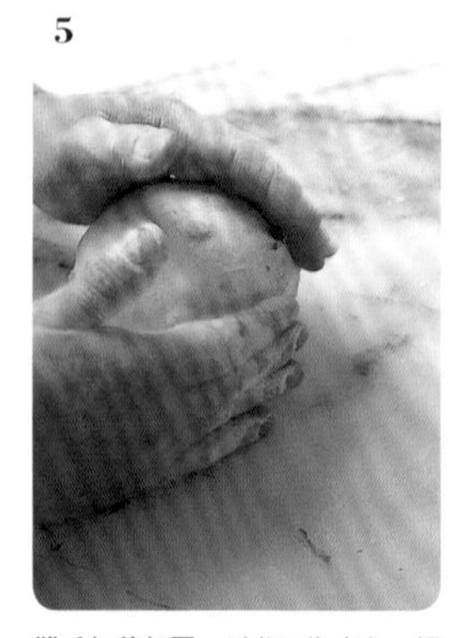

雙手包著麵團，以收口為中心，輕輕旋轉，將麵團滾成圓形。將周圍的麵團集中至內側，可以讓整體發酵得更均勻。

6

將步驟5的收口朝下，排列在撒有手粉的木板上，蓋上乾布，放在室溫中休息15至20分鐘。休息是為了減緩成形過程中形成的麵筋，也可以讓麵團鬆弛。

7

準備模型。以刷子將置於室溫中回軟的奶油刷在模型內側，杏仁切面朝上排列在模型底部。將打散的蛋白小心地刷在杏仁切面上，注意不要溢出。

8

兩手手掌重疊，將步驟6的麵團壓平。為了使麵團能夠均勻膨脹，所以要先平均壓扁。

9

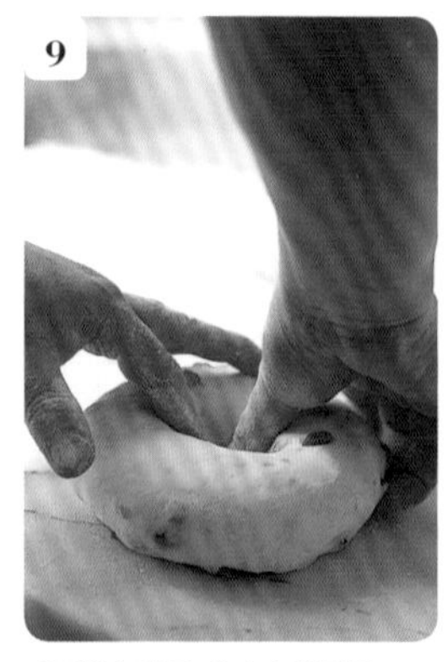

以手指在步驟8的中央戳個洞。

以手肘對著凹洞往下施壓，將凹洞擴大。

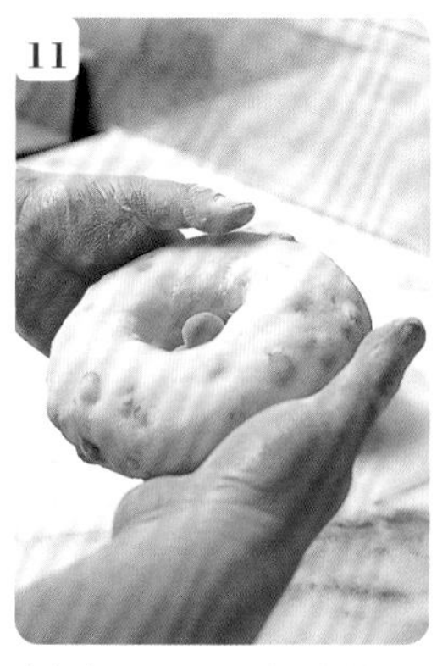

拿起步驟**10**，成形成配合模型大小的圓圈狀。

在步驟**11**的麵團上撒手粉，收口朝上放入步驟7的模型中。輕壓麵團，使麵團與模型密合。

將步驟**12**排列在鋁盤上，噴水。蓋上烘焙紙，放在室溫中約90分鐘，作最終發酵。

發酵後會膨脹至模型的八分滿。再噴一次水。

將步驟**14**放入烤箱中，以195℃烘烤約40分鐘。因為陶製模型導熱比較慢，所以直接放入烤箱烘烤。麵團會逐漸漂亮地膨脹起來。

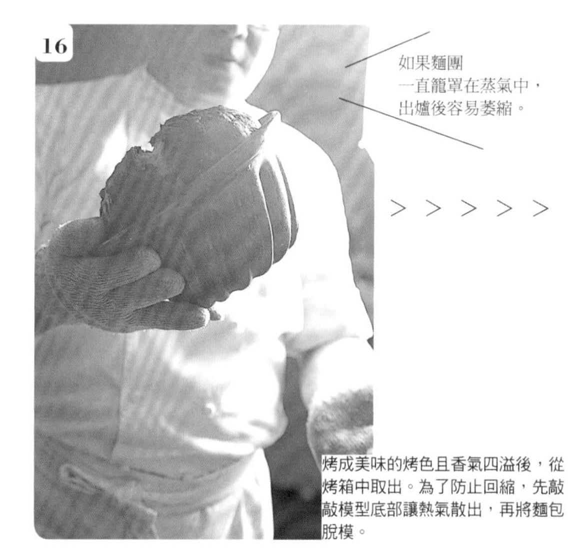

烤成美味的烤色且香氣四溢後，從烤箱中取出。為了防止回縮，先敲敲模型底部讓熱氣散出，再將麵包脫模。

放在網架上待涼。

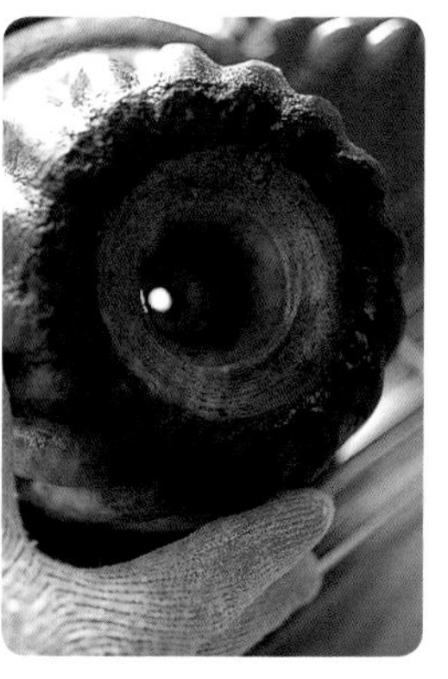
經年累月的使用，底部變得又黑又亮的陶製模型。滲入模型中的奶油成為「配方外的美味」，也為麵包增添了獨特的風味。

巴黎咕咕霍夫

Kouglof parisien

這是將作成小尺寸的咕咕霍夫，浸入糖漿或溶化奶油後，再撒滿砂糖的甜點。

在咕咕霍夫的發源地亞爾薩斯，原本想使用當地特產的陶製模型來烤咕咕霍夫。不過，因為陶製模型既沉重又難收納，為了解決都市廚房狹小、收納空間不足的問題，巴黎的咕咕霍夫是以金屬模型烘烤為主流。不過，這樣便無法為咕咕霍夫增添融入陶製模型中的奶油所形成的「配方外的美味」。或許正是為了補足糖漿、融化奶油及砂糖的香氣和風味，才會誕生這道甜點。

À Point使用金屬製的果凍模型來烘烤巴黎咕咕霍夫。它的身形雖然嬌小，味道卻有如「魔鬼身材」般誘人。成形的方式也下了工夫，讓麵團保有韌度和彈性。因為奶油的比例很高，雖然有嚼勁，吃進嘴裡也會一下子就化開。

一個個膨脹起來的模樣，實在很有趣。比起「亞爾薩斯咕咕霍夫」（P.299）威嚴十足的外型，又是另一種不同的魅力。有點像炸麵包似的，都是深受歡迎的點心。

直徑5cm的果凍模型20個份

咕咕霍夫麵團（P.300） pâte à kouglofs 1.2kg

∧依P.301步驟1至15的作法製作，取1.2kg。

杏仁糖漿 sirop d'amande

- 30°波美糖漿（P.5） sirop à 30°B 適量
- 杏仁精 essence d'amande 適量
- 香草精 extrait de vanille 適量

∧將上述材料混合。杏仁精加太多會有苦味，須注意。

熱融化奶油 beurre fondu 適量

砂糖 sucre semoule 適量

- 發酵奶油（模型用） beurre pour moules 適量

∧在室溫中放到手指能夠輕鬆按壓下去的軟度。

成形＆烘烤＞

1

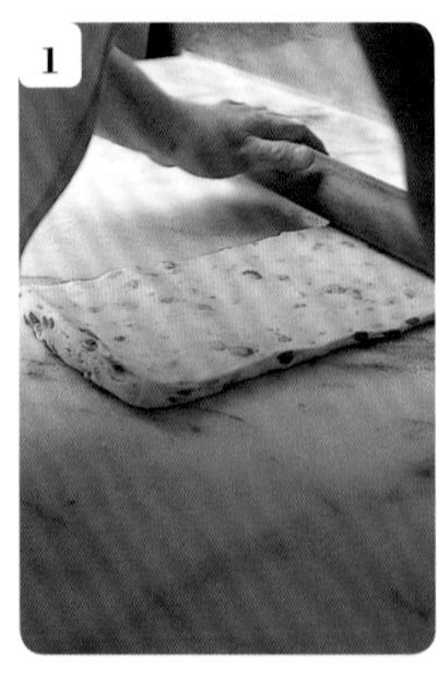

將咕咕霍夫麵團放在撒有手粉（高筋麵粉。份量外）的大理石桌上，再以擀麵棍擀開，將空氣排出，擀成寬度約15cm的長方形。

2

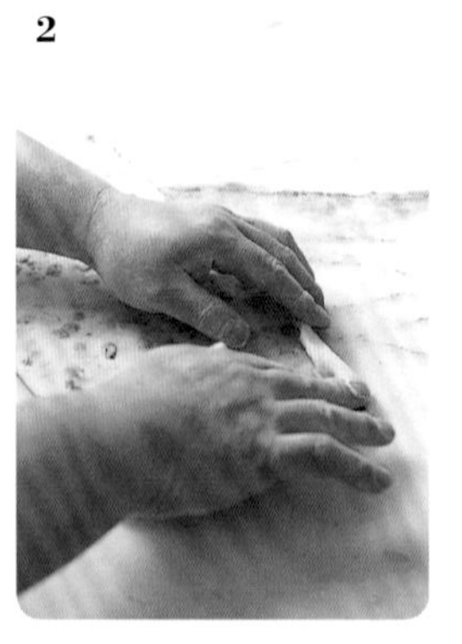

將步驟1橫放，由後方往前摺約2cm。

3

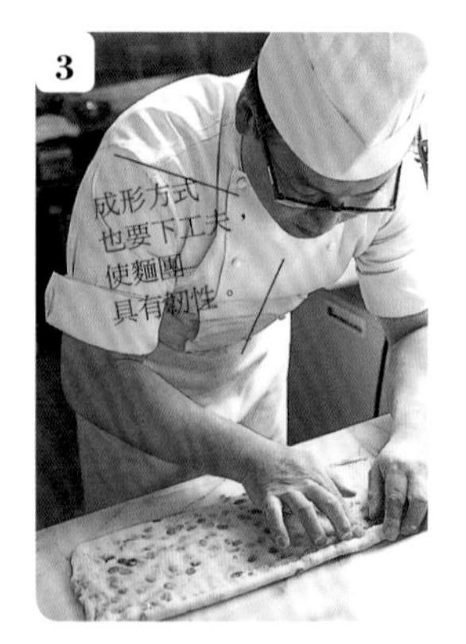

將摺返的麵團邊緣壓緊。

4

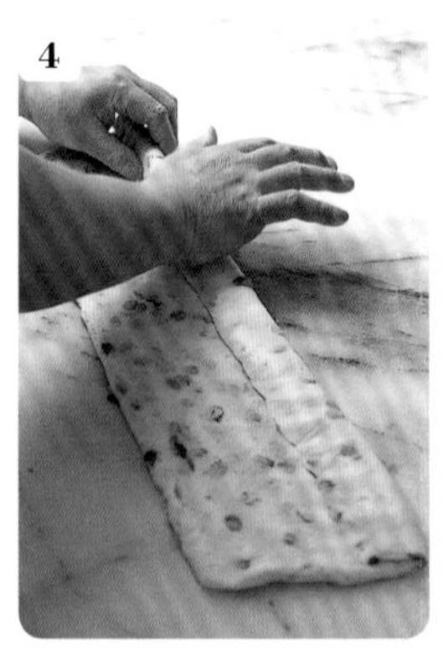

按照同樣的方法，將麵團慢慢往前捲，並以手掌根壓緊。這是為了作出適度彈性，強化麵筋（P.38）的作業。

5

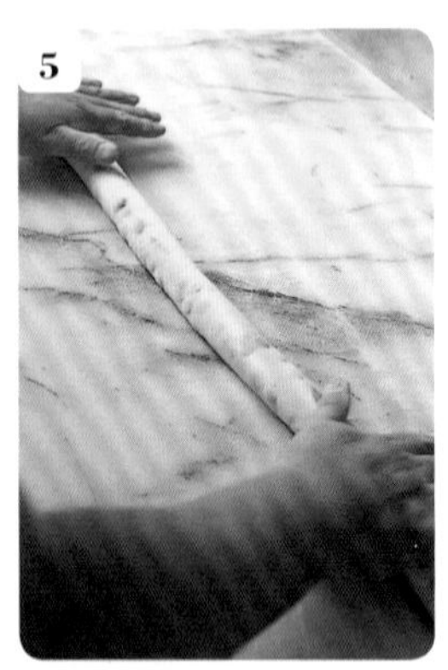

最後在大理石桌上搓成棒狀。

6

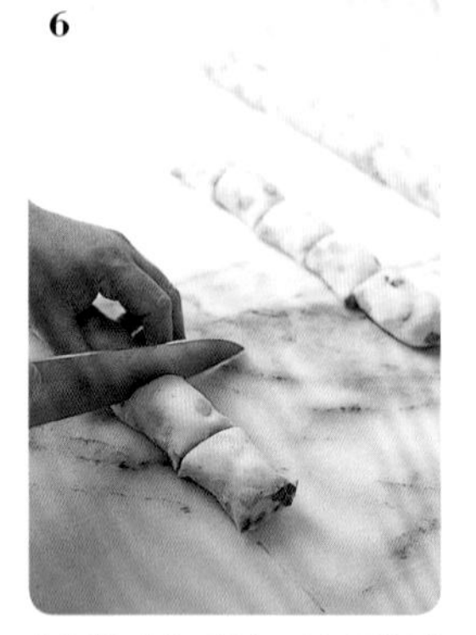

將步驟5的收口朝上，以刀子切成20個（1個60g）。

7

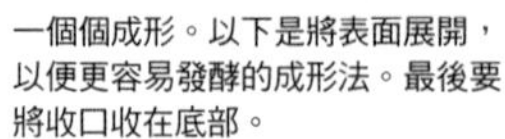

一個個成形。以下是將表面展開，以便更容易發酵的成形法。最後要將收口收在底部。

A：分割好的狀態。將收口朝上。

B、C：以小擀麵棍從麵團的正上方往下壓個十字形。

D：將麵團的四個角拉起往中央集中。

E：將麵團翻面，收口朝下，輕輕滾動成圓形。

8

採稍微握拳的手勢，將步驟7的E以掌心轉動滾圓。

9

將滾圓的麵團排列在撒了手粉的木板上。蓋上乾布，在室溫中靜置15分鐘至20分鐘。

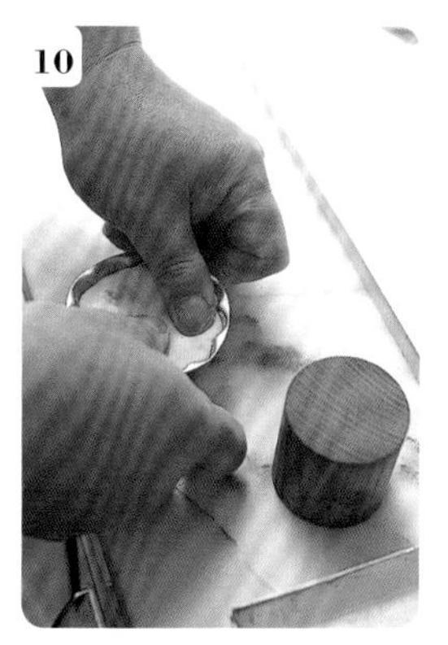

以刷子在模型內側刷薄薄一層置於室溫中回軟的奶油，將步驟**9**的收口朝上放入模型中。以手指將麵團緊壓至模型的每個角落。

再以木製模型由上往下壓，使麵團均勻擠入模型中。即使大力擠壓，麵團也會奮力膨脹，不需擔心。

在步驟**11**上以同樣大小的果凍模型往下壓。放在鋁盤上後噴水，在室溫中靜置約90分鐘，作最終發酵。

最終發酵完成。麵團會膨脹至模型外。排列在烤盤上，噴水後放入烤箱中，以185℃烘烤約20分鐘，烤至金黃焦香。

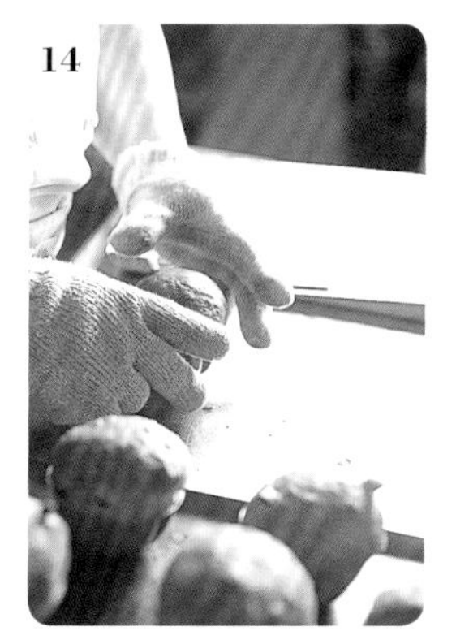

烤好後，將模型在桌面上輕敲幾下，使熱氣散出，避免回縮。將麵團從模型中取出，放在網架上待涼。

最後裝飾>

東倒西歪，像軟木塞一樣膨軟幽默的外型。因為要淋糖漿和融化奶油，所以在網架下方墊一張鋪了烘焙紙的鋁盤。

將步驟**1**浸一下杏仁糖漿，並放在網架上讓多餘的糖漿滴落。接著再浸一下熱融化奶油。

同樣放在網架上，讓多餘的奶油滴落。

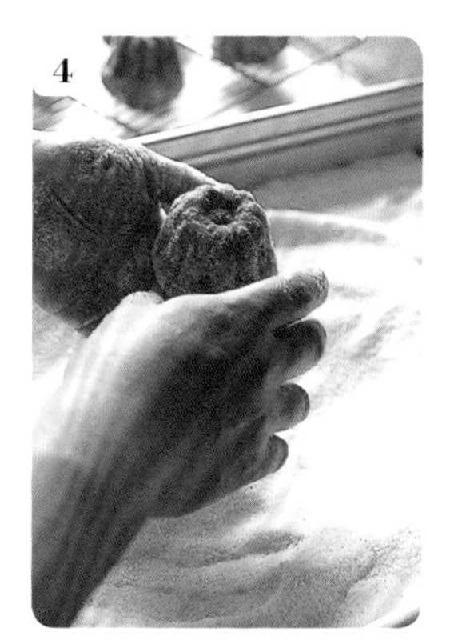

將步驟**3**移至盛滿砂糖的收納盒中滾一滾，以手將多餘的砂糖拍落。

楠泰爾布里歐

Brioche Nanterre

將麵團作成小小的圓柱形，連接在一起烘烤而成的布里歐。以前在餐廳工作時，我就以布里歐作為搭配鵝肝醬的麵包了。切成2cm厚片，烤至焦香後，會驚喜地發現原來布里歐會散發如此濃郁豐富的奶油香氣。在麵團的切痕上放固態奶油塊再烘烤的主意，是為了能夠在品嚐時，讓鼻尖先沁入奶油香氣。

18×8cm的磅蛋糕模型4個份

布里歐麵團（P.52）　*pâte à brioches*　1280g

∧依P.52步驟**1**至**29**的作法製作，取1280g。

蛋液（P.48）　*dorure*　適量

發酵奶油（切成7mm小丁）　*beurre*　4塊／1份

發酵奶油（模型用）　*beurre pour moules*　適量

∧在室溫中放到手指能夠輕鬆按壓下去的軟度。

成形＆烘烤>

將布里歐麵團分割成四份（一份320g），分別成形成長方形後，再分成四等分（各80g）。將每個麵團以手輕壓，排出空氣後，將收口朝下整成圓形，再滾成圓柱形。

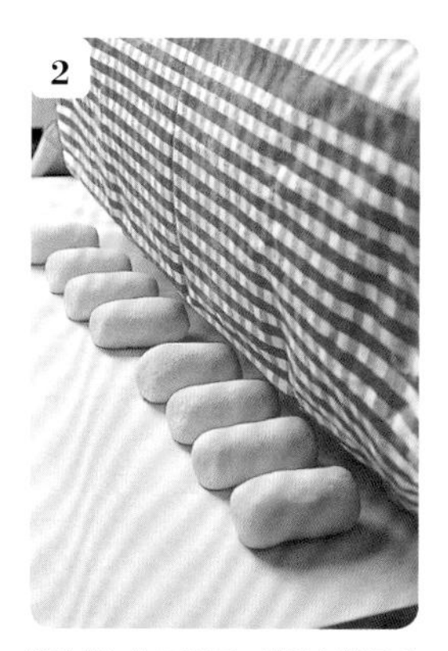

將步驟**1**收口朝下，排列在撒了手粉（高筋麵粉。份量外）的木板上。蓋上乾布，在室溫中靜置約10分鐘。

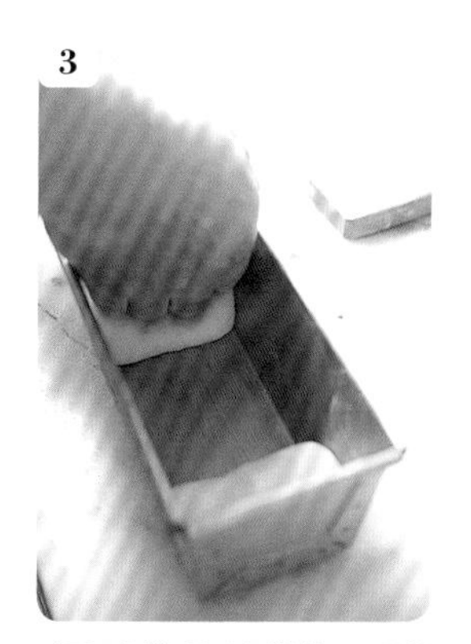

以刷子在模型內側刷薄薄一層置於室溫中回軟的奶油，將步驟**2**的收口朝下，放四個到模型中。依兩端各1個→中間2個的順序放入。每放一個就以拳頭壓扁一下。

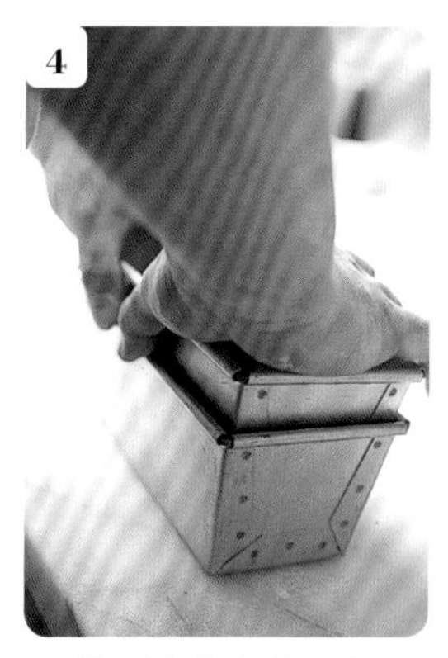

取同樣尺寸的磅蛋糕模型，放在步驟**3**上往下壓兩次，兩次轉不同的方向，以同樣的力道水平下壓，將麵團壓扁。

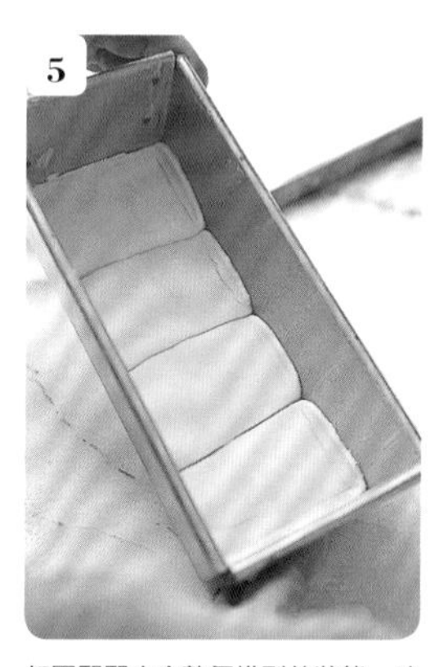

麵團緊緊密合整個模型的狀態。噴水後，在室溫中靜置約90分鐘，作最終發酵。

膨脹成約1.5倍。以刷子刷上蛋液，在四個麵團的表面中央，以輕輕沾了水後擦乾的剪刀剪個開口。將剪刀垂直拿著，從麵團的正上方往下剪。

在步驟**6**的切口上放切成約7mm大小的方塊奶油。成品的奶油香氣會更明顯。放入烤箱中，以180℃烘烤約35分鐘。中途須轉換模型的方向或位置，使麵包烤得更均勻。

烤得香氣四溢。將模型在桌面上輕敲幾下，使熱氣散出，避免回縮。

將麵包從模型中取出，正面朝下放在網架上待涼。被模型遮蓋的部分比上層還要柔軟，翻面冷卻可使側面較不易凹陷（cave in）。

核桃布里歐

Brioche noix

我喜歡核桃麵包，也喜歡葡萄麵包。因此，融合了兩種食材的布里歐麵包就誕生了。此外，還添加了味道很搭配的糖漬橘皮，待內容豐富的麵團烤好後，表面再淋一層蘭姆酒風味糖霜，將風味鎖在麵包裡。我個人很喜歡披覆糖霜的作法。即使放置一天，麵包中心也依然濕潤。微微烤成咖啡色的麵包，美味更是加倍，是一款洋溢著懷舊氣息的麵包。

直徑6cm的圓形圈10個份
布里歐麵團（P.52） pâte à brioches 500g
∧依P.52步驟1至13的作法製作，取500g。
葡萄乾（科林斯葡萄） raisins de Corinthe 50g
糖漬橘皮（切成2mm至3mm小丁）
écorce d'orange confite 50g
核桃（切對半） noix 50g
∧切對半後，再切成¼。
核桃（切對半） noix 1塊／1份
∧切對半後，再切成¼。
蛋白 blancs d'œuf 適量
蛋液（P.48） dorure 適量
蘭姆酒風味糖霜（P.234） glace au rhum 適量
發酵奶油（模型用） beurre pour moules 適量
∧在室溫中放到手指能夠輕鬆按壓下去的軟度。

布里歐麵團＞

1 將麵團放入桌上型攪拌機的攪拌盆中，依P.301步驟1至4的作法加入果乾和核桃拌勻，輕拍麵團表面，將它整成表面光滑緊繃的圓形。依P.301步驟6的作法進行一次發酵，再循同樣的作法排出空氣後，整成圓形，放入冰箱冷藏一晚發酵。

成形＆烘烤＞

1 取出布里歐麵團。輕輕拍扁後，以擀麵棍擀開，使空氣排出。分割成每個65g，個別滾圓後收口朝下，排列在撒有手粉（高筋麵粉。份量外）的木板上。蓋上乾布後，靜置室溫約10分鐘。

2 以刷子在圓形圈內側刷薄薄一層置於室溫中回軟的奶油，排列在鋪了矽膠烘焙墊的烤盤上。將步驟1放入模型中，以手掌壓扁。

3 以木製模型再次壓扁。盡量往裡面壓，使麵團與整個模型密合。

4 在核桃上刷一層打散的蛋白，黏在麵團中央。噴少許水後，放在室溫中靜置約90分鐘，作最終發酵。噴水是為了讓上面的核桃不容易烤焦，也有讓核桃吸收水分的作用。

5 膨脹成約1.5倍。再次於麵團表面噴水後，刷一層蛋液，再噴一次水。放入烤箱中，以195℃烘烤約20分鐘。

6 膨脹地非常漂亮。成為像蘑菇一樣的可愛外型。將模型在桌面上輕敲幾下，使熱氣散出，避免回縮。脫模後，排列在墊著鋁盤的網架上。

最後裝飾＞

1 趁麵包還熱時，將蘭姆酒風味糖漿大量淋在表面，等待多餘的糖霜滴落。糖霜可以增加鬆脆且纖細的口感，也能為麵包保持濕潤感。

香烤布里歐

Brioche toastée

將布里歐麵團擀成薄薄一片，撒上糖、奶油、香草糖後送入烤箱。這道甜點的原形是我小時候的最愛，那就是以塗上奶油的濕潤麵包再撒滿砂糖的烤吐司！奶油和砂糖融合的美妙滋味，令我不自覺喚起童心。未融化完全的粗砂糖，能為甜度和口感增添風味。是一道可以輕鬆品嚐，也能感到滿足的甜點。

直徑約10cm，約12片份
布里歐麵團（P.52） pâte à brioches 600g
∧依P.52步驟**1**至**29**的作法製作，取600g。
蛋液（P.48） dorure 適量
粗砂糖 sucre en grains 適量
　發酵奶油（切成7mm小丁） beurre 7塊／1片
香草糖（P.15） sucre vanillé 適量

成形＆烘烤＞

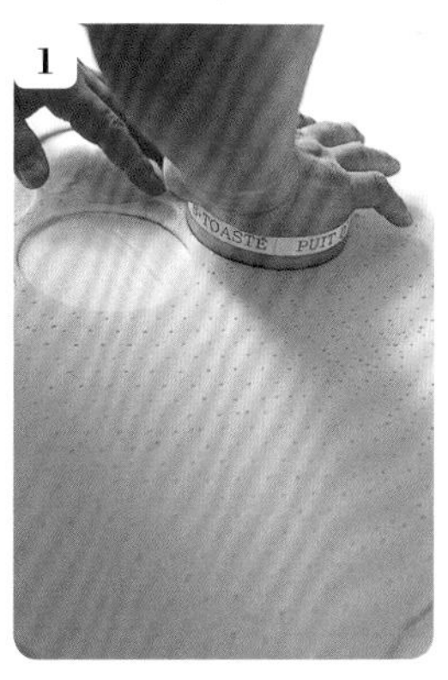

將布里歐麵團放入壓麵機中壓成2.2mm厚。依P.46步驟**20**的作法，待麵團鬆弛後放在烘焙紙上，再以烘焙紙蓋起，放入冰箱冷藏30分鐘，使麵團緊實。以滾輪打孔器打洞，再壓模作成直徑10cm的圓形。

烤盤上鋪矽膠烘焙，噴水後，將步驟**1**排列在上面。噴水除了可以保濕、讓麵皮貼合烘焙紙之外，也可以防止麵皮在發酵中變形。刷一層蛋液後，在中央撒上粗砂糖。

步驟**2**的粗砂糖要均勻鋪撒整個表面。

將切成約7mm大小的方塊奶油各放7塊在麵皮上，再撒上香草糖。靜置約90分鐘，進行最終發酵。

最終發酵完成。稍微膨脹了一點。噴水後，放入烤箱中，以220℃烘烤約8分鐘。

烤得奶香四溢。未完全融化的砂糖，留下的甜味和口感也很棒。

高山牧場塔

Tarte à l'alpage

Alpage在法文中的意思是「（位在山腰的）牧場」。這道甜點是我回想著在亞爾薩斯修習甜點製作時，趁著休假日去野餐，那晴空萬里、景色宜人的田園風光所創作的作品。

原本是使用一種叫做wähe的瑞士派皮模型，後來改以西班牙燉飯鍋來製作。當地會使用濃郁中帶些微酸的重乳脂鮮奶油（crème double），我則是將較濃的卡士達醬加酸奶油混合使用。圖中上面放的水果是紅醋栗，不過也可以視季節或喜好變換。換成洋梨、桃子、櫻桃、藍莓等，應該也很美味。

奶油醬烤得有些滑溜，特別好吃。即使上層是柔滑的奶油醬，底部的麵包也不會濕答答的，正是因為布里歐帶有韌性的關係。

布里歐麵團鋪入模型後，一定要將邊緣反摺回來。這層邊緣也要刷滿蛋液，再撒上粗砂糖或奶油。如此邊緣才會有一定的厚度，並產生酥脆的口感，和底部麵包濕潤的口感形成明顯對比。「連麵包邊都很好吃！」正是最適合這道甜點的一句話。

直徑26cm的西班牙燉飯鍋2盤份

布里歐麵團（P.52）　pâte à brioches　480g
∧依P.52步驟**1**至**29**的作法製作，取480g。

蛋液（P.48）　dorure　適量

粗砂糖　sucre en grains　適量

蛋奶醬　appareil
- 卡士達醬（P.64）　crème pâtissière　160g
  ∧依同樣作法進行至步驟**18**，取160g。
- 酸奶油　crème aigre　160g
- 香草精　extrait de vanille　適量
- 紅糖（未精製原糖）　cassonade　適量

紅醋栗（冷凍）　groseilles　適量

發酵奶油（切成7㎜小丁）
beurre　17個至18個／1份

香草糖（P.15）　sucre vanillé　適量

發酵奶油（模型用）　beurre pour moules　適量
∧在室溫中放到手指能夠輕鬆按壓下去的軟度。

成形＆烘烤＞

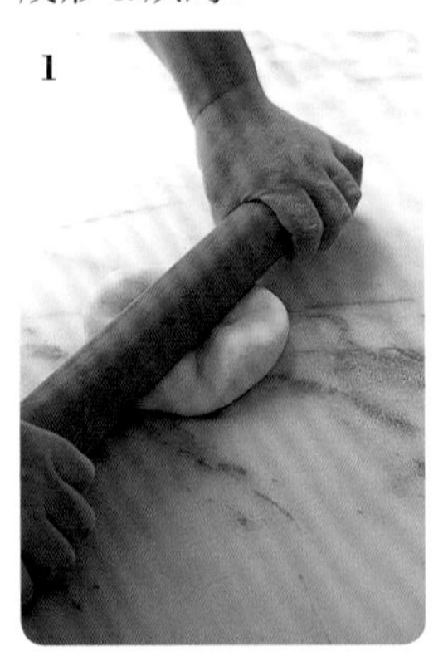

將布里歐麵團分割成兩份（一份240g），分別滾圓。以掌心壓扁，再以擀麵棍用放射狀的方式將麵團壓平，放入壓麵機中，壓成2.6mm厚。

依P.46步驟**20**的作法讓麵皮鬆弛後，放在烘焙紙上，將直徑約26cm的中空派皮模型壓著麵皮，以小刀裁切形狀。蓋上烘焙紙，放入冰箱冷藏30分鐘，使麵皮緊實。

將步驟**2**從冰箱取出，自中央線開始分別往前、後方向以滾輪打孔器打洞。這樣麵團較不易變形。

從背面看的樣子。為了抑制麵皮膨脹，洞要完全打穿背面。再鬆弛一次。

以刷子在西班牙燉飯鍋的內側刷薄薄一層置於室溫中回軟的奶油，鋪上麵皮。為了避免變形，先將麵皮摺兩半，放在中央位置，再將整張麵皮攤開來。

底部的角落也要完全鋪滿。以刷子在整個表面刷一層蛋液。

將邊緣往內摺。邊緣作出厚度，可以為口感帶來變化。首先以左手食指將麵皮邊緣的一端往內摺，再以右手食指將旁邊的麵皮往左手指尖的方向壓，讓邊緣壓緊麵皮。重複繞一圈。

在步驟**7**上噴水，蓋上食物保鮮蓋後，放在室溫中90分鐘，作最終發酵。發酵完成後在邊緣刷一層蛋液，並撒上粗砂糖。

將卡士達醬、酸奶油、香草精、一小撮紅糖混合攪拌成蛋奶醬，以刮板刮至步驟**8**的中央。最後以小抹刀抹平。

將冷凍的紅醋栗直接撒約兩小撮在步驟**9**上，再將大約12塊切成7mm的奶油放在邊緣，5塊至6塊放在中央。最後於整體撒上香草糖。

麵皮邊緣至少要各放12個奶油塊。這是為了讓邊緣呈現出和底部吸收蛋奶醬的麵皮不一樣的酥脆口感。口感的對比也能讓整體吃起來更美味。放入烤箱中，以185℃烘烤約20分鐘。

烤至香氣四溢。剛烤好的蛋奶醬柔嫩得好像會晃動一樣。烤好後立刻以抹刀將麵包鏟起，移至網架上放涼。

帶著淡淡栗子香的布里歐麵包。

將栗子泥以蒙布朗用擠花器擠成細長條狀，放入冰箱冷凍後再切成小段，加入布里歐麵團中烘烤。注意栗子不要加太多，感覺像零散地撒在麵團中即可。這樣麵包的每一口都能感受到栗子帶來的節奏感，可以開心地享受到最後。麵包本身雖然十分有彈性，但因為加了栗子泥，適度地減少了一些韌度，形成獨特而溫柔的觸感。品味高雅的和風滋味，與蒸麵包也有些相似。淋上香草風味的糖霜，不僅能保持麵包的濕度，也增添了一些酥脆感。

「蓬蓬（Pompon）」在法文是指「小小的圓球飾品」。女生的髮飾上不是會有綁在橡皮筋上的毛茸茸圓球嗎？因為這道甜點也是小巧可愛的圓球形，令我聯想到那種髮飾，因此就以它命名。不過，這道甜點表面光滑的樣子，加上帶有和風的滋味，也會讓人聯想到酒饅頭呢！

栗子蓬蓬

Pompon aux marrons

直徑8㎝的圓形蛋糕模10個份

布里歐麵團（P.52） pâte à brioches 500g

∧依P.52步驟**1**至**13**的作法製作，取500g。

栗子泥 pâte de marron japonais 240g

∧將蒸好的栗子加入占栗子重量40%砂糖，打成泥。以蒙布朗擠花器（P.169）擠成細長狀，放入冰箱冷凍後，切成約1㎝長。

香草風味糖霜 glace à l'eau à la vanille

糖粉 sucre glace 2kg

水 eau 約300g

香草精 extrait de vanille 適量

∧將所有材料放入攪拌盆中，以打蛋器拌勻。酌量添加水、糖粉（均為份量外）調整成恰好的濃度（右頁步驟**1**）。

發酵奶油（模型用） beurre pour moules 適量

∧在室溫中放到手指能夠輕鬆按壓下去的軟度。

布里歐麵團>

1

將麵團放入桌上型攪拌機的攪拌盆中，依P.301步驟**1**至**3**的作法加入栗子泥拌勻。攪拌至均勻分散在麵團中即可。

2

將步驟**1**取出，放在撒有手粉（高筋麵粉。份量外）的大理石桌上。輕拍讓空氣排出，將麵團從四周往中央集中，整成圓形。可以稍微看見栗子泥分散在麵團中。

3

將步驟**2**放入撒有手粉的調理盆中，整理好形狀後，再撒一些手粉。蓋上乾布和塑膠布。放在室溫中（濕度約70%）約90分鐘，進行一次發酵。麵團會膨脹成約1.5倍。

4

將步驟**3**取出，放在撒有手粉的大理石桌上，輕拍讓空氣排出。再次依步驟**2**的作法將麵團整圓。之後依步驟**3**的作法放入調理盆後，蓋上乾布和塑膠布後，放入冰箱冷藏發酵一晚。

成形&烘烤>

1

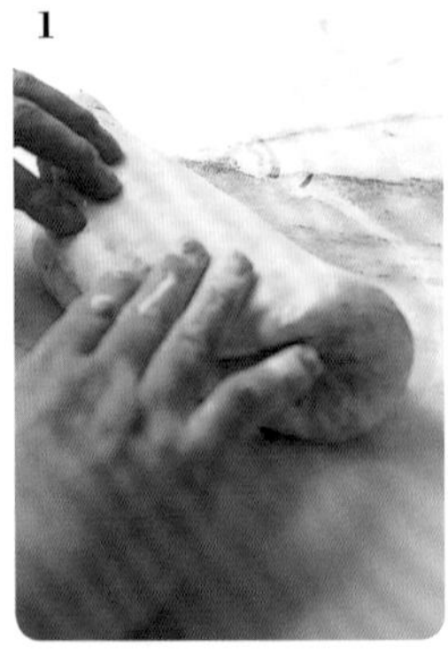

在模型內側刷薄薄一層奶油。將麵團取出，放在撒有手粉的大理石桌上，以手輕拍後，再使用擀麵棍擀開，讓空氣排出。整理成一個大圓形後橫放，由後往前摺一半。

2

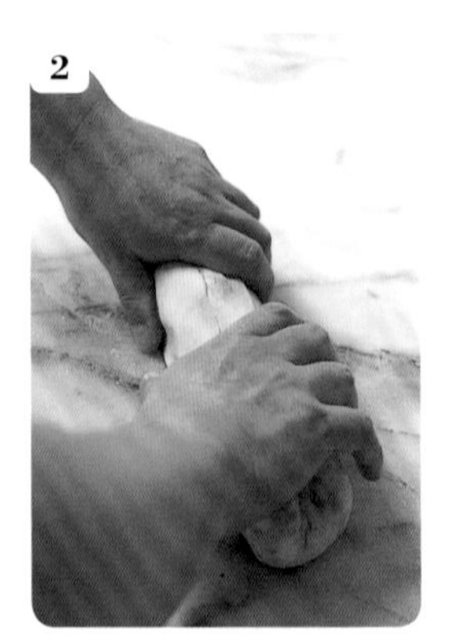

將收口朝上，以手抓住麵團，在大理石桌上滾成圓柱形。

3

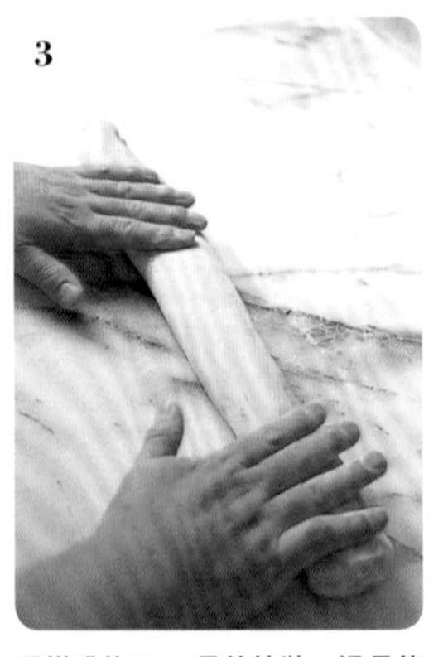

再搓成約40㎝長的棒狀。這是能夠讓麵團保有彈性，且栗子泥不會過度融入麵團中的成形方式。

4

將步驟**3**以刀子切成10等分（1個74g）。

將麵團一個個成形。右欄是讓表面光滑、比較容易發酵的成形法。因為加了栗子泥，會適度減少麵團的韌度，所以成形後不需讓麵團休息（醒麵）也沒關係。

A：將麵團收口朝上，切面在前後方向。
B：以小擀麵棍在中央壓一條線。
C：再壓一條與B垂直的線，形成十字形，將四個角落拉起往中央集中。
D：將麵團翻面，採稍微握拳的手勢，以掌心輕輕滾動麵團，將麵團滾圓。

將步驟5收口朝下，放入步驟1準備好的模型中，以手用力將麵團往下壓，使麵團與模型密合。

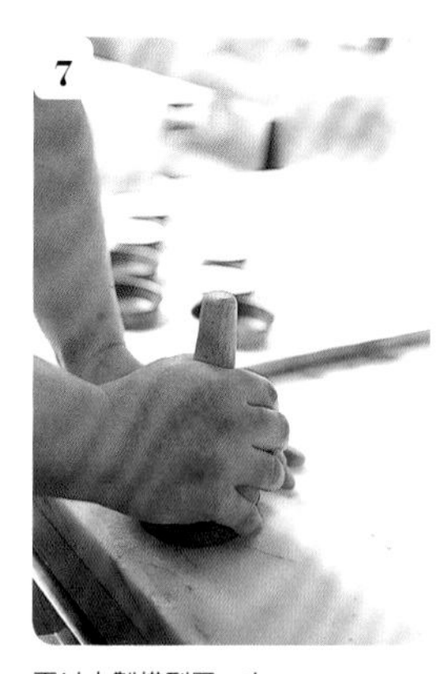

再以木製模型壓一次。

將步驟7排列在鋁盤上。噴水後，放在室溫中約90分鐘，作最終發酵。

完成最終發酵的狀態。噴水後，排列在烤盤上，再次噴些水。放入烤箱中，以185℃烘烤約20分鐘。

烤至金黃蓬鬆的樣子。將模型在桌面上輕敲幾下，使熱氣散出，防止回縮。麵包脫模，放在墊著鋁盤的網架上。

最後裝飾>

香草風味糖霜最恰當的濃度，可以利用以下方法判斷。伸進食指沾到第二關節處，拿出來後慢慢數五秒，若糖霜能稍微透出肌膚，就是最恰當的濃度。

趁麵包還熱時淋上大量糖霜，讓多餘的糖霜滴落至鋁盤上。

皇冠麵包

Couronne

這是於含有大量奶油的布里歐麵團中再包入奶油的「布里歐千層麵團」所作成的甜點，也是滋味最濃郁的一款。將布里歐千層麵團擀開，塗滿以榛果、巧克力杏仁蛋糕、砂糖、肉桂等混合而成的榛果餡（P.325）後捲起來。我從修習甜點製作的店裡得知，這道甜點的原形是在「歐蕾麵包（牛奶風味麵包）」的麵團上塗榛果餡再捲起來，而我改良成更奢華的風味。

因為加入了其他麵包幾乎無法比擬的大量奶油，所以不需鬆弛麵團。在非常柔軟的布里歐麵團中包入奶油，只能以兩次為限。請注意室溫，盡量快速動作，在奶油融化前成形完畢。

烤好的麵包上淋一層肉桂風味糖霜鎖住風味，再撒上酥脆的杏仁脆餅即完成。如果榛果餡有漂亮地捲在布里歐的層次中，就表示成功了。因為含有大量奶油，放入口中會立即化開來，留下如夢境般的甜蜜與香醇。

我所作的麵包，全都是以「甜點」的角度來製作，而這道是其中最特別的一款。在下午茶時刻可以像切蛋糕一樣切開來分著吃，有如犒賞般的甜點麵包，讓人忍不住想稱呼它一聲Queen of Brioche（布里歐女王）。

直徑18cm的圓形中空模型8個份

布里歐千層麵團　pâte à brioches feuilletée
- 發酵奶油（摺疊用）　beurre pour tourage　240g
- 布里歐麵團（P.52）　pâte à brioches　1840g
  - ^依P.52步驟1至29的作法製作，取1840g。

榛果餡（P.325）　masse noisettes　約120g／1份
- ^依P.325「榛果餡」步驟1至3的作法製作。不過，為了能漂亮地抹在麵團上，要將步驟3的榛果和巧克力杏仁蛋糕另外打成細末。

蛋白　blancs d'œuf　適量

肉桂風味糖霜　glace à l'eau cannelle
- 糖粉　sucre glace　2kg
- 肉桂　cannelle en poudre　約20g
- 水　eau　約300g
- 香草精　extrait de vanille　適量
  - ^依P.318「香草風味糖霜」的作法製作。

脆餅（P.154）　craquelin　適量
- ^參閱P.154「巧克力脆餅」。依同樣的作法製作，但不需淋巧克力。

發酵奶油（模型用）　beurre pour moules　適量
- ^在室溫中放到手指能夠輕鬆按壓下去的軟度。

布里歐千層麵團>

將摺疊用的奶油依P.44「摺疊」步驟**1**至**2**的作法準備。但要成形成3mm至4mm厚的長方形。放入冰箱冷藏備用。

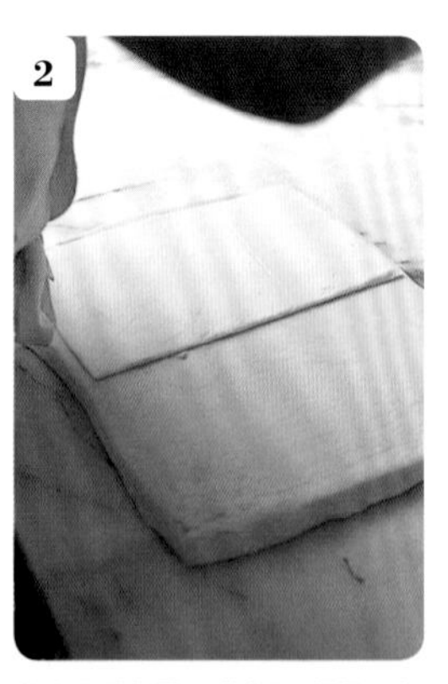

將布里歐麵團擀成步驟**1**摺疊用奶油2倍大的長方形，橫放在桌面上。將步驟**1**的奶油放在麵團左半邊。

將右半邊的麵團疊在奶油上，必須讓奶油鋪滿麵團的每個角落。這是因為沒包到奶油的部分將無法產生層次，那部分的麵團口感就會偏硬。

步驟**2**至**3**是不致過度揉捏柔軟布里歐麵團的包奶油方式。將麵團直放，以擀麵棍先將前後兩端輕壓固定後，再輕壓整個麵團，使麵團和奶油密合。

將步驟**4**以壓麵機壓成5mm後的長方形。橫放在大理石桌上。左右平均往中間摺成三褶，周圍和表面以擀麵棍輕敲固定。

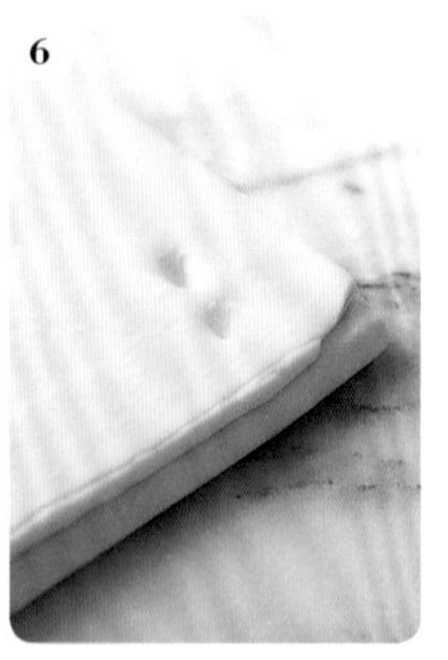

將麵皮轉90度，依步驟**5**的作法再次以壓麵機壓過，摺成三褶。因為麵皮很軟，所以摺二次就是極限了。在麵團上作個「三褶二次結束」的記號。

依P.45步驟**11**的作法，以烘焙紙和塑膠布將麵皮包起來。放入冰箱冷藏休息約1小時。

成形＆烘烤>

取出麵皮後，以刀子劃十字，分成四等分。尚未操作的麵皮放回冰箱冷藏備用。將四等分的其中一份麵皮放入壓麵機中，壓成3mm厚，約45×30cm的長方形。依P.46步驟**20**的作法，鬆弛後放在烘焙紙上，再切成兩等分，約45×15cm（一份）。

將步驟**1**蓋上烘焙紙，放入冰箱冷藏約15分鐘，使麵皮緊實。取出後橫放，從前方3cm處，以小抹刀將榛果餡整體抹上薄薄一層。

將後方的麵皮往前反摺約1cm，以手指壓緊密合。由後往前捲起。注意不要弄破麵皮。

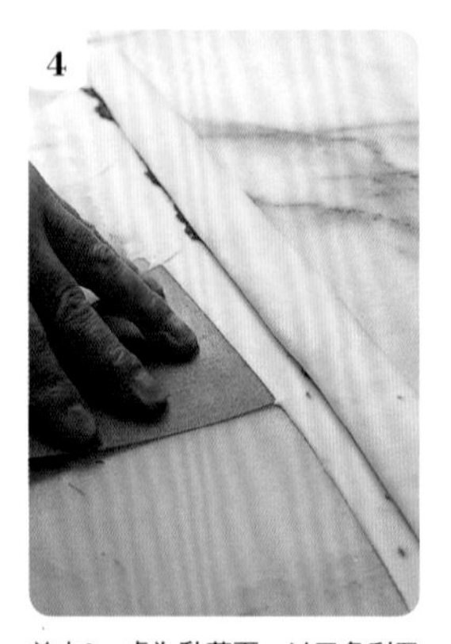

前方3cm處為黏著面，以三角刮刀薄薄地壓薄。

在壓薄的部分以水彩筆刷一層打散的蛋白，由後往前捲起，將麵皮黏起來。搓成棒狀。

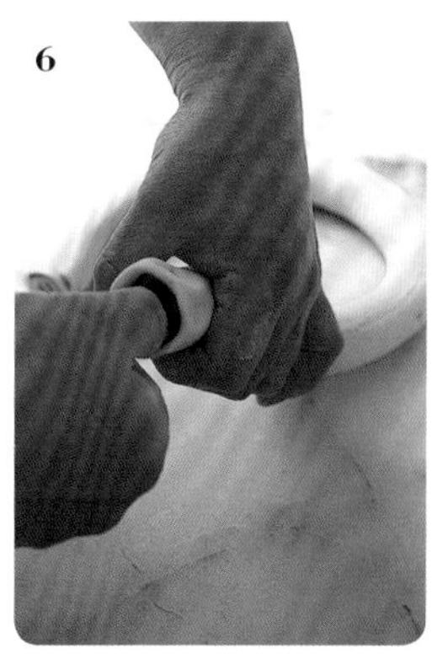

以手指將麵團其中一端往內壓約2 cm，使兩端可以接合在一起。

將步驟6的兩端都塗上打散的蛋白。

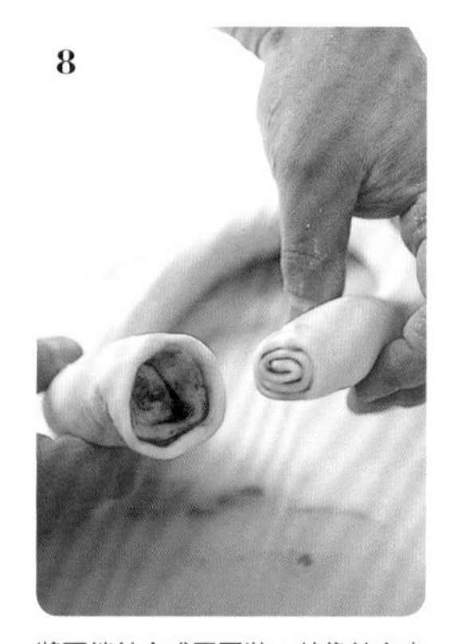

將兩端結合成圓圈狀。就像結合步驟5時一樣。將麵皮壓整齊，以免圓圈散開。

讓步驟5的連接部分朝內，將步驟8放入模型中，以手指壓緊密合。噴水後，在室溫中靜置90分鐘，作最終發酵。

最終發酵完成。膨脹成約1.5倍。

將步驟10放在烤盤上，噴水。放入烤箱中，以180℃烘烤約40分鐘至45分鐘，烤至金黃焦香。

烤好後將模型在桌面上輕敲幾下，使熱氣散出，避免回縮。倒扣後脫模，放在墊著鋁盤的網架上。

步驟5的連接處和步驟8的接合處都漂亮地形成一條線。

最後裝飾>

一個個裝飾。趁麵包還熱時，淋上大量的肉桂風味糖漿，讓多餘的糖霜滴落在鋁盤上。

趁表面尚未乾燥時撒上脆餅。

完成了。

布里歐麵包層層分明，榛果餡形成的螺旋形非常美麗。表面酥脆，中間濕潤，完全發揮了麵團的美味。

亞爾薩斯可頌

Croissant alsacien

中央包著以榛果、巧克力杏仁蛋糕、砂糖、肉桂混合而成的榛果餡的可頌麵包。再淋上柑曼怡香橙干邑甜酒風味糖漿，並撒一些焦糖杏仁片。糖霜不需以刷子塗刷，而是直接大量淋在麵包上，是我的風格。糖霜有助於將可頌的酥脆感和濕潤感都封鎖在其中。這是一道在稍微有點疲憊、需要補充一些元氣時，可以大口送入口中、填滿身心靈的「甜點風」可頌，令人有十足的滿足感。

約13×7cm，22個份

奶香可頌麵團（P.58）
pâte à croissants au lait　半量
∧依P.60「奶香可頌」的作法進行至步驟2，取一半的份量。

柑曼怡香橙干邑甜酒風味糖漿
glace à l'eau au Grand Marnier
糖粉　sucre glace　2kg
水　eau　約200g
柑曼怡香橙干邑甜酒　Grand Marnier　約100g
香草精　extrait de vanille　適量
∧依P.318「香草風味糖霜」的作法製作。

焦糖杏仁片　amandes caramélisées
杏仁片　amandes effilées　適量
糖粉　sucre glace　適量
∧將杏仁片放入烤箱中，以200℃烘烤至微微上色，並以濾茶網撒滿糖粉後，再次烤至焦糖化。

榛果餡　masse noisettes　基本份量
∧「masse」是指將材料高密度混合的意思。
帶皮榛果　noisettes brutes　300g
巧克力杏仁蛋糕（P.142）
biscuit d'amandes au chocolat　300g
∧使用剩餘的蛋糕體。
砂糖　sucre semoule　150g
紅糖（未精製原糖）　cassonade　50g
水　eau　100g
蛋白　blancs d'œuf　50g
肉桂　cannelle en poudre　適量
香草精　extrait de vanille　適量

成形＆烘烤>

>　>　>　>　>

依P.60步驟**3**至**8**的作法製作、烘烤。但是在步驟**5**時，將底邊的切口稍微往左右拉開，中間放上一塊三角麵皮，再如同照片所示，在三角形後面連接一塊切成長方形的剩餘麵皮，將切成5cm長的榛果餡（右述）放在上面，往前捲起。另外，在步驟**8**時，將烤好的可頌放在墊著鋁盤的網架上。

最後裝飾>

趁可頌還熱時，在上面淋滿柑曼怡香橙干邑甜酒風味糖漿，並讓多餘的糖霜滴落。趁糖霜尚未乾燥時，撒焦糖杏仁片裝飾。

榛果餡>

將帶皮榛果放在鋪了烘焙紙的烤盤上。放入烤箱中，以180℃烘烤約30分鐘，烤至冒煙、榛果變成深色的程度。

將步驟**1**放在網目較粗的篩網上，一邊壓一邊滾動，使皮膜脫落。

將步驟**2**和巧克力杏仁蛋糕一起以食物調理機打成粗碎塊。連同剩餘的材料一同放入調理盆中，以橡皮刮刀拌勻。蓋上保鮮膜，在室溫中靜置約3小時，讓材料充分融合。

將步驟**3**填入裝有直徑14mm圓形花嘴的擠花袋中，在鋪有矽膠烘焙墊的鋁盤上擠出一條條棒狀。放入冰箱急速冷凍，使它稍微變硬。取出後切成5cm長，放入冰箱冷凍保存。

包在麵團中央的榛果餡，是品嚐麵包時的樂趣。

蝴蝶酥

Palmier

將原本以千層派皮製作的甜點「蝴蝶酥」，改以奶香可頌麵團製作。裡面包入卡士達醬和蘭姆酒漬葡萄乾，再刷上杏桃果醬作裝飾，以提升滿足感。

這道甜點最棒的就是它的口感。將奶香可頌麵團捲起，切成薄片，切面朝上烘烤，使麵團層更容易受熱，整體像「可頌的兩端尖角」一樣酥脆。

充滿異國情調的外型，像是在模仿「棕櫚葉（palmier）」的模樣，也很像愛心的形狀呢！是很適合剝一半，和好朋友一起分著吃的甜點。

約13×9cm，18個份

奶香可頌麵團（P.58）

pâte à croissants au lait　⅓量

∧依P.58至59的作法製作，取⅓量。以壓麵機壓成3mm厚，約55×47cm，再依P.60步驟**1**的作法鬆弛麵團。

卡士達醬（P.64）　crème pâtissière　約300g

∧依P.64步驟**1**至**18**的作法製作，取約300g。

蘭姆酒漬葡萄（無籽白葡萄）　sultanines au rhum　100g至150g

香草糖（P.15）　sucre vanillé　適量

杏桃果醬　confiture d'abricot　適量

檸檬汁　jus de citron　適量

粗砂糖　sucre en grains　適量

成形＆烘烤>

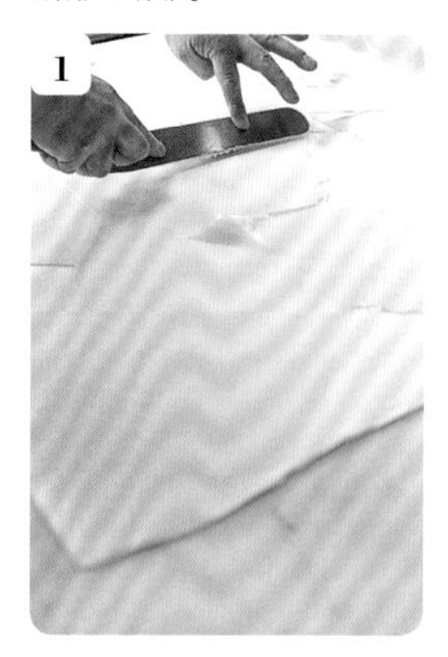

將奶香可頌橫放在桌面，在中央放上卡士達醬，以抹刀薄薄地塗抹整張麵皮。

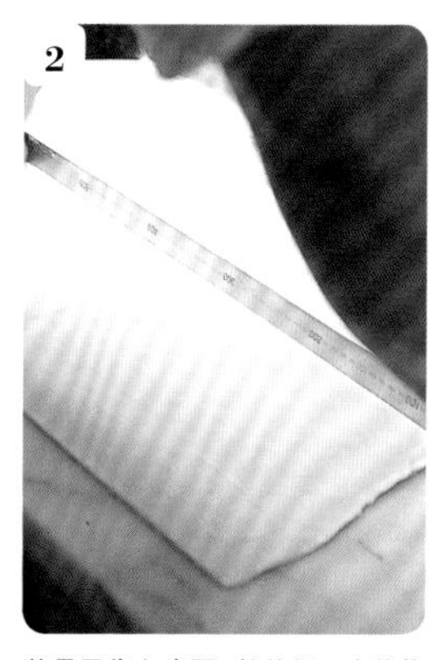

將長尺靠在步驟**1**的後側，由後往前刮，使卡士達醬厚薄均勻。在麵皮中央輕輕劃一條線，再以中央線為準，將兩側各分成三等分，輕輕劃出水平線，作為摺疊時的記號。

將步驟**2**撒滿蘭姆酒漬葡萄乾（但要避開步驟**2**劃的線），再撒上香草糖。將前後各摺麵皮的⅙寬，以擀麵棍輕輕壓緊。

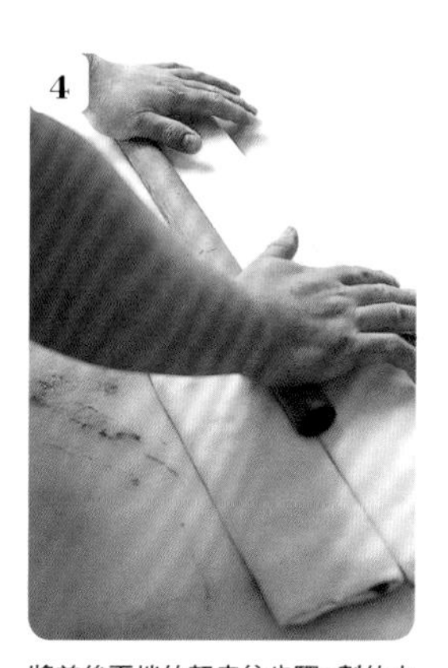

將前後兩端的麵皮往步驟**2**劃的中央線再摺三褶，同樣以擀麵棍壓緊密合。中央的接合處要確實壓緊，避免變形。

在步驟**4**上噴水，再由後往前摺一半。以擀麵棍壓緊密合。為了防止乾燥，將麵皮以烘焙紙包起來，放在鋁盤上，蓋上食物保鮮蓋。放入冰箱冷藏一晚。

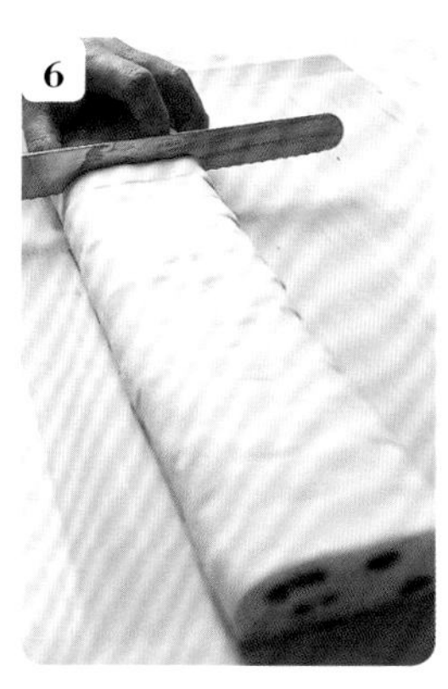

取出步驟**5**放在木板上，以波浪刀切成3cm寬。

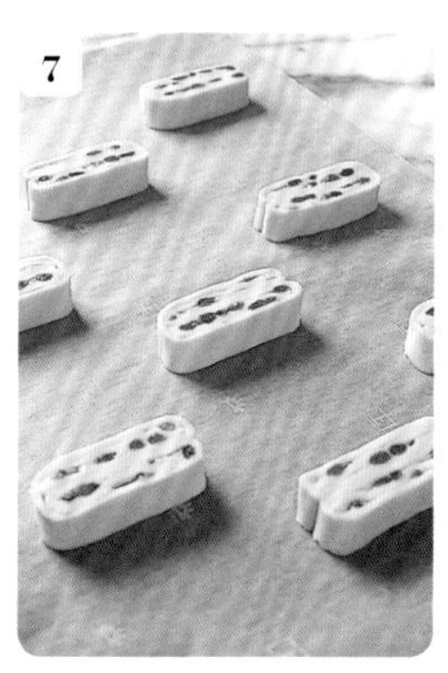

將步驟**6**切面朝上，排列在鋪有矽膠烘焙墊的烤盤上。在麵團上噴水後，也在食物保鮮蓋裡噴些水再蓋上，放在室溫（濕度約70%）中約90分鐘，作最終發酵。

最終發酵完成。膨脹成約1.2倍。放入烤箱中，以200℃烘烤約20分鐘，烤至香氣四溢。因為將切面朝上放，受熱更快，可以烤得非常酥脆。移至墊著鋁盤的網架上放涼。

最後裝飾>

在杏桃果醬中加一點檸檬汁，使它帶有酸味，煮至沸騰後放涼備用。蝴蝶酥烤好後，立刻以刷子刷上大量果醬，側面也要刷到，刷好後放在網架上。最後撒粗砂糖作裝飾。

法式奶油酥

Kouing-aman

法式奶油酥和「布列塔尼酥餅」（P.230）相同，都源自於盛產有鹽奶油的布列塔尼地區。它的特色是將奶油和砂糖包入酵母麵團中，帶有鹹鹹甜甜的滋味。第一次吃到這個甜點時，我回想起小時候請爸媽買小烤箱給我，並在烤好的厚片吐司上塗滿奶油和砂糖，那種美好滋味所帶來的感動。伴隨著如此懷舊的回憶，我按照自己的風格，將它改良得更美味。

雖然當地是使用有鹽奶油，但我選擇以無鹽奶油製作。我認為這樣更能感受到鹹甜交織的滋味。糖類以砂糖加紅糖來增強風味，除了拌進麵團中，成形時也撒上大量砂糖，讓甜味更明顯。如果不加這麼多，砂糖的風味意外地難以凸顯。

我的法式奶油酥最大的特色，就是上層和底部的裝飾方式。以前是將兩面的砂糖都焦糖化，但是這樣「糖」的存在感太強，使麵包本身變得遜色。因此改良到最後，將有細孔的烤盤蓋在其中一面上，使奶油和砂糖能從烤盤的孔洞中冒出，形成像日式炸雞塊般的粗粒口感；另一面則是烤成焦糖層，能夠品嚐到酥脆的口感。兩面都有著不分軒輊的美味！

歐洲地方甜點那種樸實的美味，其實很難直接打動日本人的心。所以這是一道在口味、作法上費盡心思，增添口感的樂趣和華麗感，是我個人原創的法式奶油酥。

直徑9cm的圓形圈20個份
新鮮酵母　*levure de boulanger*　10g
脫脂奶粉　*lait écrémé en poudre*　12g
水　*eau*　350g
高筋麵粉　*farine forte*　450g
低筋麵粉　*farine faible*　10g
砂糖　*sucre semoule*　10g
鹽　*sel*　15g
溫的融化奶油　*beurre fondu*　20g
發酵奶油（摺疊用）　*beurre pour tourage*　450g
砂糖　*sucre semoule*　適量
紅糖（未精製原糖）　*cassonade*　適量
發酵奶油（模型用）　*beurre pour moules*　適量
∧在室溫中放到手指能夠輕鬆按壓下去的軟度。

派皮麵團（包奶油的麵團）>

1 將新鮮酵母放入調理盆中，以打蛋器壓碎。再加入脫脂奶粉拌勻。

2 將水分次慢慢加入步驟1中，充分攪拌至沒有結塊。

3 將混合過篩兩次的高筋麵粉、低筋麵粉、砂糖、鹽放入調理盆中，以手充分拌勻。想知道所有材料是否混合均勻，在有一定的製作經驗之後，靠手的觸感就能判斷。

4 將$\frac{1}{4}$量步驟2的酵母液倒入桌上型攪拌機的攪拌盆中，加入步驟3後，以槳用攪拌頭低速拌勻。先倒入少量液體，讓粉類吸收水分，會較容易拌勻。

5 將剩餘的酵母液取$\frac{1}{3}$量，放入稍微放涼的溫融化奶油中拌勻，再慢慢加入步驟4中。拌勻後，再緩緩加入剩餘的酵母液，一邊加一邊拌勻。

6 麵團會漸漸黏在槳狀攪拌頭上。當酵母液全部加入，麵團成團後，即停止攪拌。

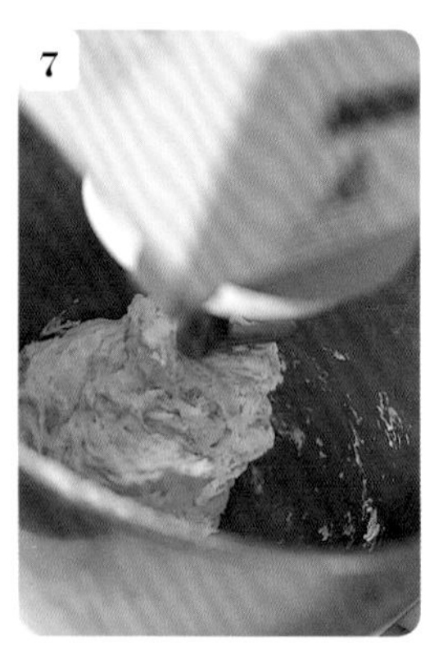

7 將攪拌器換成勾狀攪拌頭，再攪拌1分鐘。麵團會慢慢產生彈性（一開始使用槳用攪拌頭，是因為麵團量少，很難拌勻的緣故）。

8 整體攪拌均勻即可。如果攪拌太久，韌性太強，食用時麵包就不易在口中化開。將麵團取出，放在撒有手粉（高筋麵粉，份量外）的大理石桌上。

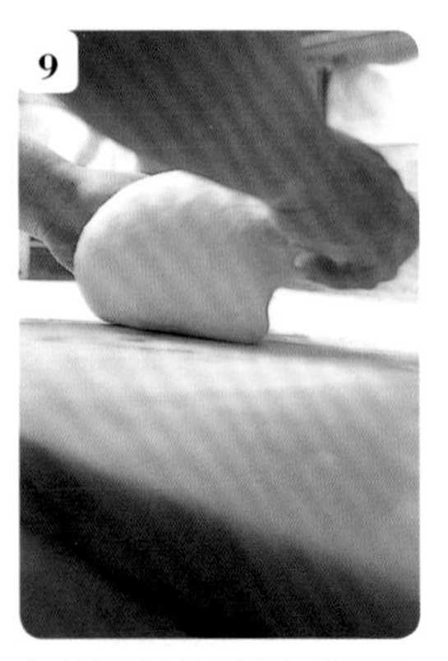

9 在大理石桌上輕輕揉捏，整理成表面圓潤光滑的球狀。

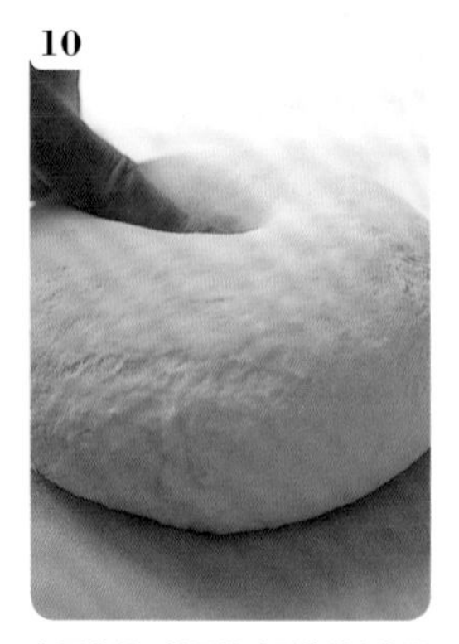

10 表面光滑，按壓後感到稍微有些阻力，就是最好的狀態。

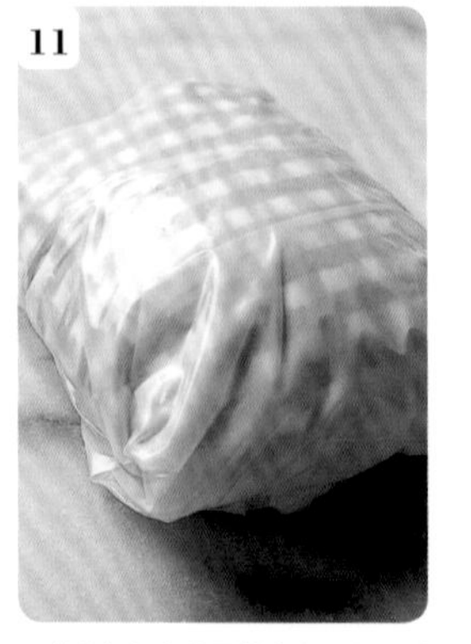

11 以乾布包起來後再蓋上塑膠布，避免乾燥。放入冰箱冷藏發酵一晚。

摺疊>

1 將包覆用奶油依P.44「摺疊」步驟1至2的作法準備好備用（但在這裡改為整理成3mm至4mm厚的長方形）。圖為冷藏發酵一晚後的麵團。充滿空氣，組織緊實的狀態。

2

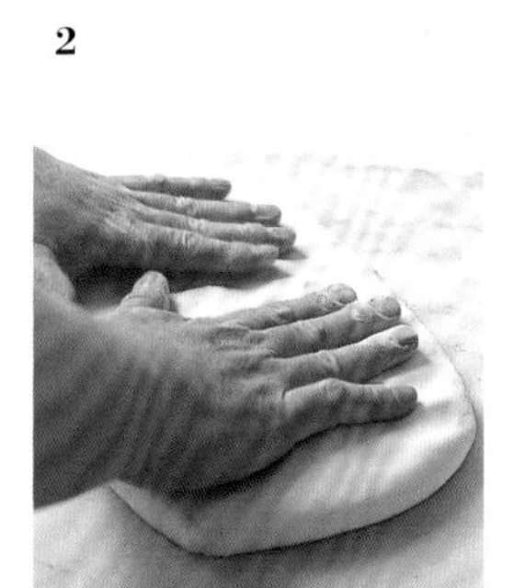

輕壓步驟**1**的麵團，將空氣排出。

3

依P.59步驟**2**至**7**的作法，將派皮麵團擀成5mm厚的長方形，包入包覆用奶油，表面以擀麵棍壓緊密合，放入壓麵機中，壓成5mm厚的長方形。

4

依P.59步驟**8**至**9**的作法摺兩次三褶。依左頁步驟**11**的作法，以乾布和塑膠布包起來，放入冰箱冷藏1小時。取出後置於室溫10分鐘，以擀麵棍輕敲，使硬度均勻。

5

將麵團轉90度，再次放入壓麵機中，壓成5mm厚的長方形。橫放後，在表面輕輕撒上砂糖（砂糖加入10%量的紅糖混合。以下均同）。

6

將左右平均往中央摺三褶（三褶共計三次）。以擀麵棍壓緊麵團，避免麵團分開。

7

將步驟**6**翻面，在大理石桌撒上砂糖，再將麵團放在砂糖上。

8

麵團表面再撒一層砂糖。以擀麵棍輕壓，使兩面的砂糖都與麵團密合。

9

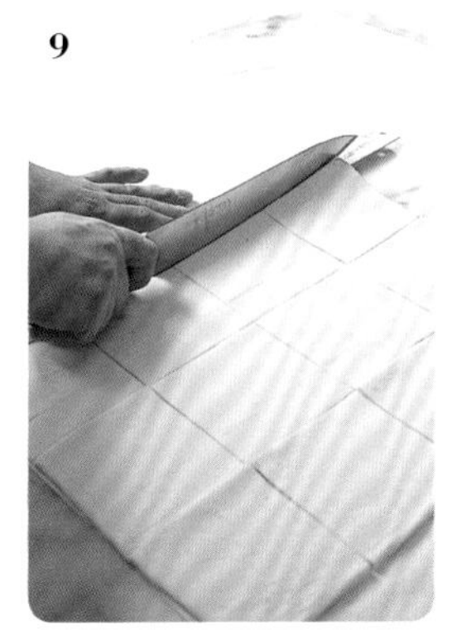

將步驟**8**的麵團轉90度，放入壓麵機中壓成6mm厚，50×40cm的方形。再依P.60步驟**1**的作法鬆弛後，切成10cm的正方形。

成形＆烘烤>

1

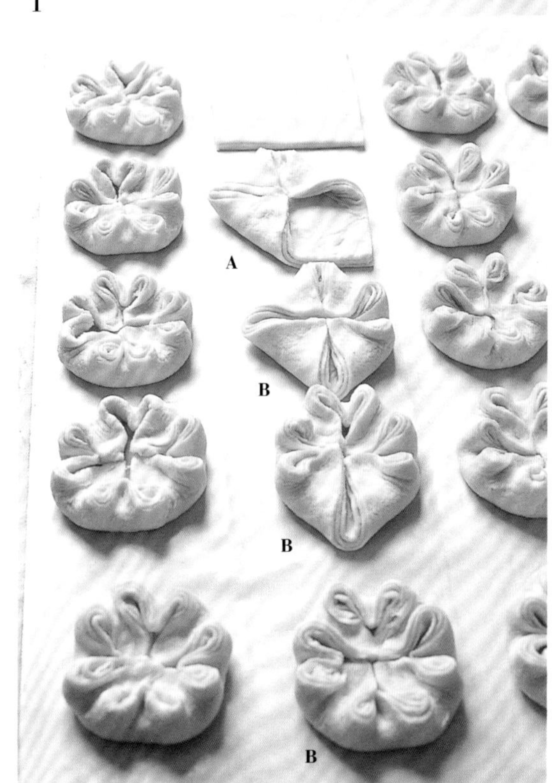

將麵團一個個依以下方式成形。
A：首先將麵團四個角往中央摺。
B：再將摺好後接合處的角拉開，往中央壓入，讓接合處變成愛心形。這樣的形狀可以讓之後撒的砂糖掉入愛心的凹洞中，烘烤時就會留在麵團裡，不會冒出來。另外，這麼做也能使麵團具有適當的厚度，不致於烤得過熟，更能發揮麵團的風味。

在成形好的麵團上撒砂糖，凹洞的部分也要撒滿。如此砂糖的風味才會更明顯。

將步驟2的麵團往下壓，使砂糖和麵團密合。

壓平後的狀態。

以刷子在圓形圈內側刷薄薄一層置於室溫中回軟的奶油，撒上砂糖。排列在鋪了矽膠烘焙墊的烤盤上，圓形圈內側的烘焙紙上也要撒些砂糖。

將砂糖倒入調理盆中，放入步驟4。像可樂餅沾麵包粉一樣，將砂糖輕壓在整個麵團上。想像「粗砂糖仙貝」的感覺，沾滿砂糖，凸顯出甜味。

將步驟6放入步驟5的圓形圈中，以手指壓緊密合。再以木製模型將麵團壓扁。小心不要讓花樣變形。蓋上沖孔烤盤，放在室溫（濕度約70%）中約90分鐘，進行最終發酵。

麵團稍微膨脹起來了。上面再撒一些砂糖，蓋上沖孔烤盤，放入烤箱中，以185℃烘烤約50分鐘。

放入烤箱幾分鐘後，麵團會膨脹，使融化奶油和砂糖從上面烤盤的孔洞中冒出來。

將沖孔烤盤取下。融化的奶油和砂糖會往下流，烤至焦糖化後，更添一番風味。放回烤箱中繼續烤至金黃焦香。

烤好了。表面好像日式炸雞塊一樣粗糙不平。

取下圓形圈，將底部朝上放在墊著沖孔烤盤的網架上待涼。底部的砂糖烤成香氣濃郁的焦糖狀，口感硬脆。可以一次享受到正反兩面不同的口感。

散發出布列塔尼的香氣！

mont fruits rouges

東京自由が丘
Mont St. Clairの甜點典藏食譜
作者：辻口博啓
定價：680元
巧克力的微苦、咖啡的香氣、
季節水果的酸甜⋯⋯
與宛如雪花般的輕盈蛋糕交織成
入口即化的黃金比例，
是一本烘焙愛好者的完美進階指南！

烘焙良品 69

烘焙大師——岡田流の極上美味
菓子職人特選甜點製作全集

作　　者／岡田吉之
譯　　者／陳妍雯
發 行 人／詹慶和
總 編 輯／蔡麗玲
執行編輯／李佳穎
編　　輯／蔡毓玲・劉蕙寧・黃璟安・陳姿伶・李宛真
封面設計／韓欣恬
美術編輯／陳麗娜・周盈汝
內頁排版／韓欣恬
出 版 者／良品文化館
郵政劃撥帳號／18225950
戶　　名／雅書堂文化事業有限公司
地　　址／220新北市板橋區板新路206號3樓
電子信箱／elegant.books@msa.hinet.net
電　　話／(02)8952-4078
傳　　真／(02)8952-4084

2017年10月初版一刷　定價 1200元

經　　銷／易可數位行銷股份有限公司
地　　址／新北市新店區寶橋路235巷6弄3號5樓
電　　話／(02)8911-0825
傳　　真／(02)8911-0801

國家圖書館出版品預行編目(CIP)資料

烘焙大師——岡田流の極上美味：菓子職人特選甜點製作全集 / 岡田吉之著；陳妍雯譯.
-- 初版. -- 新北市：良品文化館, 2017.10
面；　公分. -- (烘焙良品；69)
ISBN 978-986-95328-2-2(精裝)

1.點心食譜 2.日本

427.16　　106016358

staff

攝　　影／渡邉文彥
造　　型／肱岡香子
藝術設計／茂木隆行
插圖設計／岡田吉之
翻　　譯／平井真理子
（推薦文、標題類）
法文審核／日法料理協會
（甜點名、材料名）
製作助手／伊藤かおり、東春美、粉川矩子
編　　輯／萬歲公重